BIMSpace
智慧建造系列

Revit 建筑施工与虚拟建造

2021版

张辉 编著

本书是基于Revit 2021、鸿业装配式软件2019及广联达BIM模板脚手架软件、广联达BIM施工现场布置软件、广联达BIM5D 3.5软件、Lumion10等软件平台的建筑施工模拟与虚拟建造技术的应用教程。由浅入深、循序渐进地介绍了以上这些BIM软件平台的功能及命令的使用方法，并配合大量建筑工程的设计与施工应用项目，帮助读者更好地掌握并巩固所学知识。

本书是面向实际应用的BIM图书，不仅可以用作大中专院校和社会培训班有关建筑和土木等专业的培训教程，而且可以用作广大从事BIM工作的工程技术人员的参考书。

图书在版编目（CIP）数据

Revit建筑施工与虚拟建造：2021版/张辉编著．—北京：机械工业出版社，2021.4

（BIMSpace智慧建造系列）

ISBN 978-7-111-67680-5

Ⅰ.①R…　Ⅱ.①张…　Ⅲ.①建筑设计－计算机辅助设计－应用软件　Ⅳ.①TU201.4

中国版本图书馆CIP数据核字（2021）第039226号

机械工业出版社（北京市百万庄大街22号　邮政编码100037）

策划编辑：丁　伦　责任编辑：丁　伦

责任校对：秦洪喜　责任印制：郜　敏

北京圣夫亚美印刷有限公司印刷

2021年5月第1版第1次印刷

185mm×260mm・16印张・396千字

0001—1500册

标准书号：ISBN 978-7-111-67680-5

定价：99.90元（附赠海量资源，含视频教学）

电话服务	网络服务
客服电话：010-88361066	机　工　官　网：www.cmpbook.com
010-88379833	机　工　官　博：weibo.com/cmp1952
010-68326294	金　　书　　网：www.golden-book.com
封底无防伪标均为盗版	机工教育服务网：www.cmpedu.com

Preface 前言

在传统的建筑施工作业中，各阶段之间的沟通不畅，相互之间的协作能力也较差，往往形成一边施工一边改的状况，造成了人力、物力以及财力的大量浪费。而利用 BIM 全生命周期的虚拟建造技术所提供的施工模拟功能，可以大幅改善这些问题。

一个项目在施工进场时，首先面对的是如何对整个项目的施工场地进行合理布置。合理的场地布置能避免将来大型机械和临时设施反复调整平面位置，最大限度地利用大型机械设施的性能，同时，便于对物流材料进行需求分析，尽可能合理地安排材料进场和材料堆放，对现场人流进行合理的规划，保证流水作业。

将 BIM 虚拟建造技术应用在实际施工作业中，可以减少投入、增强可视化和方便协作。

本书内容

本书是基于 Revit 2021、鸿业装配式软件 2019 及广联达 BIM 模板脚手架软件、广联达 BIM 施工现场布置软件、广联达 BIM5D 3.5 软件、Lumion10 等软件平台的建筑施工模拟与虚拟建造技术的应用教程。本书由浅入深、循序渐进地介绍了以上这些 BIM 软件平台的功能及命令的使用方法，并配合大量建筑工程的设计与施工应用项目，帮助读者更好地掌握并巩固所学知识。全书共 8 章，主要内容如下。

第 1 章：主要介绍了建筑 BIM、BIM 虚拟建造技术以及实施虚拟建造与施工模拟的相关知识内容。

第 2 章：运用 Revit 2021 软件的建筑与结构设计功能，完成某学校食堂的建筑结构设计，帮助读者掌握虚拟建造技术应用过程中关于建筑结构设计的 BIM 建模基本知识。

第 3 章：主要介绍应用 Revit 2021 软件平台的 Autodesk Structural Precast Extension for Revit 装配式建筑设计插件功能进行装配式建筑设计的方法。

第 4 章：主要介绍 Revit 平台“鸿业装配式软件 - 魔方 2019”的功能指令和该装配式建筑设计软件在实际工程项目中的具体应用。

第 5 章：主要介绍广联达 BIM 模板脚手架设计软件在建筑模板工程和脚手架设计中的实际应用，包括软件平台功能指令的基本介绍和某小学教学楼改扩建项目结构与施工设计案例。

第 6 章：主要介绍广联达 BIM 施工现场布置软件（简称“施工场布软件”）在建筑施工现场的场地规划设计中的具体应用。施工场布软件是用于工程项目场地策划及展示的三维软件。

第 7 章：广联达 BIM5D 软件是基于 BIM 的施工项目精细化管理工具，为项目的进度、成本、物料管控等提供精确模型与准确数据，协助管理人员有效决策和精细化管理。本章主要介绍广联达 BIM5D 软件在建筑项目管理中的具体应用。

第 8 章：主要介绍 Lumion 10 软件的基本功能和施工场景的渲染过程。利用该软件强大的渲染引擎，可以真实还原建筑施工的场景。

本书特色

本书是指导读者学习 BIM 虚拟建造和施工模拟的实用教程。书中详细介绍了 BIM 虚拟建造及施工模拟的系列相关软件的强大建模功能和专业知识的应用，让读者轻松掌握 BIM 结构设计与施工流程。本书主要特色如下。

- 本书内容由浅入深，从软件界面开始，再到软件的基本操作、模块操作及行业应用均有详细讲解。
- 侧重于实战，全部内容对应线上的视频课堂，以及线下的课堂培训，给读者“面对面”“手把手”的超值教学辅导。
- 涵盖建筑混凝土结构设计、装配式建筑设计、项目施工及管理等专业性内容。
- 以实战案例解析软件操作与专业设计难点。
- 包含技巧点拨、提示等内容，快速提升读者软件操作技能。
- 免费提供所有案例的素材与结果模型文件。

本书以国内 BIM 建筑设计师、知名大学教育专家和建筑软件开发公司为技术依托，是面向实际应用的 BIM 图书，不仅可以作为高校、职业技术院校建筑和土木等专业的初、中级培训教程，还可以为广大从事 BIM 工作的工程技术人员、软件使用者、装配式建造工厂员工和建筑专业学生提供强大的软件技术和职业技能知识。本书由酒泉职业技术学院张辉独立编写，共约 40 万字。此外，全书参与案例测试和素材整理的专家审核团队还涉及 BIM 相关工程师、技术人员，以及大学教育专家等人员，力求保持体系的完整性、内容的专业性，以及案例的实践性。

感谢您选择了本书，希望我们的努力能对您的工作和学习有所帮助，也希望您能够把对本书的意见和建议告诉我们（可扫描封底二维码，获取本书配套资源下载链接）。

编　者

Contents 目录

第 6 章 施工现场布置设计

第 7 章 BIM5D 施工项目精细化管理

第 8 章 Lumion 漫游动画与场景渲染

第1章

基于 BIM 的虚拟建造与施工模拟

本章导读

现代建筑工程的设计和施工管理要求越来越高，在传统的建造技术已经不能满足其要求的情况下，需要借助 BIM 技术，打破传统建筑技术中设计与施工之间的不可协调性，进而实现建筑施工管理的可视化模拟、建造工程中的虚拟拼装技术以及施工现场的临时设施规划等。

案例展现

 案　例　图	 描　　述
	预制混凝土建筑（Precast Concrete，PC）又称为“装配式建筑”，是由墙板、叠合楼板、楼梯及阳台等混凝土预制构件组成，在施工现场拼装后，采用墙板间竖向连接缝现浇、上下墙板间主要竖向受力钢筋灌浆套筒连接以及楼面梁板叠合现浇形成整体的一种结构形式。在混凝土预制构件生产完成后，将构件的某些实际数据（如预埋件的实际位置、窗框的实际位置等参数）及时反馈到 BIM 模型中，然后对构件的 BIM 模型进行修正
	施工现场的临建规划包括施工机械的设施规划、现场物流规划和现场人流规划。通过 BIM 技术进行施工现场的三维地形建模和现场设施、设备的创建，选择合适的施工技术方案，以便提前解决施工工程中可能存在的各种问题

1.1 建筑信息模型（BIM）概述

建筑行业正在就建筑信息模型（BIM）定义、原因以及实现方式等进行热烈讨论。BIM 重申了该行业信息密集性的重要性，并强调了技术、人员和流程之间的联系。专家们正在预测该行业即将发生的革命性变革，各国政府正在实施各种方案，希望从中收获重大利益，个人以及各类组织正在迅速调整，虽然有些方面已实现一定程度的积极发展，但仍有一些方面的发展趋势尚不明朗。

1.1.1 什么是 BIM

建筑信息模型（Building Information Modeling，BIM）以建筑工程项目的各项相关信息数据作为模型的基础建立建筑模型，通过数字信息仿真模拟建筑物所具有的真实信息。

BIM 技术是一种应用于工程设计建造管理的数据化工具，通过参数模型整合各种项目的相关信息，在项目策划、运行和维护的全生命周期过程中进行共享和传递，使工程技术人员对各种建筑信息做出正确理解和高效应对，为设计团队以及包括建筑运营单位在内的各方建设主体提供协同工作的基础，在提高生产效率、节约成本和缩短工期方面发挥重要作用。

虽然没有公认的 BIM 定义，但大部分相关资料都对“什么是 BIM”的问题给出了相似的答案。BIM 始终在不断变化，新领域和新的前沿因素也在不断地慢慢扩充 BIM 的定义，下面给出了一些典型的定义，关于 BIM 的争论中涉及的一些问题均进行了说明。

- “建筑”“设施”“资产”以及“项目”等词汇的使用，表明在建筑信息模型中的词汇“建筑”导致的概念模糊。为了避免在动词“建筑”与名词“建筑”之间的概念混淆，许多组织都使用“设施”“项目”或“资产”等词汇代替“建筑”。
- 更多地关注词汇“模型”或者“建模”而不是“信息”，这样会比较合理。有关 BIM 的大多数讨论都强调建模所捕获的信息比模型或者建筑工作本身更重要。有些专家形象地把 BIM 定义为“在建筑资产的整个生命周期的信息管理”。
- “模型”通常可以与“建模”互换使用。BIM 清晰地表现了模型和建模过程，但最终目标远不止于此。通过一个有效的建模过程，高效地利用该模型（和模型中存储的信息）才是最终目的。
- BIM 也应用于建筑环境的所有要素（新建的和已有的）。在基础设施范围中，BIM 应用越来越流行，BIM 在工业建筑中的应用早于在建筑物中的使用。
- 强调 BIM 的共享非常重要。当整个价值链包含 BIM，并且技术、工作流程和实践都已经能够支持协作与共享 BIM 时，BIM 可能成为“必须拥有”。

显然，BIM 的整体定义涉及三个相互交织的方面。

- 模型本身（项目物理及功能特性的可计算表现形式）。
- 开发模型的流程（用于开发模型的硬件和软件、电子数据交换和互用性、协作工作流程以及项目团队成员就 BIM 和共有数据环境的作用和责任的定义）。
- 模型的应用（商业模式、协同实践、标准和语义，在项目生命周期中产生真正的成果）。

BIM 对建筑行业的影响主要有以下几个方面。

1）人、项目、企业及整个行业连续性（如图 1-1 所示）。

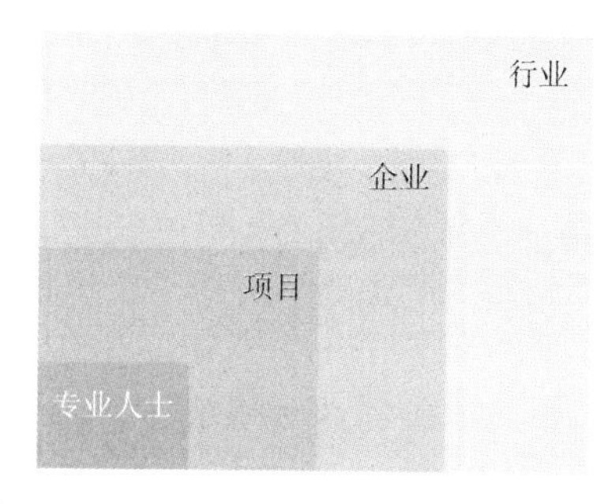

图 1-1　人、项目、企业及整个行业连续性

2）项目的整个生命周期，以及主要利益方的世界观（如图 1-2 所示）。

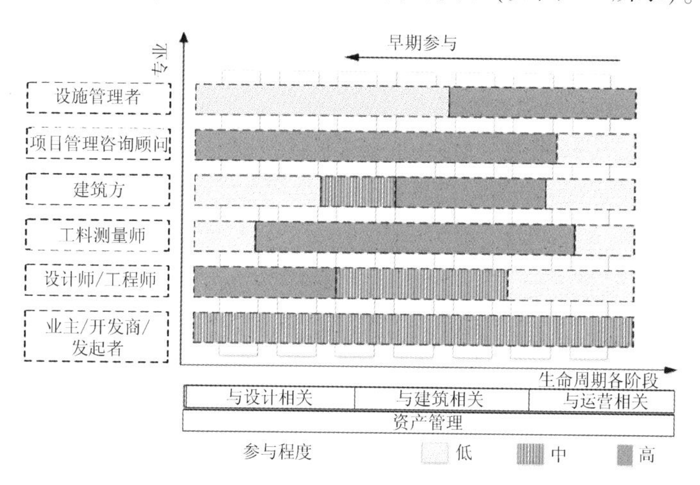

图 1-2　BIM 贯穿于生命周期各阶段以及利益方的观点

3）BIM 与建筑环境基础“操作系统”的联系（如图 1-3 所示）。

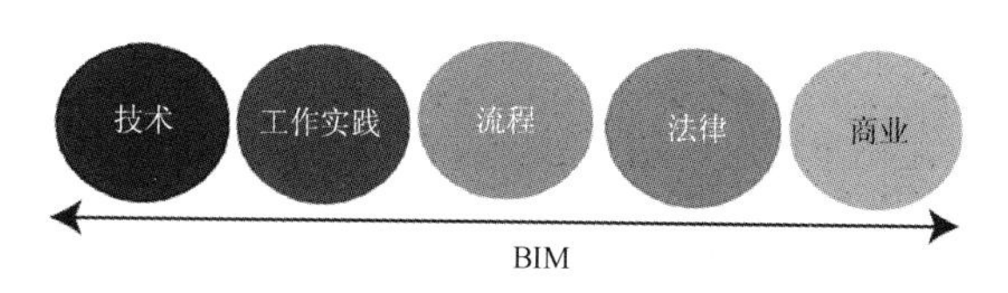

图 1-3　BIM 对项目操作系统的影响

4）项目的交付方式，影响所有项目过程。

1.1.2　BIM 技术特点

真正的 BIM 技术符合以下五个特点。

1. 可视化

可视化即“所见所得”的形式，对于建筑行业来说，可视化的运用非常重要，例如经常看到的施工图纸，只是各个构件的信息在图纸上的线条绘制表达，但是其真正的构造形式需要建筑业参与人员去自行想象。对于简单的东西来说，这种想象也未尝不可，但是近几年建筑业的建筑形式各异，复杂造型不断推出，光靠人脑去想象未免有点不太现实了。BIM 提供了可

视化的思路，将以往的线条式的构件变成一种三维的立体实物图形展示在人们的面前。建筑业也需要将设计形成效果图，但是这种效果图是分包给专业的效果图制作团队进行识读设计制作出的线条式信息，并不是通过构件的信息自动生成的，缺少了同构件之间的互动性和反馈性，而 BIM 的可视化是一种能够在构件之间形成互动性和反馈性的可视化，在 BIM 建筑信息模型中，由于整个过程都是可视化的，所以，可视化的结果不仅可以用于效果图的展示及报表的生成，更重要的是，项目设计、建造、运营过程中的沟通、讨论、决策都可在可视化的状态下进行。

2. 协调性

协调性是建筑业中的重点内容，不管是施工单位还是业主及设计单位，无不在做着协调及配合的工作。一旦项目的实施过程中遇到了问题，就要将各有关人员组织起来进行协调，找到施工问题发生的原因及解决办法，然后做出变更，采取相应补救措施。问题的协调只能在出现问题后进行吗？在设计时，往往由于各专业设计师之间的沟通不到位，出现各种碰撞问题，例如暖通等专业中的管道在进行布置时，由于施工图纸是各自绘制的，真正施工过程中，可能会发生结构设计的梁等构件妨碍管线布置的碰撞问题，像这样的碰撞问题只能在问题出现之后再解决吗？BIM 的协调性服务可以帮助处理这种问题，BIM 建筑信息模型可在建筑物建造前期对各专业的碰撞问题进行协调，生成协调数据。当然 BIM 的协调作用并不是只能解决各专业间的碰撞问题，还可以解决电梯井布置与其他设计布置及净空要求之间的协调，防火分区与其他设计布置之间的协调，地下排水布置与其他设计布置之间的协调等问题。

3. 模拟性

在设计阶段，BIM 可以对设计上需要进行模拟的事物进行模拟实验，例如节能模拟、紧急疏散模拟、日照模拟、热能传导模拟等。在招投标和施工阶段可以进行 4D 模拟（三维模型加项目的发展时间），也就是根据施工的组织设计模拟实际施工，从而确定合理的施工方案来指导施工。同时还可以进行 5D 模拟（基于 3D 模型的造价控制），从而实现成本控制。后期运营阶段可以模拟对日常紧急情况的处理方式，例如地震人员逃生模拟及消防人员疏散模拟等。

4. 优化性

事实上，整个设计、施工、运营的过程就是一个不断优化的过程，当然，优化和 BIM 并不存在实质性的必然联系，但在 BIM 的基础上可以进行更好的优化。优化受三个因素制约，信息、复杂程度和时间。没有准确的信息无法实现合理的优化结果，BIM 模型提供了建筑物实际存在的信息，包括几何信息、物理信息、规则信息，还提供了建筑物变化以后的实际存在。复杂程度高到一定程度，参与人员本身的能力无法掌握所有的信息，必须借助一定的科学技术和设备的帮助。现代建筑物的复杂程度大多超过参与人员本身的能力极限，BIM 及其配套的各种优化工具提供了对复杂项目进行优化的可能。基于 BIM 的优化可以开展如下工作。

1）项目方案优化。把项目设计和投资回报分析结合起来，设计变化对投资回报的影响可以实时计算出来。业主对设计方案的选择不会停留在对形状的评价上，而更多地考虑哪种项目设计方案更有利于自身的需求。

2）特殊项目设计优化。例如裙楼、幕墙、屋顶、大空间等带有异型设计的物体，这些物体看起来占整个建筑的比例不大，但是占投资和工作量的比例和前者相比却往往要大得多，而且通常也是施工难度比较大和施工问题比较多的地方，对这些物体的设计施工方案进行优化，可以带来显著的工期和造价改进。

5. 可出图性

BIM 并不只是为了设计出日常所见的建筑设计图纸，及一些构件加工的图纸，而是通过对建筑物进行可视化展示、协调、模拟、优化以后，帮助业主出如下图纸。

1）综合管线图（经过碰撞检查和设计修改，消除相应错误）。

2）综合结构留洞图（预埋套管图）。

3）碰撞检查侦错报告和建议改进方案。

1.1.3　BIM 模型及模型用途

BIM 建模工具可以用于为项目开发模型。一个项目对应建立一个用于存储所有信息的模型，这是理想的情况，但目前的做法要求每个项目以多个具体专业模型的形式建模，这主要是现有技术导致的。

这些模型结合起来生成一个联合模型，通过该模型为整个项目生成一个中央信息存储器。对于一个典型的建筑项目，联合模型可能包括一个建筑模型、一个结构模型以及其他专业模型，如图 1-4 所示。

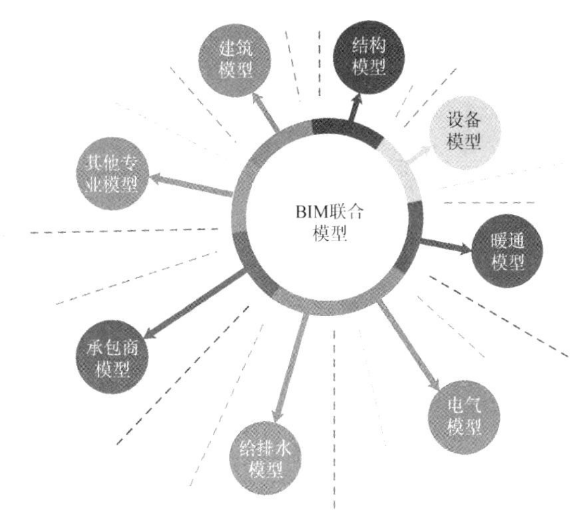

图 1-4　建筑物的联合模型

联合模型包含的各方面信息如图 1-5 所示：业主、建筑咨询顾问、结构工程师、MEP 工程师，以及协助完成业主建筑物建设的承包商和分包商。联合模型的开发以及该模型的管理过程对整个 BIM 过程来说至关重要。

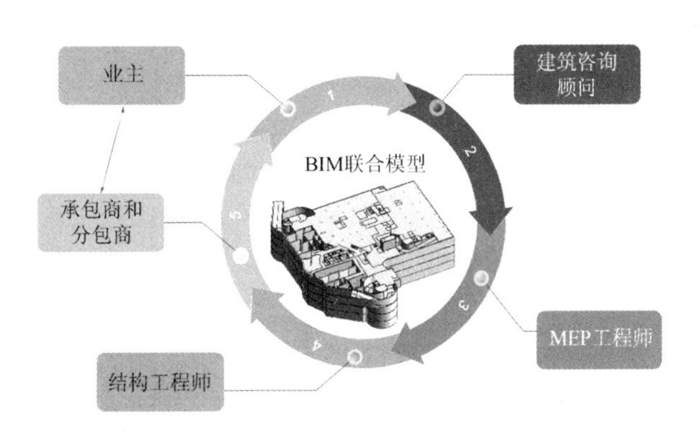

图 1-5　建筑项目中联合模型的应用

有关 BIM 的许多论文都认为，一个简单的模型开发过程能够提供无缝模型共享和推进。例如，一个建筑物的建筑师开发了一种“建筑模型”，此模型可无缝传输给结构设计师，结构设计师获取该模型，并且可以毫不费力地将此模型转换为“结构模型”。其他设计咨询顾问也是如此，事实上，这也同样适用于承包商。图 1-6 显示的是建筑产业中遵循的一种典型过程。

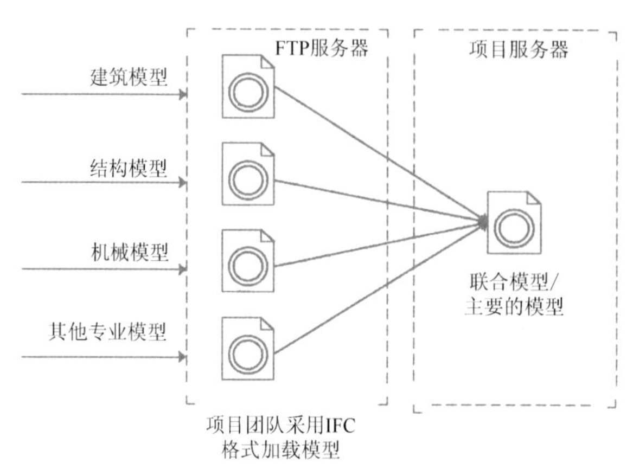

图 1-6　基于 FTP 的模型共享

虽然此系统在大多数情况中都起作用，但也不能称为综合 BIM 过程。理想的情况是，围绕此模型开发与进展过程执行的协调、协作和沟通都能实现无缝衔接与整合。

此过程实际上应是实时发生的。如果项目团队决定通过部署 BIM 服务器统一此过程，则可以实现实时进展。服务器将模型置于核心位置，使项目团队能够以一种综合、协调的方式工作，图 1-7 为一种 BIM 服务器示例。

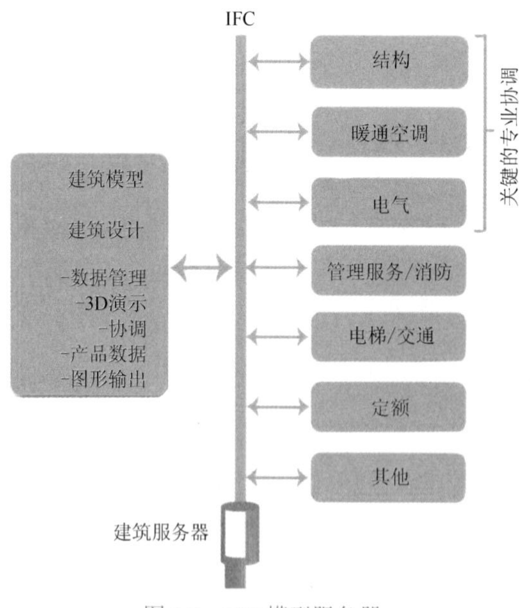

图 1-7　IFC 模型服务器

1.1.4　BIM 与项目生命周期

实践经验已经充分表明，仅在项目的早期阶段应用 BIM 将会限制其发挥效力，而不会提供企业寻求的投资回报。图 1-8 显示的是 BIM 在一个建筑项目的整个生命周期中的应用。重要的是，项目团队中负责交付各种类别、各种规模项目的专业人士应理解“从摇篮到摇篮”的项目周期各阶段的 BIM 过程。理解 BIM 在“新建不动产或者保留的不动产”之间的交叉应用也非常重要。

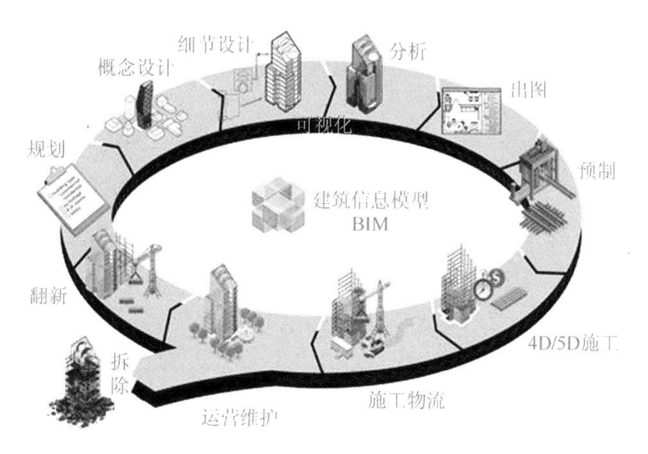

图 1-8　项目生命周期各阶段以及 BIM 应用

开发一个包含项目周期各阶段、各阶段关键目标、BIM 目标、模型要求以及细化程度（发展程度）的矩阵是成功实施 BIM 的重要因素。

1.2　基于 BIM 的虚拟建造技术简介

在传统的建筑施工作业中，各阶段之间的沟通不畅以及相互之间协作能力较差，往往形成一边施工一边改的状况，造成了人力、物力以及财力的大量浪费。而利用 BIM 的全生命周期虚拟建造技术所提供的施工模拟功能，可以大幅改善这些问题。

一个项目在施工进场时，首先要面对的是如何对整个项目的施工场地进行合理布置。合理的场地布置能避免将来大型机械和临时设施反复调整平面位置，最大限度地利用大型机械设施的性能，同时，便于对物流材料进行需求分析，合理地安排材料进场和材料堆放，对现场人流进行合理的规划，保证流水作业。

1.2.1　BIM 虚拟建造技术应用的优势

BIM 虚拟建造技术应用在实际施工作业中具有以下几点优势。

1. 减少投入，降低成本

在传统施工建造中，施工中出现的各种问题基本都是在具体施工过程中发现的，而且往往很难通过局部范围修改来解决，因此造成了大量的返工甚至是推倒重来，既浪费了人力、物力，还延误了工期。而今可以利用 BIM 技术建立可视化的 3D 施工模型，将工程施工中可能遇见的问题通过可视化 3D 模型进行反馈，并且将建筑构件的数据信息以及属性等导入模型之中，通过数据的比对，制定一套切实可行的施工方案，再配合现场检测等技术，大大提高建筑质量，减少安全、返工以及整改等问题。

2. 可视化强，及时调整

以往的项目施工依靠单一的施工图纸再配合施工人员的个人经验与能力进行具体作业，受到较多技术制约，同时往往因施工人员能力不足而造成读图不详细、项目质量差、施工效率低下等问题。现在可通过 BIM 的施工模拟将建筑中的构件按照现实尺寸导入 BIM 软件之中，再通过 BIM 软件进行模拟，找出理论施工与实际施工中存在的真实差距。同时，通过 BIM 施工模拟之后，现场施工单位可以尽早发现施工中的问题，及时进行调整，避免后期大量返工。

3. 便于沟通，方便协作

以前在施工中，施工方、监理方、业主方的领导很多都是非工程专业出身，对于专业的二维图纸理解不足，容易造成对施工环节的误解，以及各方之间沟通的障碍。而 BIM 模型是完全可视化的，可以将建筑中的各个环节以及诸多的构件一一展示在各方眼前，大家可以在统一的环境下进行沟通与交流，这样大大提高了沟通效率，让各方对于项目的各种问题与状况有全面及时的了解。

4. 过程展示，真实直观

以前的效果展示只是停留在视觉效果上，例如应用 SketchUp 进行效果图的展示，缺乏真实性。而通过 BIM 施工模拟可以将建筑施工过程中所遇见的问题以及处理方式进行真实展现，因为模型中包含了大量的数据而且是与现实工程中完全一致的，这样就给人以更加真实的感觉。通过配合现在的信息技术，例如 VR（虚拟现实），可以让人有种身临其境的感觉，大大提高施工模拟的可操作性与冲击感。

近些年，随着我国对于 BIM 技术的应用与推广，很多地方性政策逐步出台，而 BIM 也在这些政策推动下快速发展，相信不久的将来将成为我国建筑信息的一把利器。

1.2.2 虚拟建造技术包含的内容

目前，基于 BIM 的虚拟建造技术主要包括虚拟装配技术、施工模拟（虚拟施工）和施工现场临建规划设计等。

1. 虚拟装配技术的应用

我国建筑业规模的连年增长为虚拟装配技术的发展和应用带来新机遇新挑战，建筑虚拟装配行业本身是一个需要大量技术支持和规模化效应的行业，无论是设计还是设备制造或者生产安装，都需要成熟的技术做支撑。

基于 BIM 的虚拟装配技术的应用主要指 PC 混凝土构件的虚拟装配、钢结构构件的虚拟装配、建筑幕墙的构件拼装以及机电设备构件的虚拟装配等。下面介绍常见的两种虚拟装配技术的应用：混凝土构件的虚拟装配和钢结构构件的虚拟装配。

（1）PC 混凝土构件的虚拟装配

预制混凝土建筑（Precast Concrete，PC）又称“装配式混凝土建筑”，是由墙板、叠合楼板、楼梯及阳台等混凝土预制构件组成，在施工现场拼装后，采用墙板间竖向连接缝现浇、上下墙板间主要竖向受力钢筋灌浆套筒连接以及楼面梁板叠合现浇形成整体的一种结构形式。

在混凝土预制构件生产完成后，将构件的某些实际数据（如预埋件的实际位置、窗框的实际位置等参数）及时反馈到 BIM 模型中，然后对构件的 BIM 模型进行修正。在预制构件出厂前，通过 BIM 建模和施工模拟软件对修正后的预制构件进行虚拟装配，如图 1-9 所示。在虚拟装配过程中若安装精度的影响可控并符合实际装配要求，则可出厂进行现场安装，如图 1-10 所示。反之，不合格的预制构件需要重新加工。

图 1-9　BIM 虚拟装配

图 1-10　施工现场拼装

（2）钢结构构件的虚拟装配

钢结构建筑是以工厂生产的钢构件作为承重骨架，以新型轻质、保温、隔热、高强的墙体材料作为围护结构而构成的居住类建筑。预制装配式钢结构建筑具有模块化、标准化的特点，适应工业化需求，且抗震性能优越、施工周期短、钢材可回收、综合技术经济指标好。

通过 BIM 软件建立钢结构数字化虚拟装配，可以改进钢结构构件的制作，优化现场施工的装配方案，减少因设计盲点及其他因素导致工程返工而引发的不必要的经济损失，提高施工效率，如图 1-11 所示。

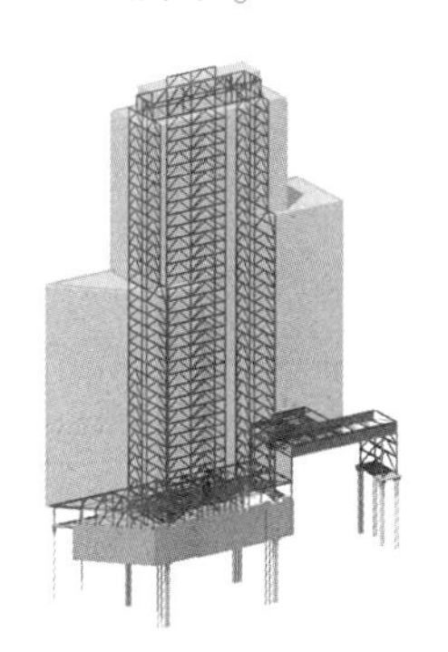

图 1-11　BIM 钢结构虚拟装配与现场构件装配

2. 施工模拟技术的应用

面对结构越来越复杂的异形建筑，传统的建筑施工技术已不能满足这些需求，随着计算机仿真技术的应用，建筑业提出了施工模拟（虚拟施工）的概念。

施工模拟及时将建造过程在计算机上虚拟出来，如图 1-12 所示，进而发现存在于施工过程中的问题。这项技术融合了虚拟现实、计算机辅助设计等相关技术，在高性能计算机硬件等相关设备的基础上，针对施工过程中的人、财、物全过程展开三维模拟，从而更好地为参与方提供一种可以多次重复的试验方法，促进施工水平的提高。

施工模拟技术应用的优势包括以下几个方面。

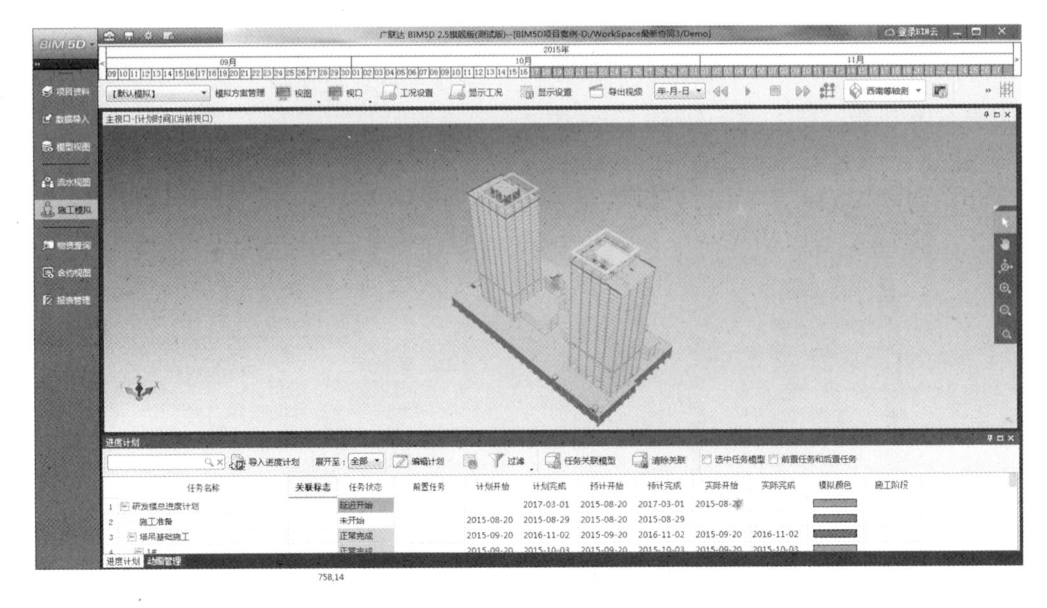

图 1-12　BIM 施工模拟

1）采用施工模拟技术对建设工程进行管理，管理层可以随时对现场信息进行了解，减少沟通上的成本，实现集约化的管理，极大程度地提高工作效率与管理水平，同时降低施工管理费用。

2）随着项目越来越复杂，设计施工返工往往造成成本的增加，为了解决这一问题，将施工模拟技术引入施工管理中，详细地展现工程的相关空间信息，更好地发现存在于设计和施工中的问题，避免返工的出现。利用 BIM 模型进行检查，可以提前发现设计中的问题，并利用虚拟仿真技术形成预应力钢筋排布模拟方案，避免后期返工的发生。

3）施工模拟技术主要利用 BIM 技术中的关联数据库，在最短时间内获得有关工程数据的实物量，进而更好地为采购计划的制定提供准确的数据支撑，更好地为项目成本管控提供技术上的保证。

4）在传统施工过程中很难对项目支出费用、合同应付款项等进行实时统计，也不能根据形象进度对图纸进行变更，以获取合同规定工程量，利用施工模拟技术，结合 BIM 技术关联数据库可以对参数区域进行确定，促进过程三算对比的实现，从而更好地为数据指导生产提供重要依据。

5）施工模拟以 BIM 技术模型为基础，对施工方案进行优化，提前发现存在于施工过程中的难点问题，并可在相关的 BIM 施工模拟软件的帮助下，对现场施工工艺流程进行渲染，将显示情况虚拟展示出来，使复杂的空间设计变得非常直观，以便现场施工人员深入理解、有效解决施工错误。

6）施工模拟技术对建设工程中使用的材料和施工技术进行详细的记录，可以利用过程进行模型以重现施工过程，从而便于检查与改进，参建各方的质量意识将因此而得到提高。

3. 施工现场临建规划设计

施工现场的临建规划包括施工机械的设施规划、现场物流规划和现场人流规划。通过 BIM 技术进行施工现场的三维地形建模和现场设施、设备的创建，选择合适的施工技术方案，以便提前解决施工工程中可能存在的各种问题。

1.3 实施虚拟建造与施工模拟的 BIM 软件

在实施虚拟建造技术和施工模拟技术的过程中，需要使用 BIM 相关的软件进行数字模型的创建和动态仿真。下面介绍一些常用的 BIM 软件。

1.3.1 Autodesk Revit 2021 软件

Autodesk Revit 2021 是一款三维建筑信息模型建模软件，适用于建筑设计、MEP 工程、结构工程和施工领域。

当一幢大楼完成打桩基础（包含钢筋）、立柱（包含钢筋）、架梁（包含钢筋）、倒水泥板（包含钢筋）、结构楼梯浇注等框架结构建造后（此阶段称为结构设计），接下来就是砌砖、抹灰浆、贴外墙内墙瓷砖、铺地砖、吊顶、建造楼梯（非框架结构楼梯）、室内软装布置、室外场地布置等施工建造作业（此阶段称为建筑设计），最后阶段是进行强电安装、通风系统、供暖设备、供水系统等设备的安装与调试，这就是整个建筑地产项目的完整建造流程。

Revit 软件是由 Revit Architecture（建筑）、Revit Structure（结构）、Revit MEP（设备）三款软件组合成一个操作平台的综合建模软件。

Revit Structure 结构模块是用于建筑项目第一阶段的结构设计的专业模块，图 1-13 为某别墅建筑项目的结构表达。建筑结构主要表达房屋的骨架构造的类型、尺寸、使用材料要求和承重构件的布置与详细构造。Revit Structure 可以出结构施工图图纸和相关明细表。

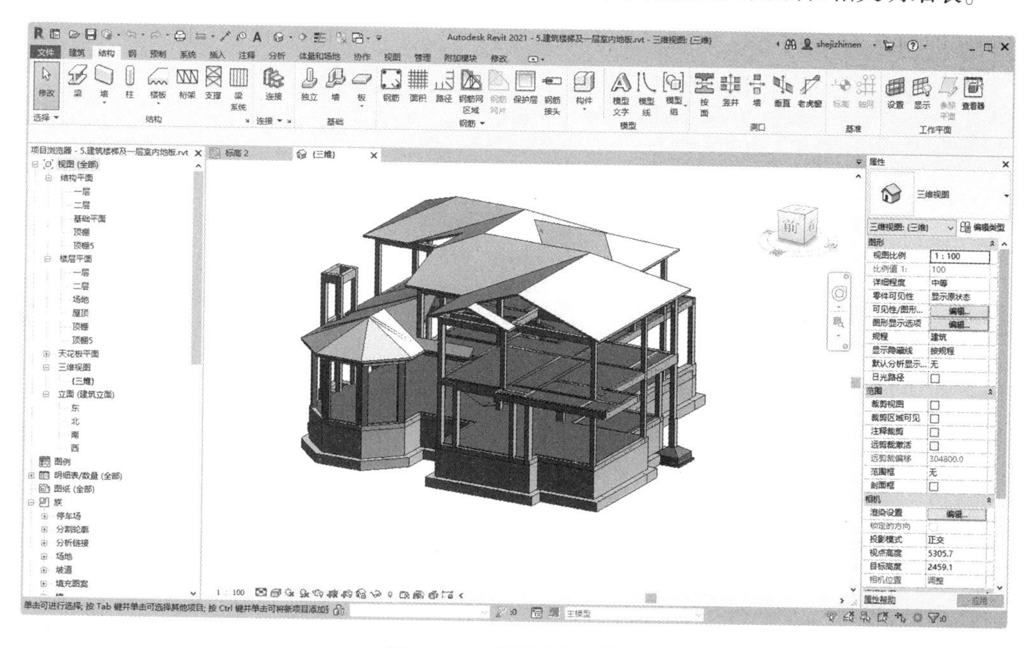

图 1-13　某别墅建筑结构

Revit Structure 结构模块还包括钢结构设计模组，图 1-14 为 Revit 钢结构设计模组和某钢结构厂房的装配模型。

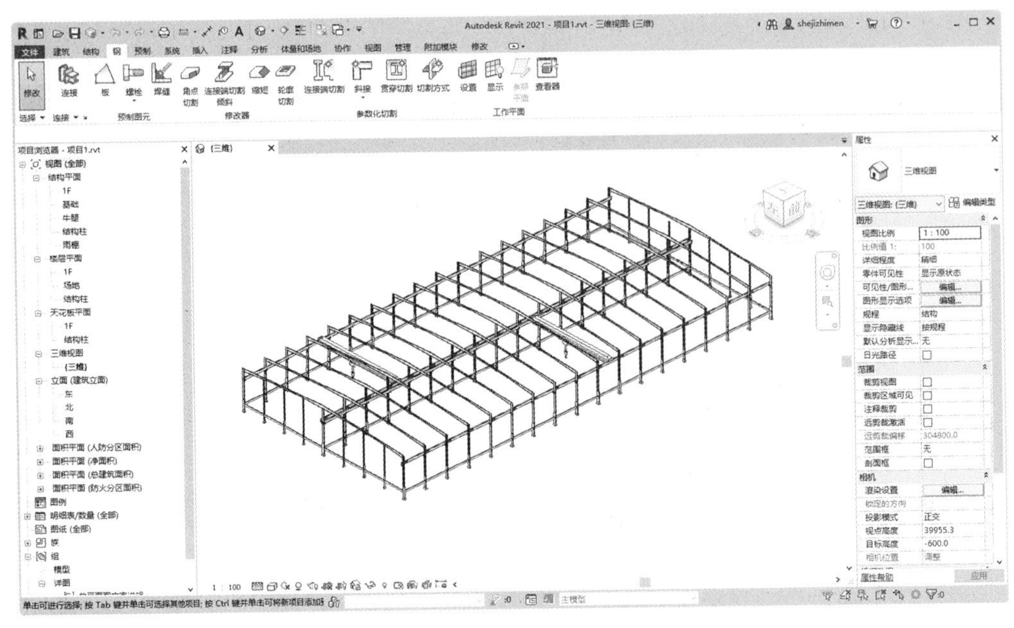

图 1-14　钢结构厂房装配模型

全新的 Autodesk Revit 2021 将装配式结构设计功能（结构预制插件）整合到了 Revit 中，图 1-15 为利用结构预制插件设计的装配式建筑。

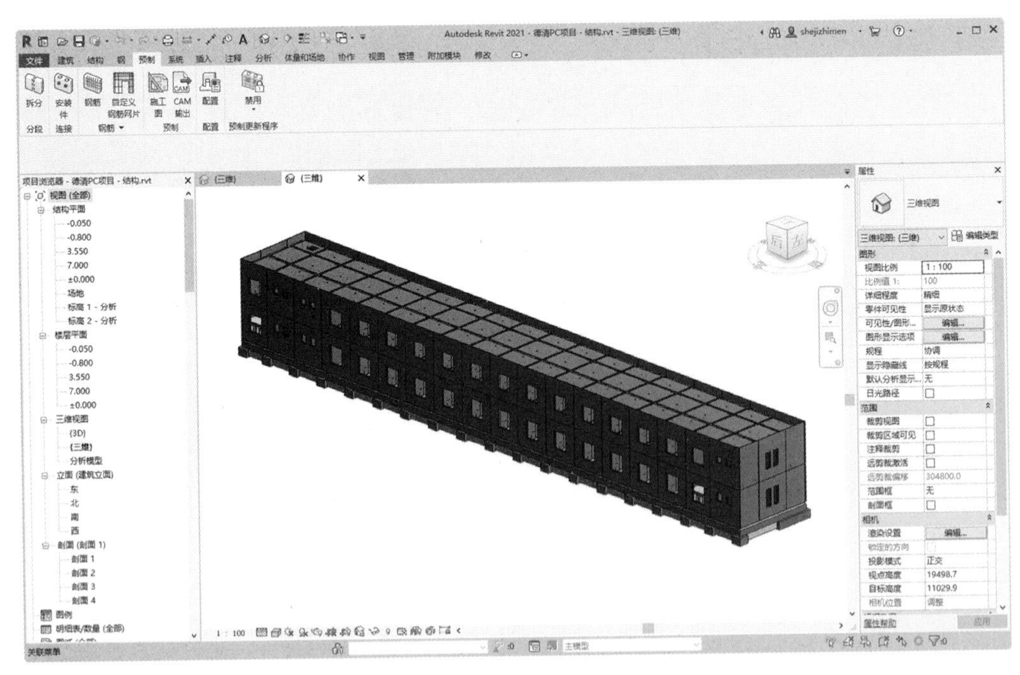

图 1-15　结构预制插件的应用

1.3.2 鸿业装配式建筑设计软件

鸿业装配式建筑设计软件是针对装配式混凝土结构、基于 Revit 平台的二次开发软件，考虑从 Revit 模型到预制件深化设计及统计的全流程设计。鸿业装配式设计软件集成了国内装配式规范、图集和相关标准，能够快速实现预制构件拆分、编号、钢筋布置、预埋件布置、深化出图（含材料表）及项目预制率统计等，形成了一系列符合设计流程、提高设计质量和效率、解放装配式设计师的功能体系。

Revit 中的装配设计功能有许多优势，但也有 BIM 模型数据上的缺陷，具体如下。

1）装配式模型信息量大，Revit 体量过大。

2）Revit 平台钢筋绘制不够简便，预制件需要绘制大量钢筋。

3）出图体量大，Revit 平台的批量打印功能有限。

4）钢筋表生成烦琐，钢筋加工图需手工绘制。

5）预制率统计各地算法有差异，手动设定属性计算操作烦琐，计算结果不准确。

利用鸿业装配式建筑设计软件可以很好地解决上述问题。

图 1-16 为利用鸿业装配式设计软件创建的某住宅项目的 BIM 模型。

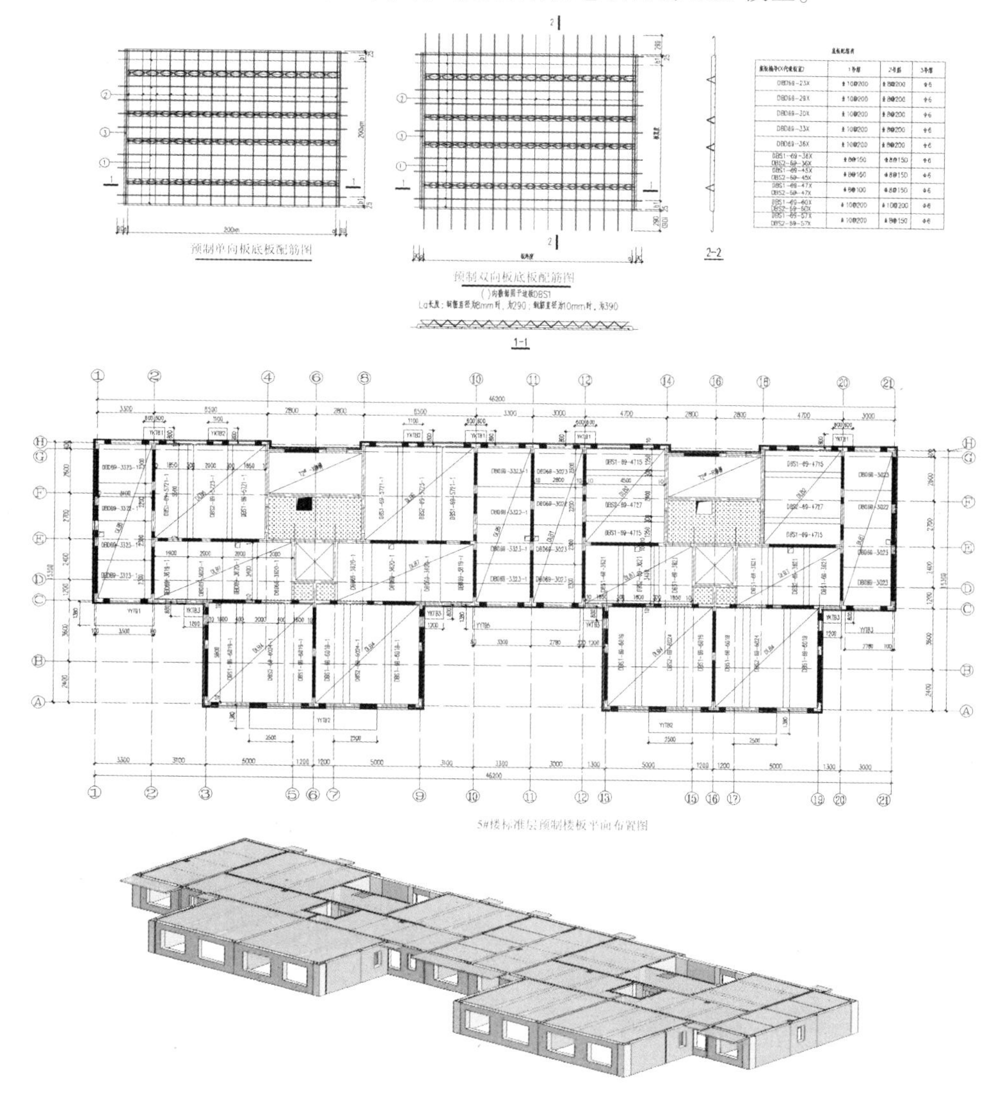

图 1-16　利用鸿业装配式建筑设计软件创建的某住宅项目 BIM 模型

1.3.3 广联达 BIM 模板脚手架设计软件

广联达 BIM 模板脚手架设计软件是一款可以代替技术人员手工设计模架方案的软件，满足可视化模板设计、外架设计、模板支撑设计、高支模自动识别、安全计算书自动生成等需求，集模板设计、外脚手架设计、模板支架设计于一体。图 1-17 为广联达 BIM 模板脚手架设计软件的界面环境。

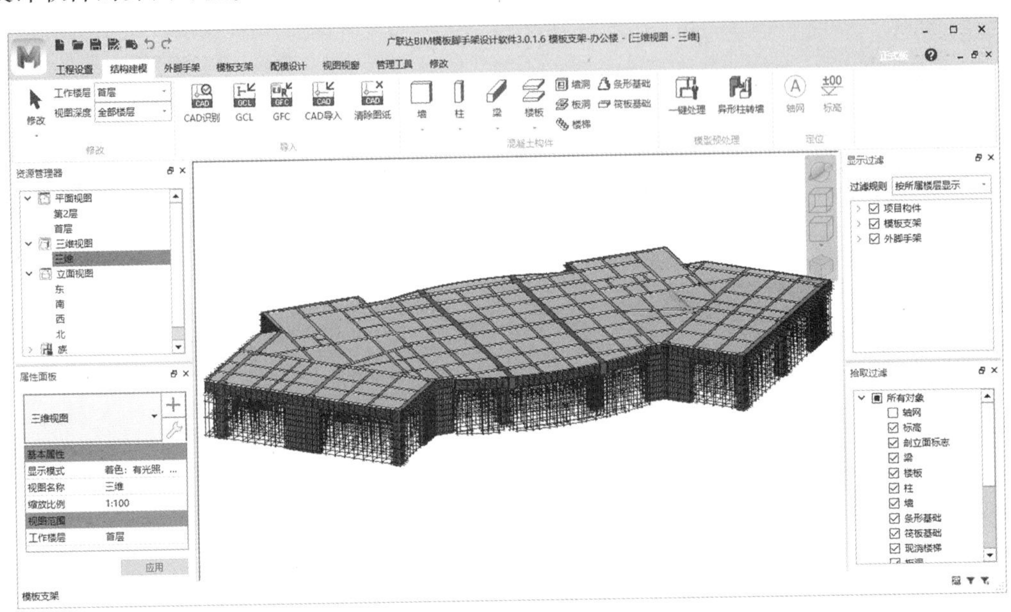

图 1-17　广联达 BIM 模板脚手架设计软件的界面环境

广联达 BIM 模板脚手架设计软件的主要功能介绍如下。

1. 结构建模

提供高效导入 Revit、GCL、CAD、GTJ 模型及参数化主体结构构件建模功能（图 1-18 为酒店项目模型），用户可以轻松开始模架 BIM 设计，并将成果模型导出为高清图片或 3D 模型。

2. 外脚手架

外脚手架功能可以快速智能地生成架体，智能创建支撑和剪刀撑。外脚手架功能支持两种架体形式：扣件式和盘扣式。图 1-19 为已创建外脚手架的某酒店项目。

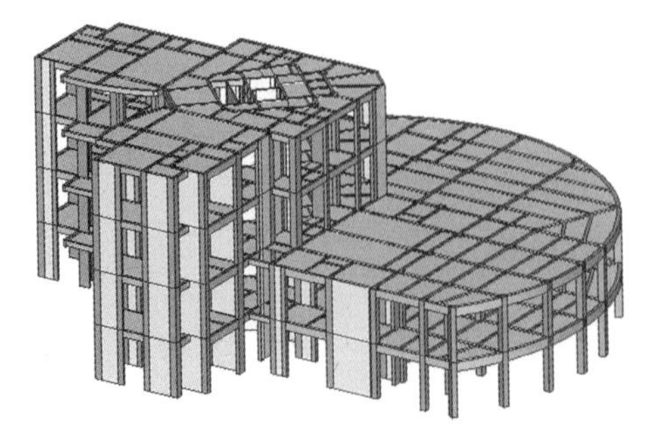

图 1-18　结构建模

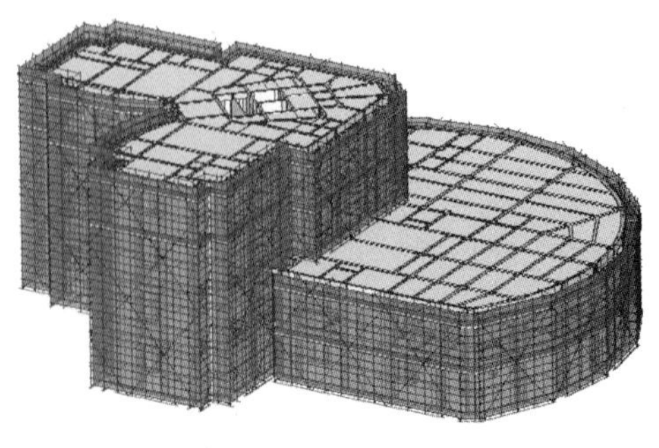

图 1-19　外脚手架

3. 模板支架

模板支架设计功能可解决实际项目中建筑立面平面凹凸、立面高低错落时外架需要连续排布的设计场景。基于架体分块，可做到任意排数的架体混合连续排布，弧形外架自动拟合为折线，落地支撑和悬挑支撑自由编辑。图 1-20 为某小区住宅楼的模板支架。

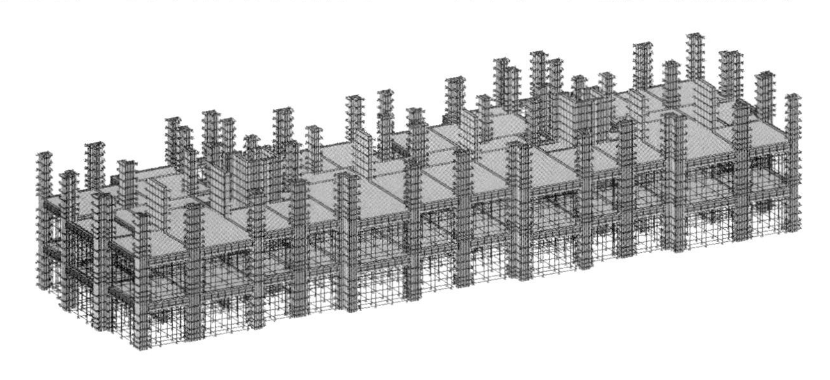

图 1-20　模板支架

1.3.4　广联达 BIM 施工现场布置软件

广联达 BIM 施工现场布置软件主要专注于三维仿真和施工模拟的轻量级 BIM 产品，在投标、施工策划、施工管理中都能给用户带来巨大的价值，表现如下。

- 在投标时：协助客户快速做出三维策划图，如果有 BIM 加分项还能获得额外加分，如果有述标环节还能制作路线漫游和航拍视频，给述标环节增加亮点。
- 在策划阶段：协助客户进行可视化的策划设计，所见即所得的策划，有效规避策划问题带来的不必要的损失；实时的算量（也可以修改内置价格、出总价），便于策划阶段从技术和经济两个纬度进行实时的分析。
- 在施工阶段：通过虚拟施工，以航拍视频以及视点保存、增加备注的方式，形象地向领导或甲方汇报当前的施工情况，也可以通过这种方式将施工关键点向对应的负责人进行介绍。
- 在做观摩项目时：配合 VR 设备让观众提前走进场地策划的场景，还可以配合安全教育软件，加入危险源，更加逼真地进行安全教育，体现公司的科技水平。

图 1-21 为利用广联达 BIM 施工现场布置软件创建的毛皮鞋深加工项目施工现场布置效果图。

图 1-21　某项目施工现场布置效果图

1.3.5 广联达 BIM5D 施工模拟软件

广联达 BIM5D 以 BIM 平台为核心，集成全专业模型，并以集成模型为载体，关联施工过程中的进度、合同、成本、质量、安全、图纸、物料等信息，为项目提供数据支撑，实现有效决策和精细管理，从而达到减少施工变更、缩短工期、控制成本、提升质量等目的。图 1-22 为利用广联达 BIM5D 软件对某住宅楼项目的施工模拟。

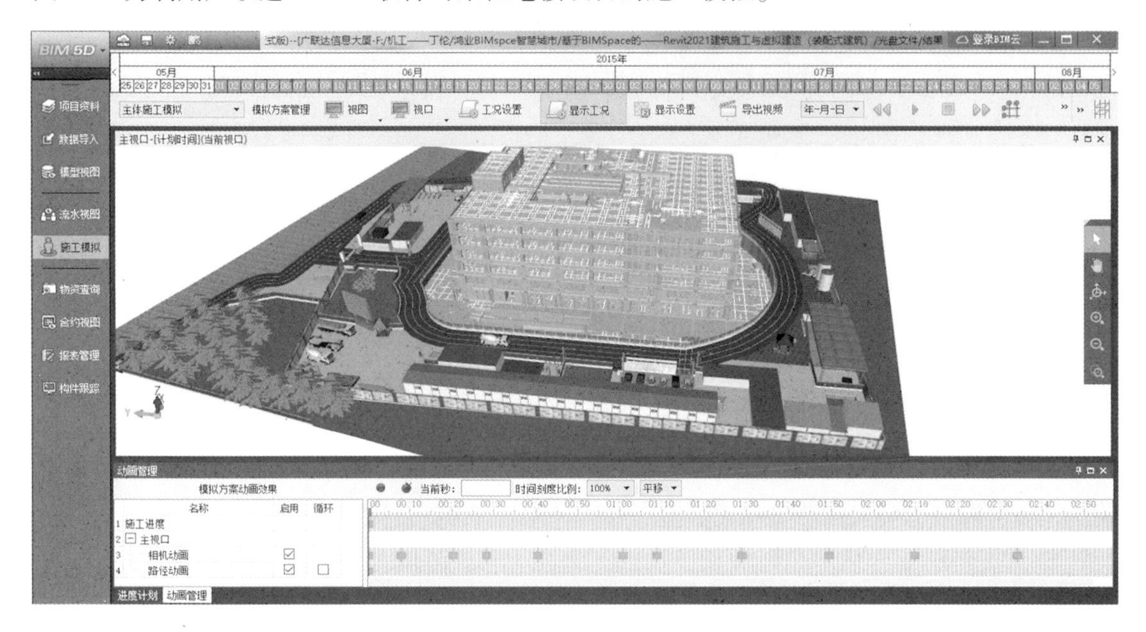

图 1-22 BIM5D 施工模拟

1.3.6 Lumion 漫游动画与场景渲染软件

Lumion 是荷兰 Act-3D 公司的产品，是一个实时的 3D 可视化工具，用来制作电影和静帧作品，涉及的领域包括建筑景观、城市规划和室内设计。Lumion 的强大之处在于它能够提供优秀的图像，并将快速和高效工作流程结合在一起，为用户节省时间、精力和金钱。

Lumion 大幅降低了高清视频的制作时间，在几秒钟内，用户可以以视频或图像形式可视化具有逼真背景和惊人艺术感的 CAD 模型。

用户利用 Lumion 具备的 3D 景观设计功能可以直接浏览结果，无须等待渲染，极大地提高了工作效率。新增的 LiveSync 功能，能够同时进行建模和渲染操作，方便设计者实时查看效果，同时提供了上百种逼真的材料，兼容性极强，支持市面上多款主流的建模软件的模型导入，带来更加逼真出色的渲染效果。这款软件简单易学，无须长时间培训就可以快速创建令人惊叹的图像、视频和 360°全景图。

Lumion 包括 39 个预先配置的 HDR 天空环境，软件内置可定制的 3D 草、大气雨雪、地毯和织物等材料，包括可更新的 100 多种新材料和 600 多种新物体，是世界上运行速度最快的建筑师 3D 渲染软件之一。图 1-23 为利用 Lumion 对施工场地布置模型的渲染效果。

图 1-23　Lumion 中的场景渲染效果

第 2 章

Revit 混凝土结构设计

本章导读

本章我们将学习如何利用 Revit 2021 软件进行建筑结构设计，结合实际项目的 BIM 模型的创建过程，全程介绍 Revit 中的结构设计功能。

案例展现

案例图	描述
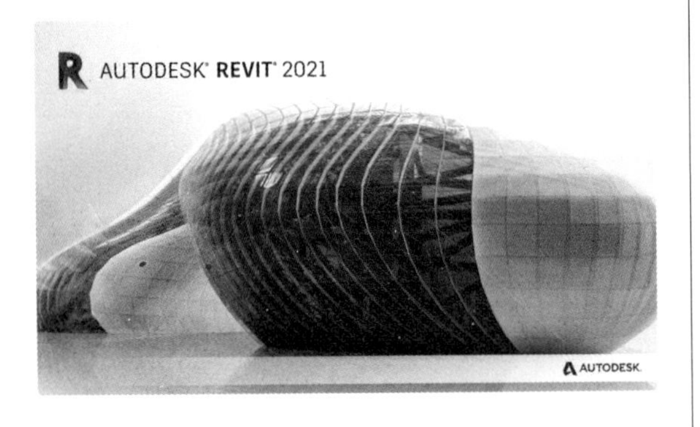	Autodesk Revit 2021 是一款三维建筑信息模型建模软件，适用于建筑设计、MEP 工程、结构工程和施工领域
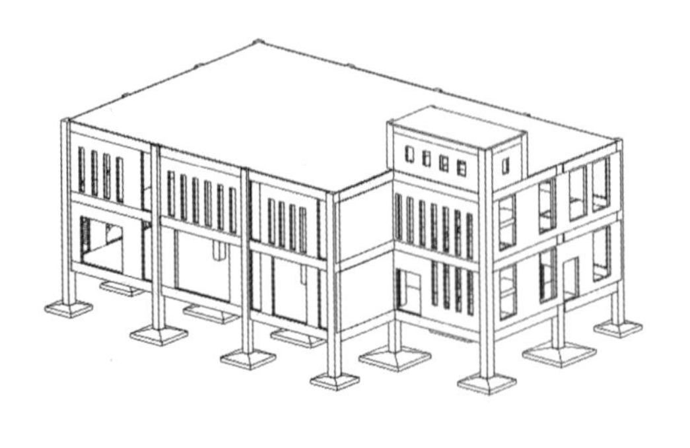	罗免民族中学食堂项目建筑总面积为 965.13m^2，建筑结构形式为两层框架剪力墙结构，无透明屋顶及架空、外挑楼板。基础形式为柱下独立基础，整个项目结构设计内容包括地下层结构设计、地上层结构设计及结构楼梯设计

2.1 Revit 建筑结构设计基础

建筑结构是房屋建筑的骨架，该骨架由若干基本构件通过一定连接方式构成，能安全可靠地承受并传递各种荷载和间接作用。

“作用”是指能使结构或构件产生效应（内力、变形、裂缝等）的各种原因的总称。作用可分为直接作用和间接作用。

2.1.1 建筑结构类型

在房屋建筑中，组成结构的构件有板、梁、屋架、柱、墙、基础等。

1. 按体型划分

建筑结构按体型划分包括单层结构、多层结构（一般为 2 ~ 7 层）、高层结构（一般为 8 层以上）及大跨度结构（跨度为 60m 以上）等，如图 2-1 所示。

单层结构

多层结构

高层结构

大跨度结构

图 2-1　按体型划分的建筑结构

2. 按材料划分

按材料划分，建筑结构包括钢筋混凝土结构、钢结构、砌体结构、木结构及塑料结构等，如图 2-2 所示。

钢筋混凝土结构

钢结构

砌体结构

木结构

塑料结构

图 2-2　按建筑材料划分的建筑结构类型

3. 按结构形式划分

按结构形式划分，建筑结构可分为墙体结构、框架结构、深梁结构、筒体结构、拱结构、网架结构、空间薄壁（膜）结构（包括折板）、钢索结构、舱体结构等，如图 2-3 所示。

图 2-3　按结构形式划分的建筑结构类型

2.1.2　结构柱、结构梁及现浇楼板的构造要求

构造要求如下。

1）异型柱框架的构造按 06SG332-1 国家建筑标准设计图集，梁钢筋锚入柱内的构造按《构造详图》施工。

2）悬挑梁的配筋构造按《构造详图》施工，凡未注明的构造要求均按 11G102-1 标准图集施工。

3）现浇板内未注明的分布筋均为 6@200。

4）结构平面图中板负筋长度是指梁、柱边至钢筋端部的长度，下料时应加上梁宽度。

5）双向板的钢筋，短向筋放在外层，长向筋放在内层。

6）楼板开孔：300≤洞口边长＜1000 时，应设钢筋加固，如图 2-4 所示；当边长小于 300 时可不加固，板筋应绕孔边通过。

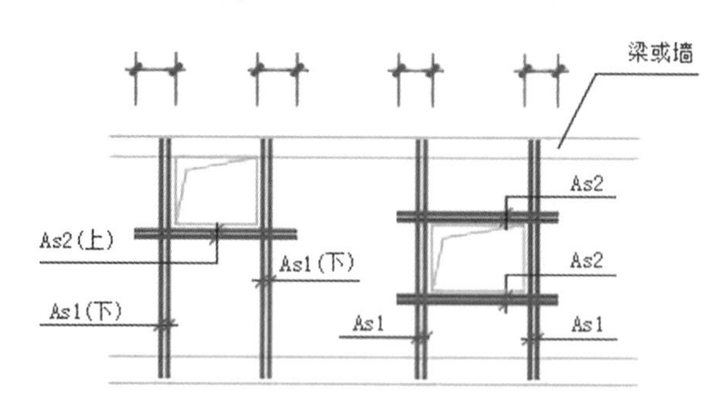

图 2-4　板上方洞加筋

7）孔壁图中未单独画出时，屋面检修孔按图 2-5 施工。

8）现浇板内埋设机电暗管时，管外径不得大于板厚的 1/3，暗管应位于板的中部。交叉管线应妥善处理，管壁至板上下边缘净距应不小于 25mm。

9）现浇楼板施工时应采取措施确保负筋的有效高度，严禁踩压负筋。混凝土应振捣密实并加强养护，覆盖保湿养护时间不少于 14 天。浇注楼板时如需留缝，应按施工缝的要求设置，防止楼板开裂。楼板和墙体上的预留孔、预埋件应按照图纸要求预留、预埋。安装完毕后孔洞应封堵密实，防止渗漏。

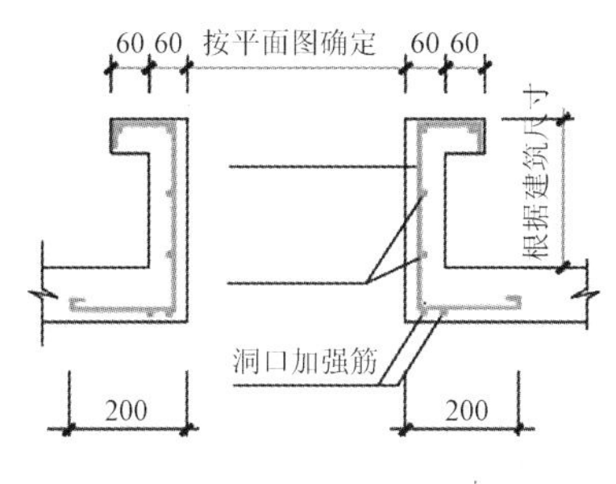

图 2-5　检修孔剖面

10）钢筋混凝土构造柱的施工采用 12G62-1 图集要求，构造柱纵筋应预埋在梁内并外伸 500，如图 2-6 所示。

11）现浇板的底筋和支座负筋伸入支座的锚固长度按图 2-7 施工。

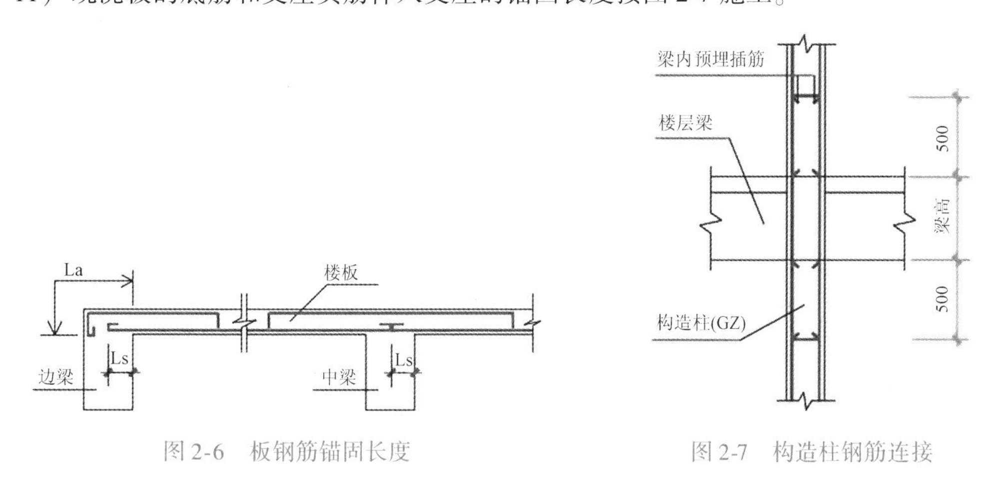

图 2-6　板钢筋锚固长度

图 2-7　构造柱钢筋连接

12）构造柱的混凝土后浇、柱顶与梁底交界处预留空隙 30mm，空隙用 M5 水泥砂浆填充密实。

2.1.3　Revit 结构设计界面

Revit 2021 具有模块三合一的简洁型界面，通过功能区可进入不同的选项卡。Revit 2021 界面包括主页界面和工作界面。

1. 主页界面

启动 Revit 2021，弹出如图 2-8 所示的主页界面。Revit 2021 的主页界面保留了 Revit 旧版本软件的【模型】和【族】的创建入口功能。

主页界面的左侧区域包括两个选项组：【模型】选项组和【族】选项组。

主页界面的右侧区域有两个图例区域：【模型】图例和【族】图例，用户可以在这两个图例区域中选择 Revit 提供的项目文件或族文件，进入到工作界面中进行学习。

(1)【模型】选项组

“模型”就是指建筑工程项目的模型，要建立完整的建筑工程项目，就要开启新的项目文件或者打开已有的项目文件进行编辑。

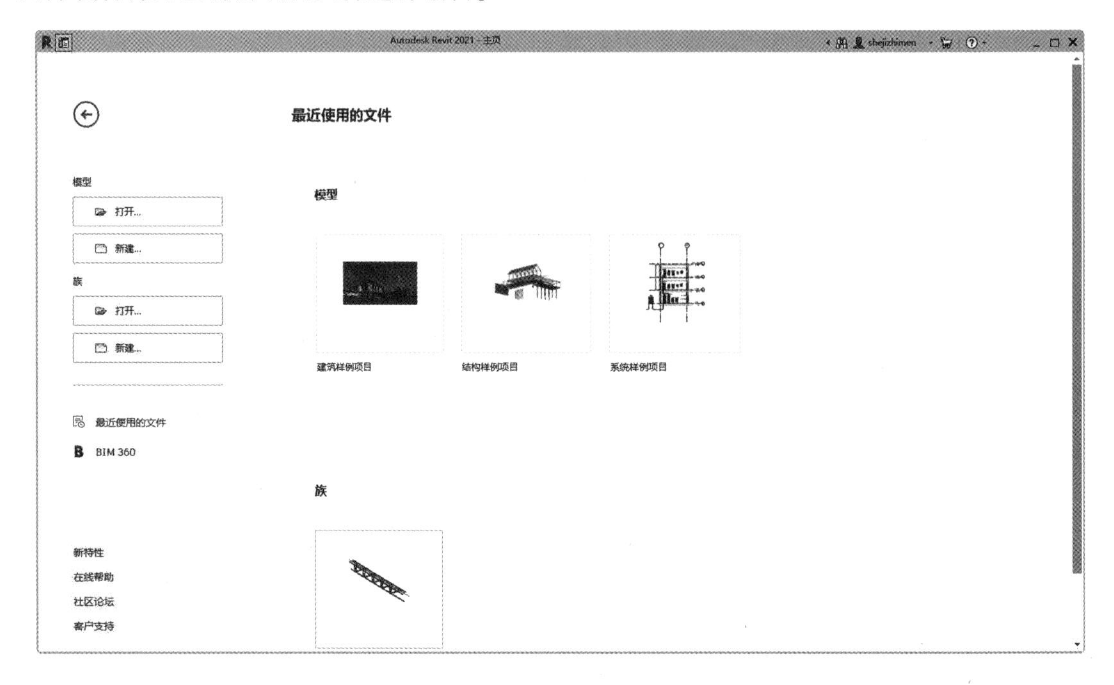

图 2-8　Revit 2021 主页界面

【模型】组中选项包含了【打开】按钮和【新建】按钮，用于打开 Revit 项目文件或新建项目文件。模型样板为新项目提供了起点，包括视图样板、已载入的族、已定义的设置（如单位、填充样式、线样式、线宽、视图比例等）和几何图形（如果需要）。

单击【新建】按钮，弹出【新建项目】对话框，如图 2-9 所示。

在对话框的【样板文件】列表中提供了若干项目样板，用于不同的规程和建筑项目类型，如图 2-10 所示。

图 2-9　【新建项目】对话框

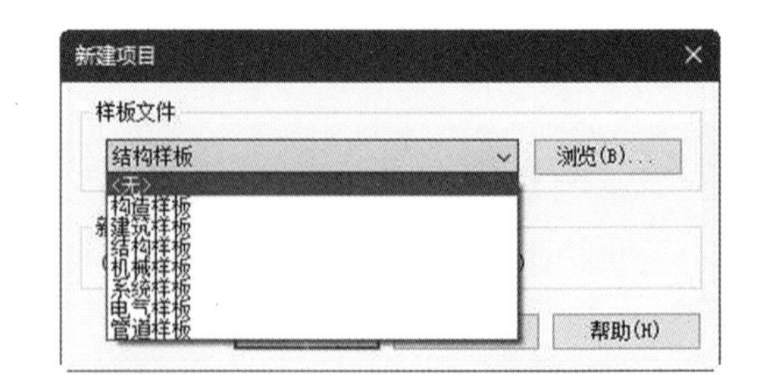

图 2-10　Revit 项目样板

模型样板之间的差别其实是由设计行业需求不同决定的，同时也体现在【项目浏览器】中的视图内容不同。建筑样板和构造样板的视图内容是一样的，也就是说这两种模型样板都可以进行建筑模型设计，出图的种类也是最多的，图 2-11 为建筑样板与构造（构造设计包括零件设计和部件设计）样板的视图内容比较。

其余的电气样板、机械样板、卫浴样板、结构样板等视图内容如图 2-12 所示。

建筑样板的视图内容　　构造样板的视图内容

图 2-11　建筑样板与构造样板的视图内容比较

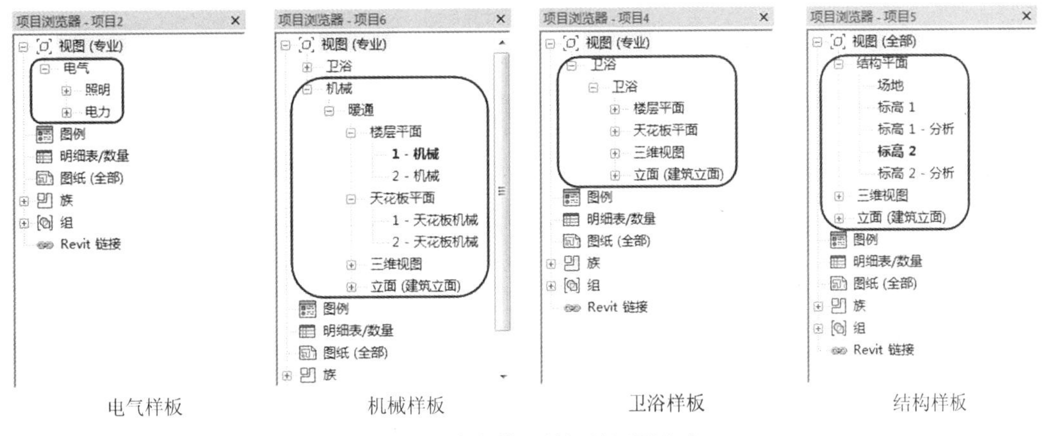

电气样板　　机械样板　　卫浴样板　　结构样板

图 2-12　其余模型样板的视图内容

（2）【族】选项组

族是一个包含通用属性（称作参数）集和相关图形表示的图元组，常见的族包括家具、电器产品、预制板、预制梁等。

在【族】组中，包括【打开】和【新建】两个命令。单击【新建】按钮，弹出【新族-选择样板文件】对话框。通过此对话框选择合适的族样板文件，进入到族设计环境中进行族的设计。

2. 工作界面

Revit 2021 工作界面沿袭了 Revit 2014 版本以来的界面风格。在欢迎界面的【模型】组中选择一个模型样板或新建模型样板，进入到 Revit 2021 工作界面中，图 2-13 为打开一个建筑项目后的工作界面。

3. 结构设计工具

Revit 2021 结构设计工具主要用于钢筋混凝土结构设计和钢结构设计。混凝土结构设计工具布置在【结构】选项卡中，钢结构设计工具布置在【钢】选项卡中，如图 2-14 所示。本章重点介绍钢筋混凝土结构设计。

提示	Revit 2021 结构设计工具中的梁、墙、柱及楼板等的创建方法与建筑设计工具的梁、墙、柱及楼板的设计是完全相同的。建筑与结构的区别是：建筑中不含钢筋，结构设计中的每一个构件都含钢筋。建筑设计部分的知识可参照与本书同系列的《Revit 建筑设计与实时渲染 2020 版》。

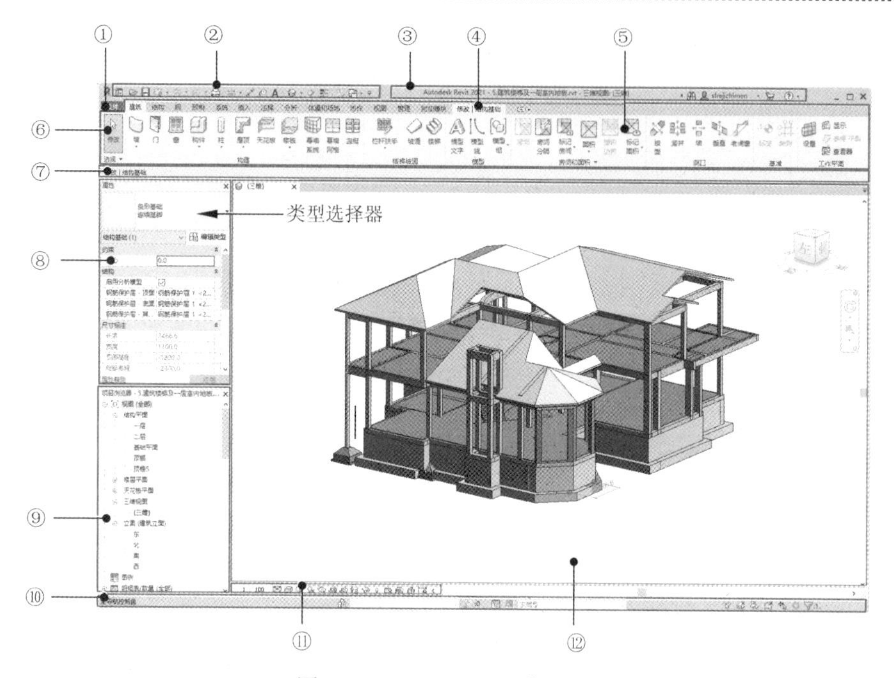

图 2-13　Revit 2021 工作界面

①应用程序菜单；②快速访问工具栏；③信息中心；④上下文选项卡；⑤面板；⑥功能区；⑦选项栏；⑧属性选项板；⑨项目浏览器；⑩状态栏；⑪视图控制栏；⑫绘图区

图 2-14　Revit 2021 的结构设计工具

2.2 混凝土结构设计实战案例

本建筑项目名称：罗免民族中学食堂。

本项目位于昆明市富民县罗免镇，建筑热工设计分区为温和地区。

- 建筑总面积：965.13m^2。
- 建筑层数：地上 2 层，地下 0 层，总高 11.4m。
- 建筑围护结构构造形式：本建筑为两层框架剪力墙结构。无透明屋顶及架空、外挑楼板。

- 建筑主朝向及外窗遮阳形式：西偏南 26.9°，外窗遮阳形式为玻璃自遮阳。
- 基础形式：柱下独立基础。

图 2-15 为房屋结构图。

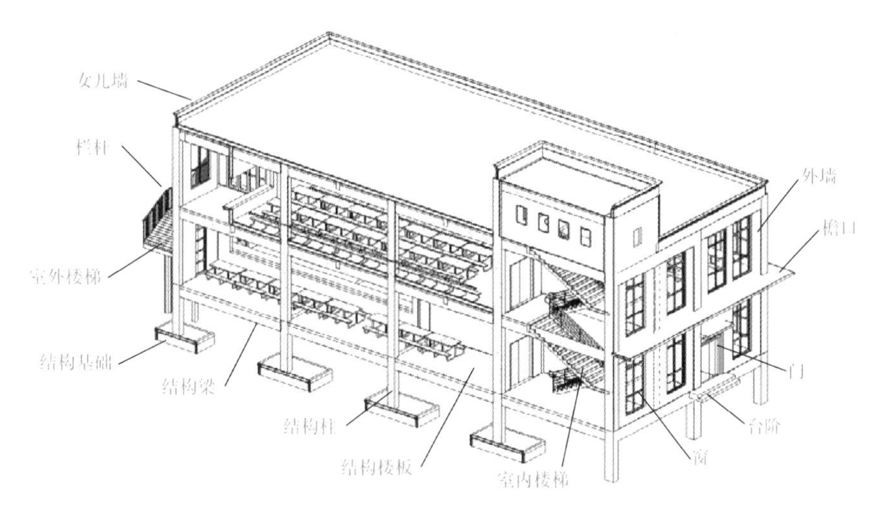

图 2-15　房屋结构图

图 2-16 为食堂建筑模型的三维效果。

图 2-16　食堂建筑模型的三维效果

图 2-17、图 2-18 为食堂建筑项目的结构设计总说明。本例食堂建筑模型在 BIM 建模时，要参考策划阶段所创建的图纸，若发现问题可及时修改图纸或 BIM 模型。

2.2.1　地下层结构设计

本例食堂大楼的地下层结构设计指的是 ±0.000 标高之下的建筑结构设计，其内容包括独立基础设计、框架柱设计（地下层部分）和地梁结构设计。

1. 标高和轴网设计

在 Revit 中进行结构设计之前，要先建立标高和轴网系统。

01 启动 Revit 2021，在弹出的【AutoCAD Revit 2021-主页】主页界面中单击【新建】按钮，弹出【新建项目】对话框。在【样板文件】下拉列表中选择【结构样板】样板文件后单击【确定】按钮，进入 Revit 2021 结构设计项目环境中，如图 2-19 所示。

结构设计总说明1

一、工程概况

二、建筑结构安全及设计使用年限

三、自然条件

四、建筑物室内地面标高±0.000绝对标高详建筑施工图

五、本工程设计遵循的标准、规范、规程

六、设计计算程序

七、设计采用的主要均布活荷载标准值

八、结构主要材料

九、钢筋混凝土的构造要求

十、砌体与混凝土柱的连接及圈梁、过梁、构造柱的要求

图2-17　结构设计总说明1

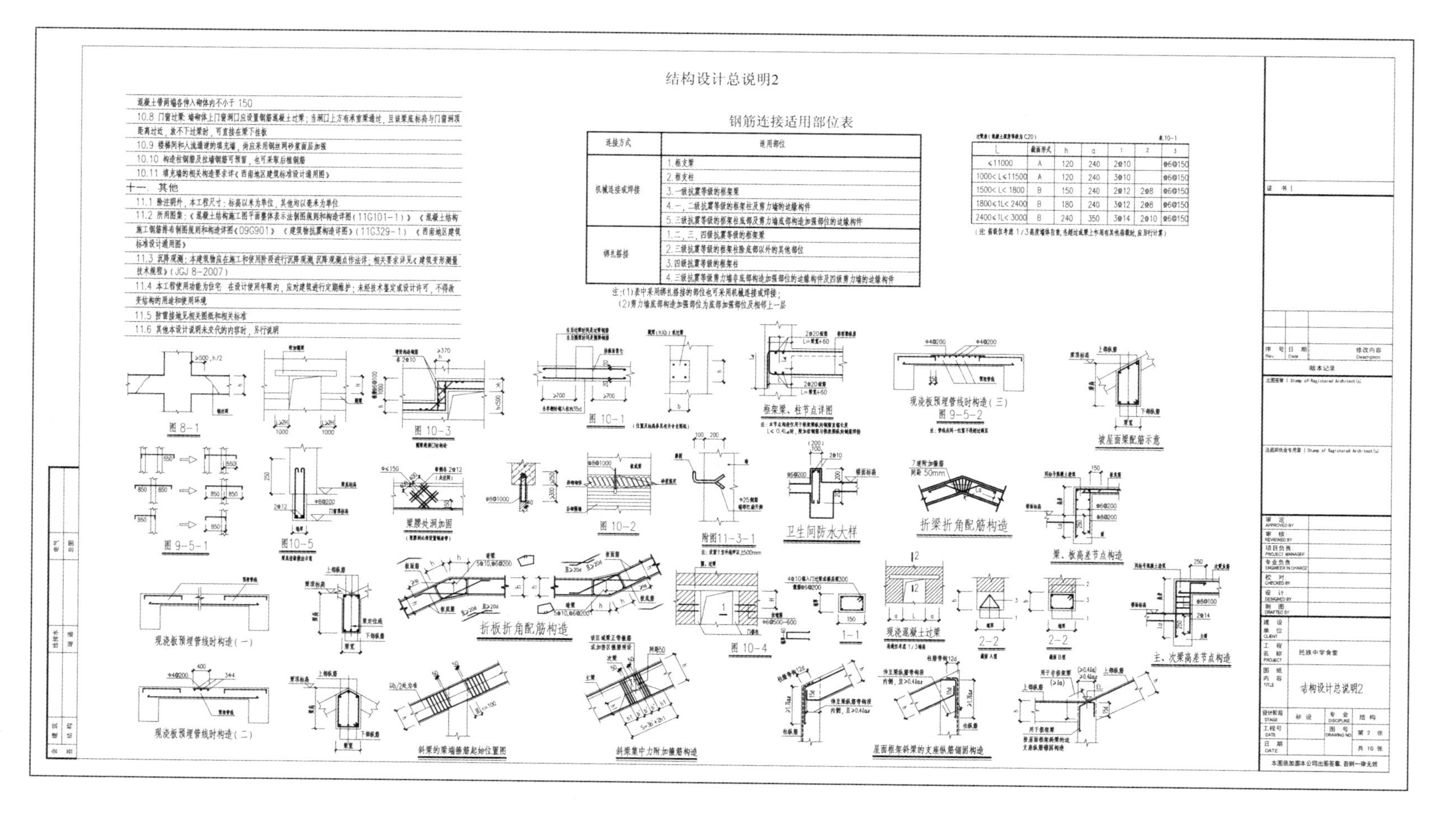

结构设计总说明2

混凝土带两端各伸入砌体内不小于 150

10.8 门窗过梁：墙砌体上门窗洞口应设置钢筋混凝土过梁；当洞口上方有承重梁通过，且该梁底标高与门窗洞顶距离过近，放不下过梁时，可直接在梁下挂板

10.9 楼梯间和人流通道的填充墙，尚应采用钢丝网砂浆面层加强

10.10 构造柱钢筋及拉墙钢筋可预留，也可采取后植钢筋

10.11 填充墙的相关构造要求详《西南地区建筑标准设计通用图》

十一、其他

11.1 除注明外，本工程尺寸：标高以米为单位，其他均以毫米为单位

11.2 所用图集：《混凝土结构施工图平面整体表示法制图规则和构造详图（11G101-1）》《混凝土结构施工钢筋排布制图规则和构造详图《09G901》《建筑物抗震构造详图》（11G329-1）《西南地区建筑标准设计通用图》

11.3 沉降观测：本建筑物应在施工和使用阶段进行沉降观测，沉降观测点作法详；相关要求详见《建筑变形测量技术规程》（JGJ 8-2007）

11.4 本工程使用功能为住宅　在设计使用年限内，应对建筑进行定期维护；未经技术鉴定或设计许可，不得改变结构的用途和使用环境

11.5 防雷接地见相关图纸和相关标准

11.6 其他本设计说明未交代的内容时，另行说明

钢筋连接适用部位表

连接方式	适用部位
机械连接或焊接	1. 框支梁
	2. 框支柱
	3. 一级抗震等级的框架梁
	4. 一，二级抗震等级的框架柱及剪力墙的边缘构件
	5. 三级抗震等级的框架柱底部及剪力墙底部构造加强部位的边缘构件
绑扎搭接	1. 二，三，四级抗震等级的框架梁
	2. 三级抗震等级的框架柱除底部以外的其他部位
	3. 四级抗震等级的框架柱
	4. 三级抗震等级剪力墙非底部构造加强部位的边缘构件及四级剪力墙的边缘构件

注：(1) 表中采用绑扎搭接的部位也可采用机械连接或焊接；
(2) 剪力墙底部构造加强部位为底部加强部位及相邻上一层

过梁表（混凝土强度等级为 C20）　表 10-1

L	截面形式	h	a	1	2	3
≤11000	A	120	240	2⌀10		⌀6@150
1000< L≤11500	A	120	240	3⌀10		⌀6@150
1500< L< 1800	B	150	240	2⌀12	2⌀8	⌀6@150
1800≤1L< 2400	B	180	240	3⌀12	2⌀8	⌀6@150
2400≤1L< 3000	B	240	350	3⌀14	2⌀10	⌀6@150

（注 荷载仅考虑 1/3 高度墙体自重，当超过或梁上作用有其他荷载时，应另行计算）

图2-18　结构设计总说明2

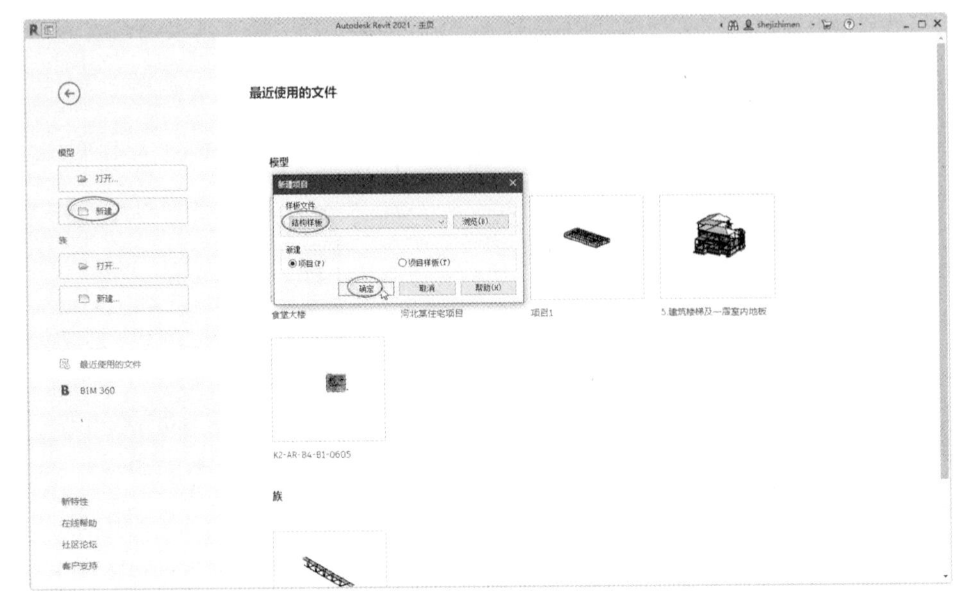

图 2-19　新建结构设计项目

02 在项目浏览器中的【视图】|【结构平面】|【立面（建筑立面）】视图节点下双击【东】立面视图，切换到东立面视图。东立面视图中有“标高 1”和“标高 2”两个系统默认创建的标高族，如图 2-20 所示。

图 2-20　切换到东立面视图

03 选中“标高 1”标高族，然后勾选左侧的【显示编号】复选框，显示轴线编号，如图 2-21 所示。同理，显示“标高 2”的左侧轴向编号。

04 在“标高 2”标高族被选中（处于激活状态）的情况下，单击标高值“3. 000”，在显示的文本框中重新输入标高值为“4. 200”，按下 Enter 键确认，即完成标高值的修改，如图 2-22 所示。

05 在功能区【结构】选项卡的【基准】面板中单击【标高】按钮，在“标高 2”的基础之上绘制出“标高 3”标高族，如图 2-23 所示。在绘制“标高 3”时，起点与终点要与已有的“标高 2”或“标高 1”对齐。

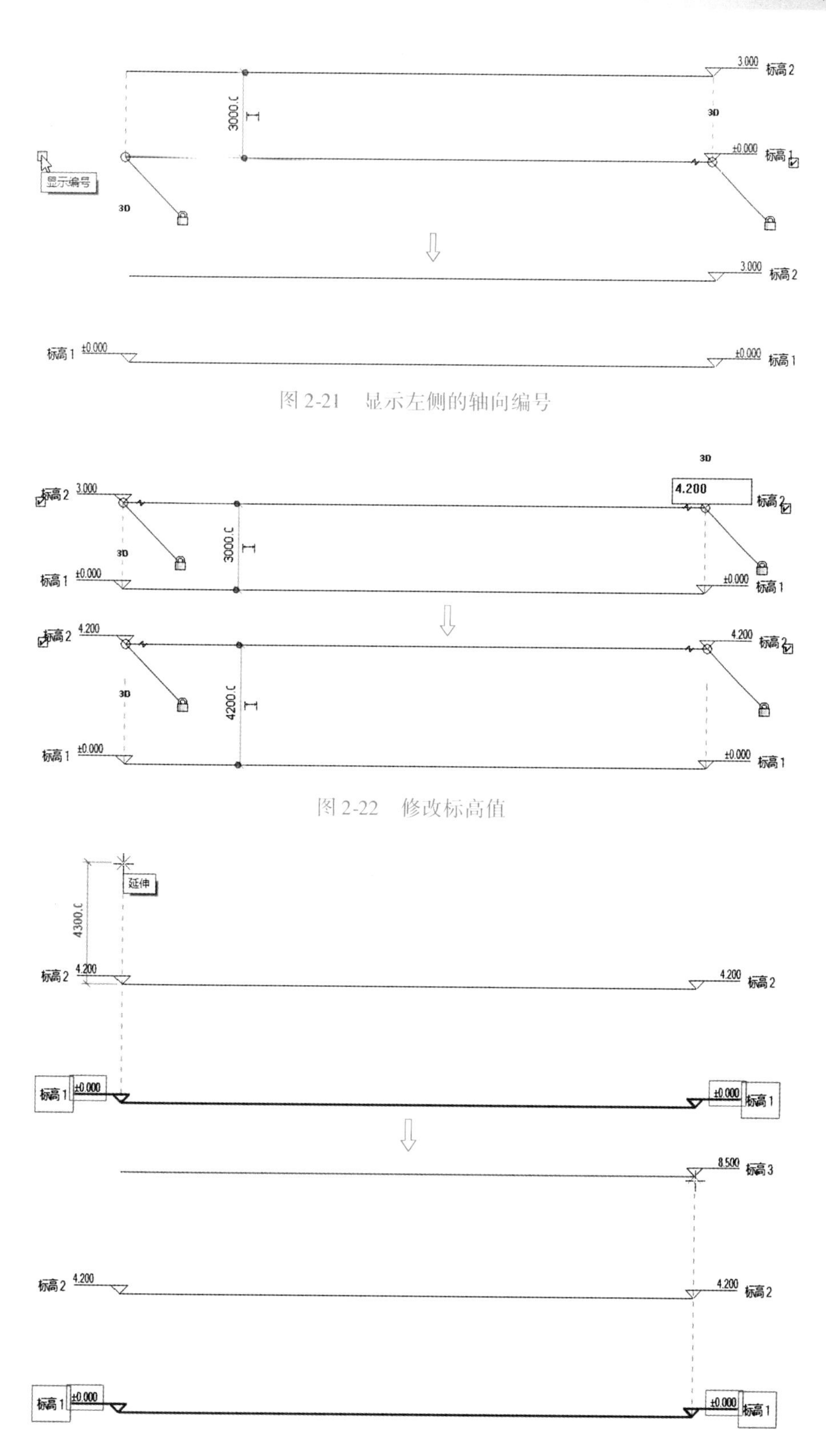

图 2-21　显示左侧的轴向编号

图 2-22　修改标高值

图 2-23　绘制“标高 3”

06 同理，连续绘制出“标高 4”和“标高 5”，“标高 5”在“标高 1”之下，绘制标高后修改标高值，结果如图 2-24 所示。

图 2-24　绘制完成的标高

07 选中“标高 5”标高族，在属性选项板的类型选择器中选择【下标头】族，随后系统自动将默认的【上标头】族替换为【下标头】族，如图 2-25 所示。

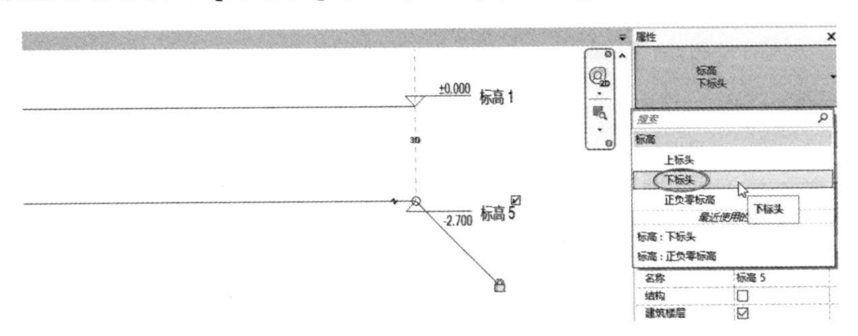

图 2-25　修改族类型

08 选中“标高 5”标高族，然后在属性选项板中修改名称为“基础顶”，如图 2-26 所示。

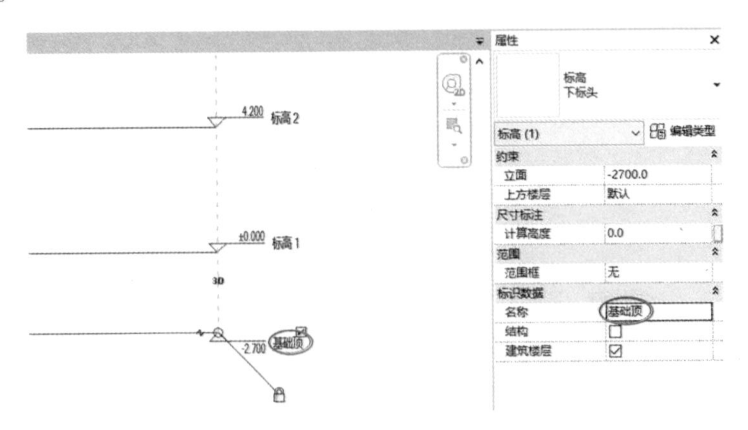

图 2-26　修改标高族的名称

09　同理，修改其余标高名称，修改完成的结果如图 2-27 所示。同时，在【结构平面】视图节点下新增并更新了视图平面，如图 2-28 所示。

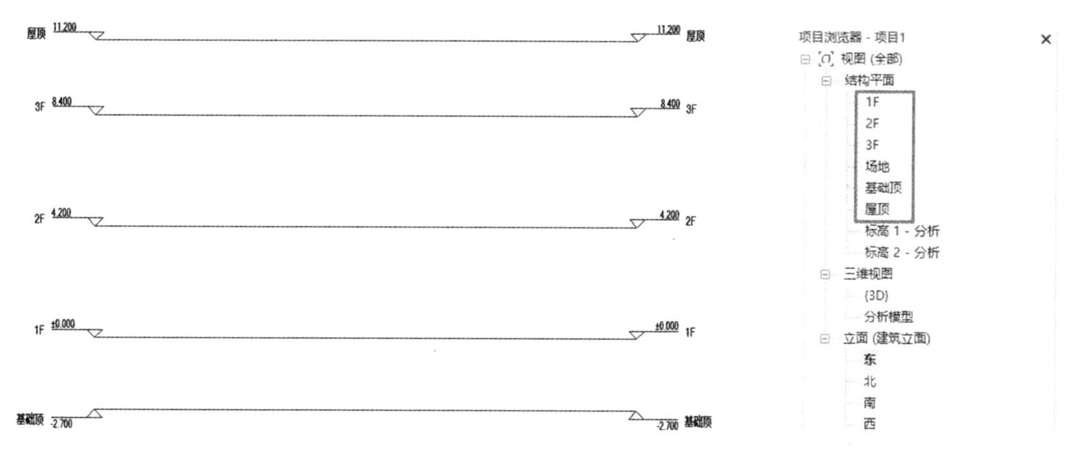

图 2-27　修改完成的标高名称　　　　图 2-28　更新的结构平面

10　在【结构平面】节点下双击【基础顶】结构平面视图，切换到基础顶结构平面视图。单击【插入】选项卡下【链接 CAD】按钮，弹出【链接 CAD 格式】对话框。在本例源文件夹中选择“结构-独立基础平面布置图 . dwg”图纸文件，单击【打开】按钮，如图 2-29 所示。

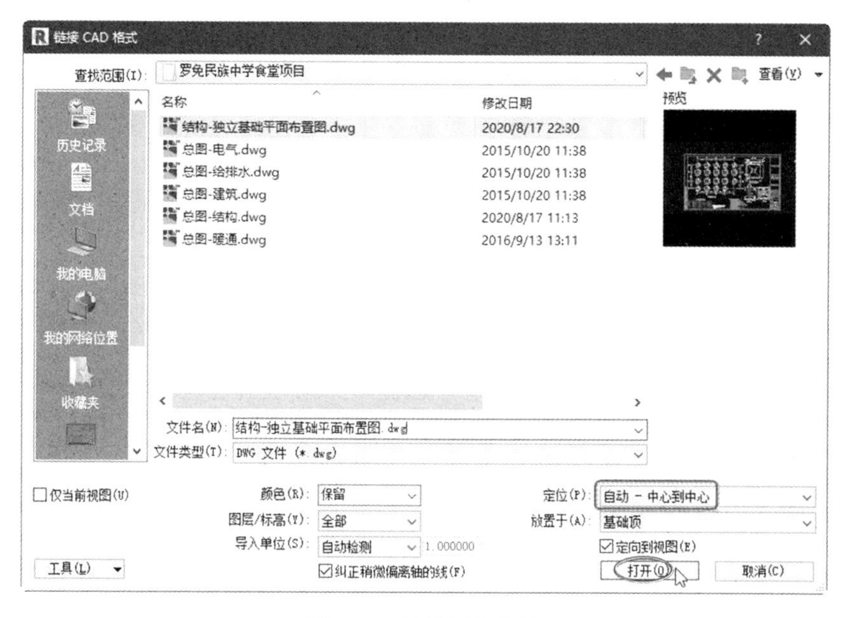

图 2-29　链接图纸文件

11　链接 CAD 图纸后，适当调整结构视图平面中的立面图标记的位置，如图 2-30 所示。

12　在【结构】选项卡下【基准】面板中单击【轴网】按钮，在弹出的【修改 | 放置 轴网】上下文选项卡下【绘制】面板中单击【拾取线】按钮，然后拾取图纸

中的轴线创建轴网（从左往右、从下往上依次选取轴线），右键单击图纸并选择【在视图中隐藏】|【图元】命令，将图纸暂时隐藏，如图 2-31 所示。

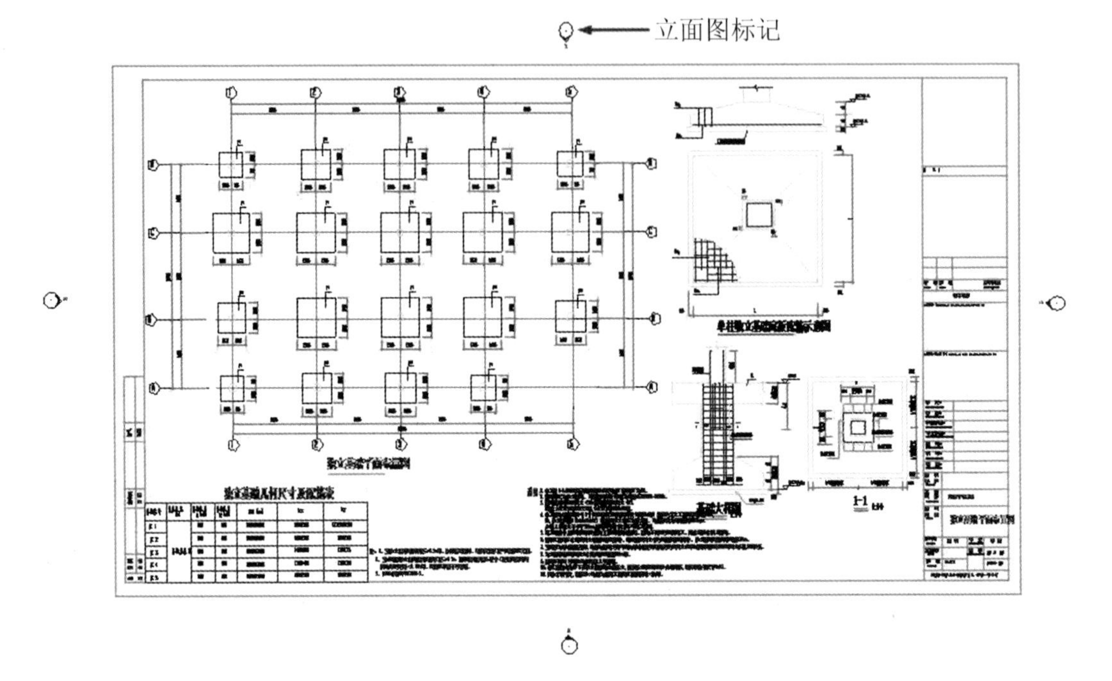

图 2-30　调整立面图标记的位置

13　按下 Ctrl + Z 键，重新显示图纸。参考图纸中的轴线及轴线编号来编辑轴网（拖动轴线的端点改变其位置），修改轴线端点位置后，将水平轴线的编号依次改为 A、B、C 和 D，编辑结果如图 2-32 所示。

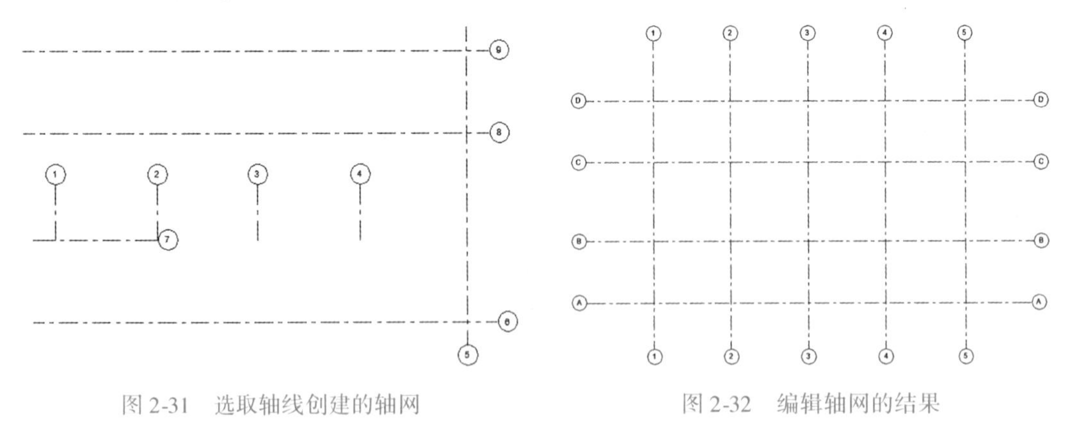

图 2-31　选取轴线创建的轴网　　图 2-32　编辑轴网的结果

2. 独立基础设计

独立基础的结构形式为坡形单柱独立基础，其基础底板的详细结构及配筋尺寸如图 2-33 所示。

在建模时，要结合其他图纸进行识读，了解具体结构。图 2-34 为基础大样图，图中标注了独立基础、地下层框架柱及地梁的剖面尺寸和钢筋配置情况。

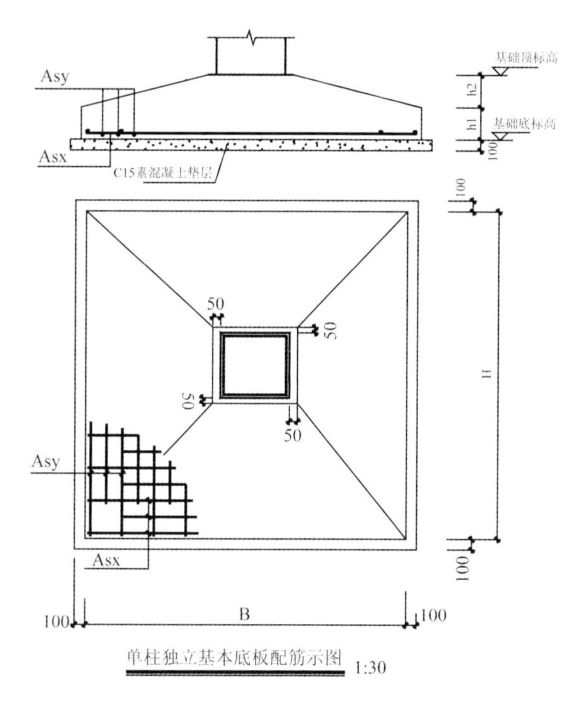

图 2-33　基础底板与配筋示意图

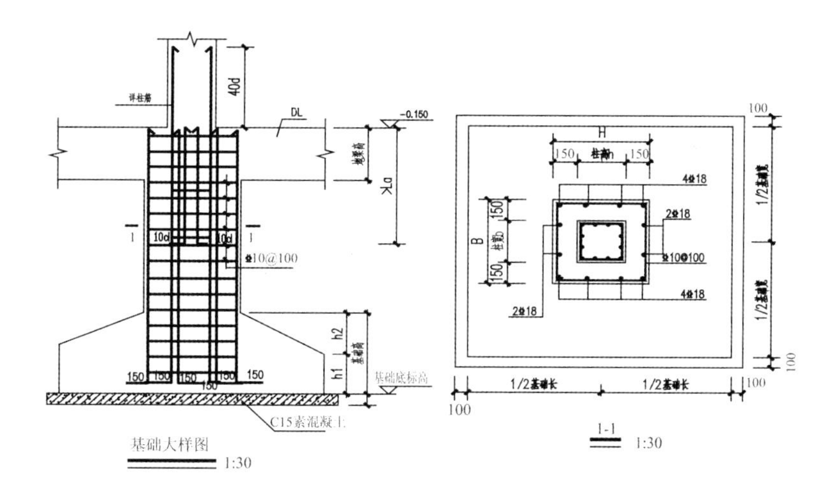

图 2-34　基础大样图

独立基础的几何尺寸及配筋表如图 2-35 所示。

基础编号	基底标高(m)	基础高度 h1(mm)	基础高度 h2(mm)	BXH (mm)	Asx	Asy
JC-1	基础底标高	250	150	2000x2000	ф10@190	ф10@190
JC-2		250	250	2400x2400	ф10@150	ф10@150
JC-3		250	250	3100x3100	ф14@180	ф12@125
JC-4		250	250	3100x3100	ф12@140	ф12@120
JC-5		250	250	2500x2500	ф10@150	ф10@150

图 2-35　独立基础几何尺寸及配筋表

图 2-36 为独立基础的平面布置图。

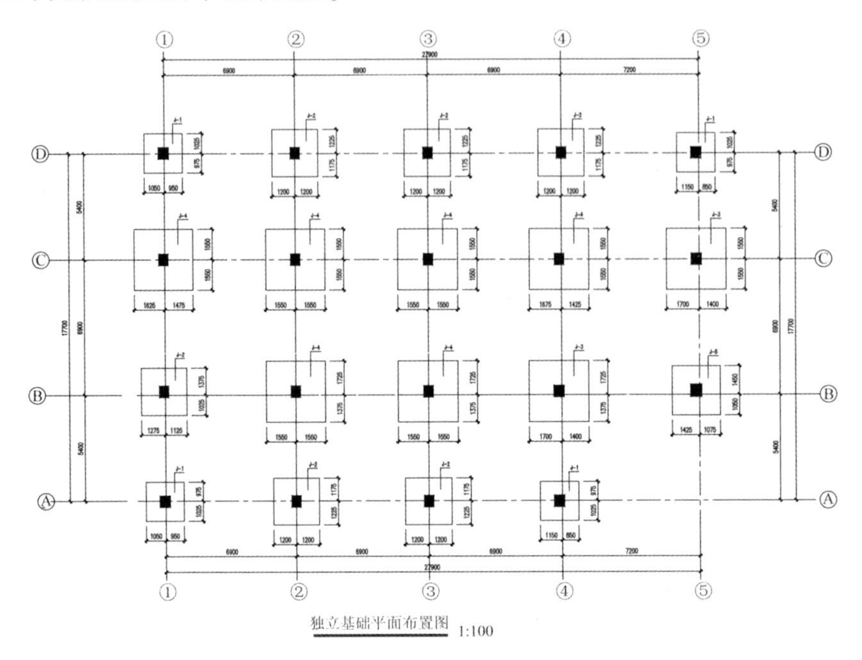

图 2-36　独立基础平面布置图

地下层结构设计的建模过程如下。

01 在【结构】选项卡下【基础】面板中单击【独立】按钮，弹出【修改 | 放置 构件】上下文选项卡。在该上下文选项卡下【模式】面板中单击【载入族】按钮，弹出【载入族】对话框。进入 Revit 系统库的“Chinese\结构\基础”库文件夹中打开“独立基础 - 坡形截面 . rfa”族，如图 2-37 所示。

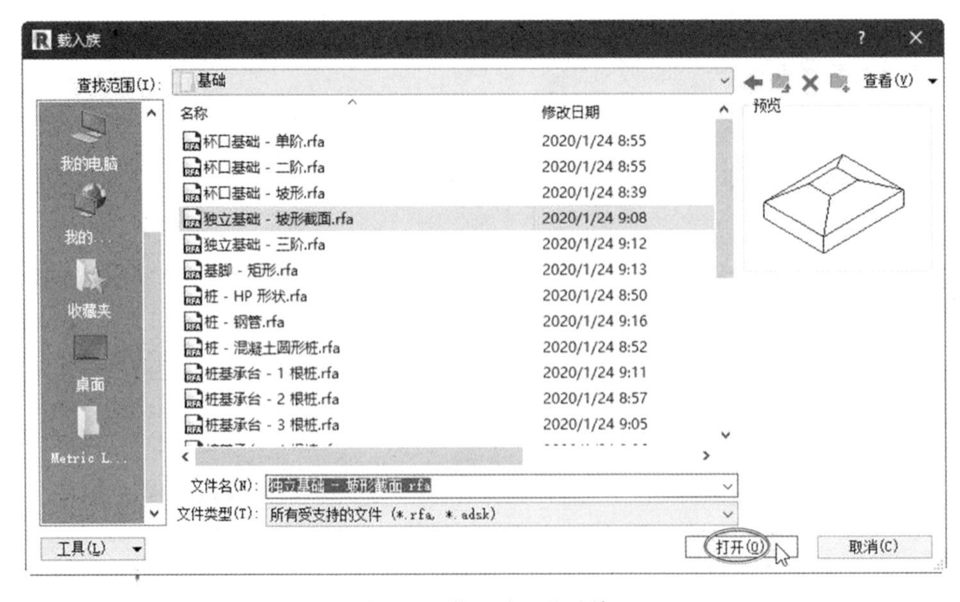

图 2-37　载入独立基础族

提示　初次打开系统库时，系统会默认指向系统库路径，无须指定库路径。如果通过【载入族】对话框到其他系统路径中打开过其他文件，那么下次打开此对话框时，将不会指向默认系统库路径。需要重新指定系统库路径：C:\ProgramData\Autodesk\RVT 2021\Libraries\Chinese。

02 载入独立基础族后，需要参考图纸左下角的“独立基础几何尺寸及配筋表”表格来创建不同尺寸的独立基础族。在属性选项板中单击【编辑类型】按钮 编辑类型，弹出【类型属性】对话框。单击【复制】按钮，在弹出【名称】对话框中修改族的名称，单击【确定】按钮完成族类型的复制。接着修改新族类型的参数，完成后单击【类型属性】对话框中的【应用】按钮，完成 JC-1 独立基础族的创建，如图 2-38 所示。

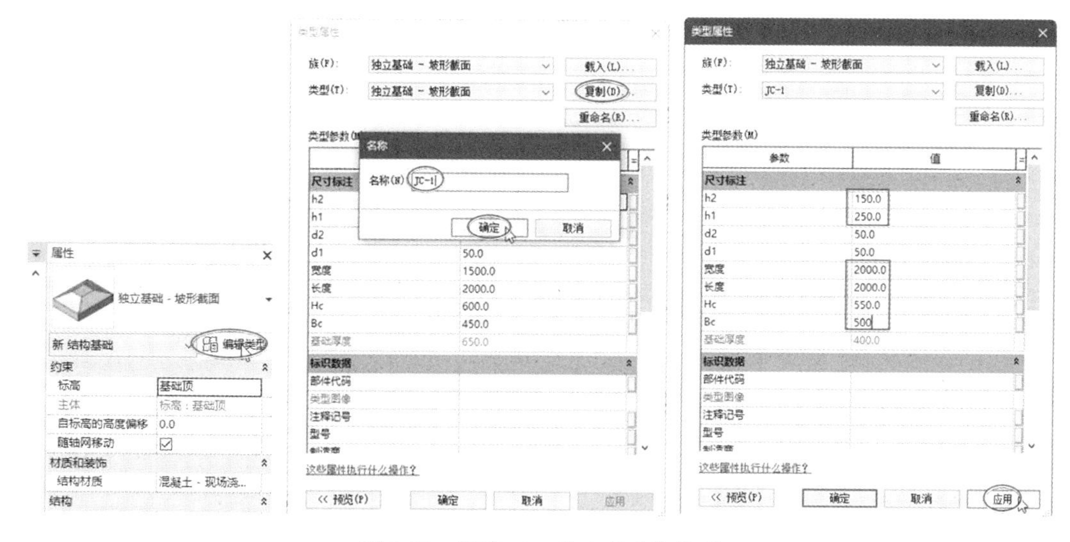

图 2-38　创建 JC-1 独立基础族类型

03 同理，按此方法依次创建出 JC-2、JC-3、JC-4 和 JC-5 新独立基础族类型，它们的类型属性参数如图 2-39 所示。

04 退出【类型属性】对话框后，接下来在类型选择器中将 JC-1 基础族放置到图纸中注有“J-1”基础图形的轴线交点上，如图 2-40 所示。放置后会发现基础族与基础图形不对应，需要在【修改】选项卡下单击【对齐】按钮，先选取基础图形的边，再选取基础族的边进行对齐操作，直至完全重合为止，结果如图 2-41 所示。

05 采用同样的操作，对照图纸中的基础图形的位置和编号，将对应的独立基础族一一放置到图纸上，并利用【对齐】工具进行基础族和基础特征的对齐操作，最终放置完成的独立基础如图 2-42 所示。

提示　在 Revit 中，结构或建筑的构件是以“族”的形式存在的，“族”好比是完整产品中的装配组件。在 Revit 中进行建筑设计或结构设计的过程就是产品装配的过程。

图 2-39　其余独立基础族类型的族参数

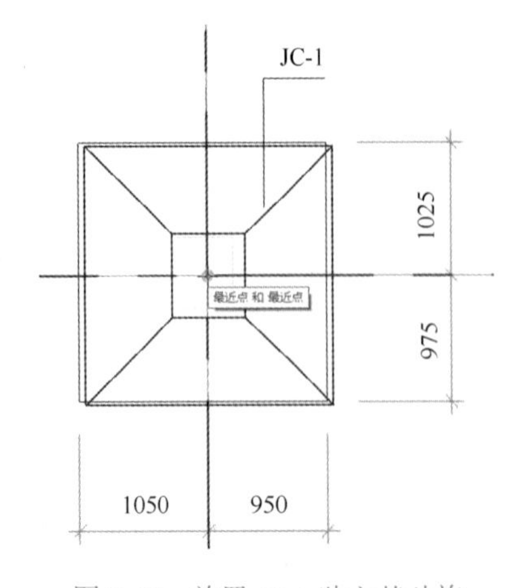

图 2-40　放置 JC-1 独立基础族

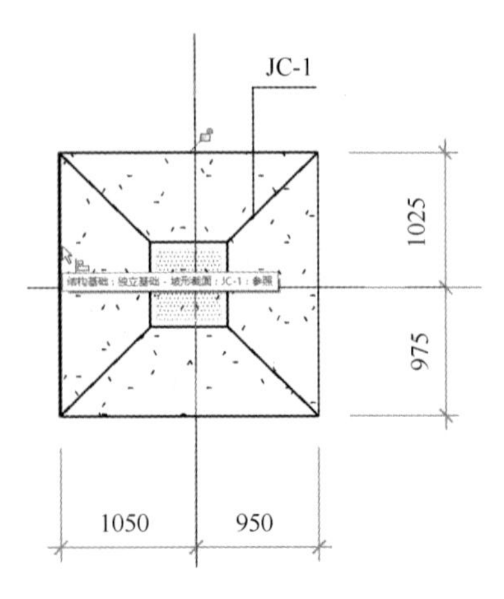

图 2-41　对齐基础族与基础图形

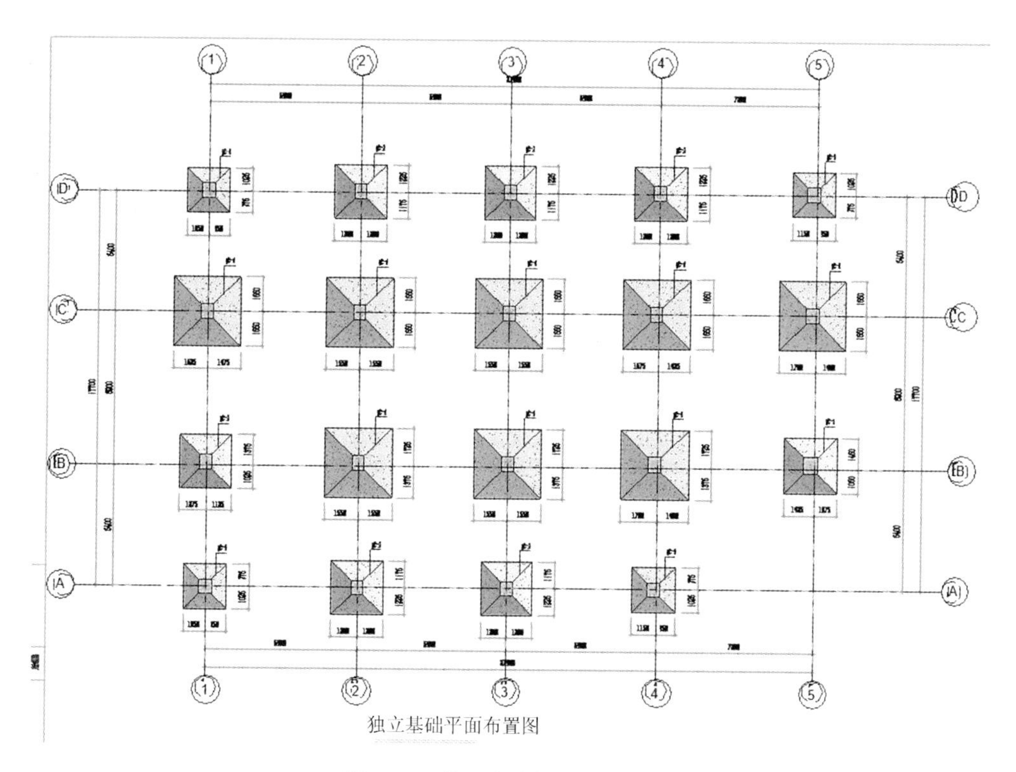

图 2-42　放置完成的独立基础族

06　切换至东立面视图，查看独立基础的基础顶是否与“基础顶”标高对齐，在正确操作的情况下是没有任何问题的，结果如图 2-43 所示。如果操作错误，会出现不对齐的情况，可以选取没有对齐的基础族，在属性选项板中修改标高偏移。

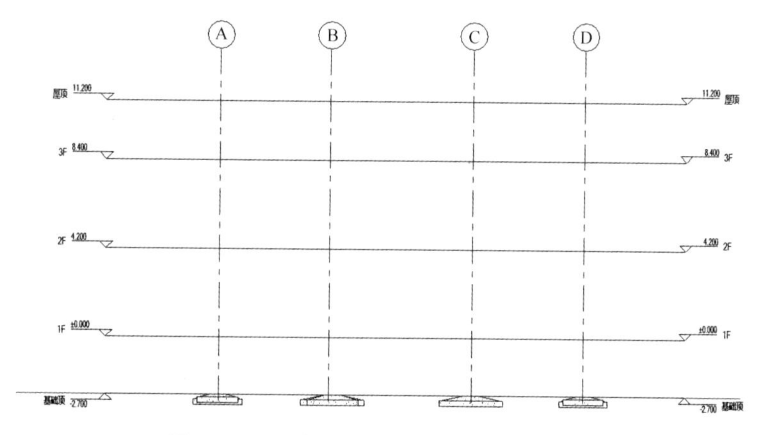

图 2-43　查看独立基础与标高的对齐情况

3. 基础柱设计

01　这里设计地下层的框架柱（也称基础柱）。切换到基础顶结构平面视图中，将先前链接的“独立基础平面布置图”图纸删除（选中并按下 Delete 键）。图 2-44 为“框架柱平法施工图”，参考此图纸来放置 Revit 结构柱。图 2-45 为“平法柱表”，主要用来设置 Revit 结构柱的形状和几何尺寸。

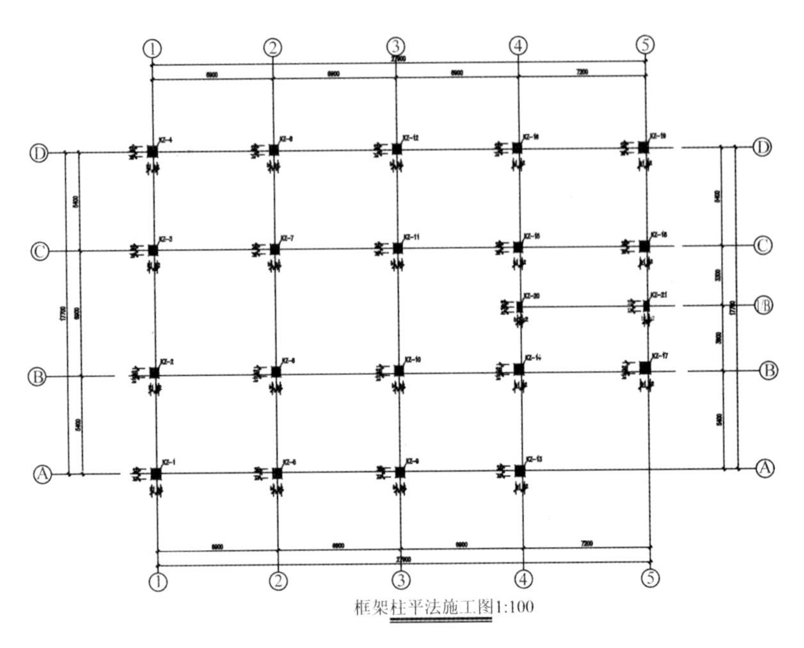

图 2-44　框架柱平法施工图

柱号	标高	bxh (bixhi)(圆柱直径D)	b1	b2	h1	h2	全部纵筋	角筋	b边一侧中部筋	h边一侧中部筋	箍筋类型号	箍筋	节点域
KZ-1	基础顶-4.200	500x550	300	200	300	250	12Φ25				1.(4x4)	Φ8@100	
	4.200-8.400	500x550	300	200	300	250		4Φ22	2Φ20	2Φ22	1.(4x4)	Φ8@100	
KZ-2	基础顶-4.200	450x500	300	150	100	400		4Φ25	2Φ25	2Φ25	1.(3x4)	Φ8@100/200	
	4.200-8.400	450x500	300	150	100	400		4Φ25	1Φ20	2Φ20	1.(3x4)	Φ8@100/200	
KZ-3	基础顶-4.200	450x500	300	150	250	250		4Φ22	3Φ22	2Φ22	1.(3x4)	Φ12@100/200	
	4.200-8.400	450x500	300	150	250	250		4Φ22	1Φ20	2Φ22	1.(3x3)	Φ8@100/150	
KZ-4	基础顶-4.200	500x550	300	200	250	300	12Φ25				1.(4x4)	Φ8@100	
	4.200-8.400	500x550	300	200	250	300	12Φ22				1.(4x4)	Φ8@100	
KZ-5	基础顶-4.200	450x500	225	225	300	200		4Φ25	2Φ22	2Φ25	1.(4x4)	Φ8@100/200	
	4.200-8.400	450x500	225	225	300	200		4Φ20	1Φ20	2Φ20	1.(3x4)	Φ8@100/150	
KZ-6	基础顶-4.200	450x500	225	225	100	400	12Φ22				1.(4x4)	Φ8@100/200	
	4.200-8.400	450x500	225	225	100	400		4Φ18	1Φ18	2Φ18	1.(3x4)	Φ8@100/150	
KZ-7	基础顶-4.200	450x500	225	225	250	250		4Φ25	1Φ25	2Φ20	1.(3x4)	Φ8@100/200	
	4.200-8.400	450x500	225	225	250	250		4Φ20	1Φ20	2Φ20	1.(3x4)	Φ8@100/150	
KZ-8	基础顶-4.200	450x500	225	225	200	300		4Φ22	2Φ22	3Φ22	1.(4x3)	Φ8@100/200	
	4.200-8.400	450x500	225	225	200	300		4Φ22	1Φ22	2Φ20	1.(3x4)	Φ8@100/150	
KZ-9	基础顶-4.200	450x500	225	225	300	200		4Φ22	2Φ22	3Φ22	1.(4x3)	Φ8@100/200	
	4.200-8.400	450x500	225	225	300	200		4Φ18	1Φ18	2Φ18	1.(3x4)	Φ8@100/150	
KZ-10	基础顶-4.200	450x500	225	225	100	400		4Φ25	1Φ22	2Φ20	1.(3x4)	Φ8@100/200	
	4.200-8.400	450x500	225	225	100	400		4Φ20	1Φ20	2Φ20	1.(3x4)	Φ8@100/150	
KZ-11	基础顶-4.200	450x500	225	225	250	250		4Φ20	2Φ20	3Φ20	1.(4x3)	Φ8@100/200	
	4.200-8.400	450x500	225	225	250	250		4Φ18	1Φ18	2Φ18	1.(3x4)	Φ8@100/150	
KZ-12	基础顶-4.200	450x500	225	225	200	300		4Φ22	2Φ20	3Φ22	1.(4x3)	Φ8@100/200	
	4.200-8.400	450x500	225	225	200	300		4Φ18	1Φ18	2Φ18	1.(3x4)	Φ8@100/150	
KZ-13	基础顶-4.200	500x550	400	100	300	250		4Φ25	2Φ20	2Φ25	1.(4x4)	Φ8@100	
	4.200-8.400	500x550	400	100	300	250		4Φ22	2Φ20	2Φ20	1.(4x4)	Φ8@100	
KZ-14	基础顶-4.200	500x550	400	100	100	450		4Φ25	2Φ20	2Φ25	1.(4x4)	Φ8@100	
	4.200-8.400	500x550	400	100	100	450		4Φ25	2Φ25	2Φ20	1.(4x4)	Φ8@100	
	8.400-11.400	450x500	350	100	100	400		4Φ25	1Φ20	2Φ20	1.(3x4)	Φ8@100	
KZ-15	基础顶-4.200	450x500	350	100	250	250		4Φ20	2Φ20	3Φ20	1.(4x3)	Φ8@100/200	
	4.200-8.400	450x500	350	100	250	250		4Φ20	2Φ20	2Φ20	1.(3x4)	Φ8@100/150	
KZ-16	基础顶-4.200	450x500	350	100	200	300		4Φ25	2Φ20	3Φ25	1.(4x3)	Φ8@100/200	
	4.200-8.400	450x500	350	100	200	300		4Φ20	1Φ20	2Φ20	1.(3x4)	Φ8@100/150	
KZ-17	基础顶-4.200	550x600	450	100	100	500		4Φ25	2Φ25	3Φ25	1.(4x4)	Φ8@100	
	4.200-8.400	550x600	450	100	100	500		4Φ25	3Φ25	2Φ20	1.(3x4)	Φ10@100	
	8.400-11.400	450x500	350	100	100	400		4Φ25	1Φ20	2Φ20	1.(3x4)	Φ8@100	
KZ-18	基础顶-4.200	500x550	400	100	275	275		4Φ25	3Φ25	3Φ25	1.(3x3)	Φ8@100/200	
	4.200-8.400	500x550	400	100	275	275		4Φ22	2Φ22	2Φ20	1.(4x4)	Φ8@100/150	
KZ-19	基础顶-4.200	500x550	400	100	250	300		4Φ25	2Φ25	2Φ22	1.(4x4)	Φ8@100	
	4.200-8.400	500x550	400	100	250	300		4Φ22	2Φ20	2Φ22	1.(4x4)	Φ8@100	
KZ-20	8.850-12.250	300x500	200	100	250	250		4Φ22	1Φ20	3Φ22	1.(3x3)	Φ8@100	
KZ-21	8.850-12.250	300x500	200	100	250	250		4Φ22	1Φ20	3Φ22	1.(3x3)	Φ8@100	

箍筋类型1.(mxn)　箍筋类型2.　箍筋类型3.　箍筋类型4.　箍筋类型5.

箍筋类型6.　箍筋类型7.　箍筋类型8.　箍筋类型9.　箍筋类型10.

图 2-45　平法柱表

02 通过图 2-44、图 2-45 中的框架柱平法施工图和平法柱表，可知框架结构柱有 21 根，编号分别是 KZ-1 ~ KZ21，发现有些结构柱虽然编号不同，但几何尺寸却是相同的，总结归纳发现：结构柱截面尺寸 500 × 550（基础顶标高 ~4.200m 标高）的有 KZ1、KZ4、KZ13、KZ14、KZ18 和 KZ19；结构柱截面尺寸 450 × 500（基础顶标高 ~4.200m 标高）的有 KZ2、KZ3、KZ5、KZ6、KZ7、KZ8、KZ9、KZ10、KZ11、KZ12、KZ15 和 KZ16；结构柱截面尺寸 550 × 600（基础顶标高 ~8.400m 标高）的有 KZ17；结构柱截面尺寸 300 × 500（从标高 8.850 ~ 12.250）的有 KZ21。

提示	本书中除部分数值直接标出单位外，其余未标注单位的数值在无特殊情况下均采用 mm 单位。

03 经过总结，在 Revit 中需要创建三种几何尺寸的结构柱类型用于地下层框架结构柱的放置。在【插入】选项卡下单击【链接 CAD】按钮，将本例源文件夹中的“结构-框架柱平法施工图 .dwg”图纸链接到当前结构平面视图中，然后利用【对齐】工具使图纸中的轴线与项目中的轴线完全重合（先选取项目中的轴线，再选取图纸中的轴线），对齐结果如图 2-46 所示。

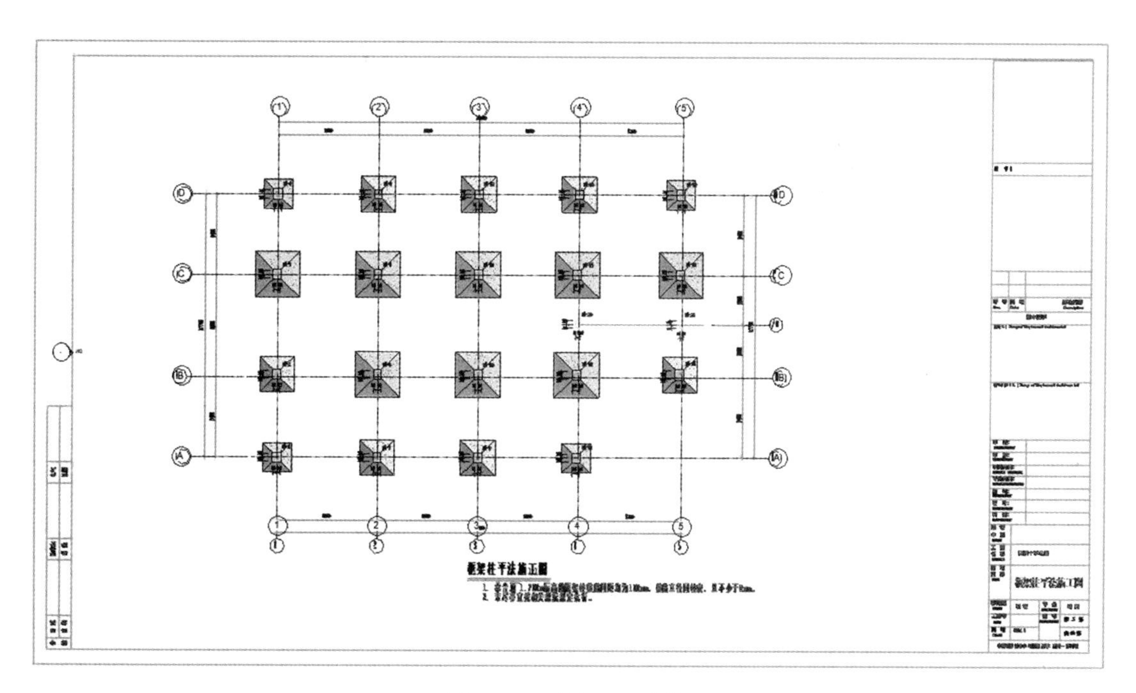

图 2-46 链接 CAD 图纸

04 在【结构】选项卡下【结构】面板中单击【柱】按钮，由于属性选项板中的类型选择器中没有可用的矩形结构柱族，因此需要单击【修改 | 放置 结构柱】上下文选项卡下【载入族】按钮，从系统库（Chinese\结构\柱\混凝土）中载入“混凝土-矩形-柱 .rfa”结构柱族，如图 2-47 所示。

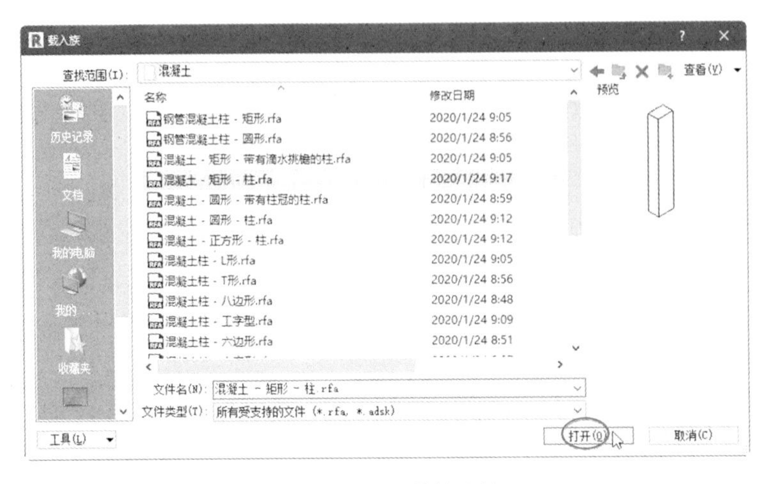

图 2-47　载入结构柱族

05 载入结构柱族后，在属性选项板的类型选择器中选择一种尺寸的结构柱族，然后单击【编辑类型】按钮，弹出【类型属性】对话框。按照前面创建独立基础族的方法创建“KZ 500×550”的新族类型，如图 2-48 所示。

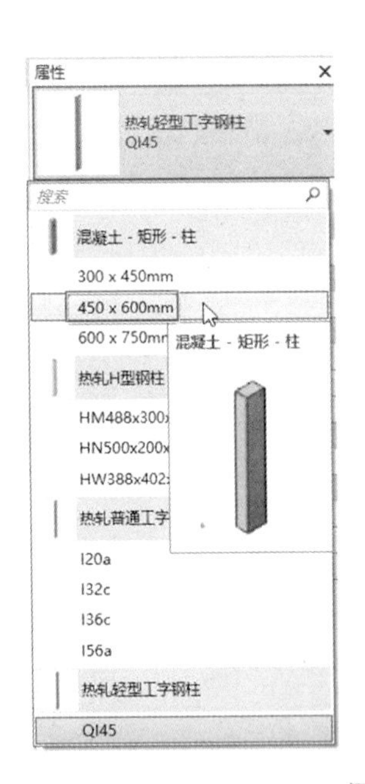

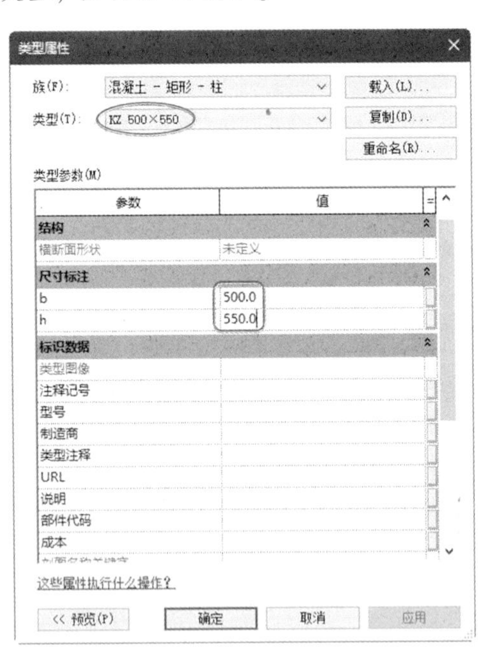

图 2-48　新建结构柱族类型

06 继续创建“KZ 450×500”和“KZ 550×600”新结构柱族类型，如图 2-49 所示。

07 接下来分别将三种尺寸的新结构柱族按照图纸和平法柱表中的说明，一一放置在对应的位置上。放置结构柱时也会出现柱族与图纸中的柱图形不重合的问题，利用【对齐】工具进行对齐操作即可。另外，由于结构柱族的标高在放置时是不能设置的，因此放置柱族时会弹出如图 2-50 所示的警告提示，此处直接关闭该警告提示对话框。

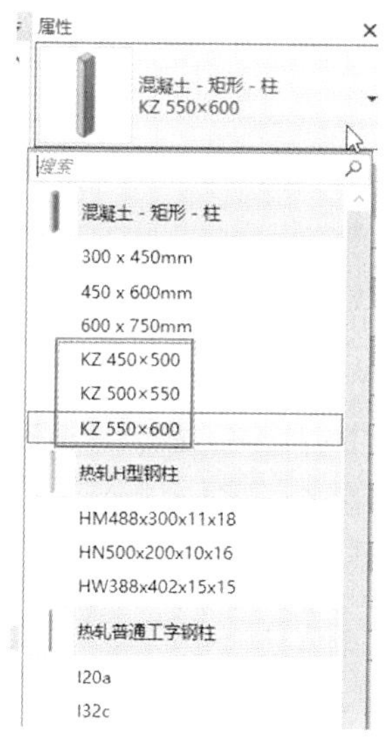

图 2-49　创建其余两种结构柱族

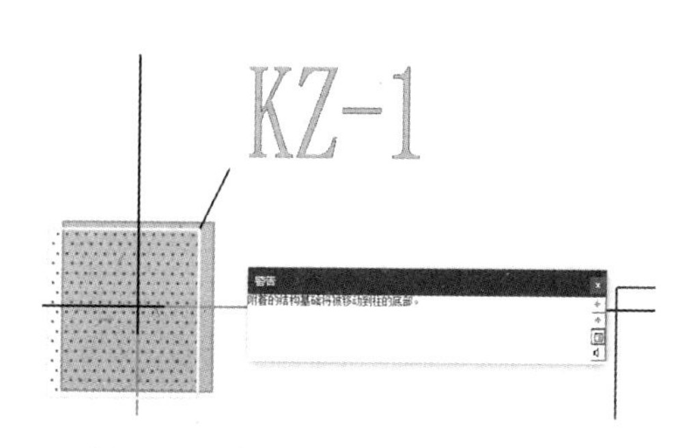

图 2-50　放置结构柱族时弹出的警告

提示

放置结构族和放置独立基础族时，若发现族的长边、宽边与图纸中的图形不对应，可以按下空格键来调整方向。此外，在对齐结构柱族时，若发现“结构-框架柱平法施工图 . dwg”图纸与“结构-独立基础平面布置图 . dwg”图纸中的结构柱有误差，以已完成的独立基础为准插入结构柱。

08　完成结构柱族的放置操作后，切换到东立面视图中查看放置情况，可看见放置结构柱的默认标高是有问题的，不符合设计要求，如图 2-51 所示。

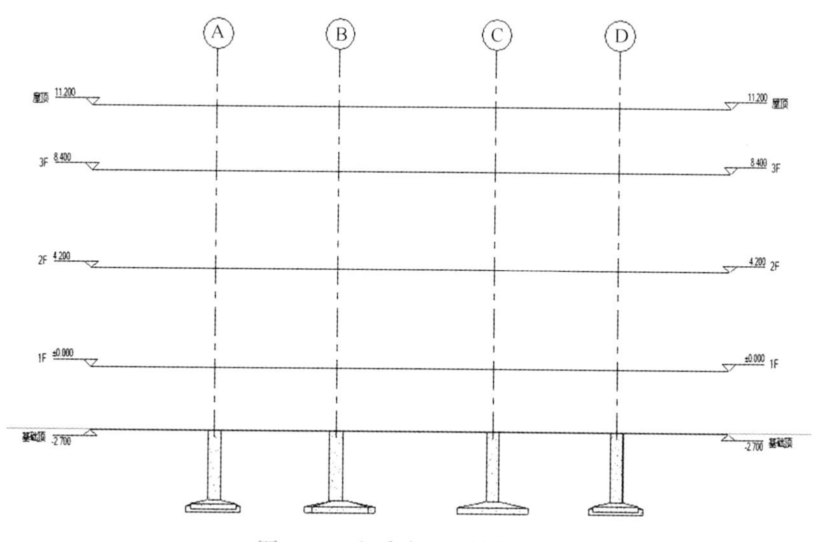

图 2-51　查看放置的结构柱族

09　窗交选择（从右往左框选）所有的结构柱族，在属性选项板中修改结构柱的顶部标高为 2F，修改底部偏移值为 0，然后单击【确定】按钮，如图 2-52 所示。

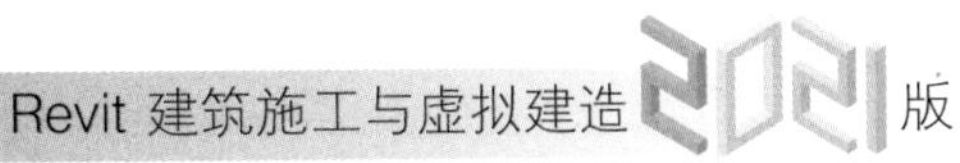

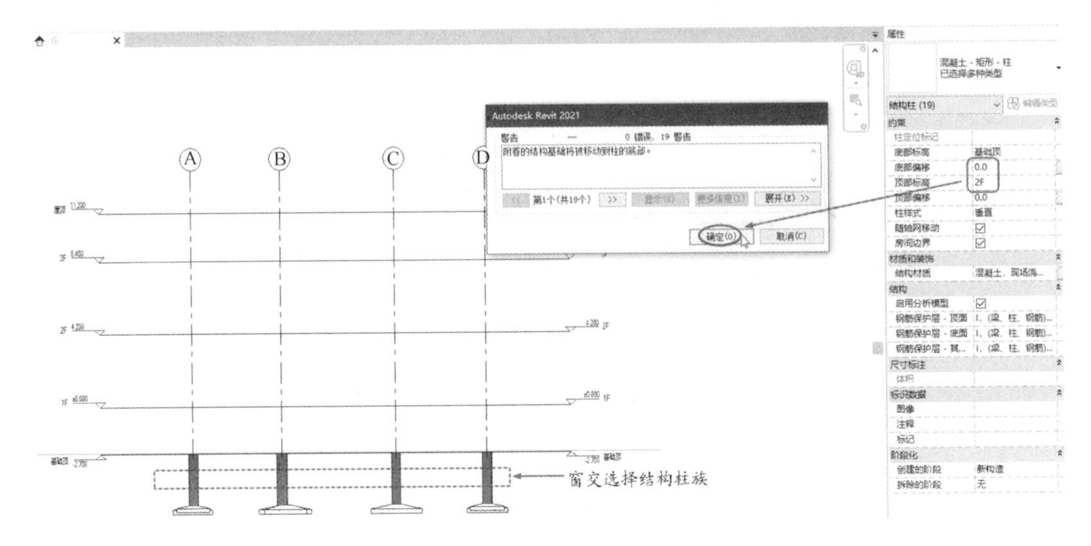

图 2-52　修改结构柱族的标高

10　修改标高后的结构柱族如图 2-53 所示。

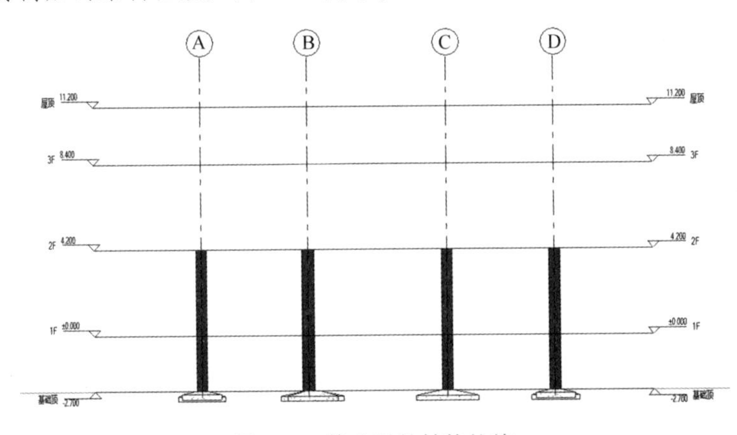

图 2-53　修改后的结构柱族

4. 地梁设计

地梁（也称地圈梁）是在 ±0.000 标高（也就是 1F 楼层标高）上建立的，由于建筑物的使用性质非办公或住宅楼，所以地下层不设使用空间，独立基础上也不建立地梁。地梁平面布置及平法施工图如图 2-54 所示。

01　删除链接的“结构-框架柱平法施工图.dwg”图纸。切换到 1F 结构平面视图。将本例源文件夹中“结构-地梁平面布置及平法施工图.dwg”图纸链接到项目中。

02　从地梁平面布置及平法施工图中的梁平法标注可知，地梁的编号为 DL1 ~ DL9，地梁中的悬空梁编号为 L1 ~ L5。各地梁编号、条数（或跨数）和截面尺寸：DL1（3）250 × 600、DL2（3）250 × 500、DL3（3）250 × 500、DL4（3）250 × 600、DL5（2）250 × 600、DL6（3）250 × 600、DL7（4）250 × 600、DL8（4）250 × 500 和 DL9（4）250 × 600。各悬空梁编号、条数（或跨数）和截面尺寸：L1（1）250 × 400、L2（2）250 × 400、L3（1）200 × 400 和 L4（4）250 × 400。

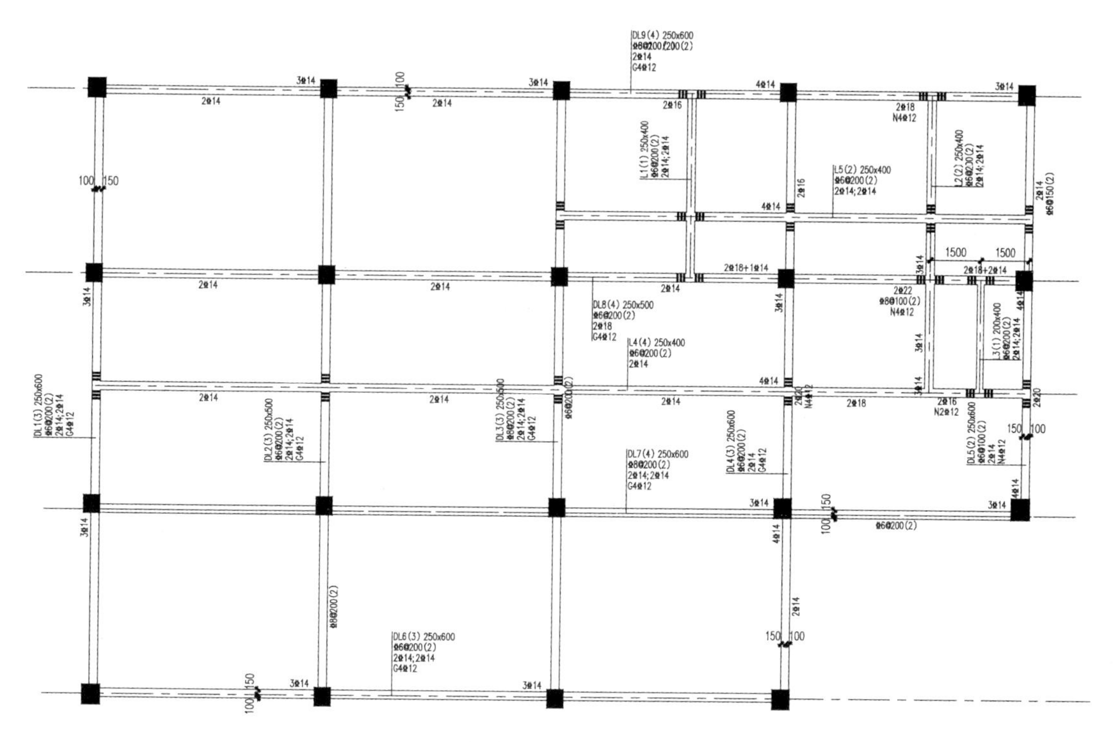

图 2-54　地梁平面布置及平法施工图

03 在【结构】选项卡下【结构】面板中单击【梁】按钮，在【修改 | 放置 梁】上下文选项卡下单击【载入族】按钮，载入系统库（Chinese\结构\框架\混凝土）中“混凝土 - 矩形梁 . rfa”结构柱族。

04 在属性选项板的类型选择器中选择【混凝土-矩形梁 300 × 600】的梁族类型，然后单击【编辑类型】按钮，在弹出的【类型属性】对话框中创建名为“DL 250 × 600”的新结构梁族类型，如图 2-55 所示。

05 继续新建名为“DL 250 × 500”和“L 250 × 400”的结构梁族类型。在属性选项板的类型选择器中可看见新建的结构梁族类型，如图 2-56 所示。

06 在类型选择器中选择“DL 250 × 600”结构梁族，利用【线】工具参照图纸中的轴线来绘制梁截面尺寸为 250 × 600 的 DL1、DL4、DL5、DL6、DL7 和 DL9。同理，绘制出其余结构梁。

提示	也可以选择一种尺寸的结构梁族来绘制出所有梁，然后参照图纸，选中要修改梁族类型的结构梁，在属性选项板的类型选择器中更换族类型。

07 从图纸中可以看出，结构梁并没有以轴线为中心来设计，而是有所偏移。此时可以利用【对齐】工具使结构梁对齐图纸中（或项目中）的轴线，如图 2-57 所示。

提示	若是后期需要进行 BIM 土建与安装算量，则尽可能地一条一条（在柱与柱之间绘制独立的梁）地绘制梁。如果绘制的是完整结构梁，后期还要进行梁分割操作。

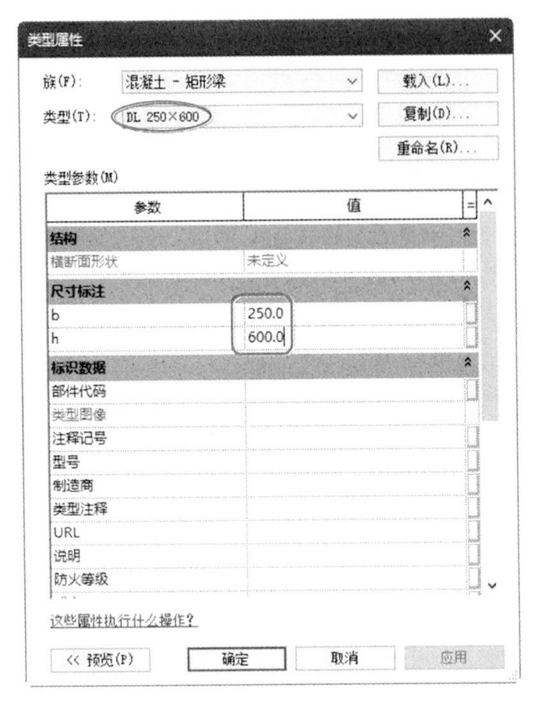

图 2-55　新建结构梁族

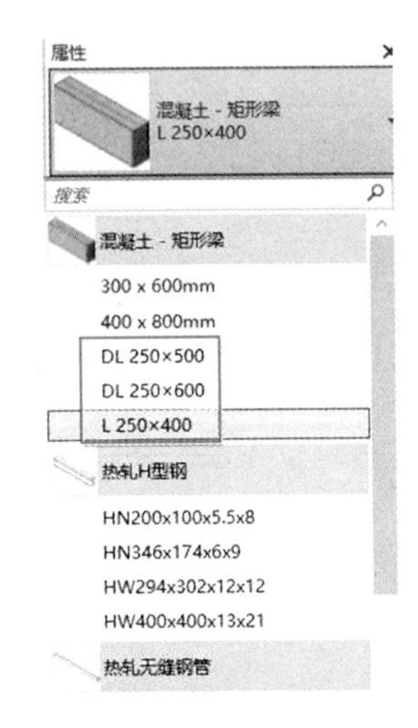

图 2-56　类型选择器中的结构梁族

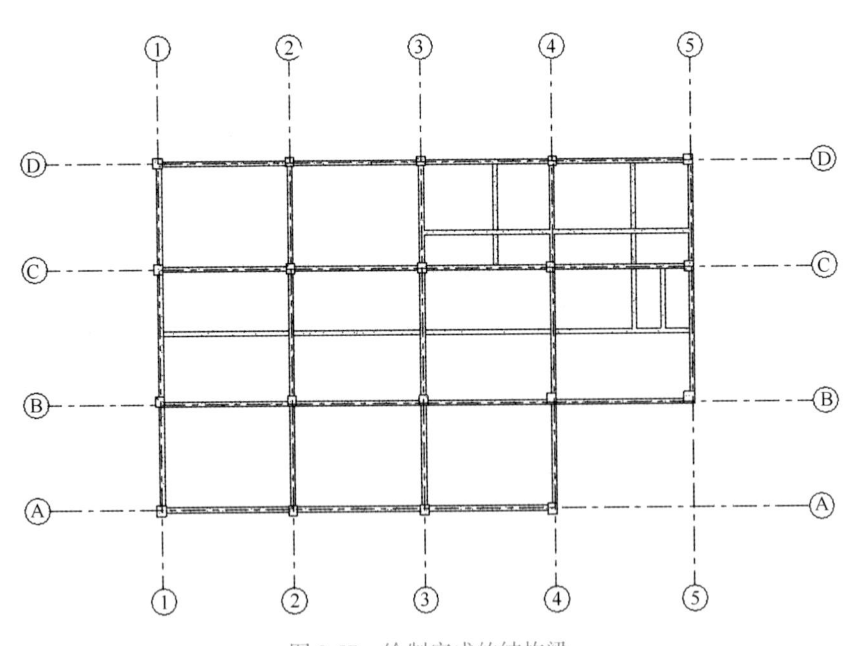

图 2-57　绘制完成的结构梁

08 根据“结构-地梁平面布置及平法施工图.dwg”图纸中图纸标题下方的第一条说明得知：未注地梁梁顶标高为 -0.300m（即 -30mm）。选中所有结构梁，然后在属性选项板中修改【起点标高偏移】和【终点标高偏移】的值均为 -30mm，完成结果如图 2-58 所示。

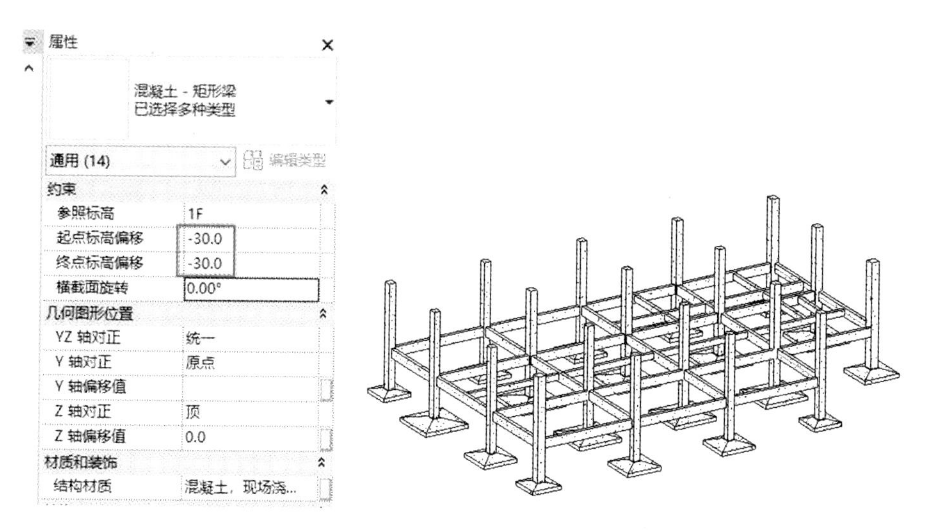

图 2-58 修改结构梁的标高偏移值

2.2.2 地上一层、二层及屋顶结构设计

地上一层和二层的结构是完全相同的，因此完成一层的结构设计（包括 1F 标高和 2F 标高上的结构墙体、结构楼板及结构梁部分）后，将其复制到 3F 标高上即可完成二层的结构设计。

1. 1F 楼层结构设计

1F 楼层即地坪层，是建立在地梁之上的楼板层，此楼板层可以做建筑楼板，因为地下层无使用空间，填土后现场浇筑无钢筋的建筑地板（俗称“三合板”，是碎石渣、水泥和水的混合物）。但为了后期模板制作与施工模拟的需要，此处以结构楼板代替。

提示	在【建筑】选项卡下的相关设计工具主要用来创建无钢筋的建筑模型，比如建筑墙体，多为墙砖材质的墙体。而【结构】选项卡下的设计工具主要用来创建有钢筋的混凝土结构模型。

01 切换到 1F 结构平面视图。在【结构】选项卡下【结构】面板中单击【楼板】按钮，接着在属性选项板的类型选择器中选择【楼板 现场浇注混凝土 225mm】族类型，单击【编辑类型】按钮，弹出【类型属性】对话框，单击【复制】按钮，重命名族类型，如图 2-59 所示。

02 创建新的族类型后，单击【类型参数】选项组的【值】列中【编辑】按钮，弹出【编辑部件】对话框。在该对话框中设置各项参数，完成后单击【确定】按钮，如图 2-60 所示。

03 返回草图绘制状态，利用【修改 | 创建楼层边界】上下文选项卡下【绘制】面板中的【线】工具，绘制图 2-61 所示的结构楼板边界，绘制完成后单击【完成编辑模式】按钮，完成结构楼板的创建。

2. 2F 楼层结构设计

2F 楼层的结构与 1F 楼层的结构大致相同，仅在楼梯间做少许更改即可。

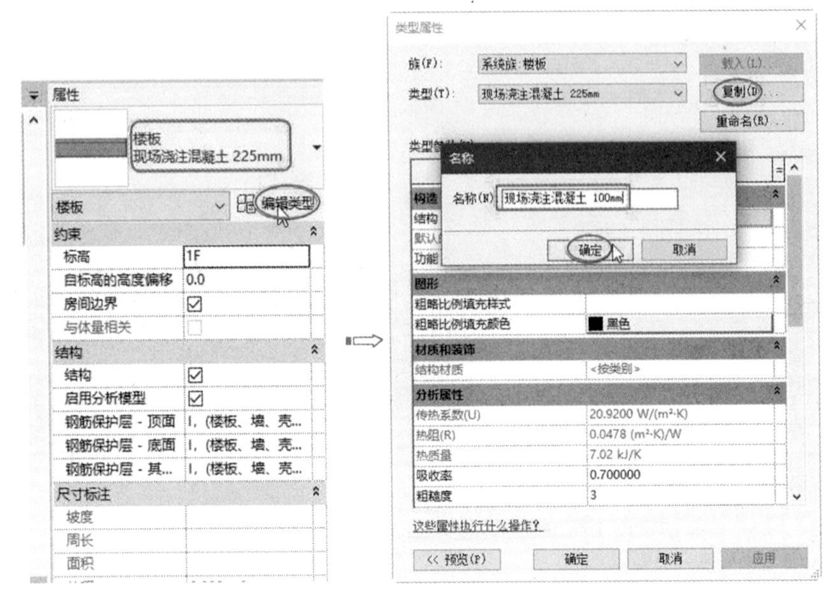

图 2-59　复制并重命名族类型

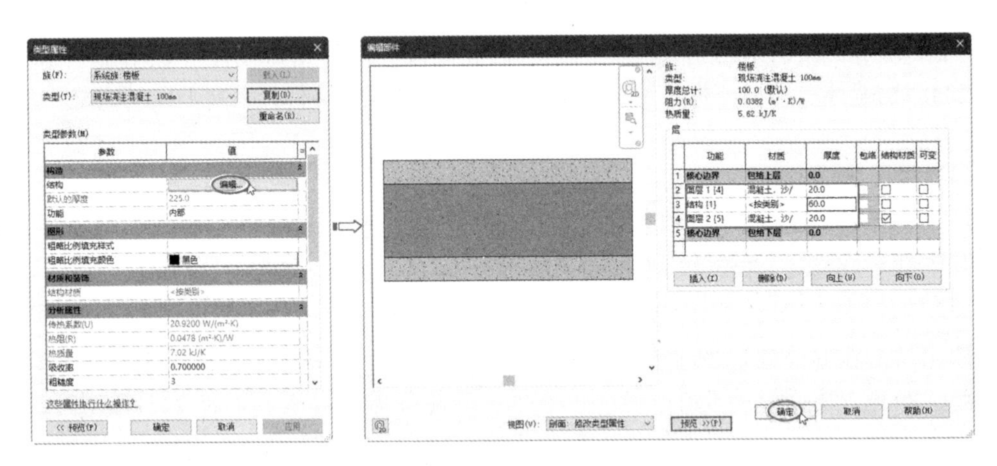

图 2-60　编辑新楼板族的结构参数

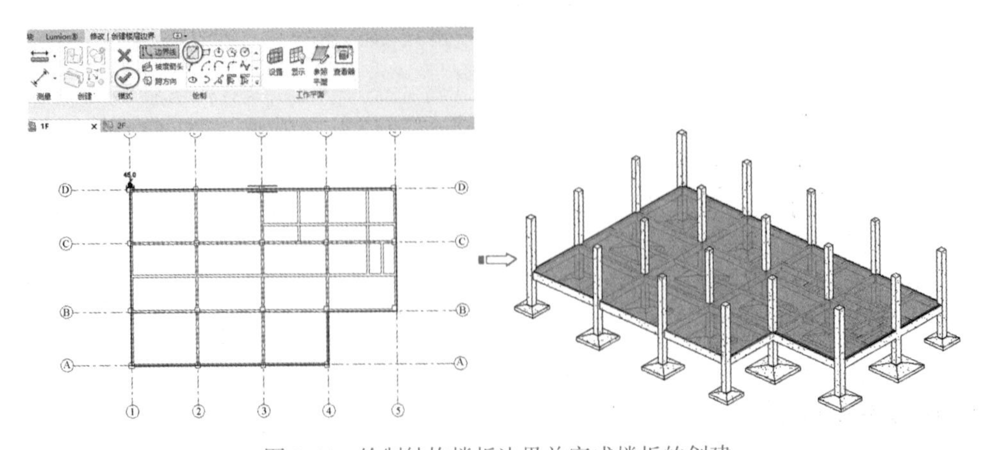

图 2-61　绘制结构楼板边界并完成楼板的创建

01 切换到东立面视图。窗选（从左往右框选）所有的结构梁和结构楼板，在弹出的【修改 | 选择多个】上下文选项卡下【修改】面板中单击【复制】按钮，拾取复制的起点和终点，将所选的图元复制到2F标高上，如图2-62所示。

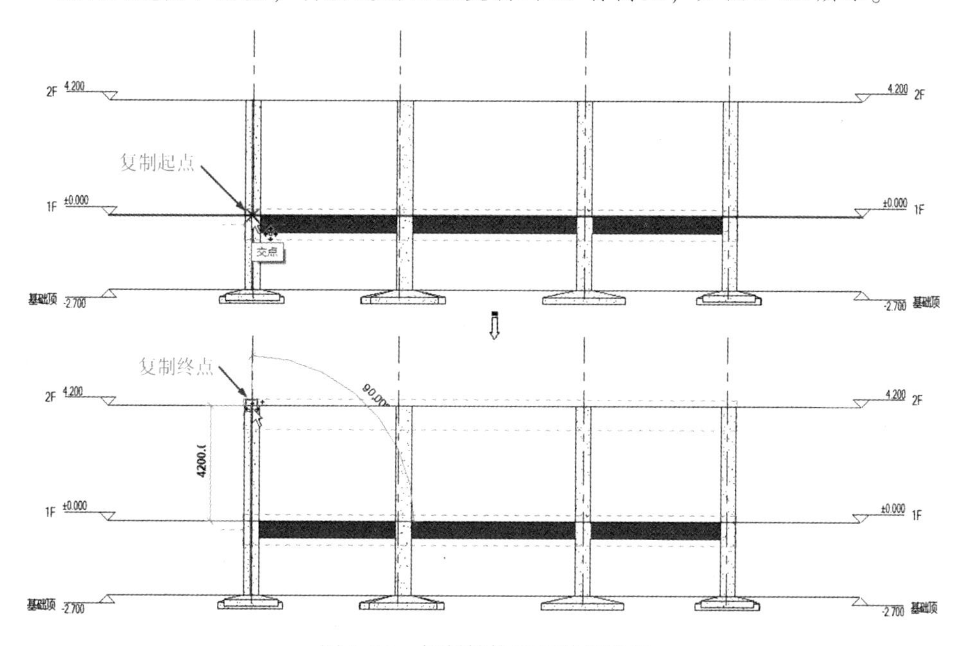

图2-62 复制结构梁和结构楼板

02 复制的结果如图2-63所示。

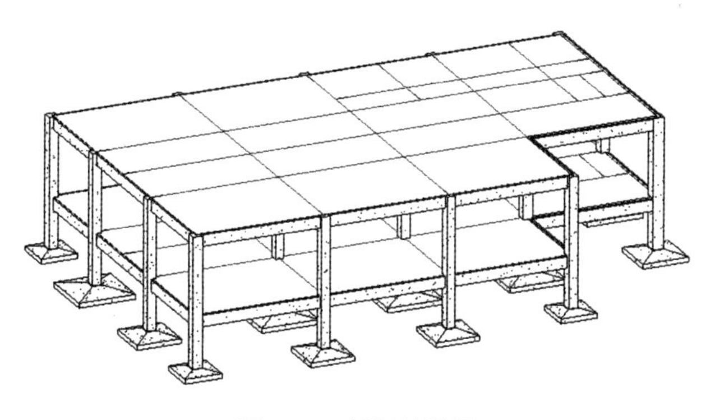

图2-63 复制的结果

03 2F楼层的结构更改请参考本例源文件夹中的“结构－4.200m标高梁平法施工图.dwg”图纸。楼梯间需要增加一条楼梯边梁，此边梁与结构楼梯浇筑为一体，如图2-64所示。楼梯边梁的尺寸用梁平法表示：L4（1）200×400。

04 切换到2F结构平面视图。在【结构】选项卡下单击【梁】按钮，在属性选项板中任选一种矩形梁族类型，然后以此为基础重新创建一个名为“L4 200×400”的新结构梁族类型，如图2-65所示。

05 创建新结构梁族类型后，将其添加到楼梯间连接两侧的主结构梁，楼梯边梁的中轴线与右侧编号为5的轴线间距为5390，如图2-66所示。

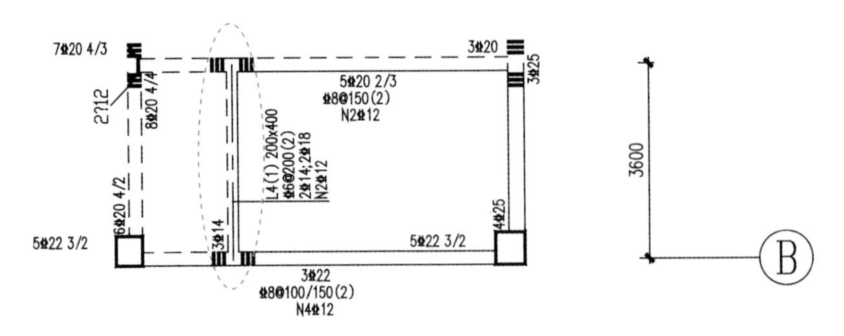

图 2-64　楼梯边梁（图中虚线框内）

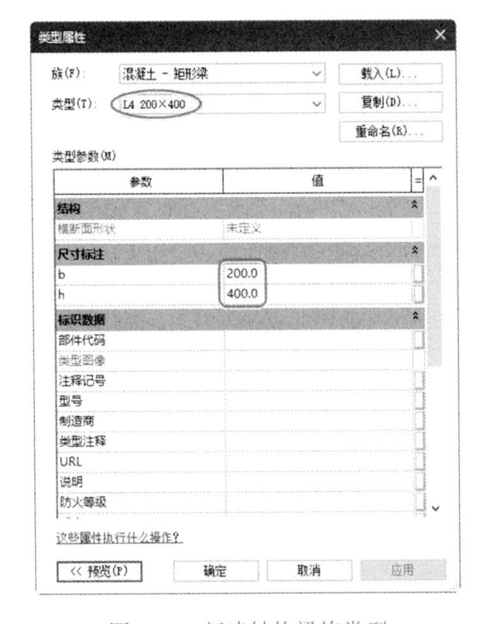

图 2-65　新建结构梁族类型

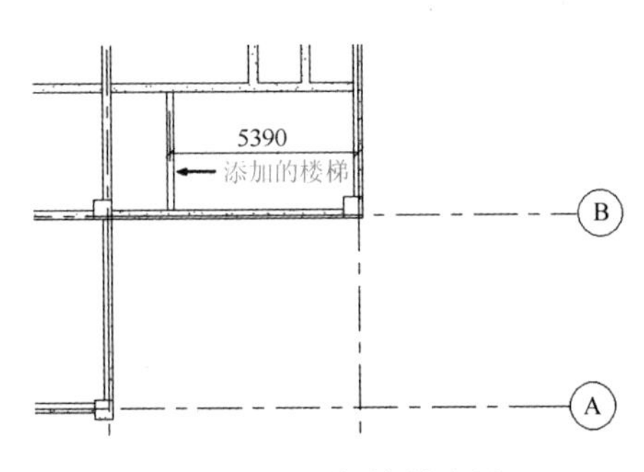

图 2-66　添加楼梯边梁

06 双击 2F 标高中的结构楼板，进入楼板边界的编辑状态，然后修改楼板边界，单击【完成编辑模式】按钮✔，完成结构楼板的边界，如图 2-67 所示。

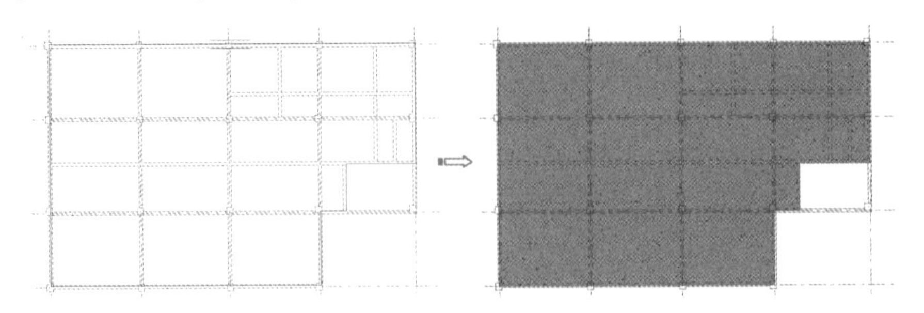

图 2-67　编辑结构楼板

07 切换到 1F 结构平面视图。在【结构】选项卡下单击【墙】按钮，以默认的【基本墙 常规-200mm】族类型，利用【线】工具绘制结构墙，效果如图 2-68 所示。

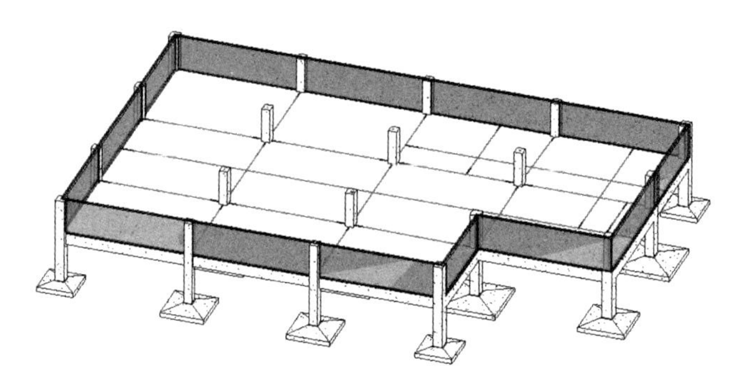

图 2-68　绘制结构墙

08　选中所有结构墙，在属性选项板中修改墙的相关参数和约束，如图 2-69 所示。

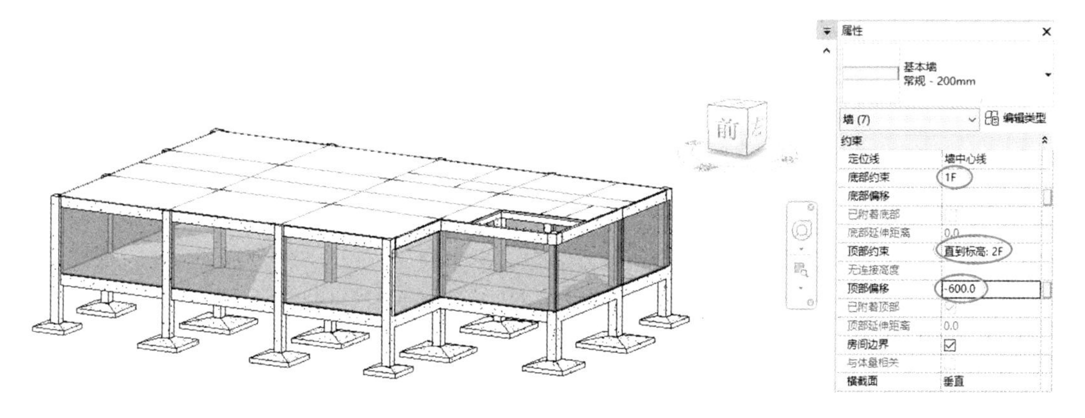

图 2-69　修改墙的参数和约束

09　复制墙族类型，将用于建筑内部的剪力墙结构墙体厚度设置为 160mm，如图 2-70 所示。

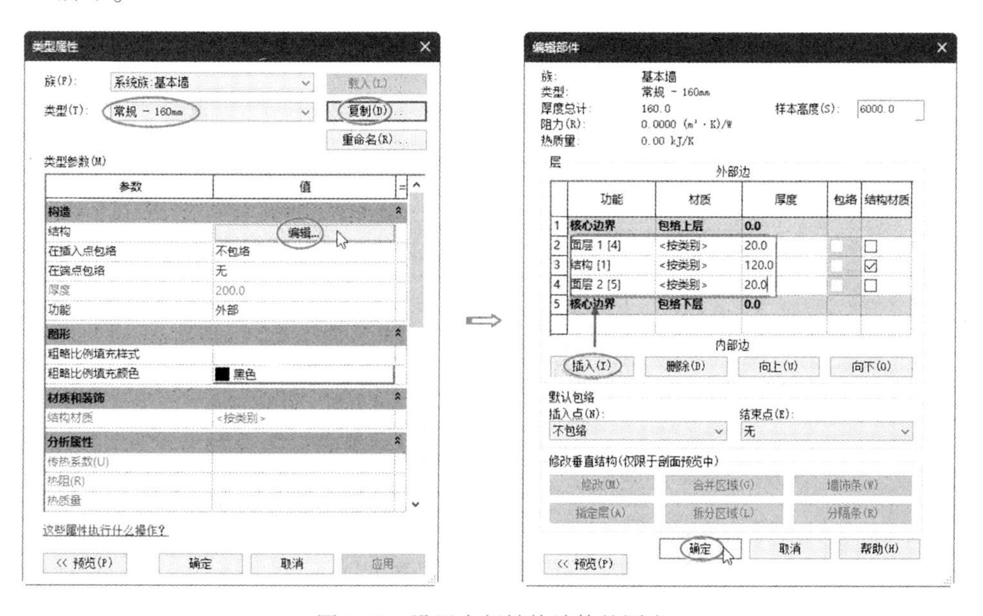

图 2-70　设置内部结构墙体的厚度

10 在建筑内部绘制用于房间分隔的结构墙体，如图2-71所示。墙体创建完成后，接下来在墙体中创建门窗洞。

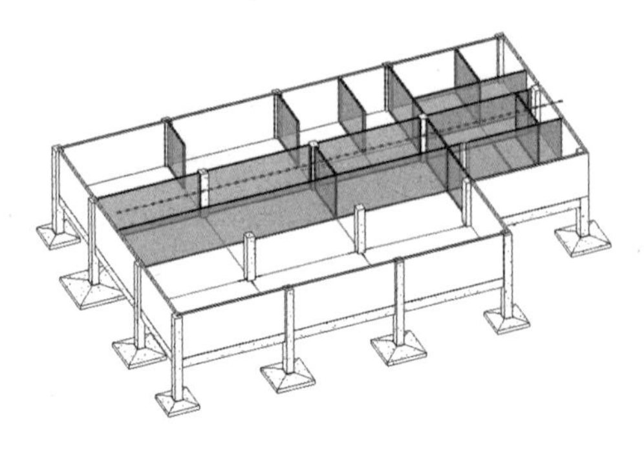

图2-71 绘制内部结构墙体

11 剪力墙中门窗洞的创建方法：参照图纸放置相关的门窗族，门和窗的参数严格按照图纸的门窗表来定义，在结构墙中放置门窗族后，门窗族不会显示，但会显示门窗洞。在【建筑】选项卡下【构建】面板中单击【门】按钮，在弹出的【修改 | 放置 门】上下文选项卡下单击【载入族】按钮，将本例源文件夹中所有的门族载入到当前项目中，如图2-72所示。

提示	可以将源文件夹中的“门窗”文件夹复制并粘贴到系统库的“Chinese”文件夹中，因为载入族时默认打开的文件路径就是系统库路径，这也方便往后调用系统库中的族。

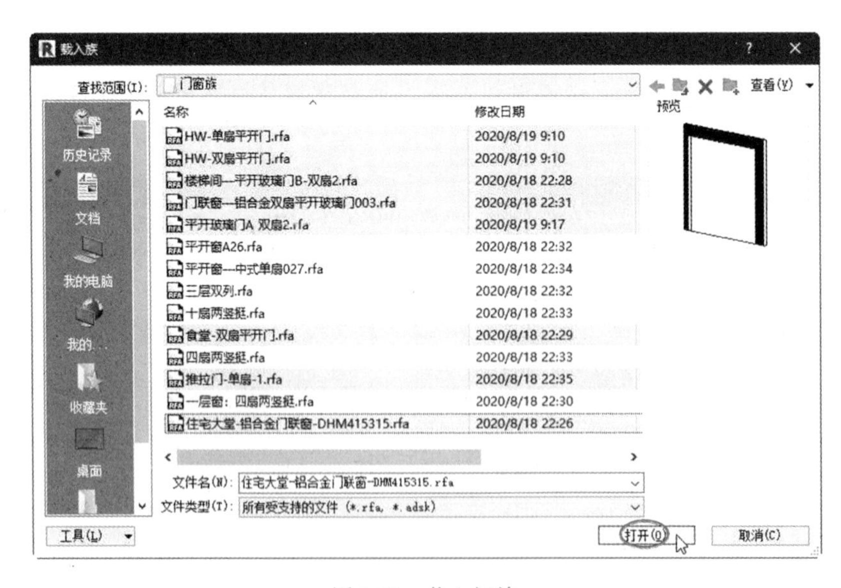

图2-72 载入门族

12 接下来在墙体中放置门族，放置各种门族的位置如图2-73所示。图中各编号所代表的门族类型如下（类型较多且复杂的构件用数字表达）。

1. 住宅大堂-铝合金门联窗-DHM415315.rfa；
2. 门联窗—铝合金双扇平开玻璃门003.rfa；

3. 楼梯间—平开玻璃门B-双扇2.rfa 1900×2400；　4. 平开玻璃门A-双扇2.rfa；
5. HW-双扇平开门.rfa 1800×2100；　6. HW-双扇平开门.rfa 1800×2400；
7. HW-单扇平开门.rfa 900×2100。

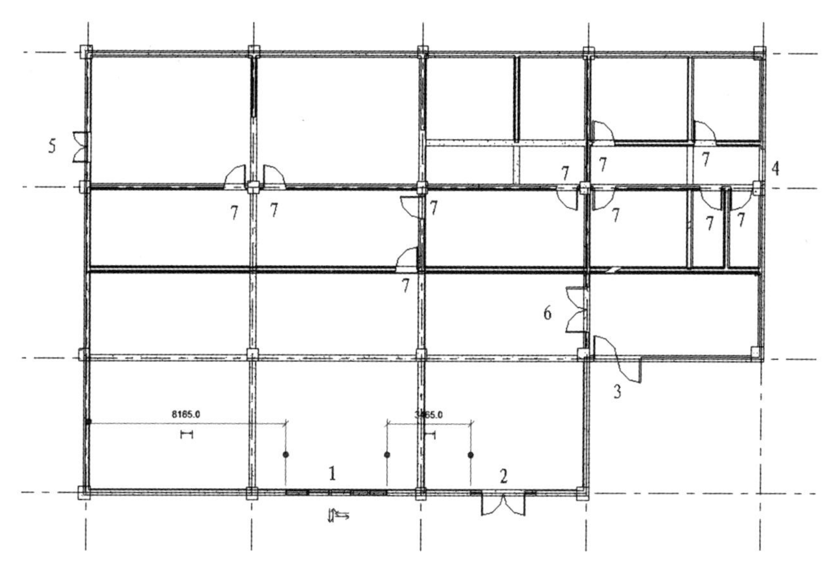

图 2-73　放置门族

13 在【建筑】选项卡下【构建】面板中单击【窗】按钮，再次单击【载入族】按钮，将本例源文件夹中所有的窗族载入到当前项目中，如图 2-74 所示。

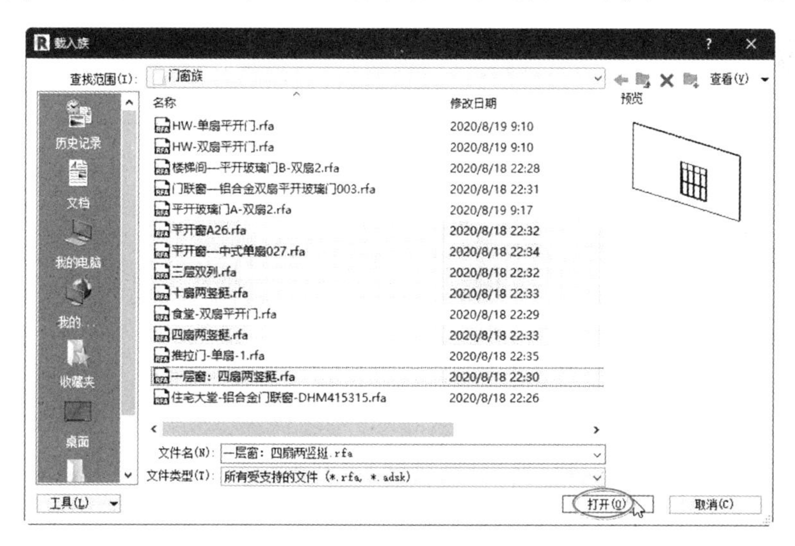

图 2-74　载入窗族

14 接下来一一将载入的窗族放置在外部结构墙体中，如图 2-75 所示。图中各编号所代表的窗族类型如下。

1. 四扇两竖挺.rfa （底高度 0）；　2. 平开窗A26.rfa 900mm （底高度 0）；
3. 平开窗A26.rfa 420mm （底高度 900mm）；4. 三层双列.rfa （底高度 480mm）；

5. 三层三列.rfa （底高度 480mm）；
6. 十扇两竖挺.rfa （底高度 480mm）；
7. 平开窗A26.rfa 2200mm （底高度 0）；
8. 平开窗A26.rfa 1700mm （底高度 0）。

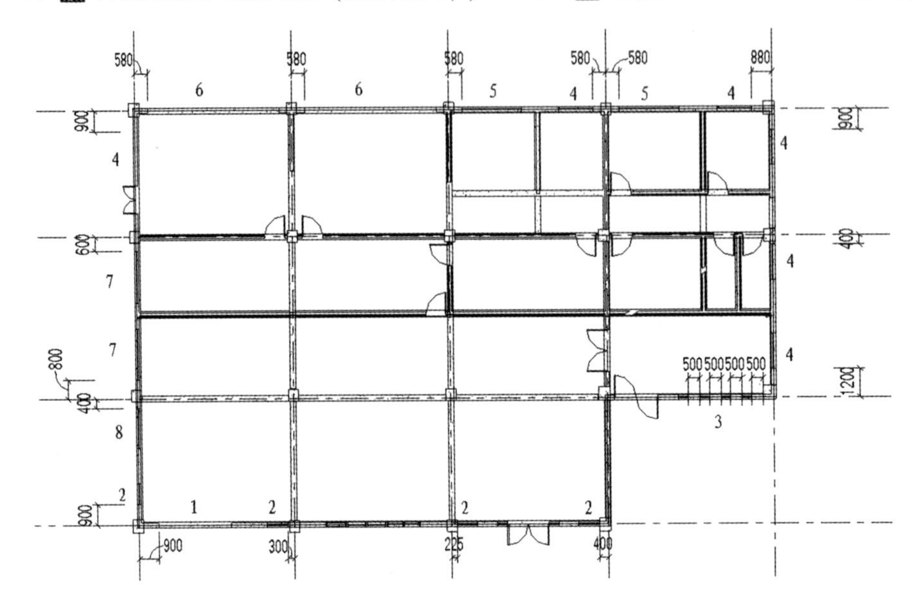

图 2-75　放置窗族

15 放置门窗族后，结构墙体中仅显示门窗洞（因为门窗属于建筑构件，仅在建筑平面视图中可见），三维效果如图 2-76 所示。

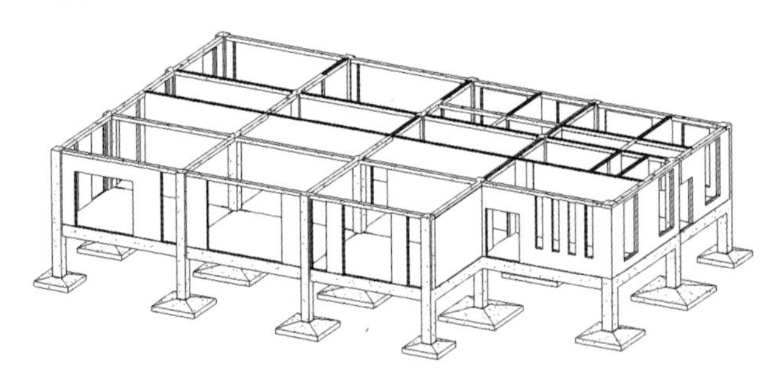

图 2-76　三维效果图

16 设计结构楼梯。切换到 1F 结构平面视图。在【结构】选项卡下【模型】面板中单击【模型线】按钮，然后在楼梯间绘制一条直线，此直线将作为楼梯起步的参考，如图 2-77 所示。

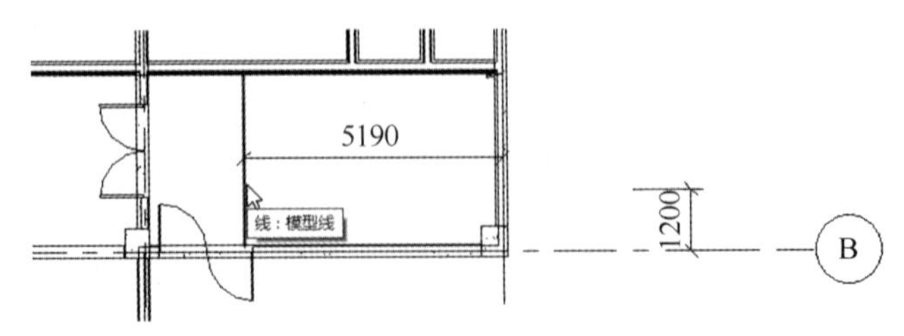

图 2-77　绘制直线

17 在【建筑】选项卡下【楼梯坡道】面板中单击【楼梯】按钮，弹出【修改 | 创建楼梯】上下文选项卡。在选项栏中设置参数，如图 2-78 所示。

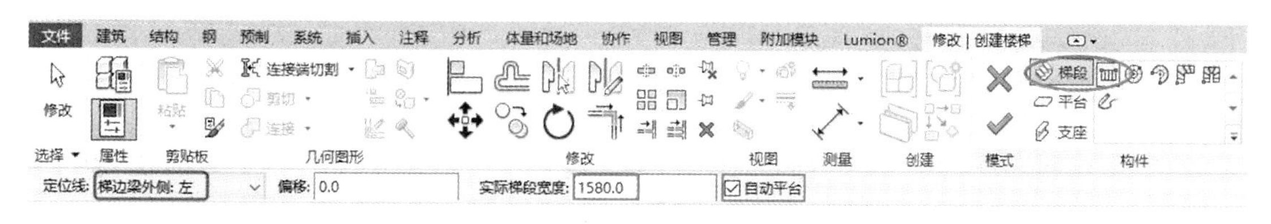

图 2-78　设置选项栏

18 在属性选项板中先选择【现场浇筑楼梯 整体浇筑楼梯】族类型，接着设置楼梯具体参数，随后在直线和内墙的交点处开始往右绘制楼梯踢面，绘制踢面数量为 14 时停止，如图 2-79 所示。

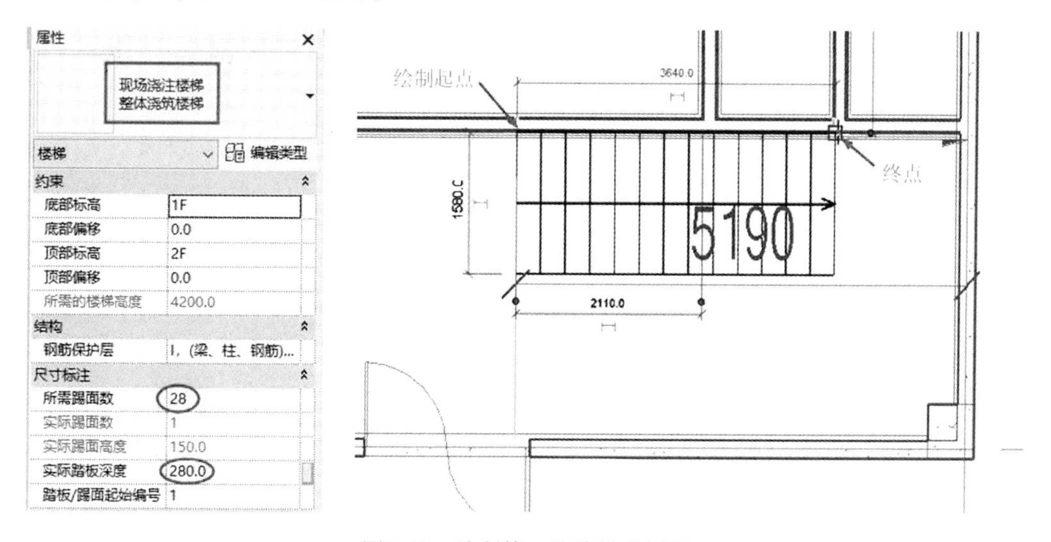

图 2-79　绘制第一跑楼梯的踢面

19 利用光标捕捉第 14 个踢面的边线（不是选取边线，而是光标靠近自动套取边线），往下延伸并追踪到墙体边上并产生一个交点，此时光标选取此交点作为第二跑楼梯踢面的起始位置，然后往左绘制踢面，直至与绘制的直线对齐，如图 2-80 所示。楼梯中间的平台会自动生成，无须手动添加。

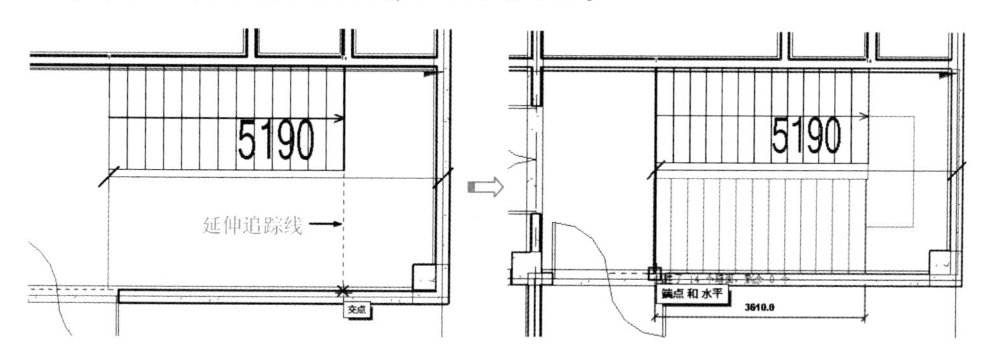

图 2-80　绘制第二跑的踢面

20 单击【连接标高】按钮，弹出【转到视图】对话框。选择视图并单击【打开视图】按钮进入到南立面视图中。拾取南立面视图中的3F标高，最后单击【完成编辑模式】按钮✔，完成结构楼梯的创建，如图2-81所示。

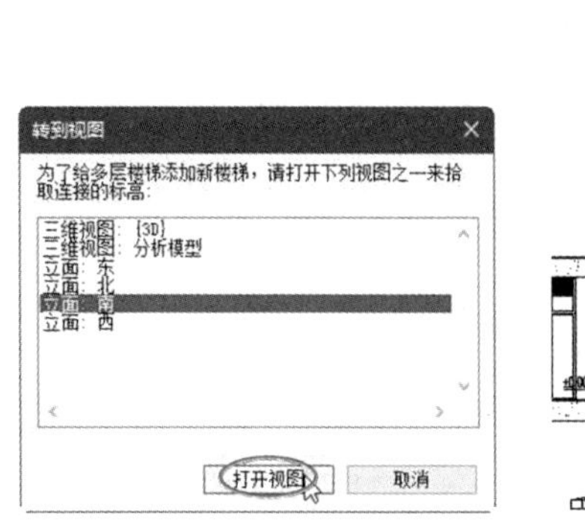

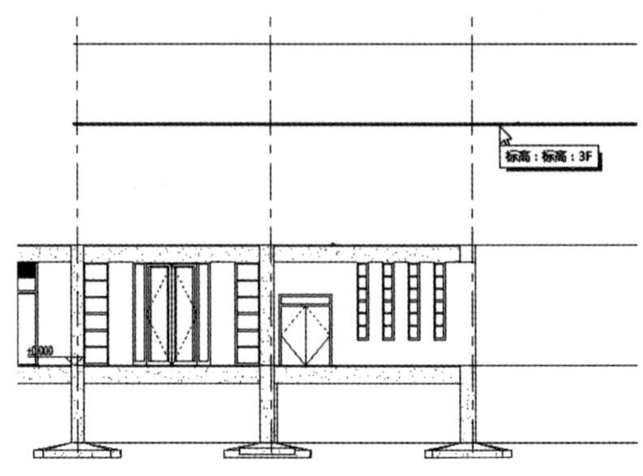

图 2-81　连接标高创建多层楼梯

21 如果在三维视图中看不见创建的楼梯，可以在【视图】选项卡下【图形】面板中单击【可见性/图形】按钮，然后在弹出的【三维视图：{3D}的可见性/图形替换】对话框中勾选【楼梯】复选项，单击【确定】按钮，即可看见结构楼梯了，如图2-82所示。

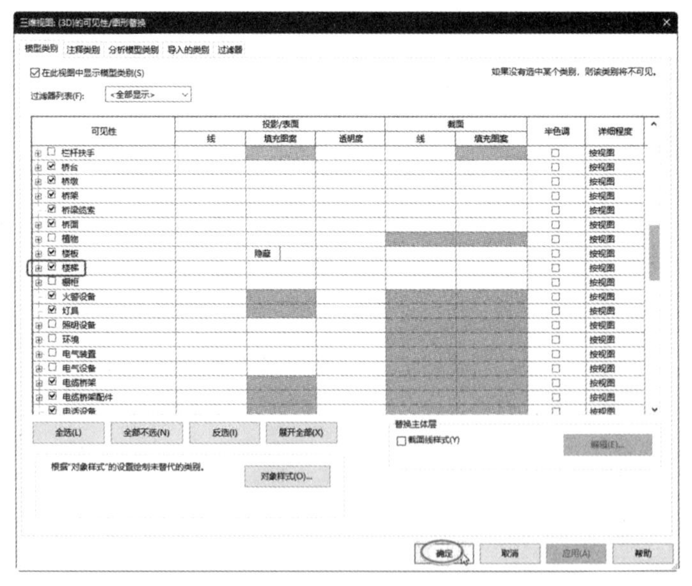

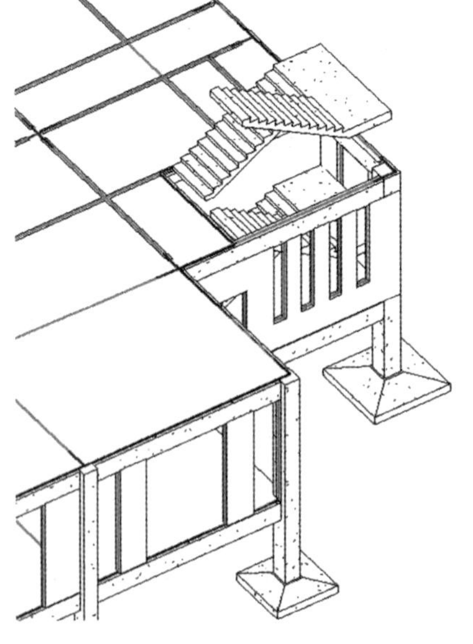

图 2-82　三维视图中显示结构楼梯

3. 3F 楼层结构设计

01 切换到东立面视图。窗交选取所有结构柱，在属性选项板中修改其顶部标高，将柱顶延伸到3F，如图2-83所示。

02 框选2F标高中的所有结构梁和结构楼板，将其复制到3F标高位置，如图2-84所示。

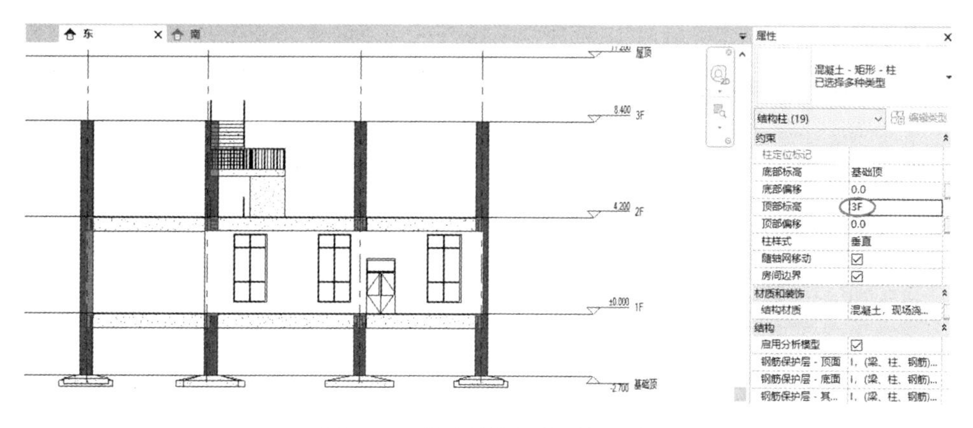

图 2-83　修改结构柱的顶部标高

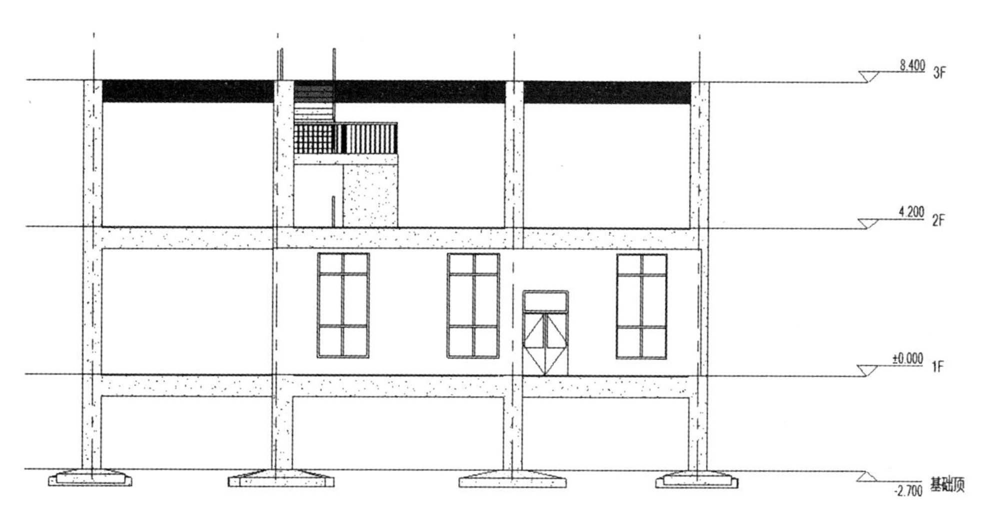

图 2-84　复制 2F 的结构梁、结构楼板到 3F

03　切换到三维视图查看立体效果，如图 2-85 所示。

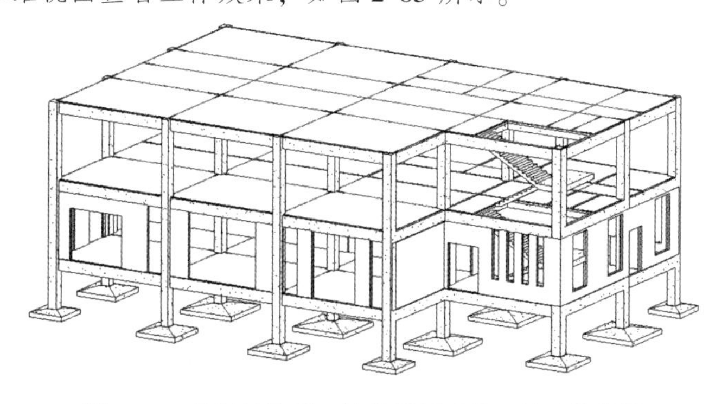

图 2-85　复制结构梁、结构楼板后的三维立体效果

04　切换到南立面视图。选取所有外墙，将其复制到 2F 与 3F 之间，效果如图 2-86 所示。

提示	复制时，要取消勾选选项栏中的【约束】复选框。

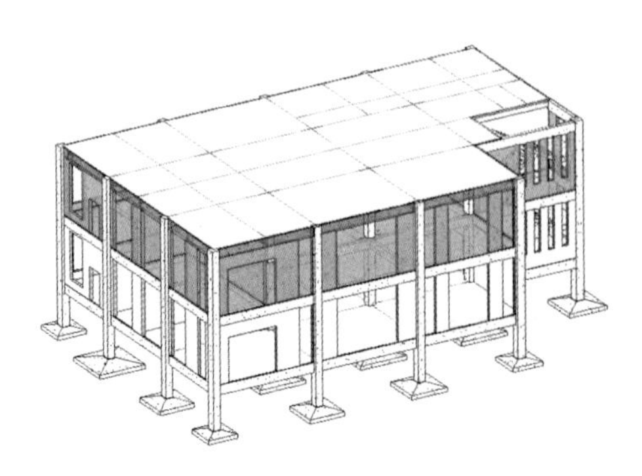

图 2-86　绘制结构墙

05　在【结构】选项卡下单击【梁】按钮，选择【混凝土-矩形梁 L250×400】族类型，添加一条结构梁，如图 2-87 所示。将添加的结构梁复制到 3F 标高上。

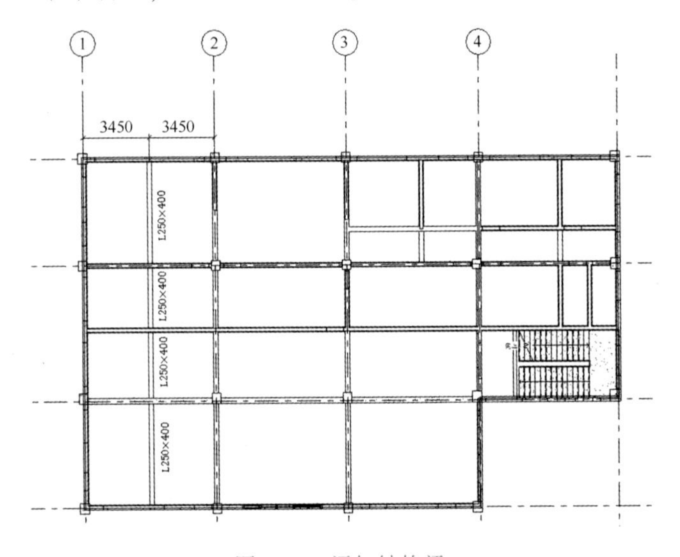

图 2-87　添加结构梁

06　在建筑内部绘制结构墙体（族类型为【基本墙 常规 -160mm】），如图 2-88 所示。

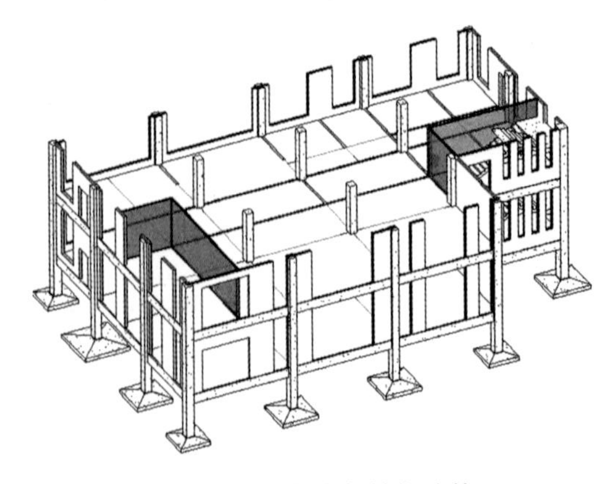

图 2-88　绘制内部结构墙体

07 复制墙体后，需要修改二层中部分墙体门窗族，如图 2-89 所示。切换到 2F 结构平面视图。参考图 2-73 和图 2-75 中的门、窗编号进行替换，门窗替换信息如下。

- 1 号门替换为 6 扇 平开窗A26.rfa 420mm（底高度 900mm）；
- 2 号门替换为 4 扇 平开窗A26.rfa 420mm（底高度 900mm）；
- 3 号门替换为 3 扇 平开窗A26.rfa 420mm（底高度 900mm）；
- 4 号门替换为 1 扇 三层双列.rfa（底高度 480mm）；
- 5 号门替换为 1 扇 平开窗A26.rfa 900mm（底高度 0）；
- 1 号窗替换为 4 扇 平开窗A26.rfa 420mm（底高度 900mm）；
- 4 号窗替换为 1 扇 楼梯间—平开玻璃门B-双扇2.rfa 1900×2400。

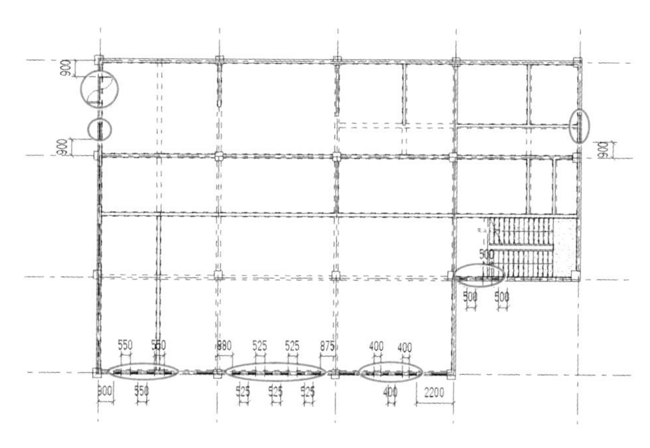

图 2-89　替换门窗族

08 可通过显示结构楼梯的操作，来显示门和窗，以便选取部分底高度不符合要求的门窗进行修改，修改完成的结果如图 2-90 所示。至此，完成了地上一层和二层的结构设计。

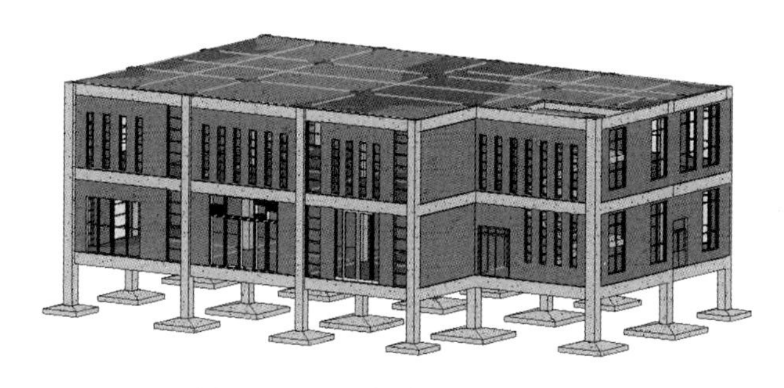

图 2-90　调整部分门窗的底高度

4. 屋顶结构设计

01 在三维视图中，选中楼梯间外侧的两条结构柱，修改其顶部标高为“屋顶”，如图 2-91 所示。

02 切换到 3F 结构平面视图。在【结构】选项卡下单击【柱】按钮，选择【混凝土-矩形-柱 KZ 450×500】族类型，单击【编辑类型】按钮，然后新建名为“KZ 300×500”的结构柱族类型，如图 2-92 所示。

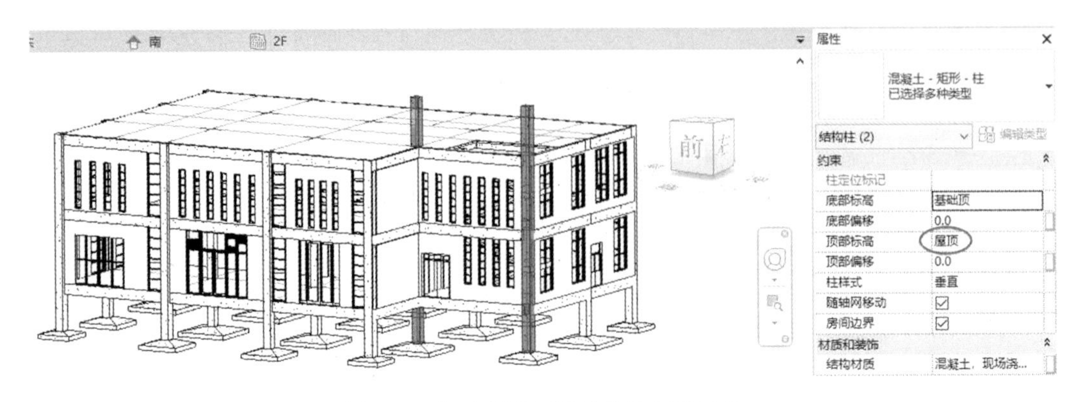

图 2-91　修改楼梯间结构柱的顶部标高

图 2-92　新建结构柱族类型

03　创建新族类型后，将其放置在楼梯间的结构墙中，并修改底部标高和顶部标高，如图 2-93 所示。

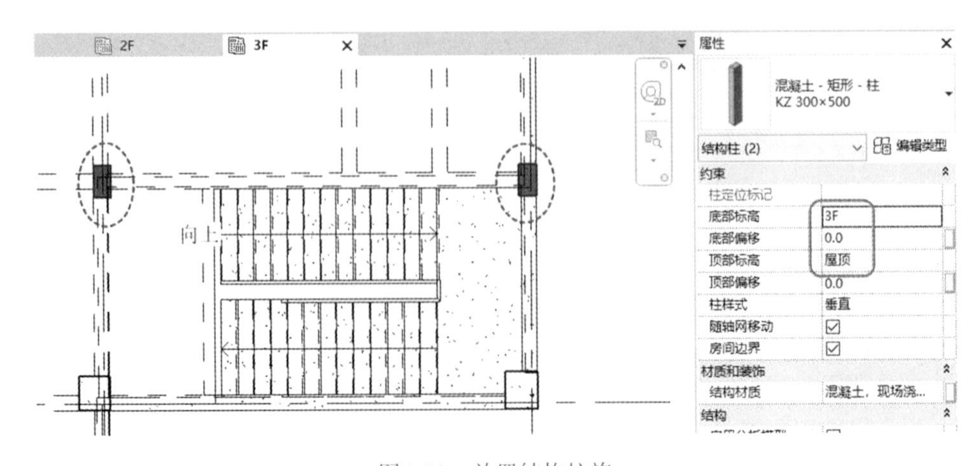

图 2-93　放置结构柱族

04　切换到屋顶结构平面视图。单击【梁】按钮，选择【DL 250 × 500】结构梁类型来绘制屋顶的结构梁，如图 2-94 所示。

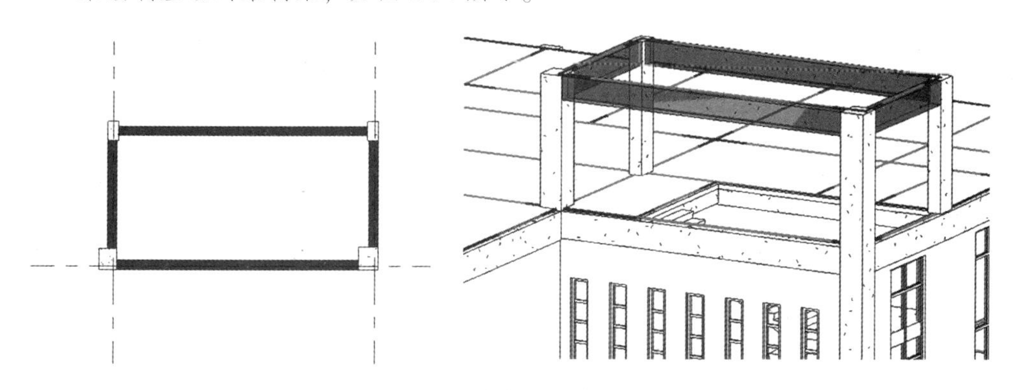

图 2-94　绘制屋顶结构梁

05　单击【楼板】按钮，创建屋顶结构楼板，如图 2-95 所示。

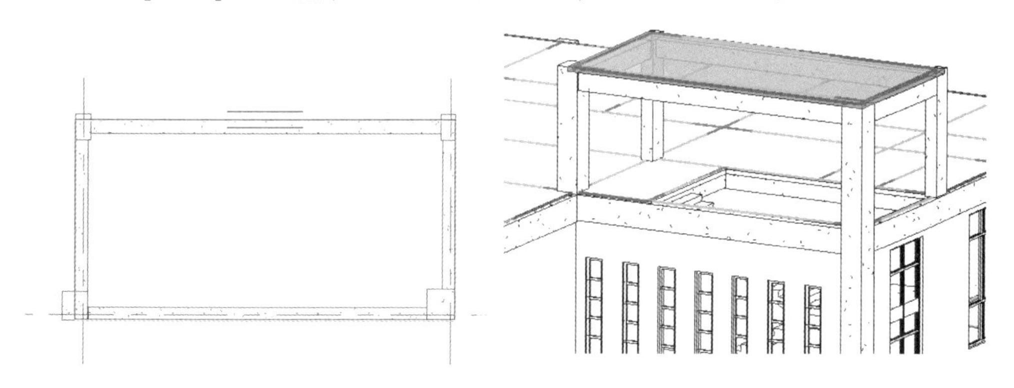

图 2-95　创建结构楼板

506　切换到 3F 结构平面视图。单击【墙】按钮，然后选择【基本墙 常规-200mm】族类型绘制屋顶的结构墙体，如图 2-96 所示。

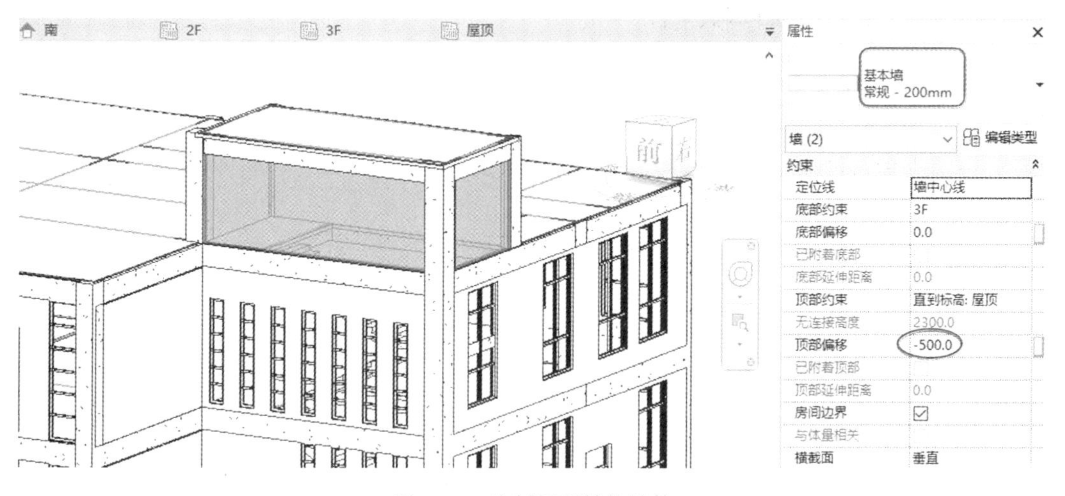

图 2-96　绘制屋顶结构墙体

07 在【建筑】选项卡下单击【门】按钮，将推拉门族放置在屋顶墙体中，如图 2-97 所示。

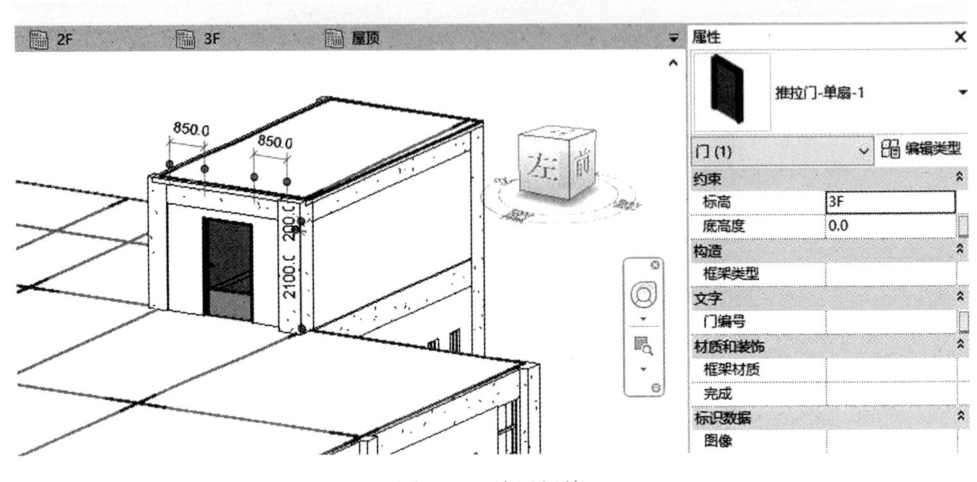

图 2-97　放置门族

08 在【建筑】选项卡下单击【窗】按钮，将【开平窗-中式单扇 027】族放置在屋顶墙体中，如图 2-98 所示。

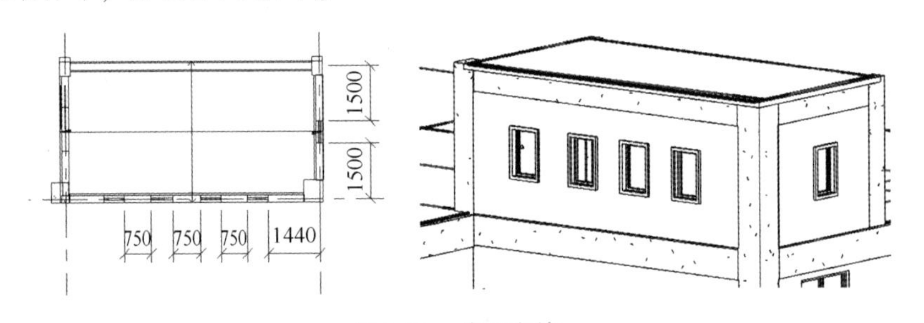

图 2-98　放置窗族

2.2.3 外部结构楼梯设计

外部结构楼梯是一层到二层用餐的唯一通道，因此楼梯设计要满足大且踏步平缓的需求。外部结构楼梯包括楼梯平台和梯段。

1. 楼梯平台设计

01 切换到 2F 结构平面视图。在【结构】选项卡下单击【梁】按钮，在属性选项板的类型选择器中选择【DL 250×600】族类型，然后在 5 号门位置绘制结构梁，如图 2-99 所示。

02 单击【楼板】按钮，绘制楼梯平台的结构楼板，如图 2-100 所示。

03 单击【柱】按钮，创建【KZ 250×250】新结构梁族类型，然后将其放置在图 2-101 所示的位置（放置 4 个）。

04 单击【梁】按钮，选择【混凝土-矩形梁 L 250×400】族来绘制图 2-102 所示的结构梁。中间平台的楼板无需用【楼板】工具绘制，在设计楼梯时会自动生成平台。

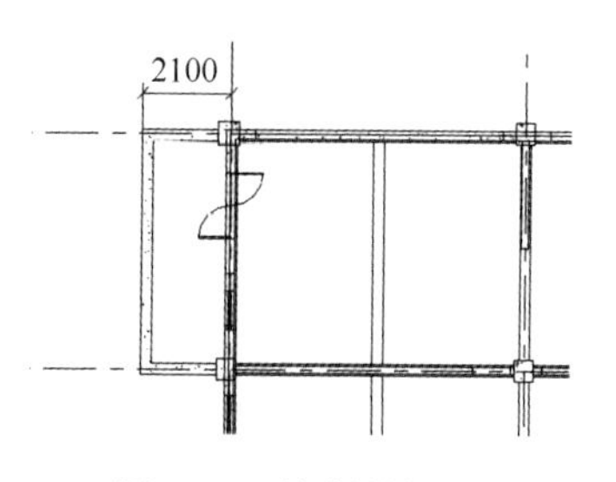

图 2-99　绘制结构梁

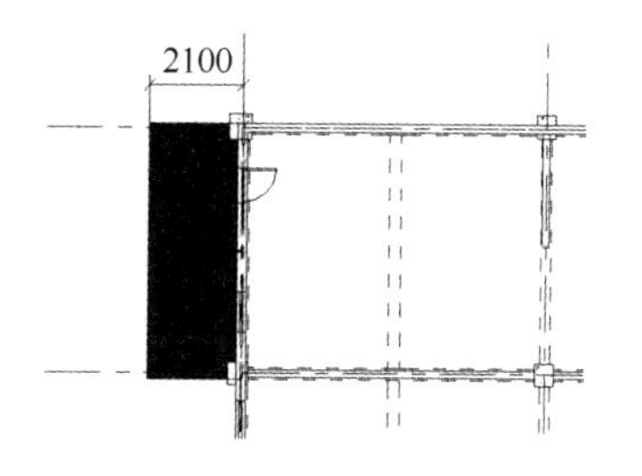

图 2-100　绘制结构楼板

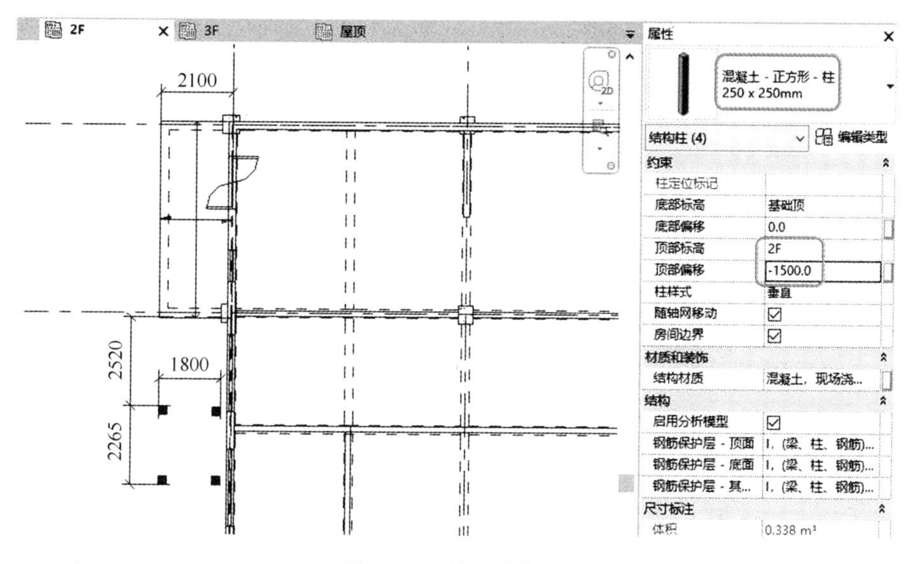

图 2-101　放置结构柱

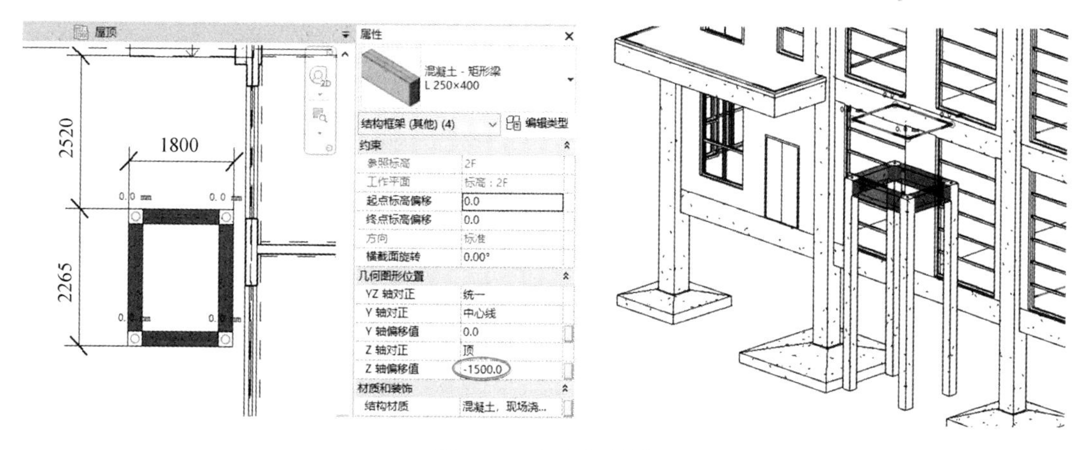

图 2-102　绘制结构梁

2. 梯段设计

01　利用【模型线】工具绘制一条直线，用作楼梯起步参考，如图 2-103 所示。

02　在【建筑】选项卡下【楼梯坡道】面板中单击【楼梯】按钮，在【修改 | 创建楼梯】上下文选项卡下设置选项栏中的选项及参数，如图 2-104 所示。

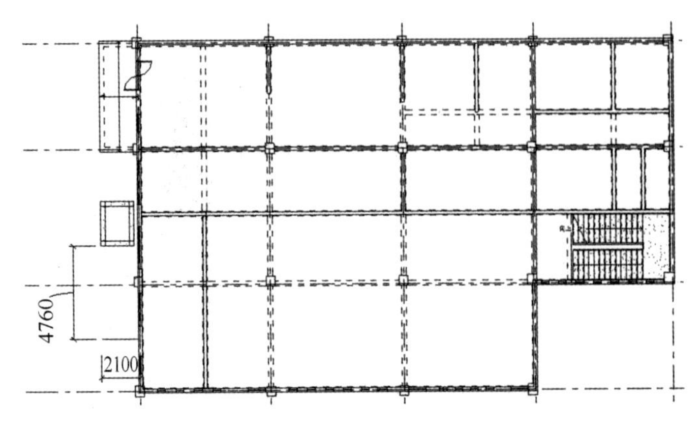

图 2-103　绘制直线

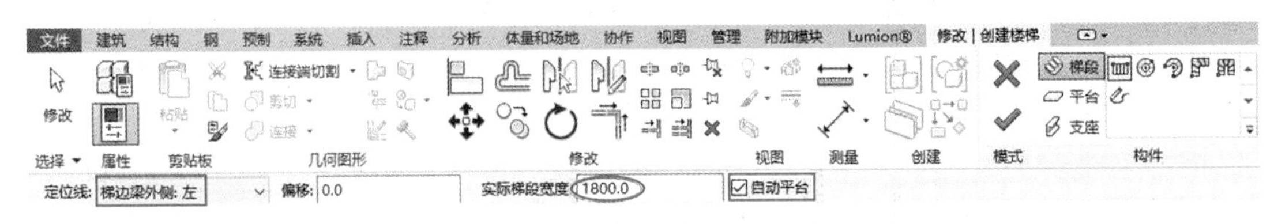

图 2-104　设置选项栏

03　在属性选项板中选择楼梯族类型并设置楼梯尺寸，如图 2-105 所示。接着在直线端点处开始，往上绘制梯段，直达中间平台梯梁边线，单击完成第一跑楼梯梯段的绘制，如图 2-106 所示。

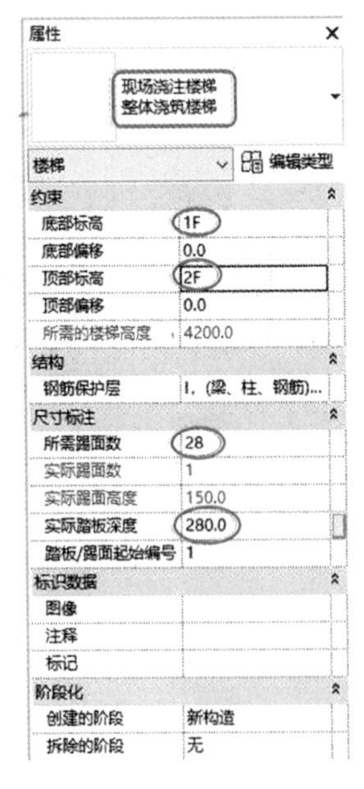

图 2-105　设置楼梯属性及参数

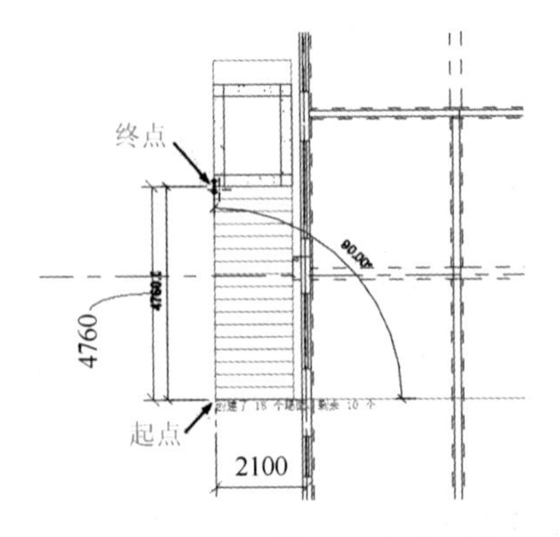

图 2-106　绘制第一跑楼梯梯段

04　按此方法，在中间平台与 2F 平台之间绘制第二跑楼梯梯段，如图 2-107 所示。单击【完成编辑模式】按钮✔，完成外部结构的设计，三维效果如图 2-108 所示。

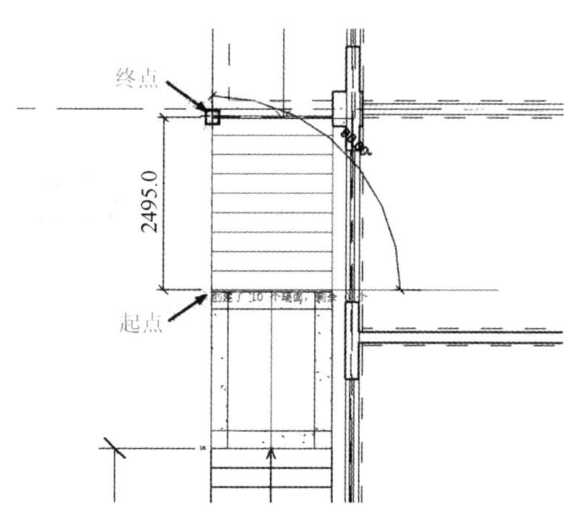

图 2-107　绘制第二跑楼梯梯段

图 2-108　外部结构楼梯的三维效果

第3章

Revit 2021 装配式建筑设计

本章导读

装配式建筑在目前建筑行业中的应用越来越广泛。本章主要介绍 Revit 2021 软件平台的 Autodesk Structural Precast Extension for Revit 装配式建筑设计插件功能及其在装配式建筑设计中的具体运用。

案例展现

案 例 图	描 述
	Autodesk Structural Precast Extension for Revit 是一款面向用户提供可靠的预制和现浇混凝土项目的 Revit 插件，是装配式建筑设计必不可少的设计工具，其主要功能是分割结构楼板、基础底板或者结构墙体生成 PC 构件，配置预制混凝土构件钢筋和起吊件，根据起吊件的力学性能设计吊装孔位，创建工程图、CAM（机械加工）文件及材料概算表
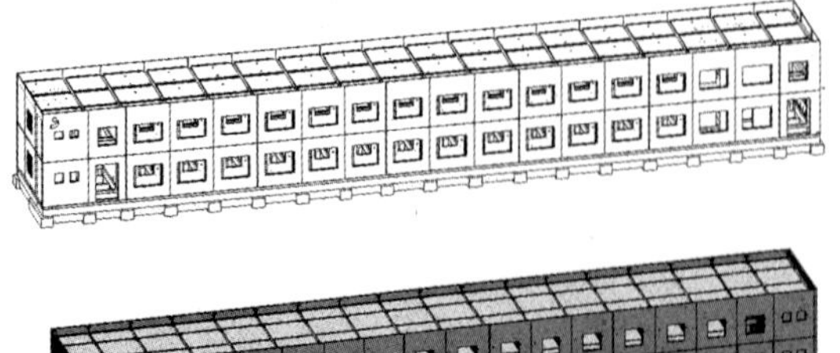 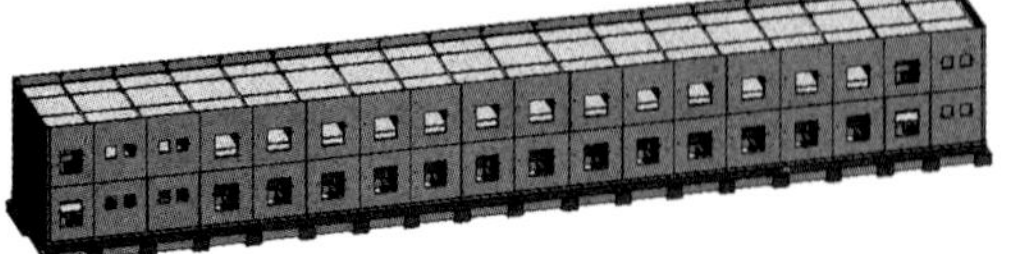	职工宿舍大楼的装配式建筑项目位于成都市某建工集团钢构基地内，建筑主要功能为集体宿舍，共两层，总建筑面积 1040m^2，单层建筑面积为 520m^2。设计层高为一层 3.6m，二层 3.4m，建筑总高度为 7.6m，建筑结构形式为装配整体式混凝土框架结构，由成都建工集团承担设计、施工和构件生产，预制率达到 83%

3.1 装配式建筑概念

装配式建筑是由预制构件在施工现场装配而成的建筑，如图 3-1 所示。将构成建筑物的墙体、柱、梁、楼板、阳台、屋顶等构件在工厂预制好，装运至项目施工现场，再把预制的构件通过可靠的连接方式组装成整体建筑。

图 3-1　装配式建筑

3.1.1 装配式建筑分类

装配式建筑有多种划分类型，按照形式可划分为剪力墙形式、框架与核心筒形式等；按照高度可划分为多层混凝土式、高层混凝土与低层混凝土式。在我国应用最多的装配式建筑结构形式为剪力墙结构，但商场等建筑项目中多采用框架式。

按照材料及施工方法的不同，又分为以下几种常见结构形式。

1. 预制装配式混凝土结构

预制装配式混凝土结构是以预制的混凝土构件（也叫 PC 构件）为主要构件，经工厂预制，现场进行装配连接，并在结合部分现浇混凝土而成的结构，如图 3-2 所示。这种结构形式是本章重点介绍的装配式建筑结构形式。预制装配式混凝土结构建筑也称为“砌块建筑”。

图 3-2　预制装配式混凝土结构

2. 预制装配式钢结构

预制装配式钢结构建筑以钢柱及钢梁作为主要的承重构件。钢结构建筑自重轻、跨度大、抗风及抗震性好、保温隔热、隔声效果好，符合可持续化发展的方针，适用于别墅、多高层住宅、办公楼等民用建筑及建筑加层等，如图 3-3 所示。

图 3-3　预制装配式钢结构

3. 预制木结构

预制木结构是以集装箱为基本单元，在工厂内流水生产完成各模块的建造并完成内部装修，再运输到施工现场，快速组装成多种风格的建筑结构，如图 3-4 所示。

图 3-4　预制木结构

4. 预制砌块结构

预制砌块建筑是用预制的块状材料砌成墙体的装配式建筑，如图 3-5 所示。砌块结构适于建造低层建筑，砌块建筑适应性强、生产工艺简单、施工简便、造价较低，还可利用地方材料和工业废料建筑砌块。小型砌块工业化程度较低，灵活方便，使用较广；中型砌块可用小型机械吊装，节省砌筑劳动力；大型砌块现已被预制大型板材所代替。砌块有实心和空心两类，实心的较多采用轻质材料制成砌块，接缝是保证砌体强度的重要环节，一般采用水泥砂浆砌筑，小型砌块还可用套接的干砌法，减少施工中的湿作业。

图 3-5　预制砌块结构

3.1.2　装配式建筑预制构件分类

PC 预制构件实行工厂化生产，预制构件在工厂加工后，运送到工地现场由总包单位负责吊装安装。

提示	PC 是英文 Precast Concrete（装配式混凝土，也称预制混凝土）的缩写。国际装配式建筑领域把装配式混凝土建筑简称为 PC 建筑，把装配式（预制）混凝土构件称为 PC 构件，把制作混凝土构件的工厂称为 PC 工厂。

按构件形式和数量，划分为预制外墙板、预制内隔墙、预制楼梯、预制阳台、预制叠合楼板、预制凸窗（飘窗）等 PC 构件，如图 3-6 所示。

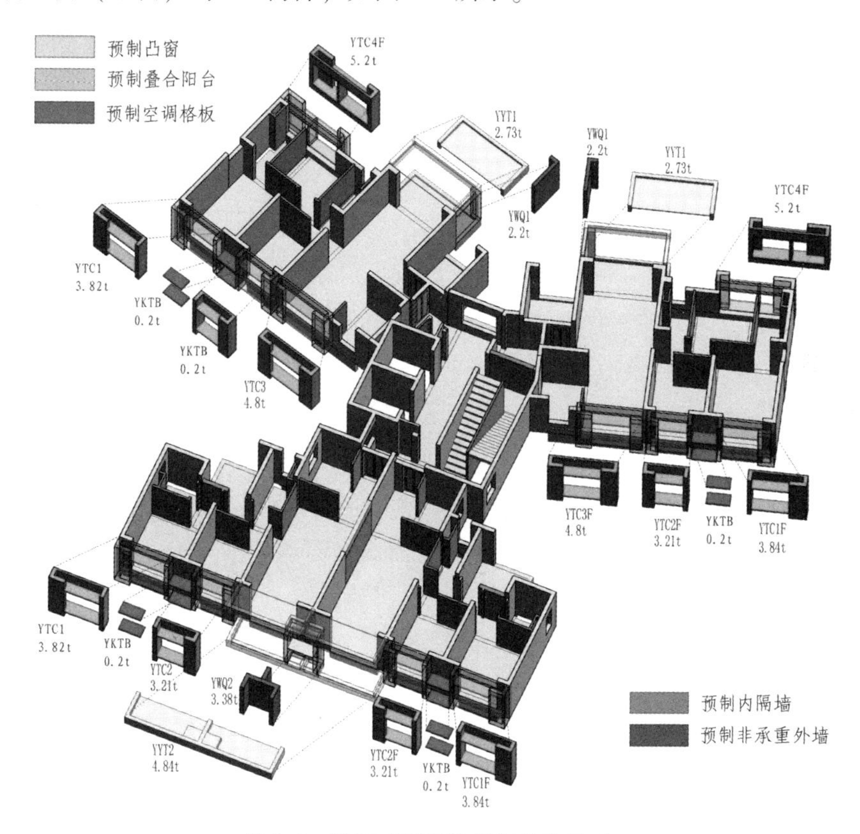

图 3-6　装配式建筑的预制构件类型

3.1.3　PC 预制构件的拆分设计原则

在装配整体式叠合剪力墙结构中，各类构件应依据国家标准、图集、规范，通过钢筋搭接、锚固、套筒灌浆等形式连接成可靠的整体结构。

在 Revit 中进行装配式建筑结构设计的内容包括建筑整体结构设计和结构拆分设计。结构拆分设计是装配式建筑结构的深化设计，也是建筑结构图纸上的二次设计。

结构拆分设计又分为总体拆分和构件设计（主要是连接点设计）两个阶段。图 3-7 为某高层装配式建筑的标准层预制构件设计的示意图。

在对结构进行拆分时，应结合建筑的功能与艺术性、结构合理与安全性、构件生产可行性、运输及安装环节等因素进行综合考量。

另外还要注意以下几点。

- 首先确定装配式建筑的结构组成类型。目前的结构体系主要是装配整体式剪力墙结构与装配整体式混凝土框架结构两种。

- 确定预制和现浇部分的范围与边界。
- 在确保构件标准化的情况下再确定构件在何处拆分，另外还要考虑构件拆分后是否易于安装和运输（尺寸和重量限制）。
- 确定现浇部分（一般是边缘构件与楼梯间、电梯间的核心筒构件）与预制构件之间的装配关系。若确定楼板为叠合板形式，那么与之相连的梁中也要有叠合层。
- 合理确定构件之间的节点连接方式，如柱、梁、墙及板之间的节点连接方式。

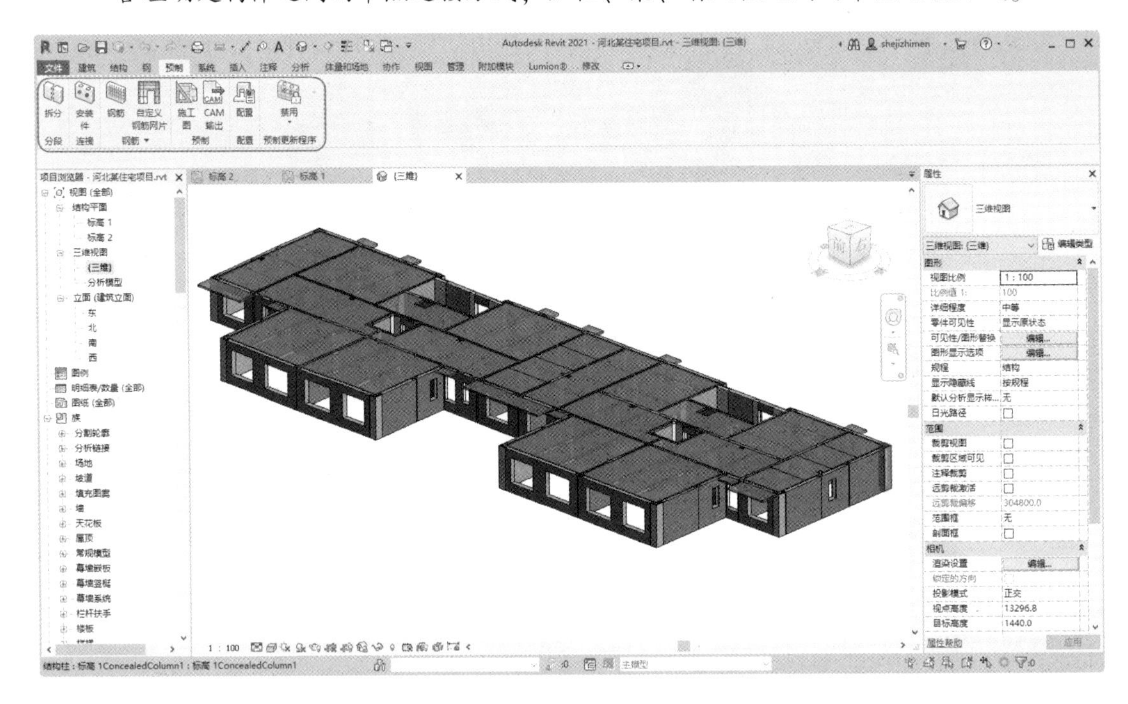

图 3-7　BIM 预制构件示意图

3.2 Revit 2021 装配式建筑设计工具

Autodesk Structural Precast Extension for Revit 是一款面向用户提供可靠的预制和现浇混凝土项目的 Revit 插件，是装配式建筑设计必不可少的设计工具，其主要功能是分割结构楼板、基础底板或者结构墙体生成 PC 构件，配置预制混凝土构件钢筋和起吊件，根据起吊件的力学性能设计吊装孔位，创建工程图、CAM（机械加工）文件及材料概算表。

Autodesk Structural Precast Extension for Revit 的设计理念是在 BIM 工作流程中，设计院提供“结构 + 建筑 + 机电”设计模型，预制件设计和生产单位基于此补充吊装件，进行预制构件分块优化及设计，生成加工图纸。因为设计院已经提供整合设计模型中所有的板上开洞、设备预留开孔、管线预埋套管等信息，预制件设计和生产单位只需要优化设计预制部分即可，这样可以避免因疏忽而遗漏部分设计模型信息。

在 Revit 2021 软件版本之前，Autodesk Structural Precast Extension for Revit 作为独立插件需要单独安装才能搭载到 Revit 中使用。

在 Revit 2021 软件版本中，Autodesk Structural Precast Extension for Revit 插件已作为 Revit 程序的一部分安装完成。进入 Revit 2021 建筑或结构设计项目环境，在功能区中会出现一个名为【预制】的选项卡，【预制】选项卡下的工具是用来进行装配式建筑设计的工具，如图 3-8 所示。

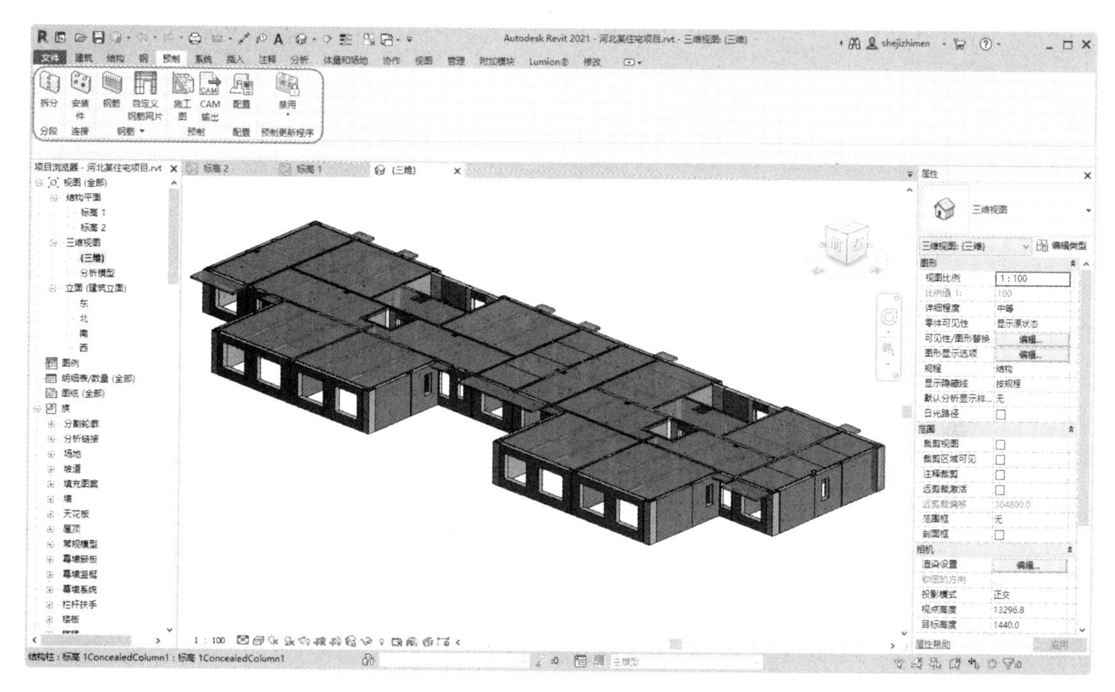

图 3-8 Revit 2021【预制】选项卡下的设计工具

3.2.1 预制工具介绍

有了这些预制工具，用户就可以像钢结构构件深化设计一样来设计 PC 预制构件。【预制】选项卡下含有用于装配式建筑设计的所有工具，如拆分设计工具、连接设计工具、钢筋配置工具、施工图与 CAM 输出工具、PC 构件配置工具及预制更新程序等。

1. 拆分工具

拆分工具是一个高度自动化拆分结构模型的工具，Revit 会依据相关的预制构件拆分设计原则和结构模型信息对模型进行自动拆分。单击【拆分】按钮，系统会载入 Revit 自带的预制族，待拆分完成后自动替换拆分的模型组件（包括结构墙、结构楼板和基础楼板等），如图 3-9 所示。

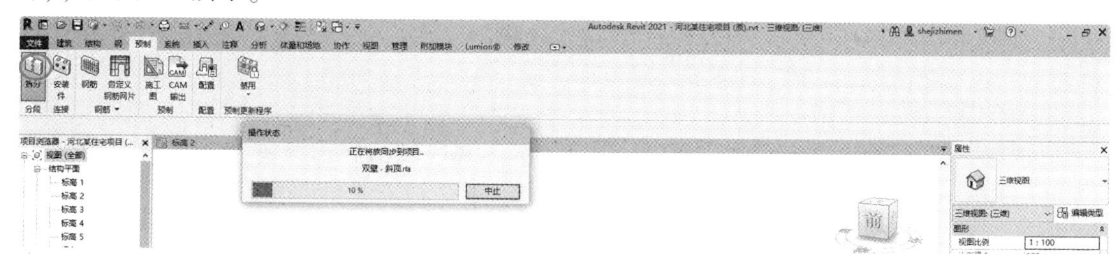

图 3-9 载入预制族

提示

要使用 Revit 自带的预制族，需要提前安装 Revit 族文件。在【插入】选项卡下【从库中载入】面板中单击【获取 Autodesk 内容】按钮，打开网页，下载 INTL 国际（多国标准）标准和中国标准的 Revit 族库文件和项目样板文件，如图 3-10 所示。

Revit 2021 内容 | Revit 产品 2021 | Autodesk Knowledge Network - 360极速浏览器 12.0

AUTODESK KNOWLEDGE NETWORK

重要说明:

- 在文件提取过程中，您可能会遇到"无法创建..."错误消息。这是由于 Windows 需要明确的管理员权限才能覆盖 C:\ProgramData 中包含的现有文件。如果您遇到此消息，则表示文件已存在，无需执行进一步操作。如果要提取整个软件包并覆盖现有文件，请使用"以管理员身份运行"选项运行可执行文件。
- ** 表示可执行文件，其中包含默认情况下已随 Revit 2021 或 Revit LT 2021 一起安装的内容
- * 表示可执行文件，其中包含由可选的美国基础族、英国基础族或德国基础族安装的内容

英语 - 美国	简体中文
**RVT2021_ENU_Imperial_FamTemplates_Templates.exe (exe - 137 MB)	**RVT2021_CHS_FamTemplates_Templates.exe (exe - 108 MB)
*RVT2021_ENU_Imperial_Libraries.exe (exe - 1.3 GB)	RVT2021_CHS_Libraries.exe (exe - 1.7 GB)
**RVT2021_ENU_Metric_FamTemplates_Templates.exe (exe - 123 MB)	RVT2021_CHS_INTL_FamTemplates_Templates.exe (exe - 85 MB)
*RVT2021_ENU_Metric_Libraries.exe (exe - 1.2 GB)	RVT2021_CHS_INTL_Libraries.exe (exe - 1.2 GB)

4个程序包全部下载并安装

图 3-10　下载族库文件和项目样板文件

在功能区下方的选项栏中有 3 个选项。

- 多个：勾选【多个】复选框，可选取多个对象（如整个结构模型）进行拆分，为默认选项。若取消勾选，则只能选取单个对象（如单面墙体、单个楼板或单个基础底板）进行拆分。图 3-11 为被拆分的单面墙体。
- 完成：单击【完成】按钮，系统会自行拆分结构模型并替换预制族。
- 取消：单击【取消】按钮，取消此次拆分操作。

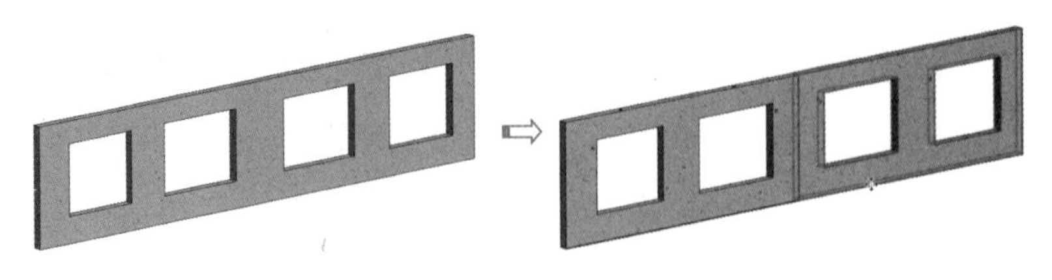

图 3-11　单个对象拆分

2. 安装件工具

当项目中有预制安装件（如吊装锚固件、循环、套筒和桁架钢筋等）丢失或者需要替换时，可使用【安装件】工具搜索丢失的安装件或者完成安装件的替换。

3. 钢筋工具

拆分结构模型并生成预制构件后，可以为预制构件自动添加钢筋，包括剪力墙钢筋和楼

板钢筋。

【钢筋】工具用于为指定的预制墙构件或者预制楼板构件自动添加墙筋或楼板筋。例如，单击【钢筋】按钮，选取要添加钢筋的墙体，弹出【墙特性】对话框。通过该对话框可以设置区域钢筋类型和边缘钢筋类型，如图 3-12 所示。

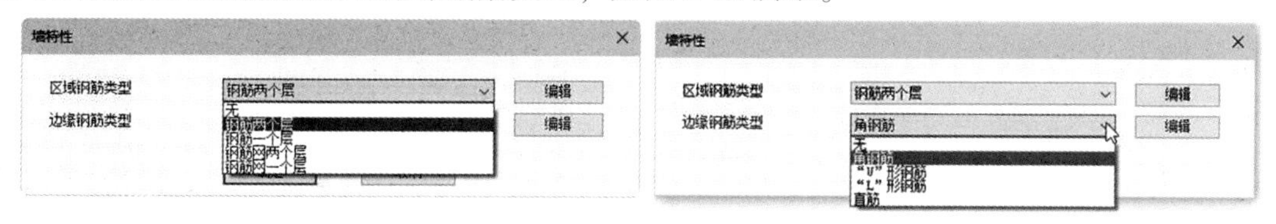

图 3-12　【墙特性】对话框

(1) 区域钢筋类型

区域钢筋在墙和楼板中均有布置，包括有 5 种区域钢筋类型。

- 【无】类型：表示不添加区域钢筋。
- 【钢筋两个层】类型：表示将添加双层的区域钢筋，单击【编辑】按钮，在弹出的【钢筋两个层】对话框中设置双层区域钢筋参数，其中包括两个【钢筋】选项卡，分别用于第一层钢筋和第二层钢筋的选项定义，如图 3-13 所示。

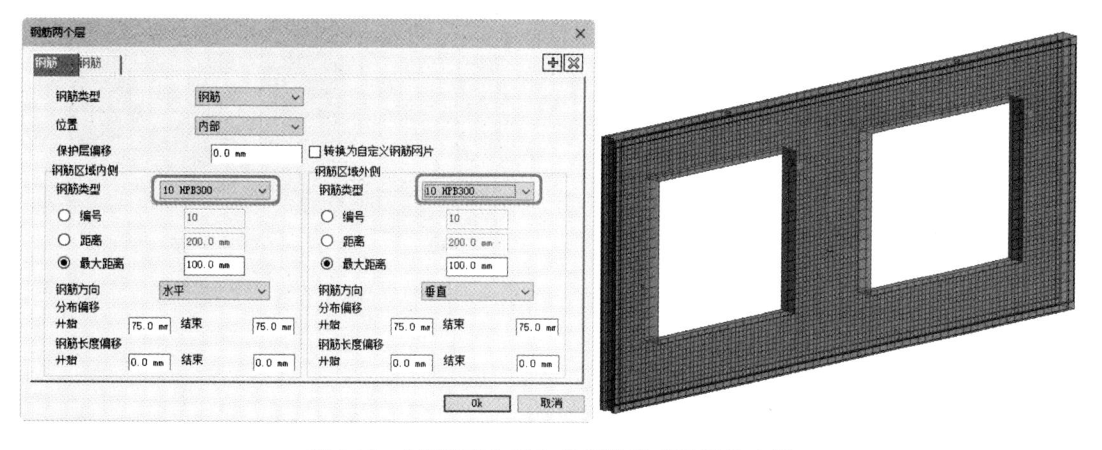

图 3-13　【钢筋两个层】类型的选项设置及应用

> **提示**
>
> 若不设置钢筋类型，将不会添加钢筋到所选的预制构件中。在【钢筋两个层】对话框中，【钢筋区域内侧】选项组用于定义靠内墙一层的墙身水平筋，【钢筋区域外侧】选项组用于定义靠外墙的墙身垂直筋，内外侧墙身钢筋的方向必须相互垂直。

- 【钢筋一个层】类型：表示仅添加一层区域钢筋。单击【编辑】按钮，弹出【钢筋一个层】对话框，设置内侧与外侧的钢筋类型后，单击【OK】按钮即可将定义的区域钢筋添加到所选预制构件中，如图 3-14 所示。
- 【钢筋网两个层】类型：此类型在【钢筋两个层】类型的基础之上，添加相互交叉的对角斜筋，如图 3-15 所示。在设置【钢筋网两个层】类型时，在【钢筋类型】列表中选择【网格】类型，将添加对角斜筋。若选择【钢筋】类型，将不会添加对角斜筋，这与【钢筋两个层】类型是完全相同的。

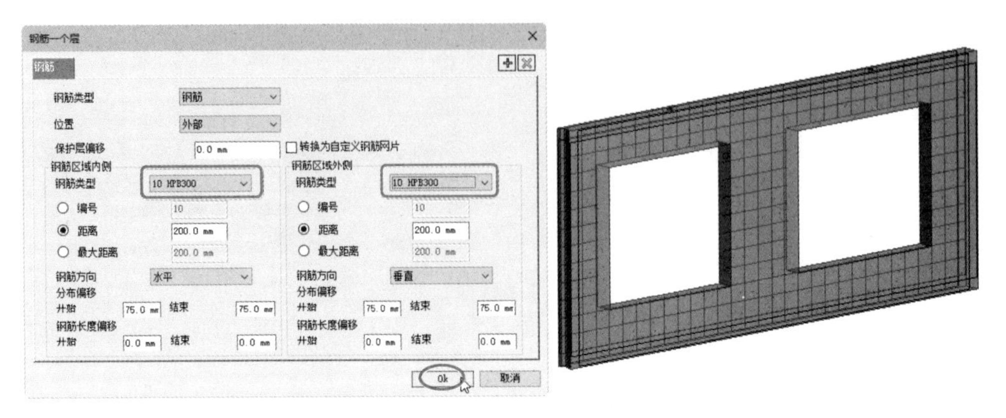

图 3-14 【钢筋一个层】类型的选项设置与应用

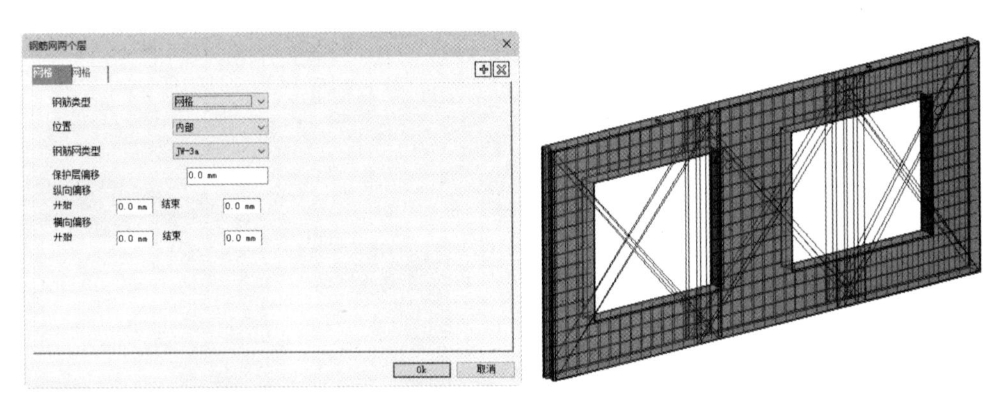

图 3-15 【钢筋网两个层】类型的应用

- 【钢筋网一个层】类型：表示仅添加一层区域钢筋网。

(2) 边缘钢筋类型

边缘钢筋是在墙身区域钢筋的外沿添加的一周固定筋，用于固定区域钢筋。边缘钢筋也分为 5 种类型。

- 【无】类型：不添加边缘钢筋。
- 【角钢筋】类型：边缘筋为直筋，但会在区域钢筋的边角放置角度为 90°的角筋，如图 3-16a 所示。
- 【U 型钢筋】类型：整个边缘筋的形状为 U 形，如图 3-16b 所示。
- 【L 型钢筋】类型：整个边缘筋的形状为 L 形，如图 3-16c 所示。

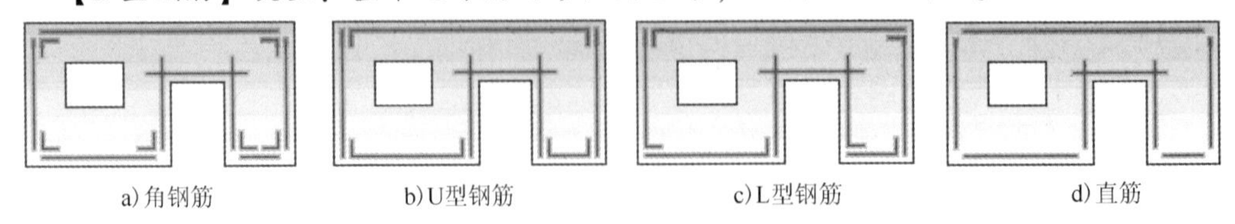

a) 角钢筋　b) U型钢筋　c) L型钢筋　d) 直筋

图 3-16 边缘钢筋类型

- 【直筋】类型：直线边缘筋，如图 3-16d 所示。与【角钢筋】类型不同的是不用添加 90°角筋。

完成钢筋的选项设置后，单击【确定】按钮，系统根据所选墙体进行计算，并自动完成钢筋的添加。

4. 自定义钢筋网片

在利用【钢筋】工具添加区域钢筋时，选择【钢筋网两个层】或【钢筋网一个层】钢筋类型来添加钢筋网片，其网片参数都是系统默认定义的。要想自定义钢筋网片参数，可以在【预制】选项卡下【钢筋】面板中单击【CFS 配置】按钮，弹出【自定义钢筋网片配置】对话框，如图 3-17 所示。在【自定义钢筋网片配置】对话框中定义钢筋网片参数，单击【确定】按钮，完成钢筋网片配置。此时，可以单击【自定义钢筋网片】按钮，将先前的钢筋类型转成自定义的钢筋网片类型。

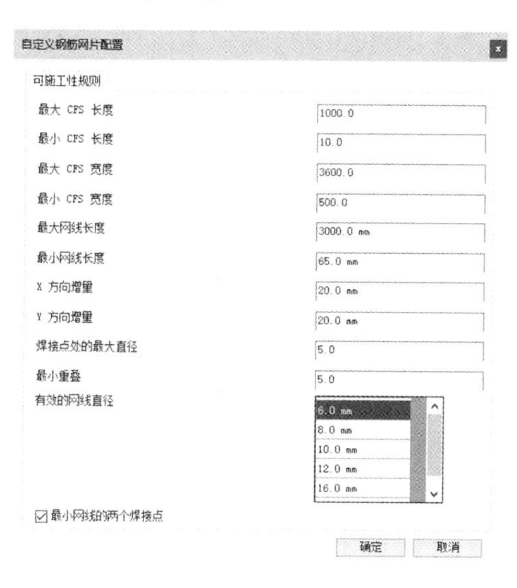

图 3-17 【自定义钢筋网片配置】对话框

3.2.2 制造文件输出与配置管理

本节介绍制造文件输出和配置管理的方法。

1. 施工图与 CAM 输出

利用【施工图】工具可以创建单个预制构件的施工图。单击【施工图】按钮，选取要创建施工图的预制构件，随后自动创建该预制件的施工图图纸，如图 3-18 所示。

创建施工图后，单击【CAM 输出】按钮，选取要输出 CAM 制造文件的预制构件，弹出【CAM 输出】对话框。设置 CAM 格式、输出路径等选项后，单击【生成】按钮，输出预制构件的加工制造信息文件，如图 3-19 所示。

2. 修改系统默认设置

初次使用【拆分件】【钢筋】【施工图】等工具进行预制构件设计时，会发现每一次设计的参数均采用了系统默认设置。用户可以按照装配式建筑项目的设计需要为预制构件进行系统默认设置的修改操作。

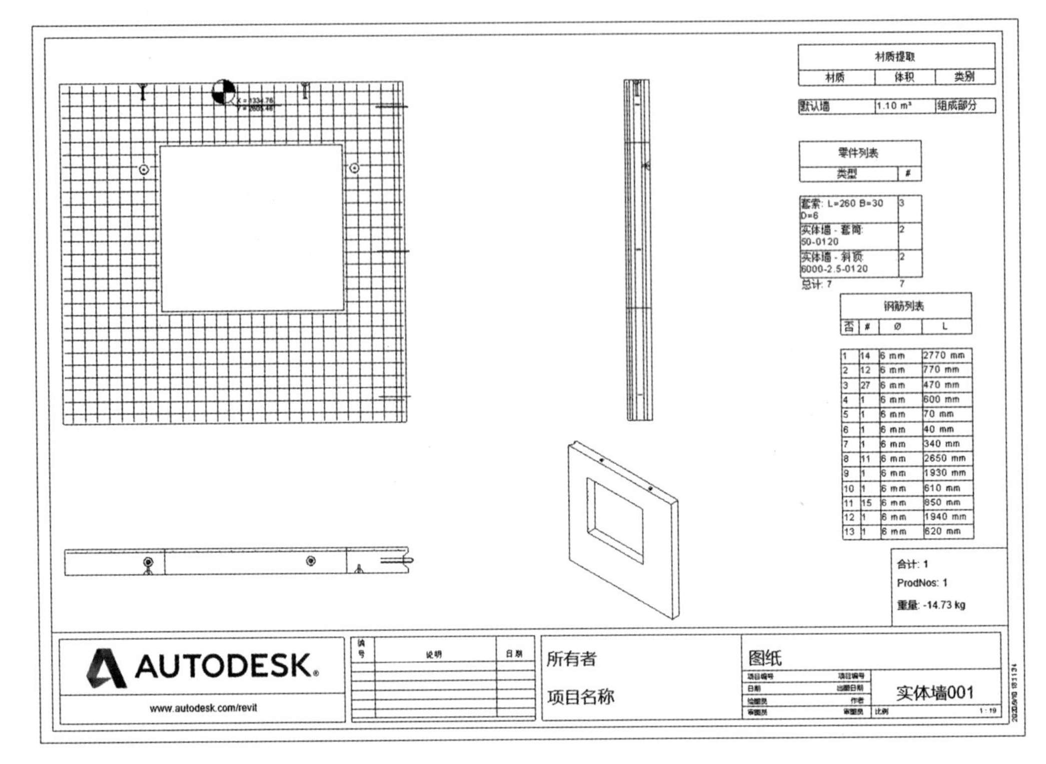

图 3-18　自动创建的预制构件施工图图纸

图 3-19　CAM 输出设置

在【预制】选项卡下【配置】面板中单击【面板】按钮，弹出【配置】对话框，如图 3-20 所示。

【配置】对话框主要用于设置两大类：混凝土和 CAM 输出。在【混凝土】设置中又包括墙、板和内置零件的设置。下面仅介绍【墙】|【实体墙】设置中的几种规则设置。

(1)【零件】设置

【零件】设置是针对预制构件的支撑方式、支撑件类型和支撑件与预制构件之间的连接方式等进行的设置。【零件】设置页面如图 3-21 所示。【零件】设置将直接决定着预制构件中的安装件预留位置和形状。

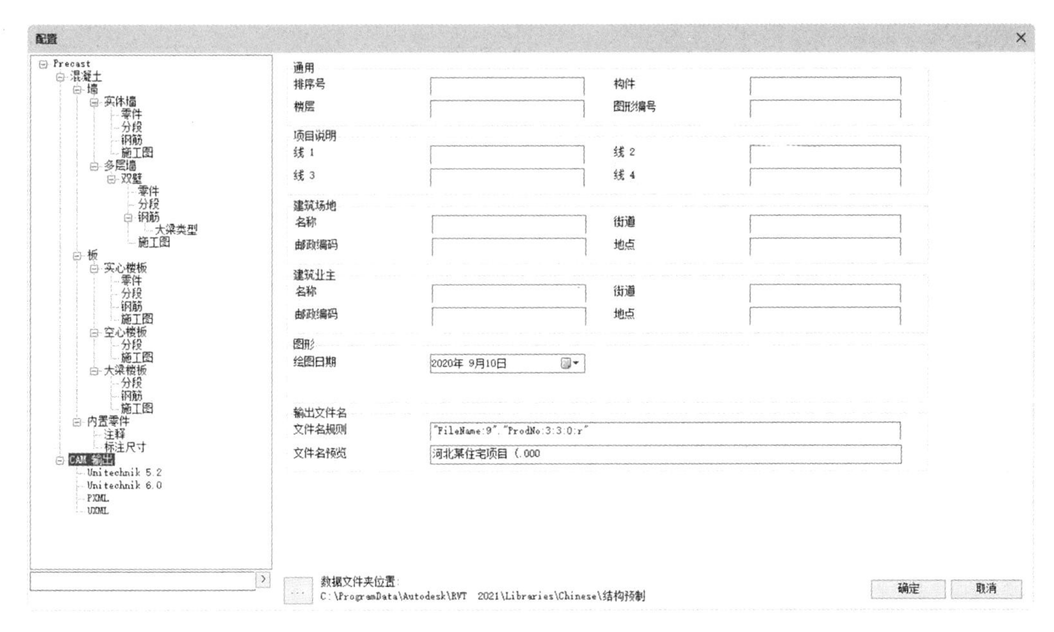

图 3-20 【配置】对话框

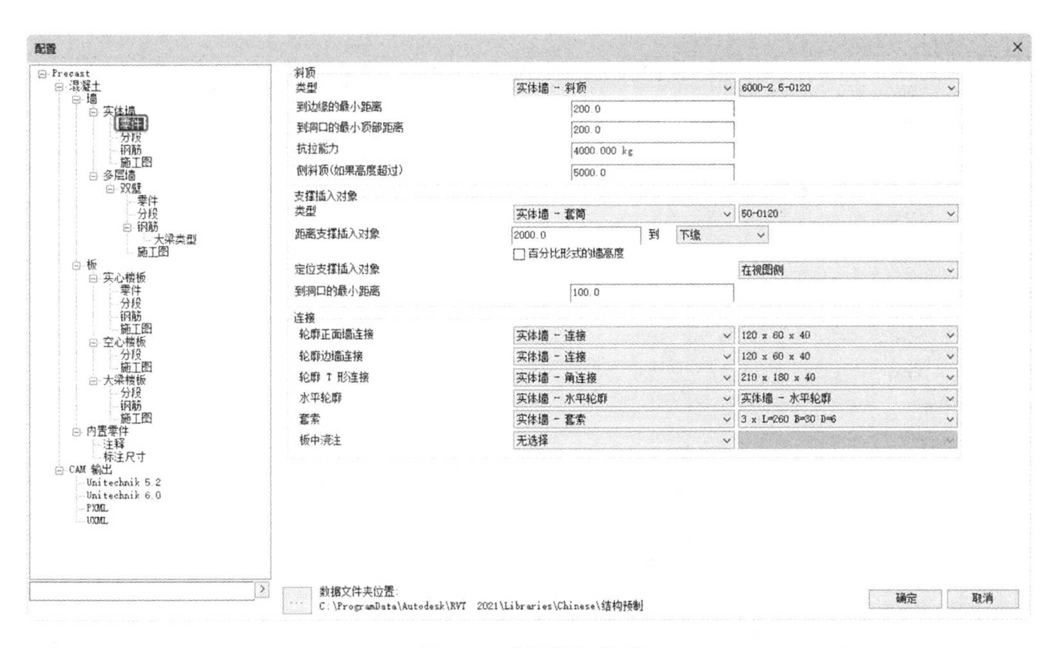

图 3-21 【零件】设置

（2）【分段】设置

【分段】设置可定义结构模型拆分时墙分段的尺寸规则，如图 3-22 所示。要充分考虑运输和吊装时的设备最大承载力，否则易造成分段过大运输不便或者无法吊装的情况。

（3）【钢筋】设置

【钢筋】设置用于更改在创建预制构件钢筋时的系统默认设置，如图 3-23 所示。修改【钢筋】设置后，之后的预制构件钢筋将统一采用该设置，直至重新设置新的钢筋参数。

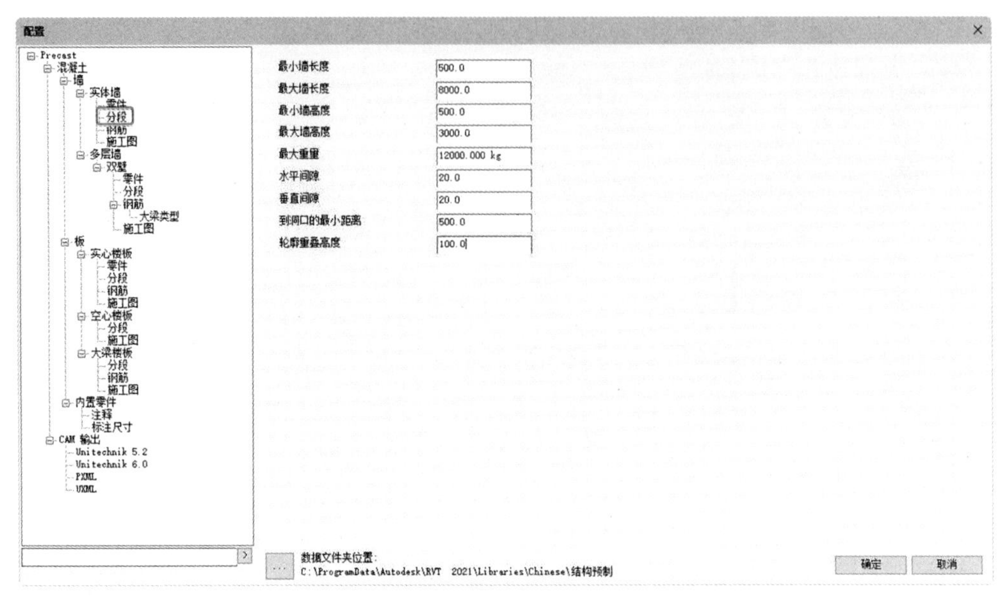

图 3-22 【分段】设置

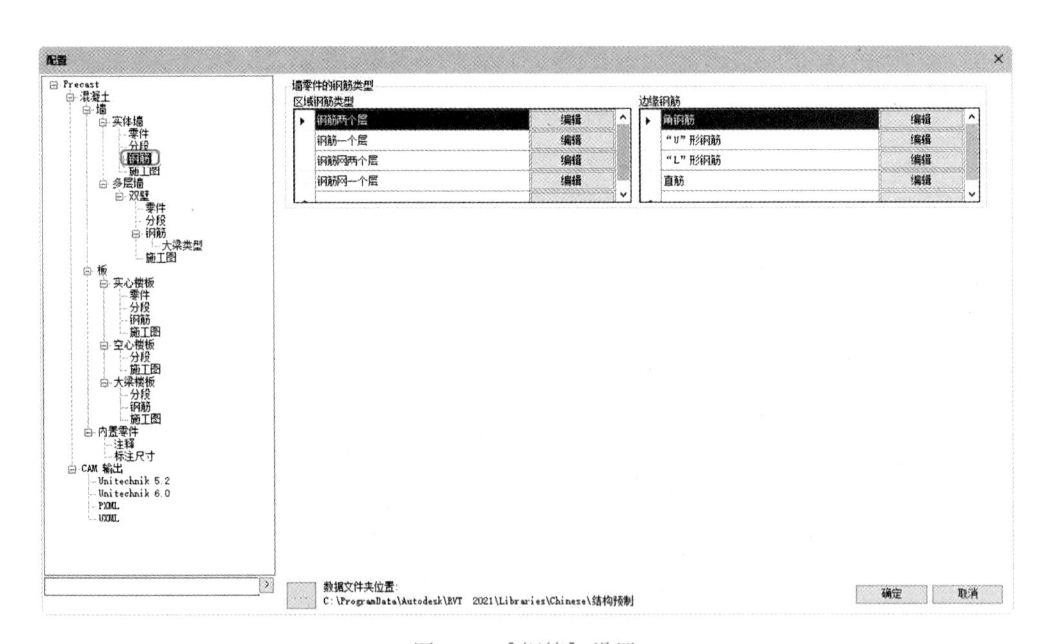

图 3-23 【钢筋】设置

（4）【施工图】设置

【施工图】设置为用户提供了施工图样板、尺寸标注类型、尺寸线距离和尺寸线说明等设置选项，如图 3-24 所示。

3. 预制更新程序

在【预制更新程序】面板中单击【启用】按钮，可在预制构件在发生更改时，系统重新创建预制图元，并支持在修改预制构件时重新创建安装件或钢筋。单击【禁用】按钮，将关闭预制构件的重新创建功能。

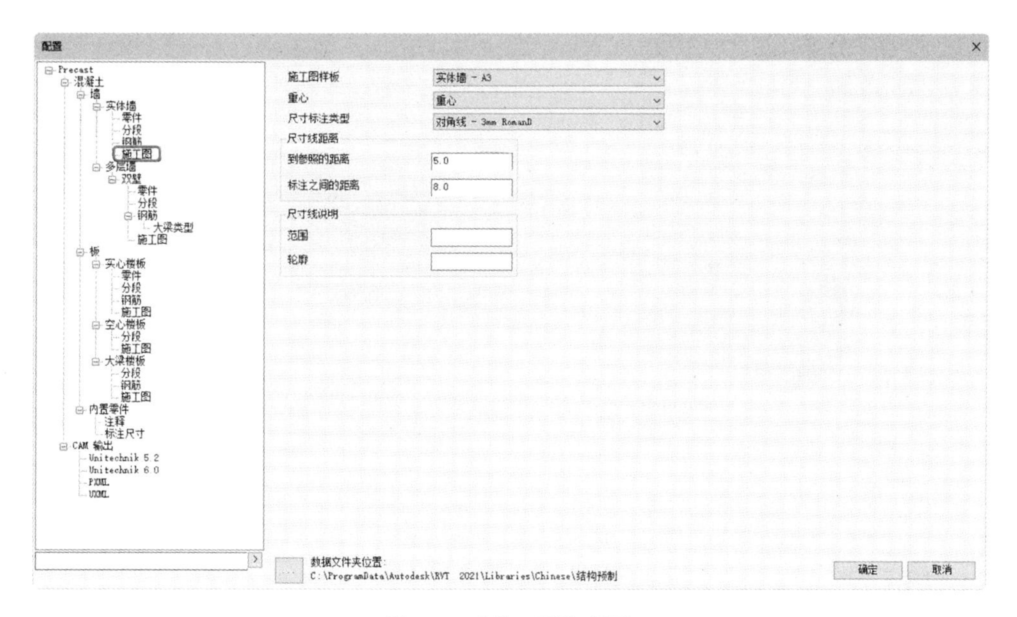

图 3-24　【施工图】设置

3.3 某宿舍大楼装配式建筑设计案例

本例装配式建筑项目位于成都市某建工集团钢构基地内，建筑主要功能为集体宿舍，共两层，总建筑面积 1040m^2，单层建筑面积为 520m^2。设计层高为一层 3.6m，二层 3.4m，建筑总高度为 7.6m，建筑结构形式为装配整体式混凝土框架结构，由成都建工集团承担设计、施工和构件生产，预制率达到 83%。

图 3-25 为宿舍大楼的装配式建筑设计完成的 Revit 模型图。

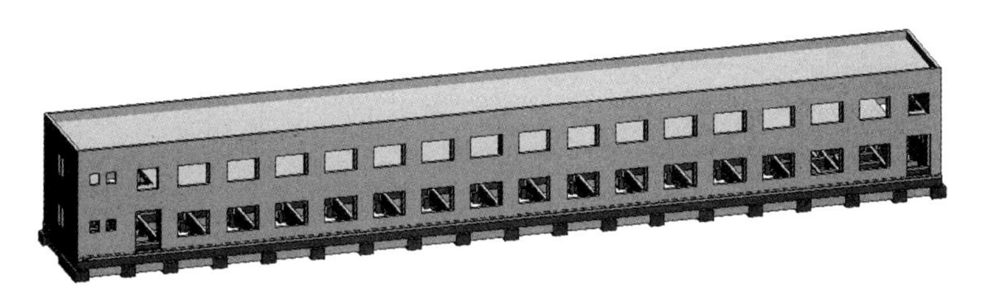

图 3-25　宿舍大楼的装配式建筑模型

第一层中的地板与结构柱为现浇结构，其余如楼梯、外墙、梁及楼板等均为预制构件。二层中所有的柱、外墙、梁和楼板等全为预制构件。整个装配式建筑设计包括两部分：拆分设计和预制构件深化设计。

3.3.1 拆分预制构件

Revit 中的预制构件族目前还不完善，拆分设计的效果只是一个粗略模型，还不达到实际的装配式设计与施工的相关要求。目前的解决方法是：先使用 Revit 预制工具进行拆分设计，然后再根据装配式建筑设计标准和施工要求对齐进行深化设计。下面介绍宿舍大楼的

Revit 结构模型在 Revit 中的拆分设计过程。

01 启动 Revit 2021 软件。打开本例源文件“职工宿舍楼 - 结构 . rvt”，如图 3-26 所示。

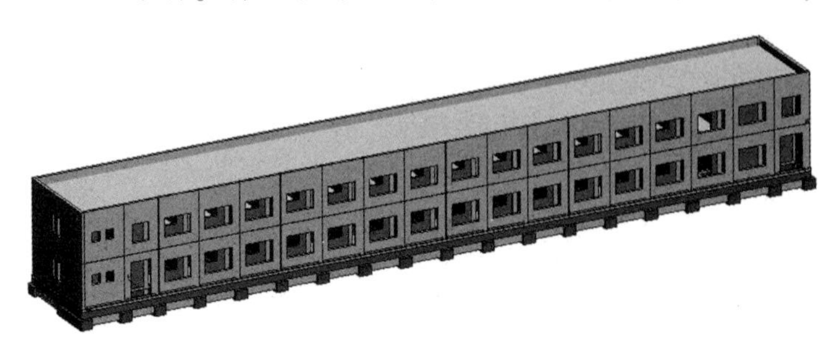

图 3-26　打开 Revit 结构模型

02 由于宿舍大楼的每一面建筑墙体大小不同，其拆分的规则也是不同的，所以需要先为墙体拆分进行配置操作。在【预制】选项卡下【配置】面板中单击【配置】按钮，弹出【配置】对话框。

03 在展开的【Precast】|【混凝土】|【墙】|【实体墙】|【分段】页面中进行分段设置，如图 3-27 所示。设置时请参照本例源文件夹中“建筑平面图 . dwg”图纸（用 AutoCAD 软件打开）中所标注的轴网。

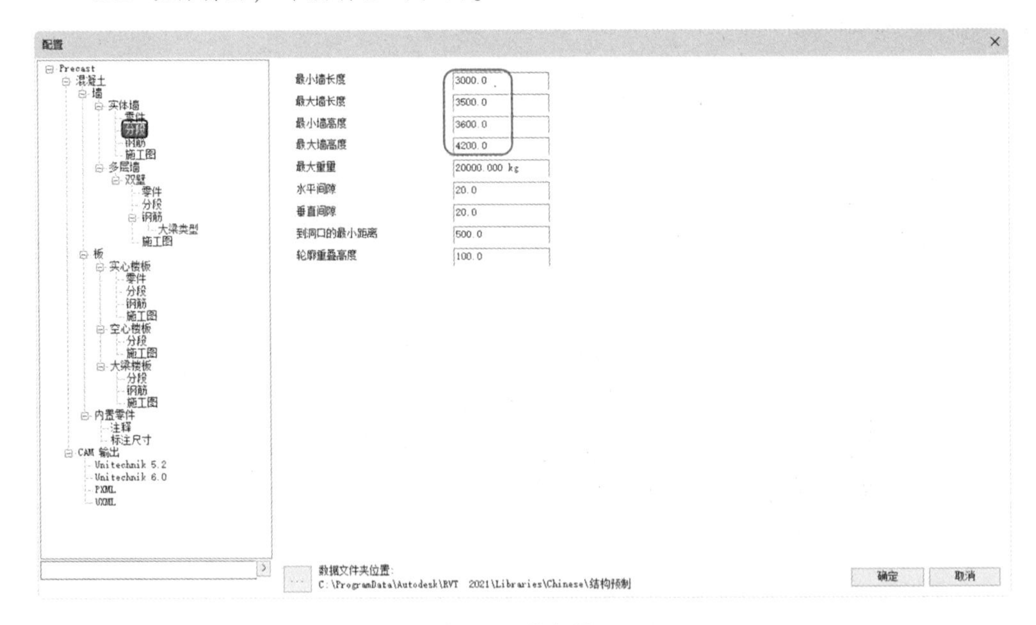

图 3-27　分段设置

> **提示**
>
> 在【分段】设置中，【最小墙长度】与【最大墙长度】的值请参考“建筑平面图 . dwg”图纸中的数字编号轴网（轴线与轴线之间）的尺寸标注，最小为 3000（还要减去侧面墙的一半厚度，实为 2885），最大为 3500。【最小墙高度】值可取一层的标高高度值为 3600，【最大墙高度】取值为大于或等于二层标高（3400）加顶部女儿墙（600）的和。

04　分段设置完成后关闭【配置】对话框。在【预制】选项卡下【分段】面板中单击【拆分】按钮，载入 Revit 预制族后在图形区中选取前面一、二层墙体进行拆分，单击选项栏中【完成】按钮，自动完成所选墙体的拆分，如图 3-28 所示。

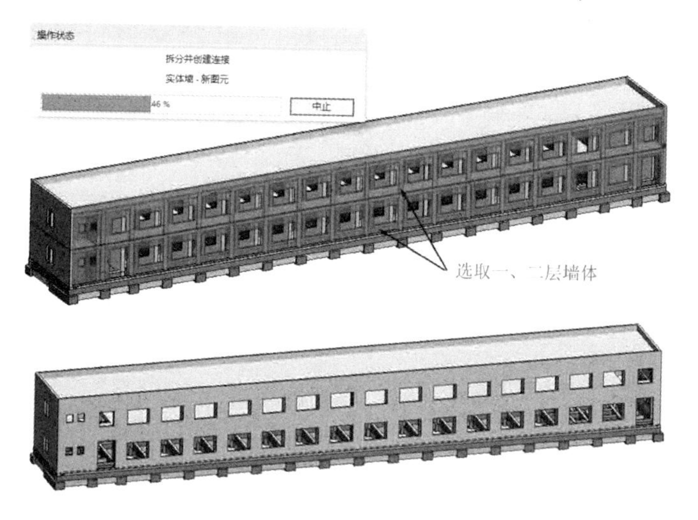

图 3-28　完成前面墙体的拆分

05　拆分后要检查墙体拆分线与轴线是否重合，若不重合，将无法在轴线位置创建预制构件之间的连接节点（因为柱、梁均在轴线交点处布置）。选中一块拆分后的墙体“组成部分”对象，在弹出的【修改 | 组成部分】上下文选项卡下单击【编辑分区】按钮，弹出【修改 | 分区】上下文选项卡，单击【编辑草图】按钮，图形区中显示拆分线，参照墙体中心线，修改拆分线的位置，结果如图 3-29 所示。

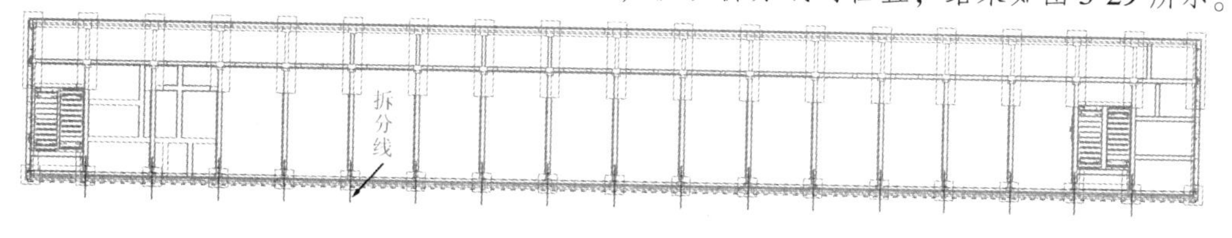

图 3-29　调整拆分线的位置

提示

Revit 拆分结构墙体后将产生 3 个对象：原墙体、实体墙部件和组成部分。实体墙部件是预制构件，可在后期进行预制构件的深化设计，性质等同于族；“组成部分”则是拆分件，其内部包含了拆分信息，可以对拆分结果进行修改。3 个对象是重合的，要想选中“组成部分”，则将光标移至墙边缘，按下 Tab 键切换选择。

06　退出编辑模式完成拆分线的调整。接着调整另一层的拆分线位置。

07　同理，以相同的分段设置参数来拆分后面两层的墙体，拆分结果如图 3-30 所示。

08　单击【配置】按钮重新打开【配置】对话框进行实体墙的分段设置，如图 3-31 所示。

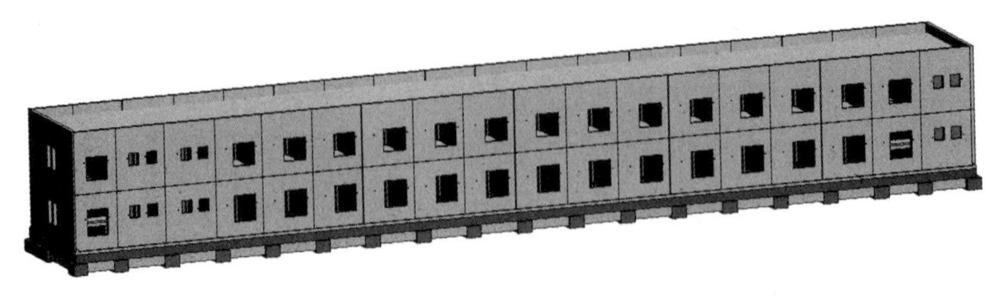

图 3-30　拆分后面的墙体

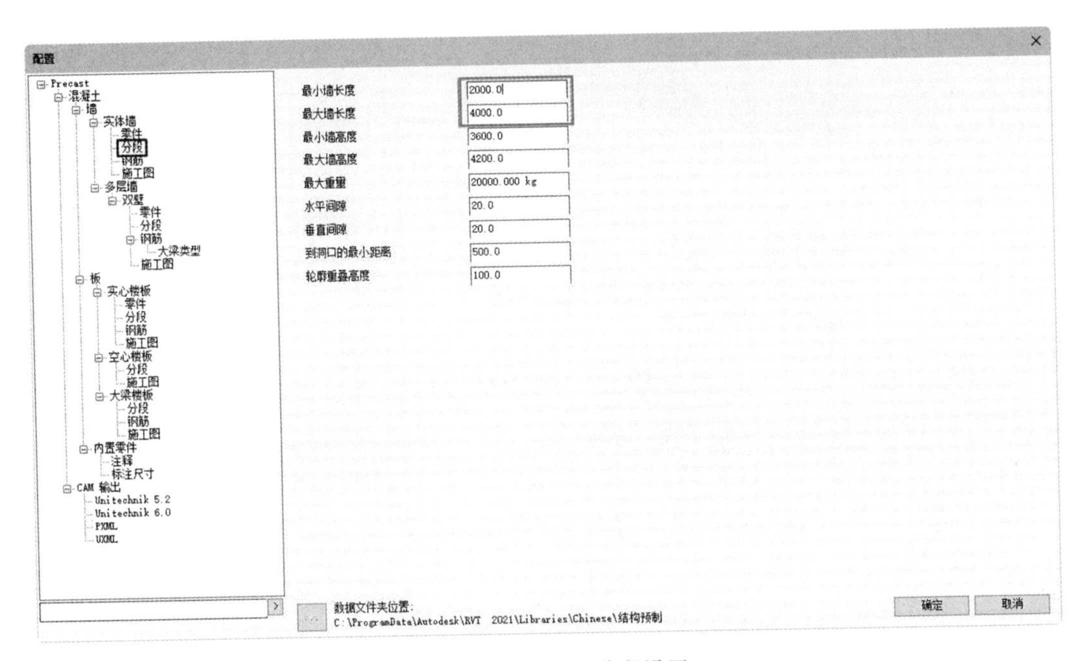

图 3-31　实体墙的分段设置

提示　在拆分左右两面墙体时，若没有按照“2000→4000→2000”的规则进行拆分，可在【到洞口的最小距离】中设置值，比如在参照图纸中实测轴线到窗口的距离为 1250，那么【到洞口的最小距离】值应设置为 1250。

09　单击【拆分】按钮，选取左、右两侧的墙体进行拆分，结果如图 3-32 所示。

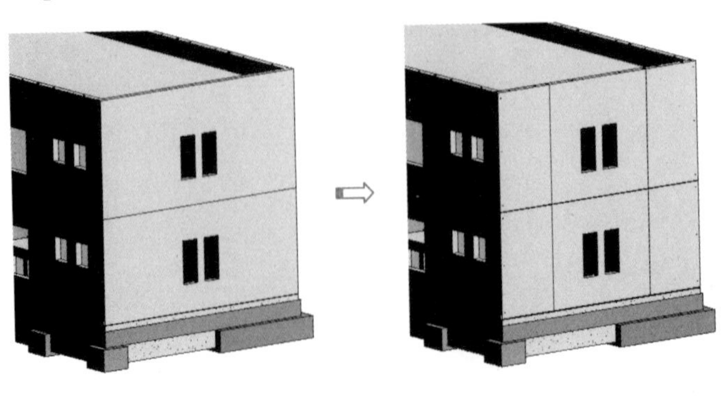

图 3-32　拆分左、右两侧墙体

10 接下来进行楼板的参数配置定义，配置时请参照“二层预制板.dwg”和“屋面预制板.dwg”图纸。单击【配置】按钮，在弹出的【配置】对话框中首先设置实心楼板的【零件】参数，如图 3-33 所示。然后设置实心楼板的【分段】参数，如图 3-34 所示。

图 3-33　设置实心楼板的【零件】参数

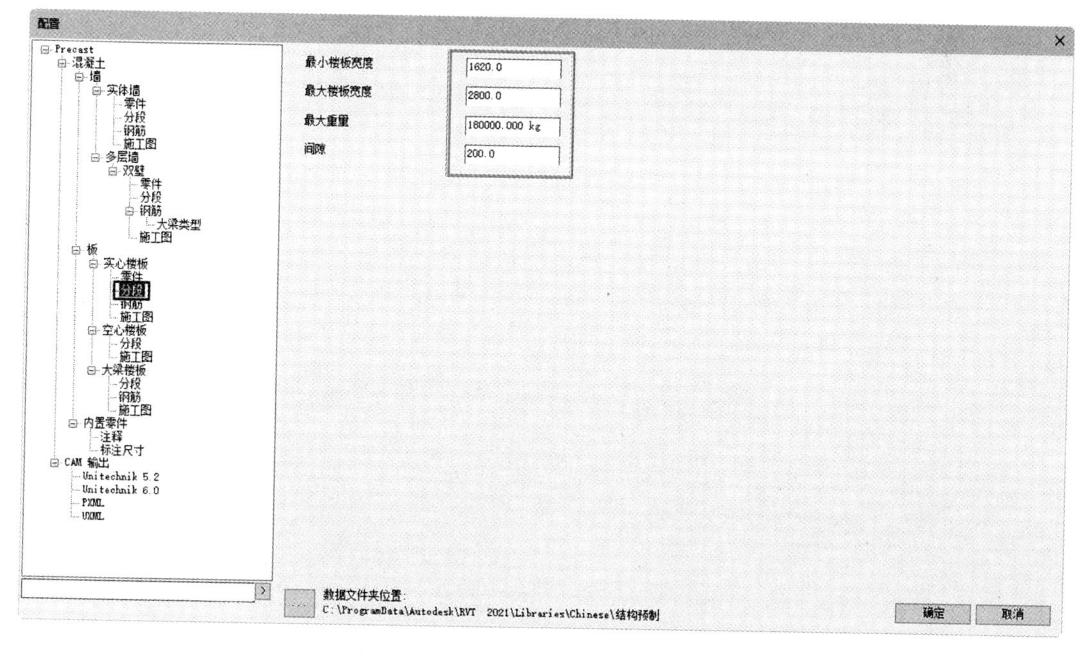

图 3-34　设置实心楼板的【分段】参数

11 单击【拆分】按钮，选取楼顶层的楼板进行拆分，结果如图 3-35 所示。

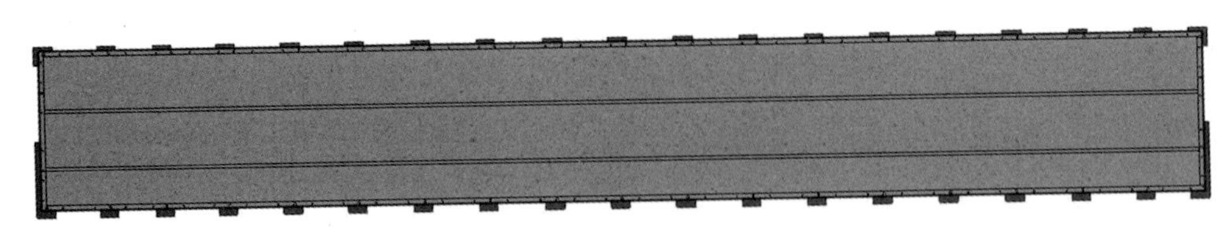

图 3-35　顶层楼板拆分结果

提示	Revit 预制拆分工具只能按照单块板的长度方向进行拆分，因此若要在宽度方向进行拆分，需要手动定义。

12 切换到三维视图。选中一块拆分后的楼板拆分件对象，在弹出的【修改 | 组成部分】上下文选项卡下单击【编辑分区】按钮，在弹出的【修改 | 分区】上下文选项卡下单击【编辑草图】按钮，然后添加多条纵向草图直线（参考顶层结构梁的中心线进行绘制），直线需超出整个楼层的楼板边界，如图 3-36 所示。

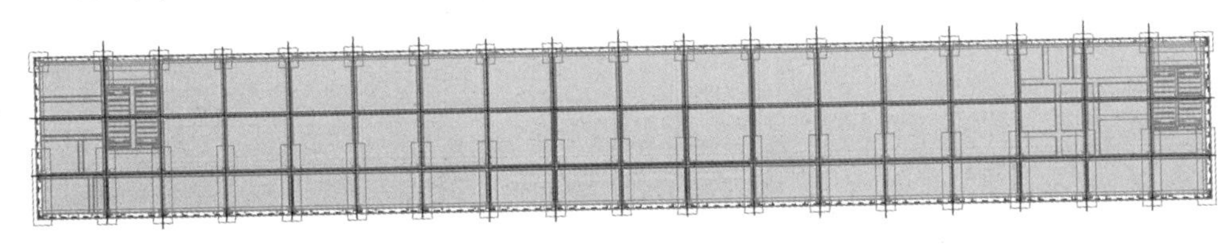

图 3-36　添加纵向草图曲线

13 退出编辑模式后，会发现实心楼板重新被拆分了，结果如图 3-37 所示。

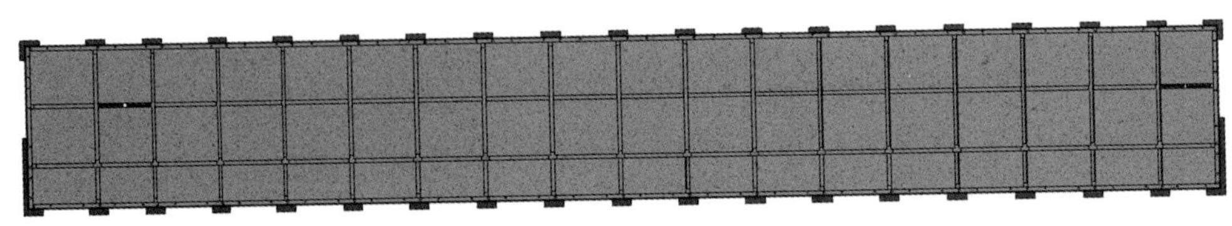

图 3-37　重新被拆分的实心楼板

14 在属性面板的【范围】选项组中勾选【剖面框】选项，在图形区中会显示剖面框，拖动剖面框顶部的控制柄到二层标高位置以显示二层楼板，如图 3-38 所示。

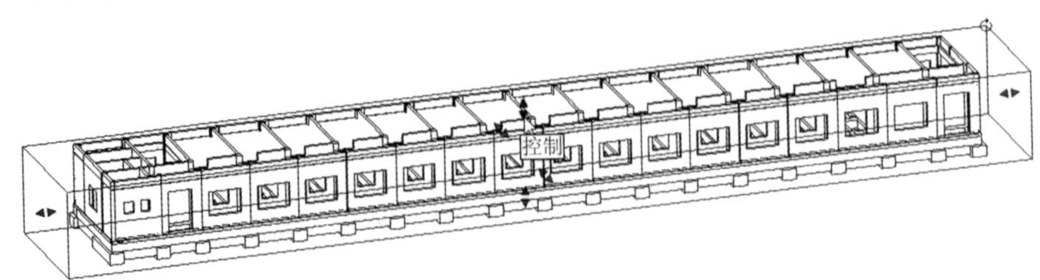

图 3-38　显示剖面框并拖动控制柄

15 单击【拆分】按钮，选取二层的结构楼板进行拆分，结果如图 3-39 所示。

16 按照修改顶层实心楼板的操作步骤，完成对二层实心楼板（非二层结构楼板）的草图曲线的修改，如图 3-40 所示。

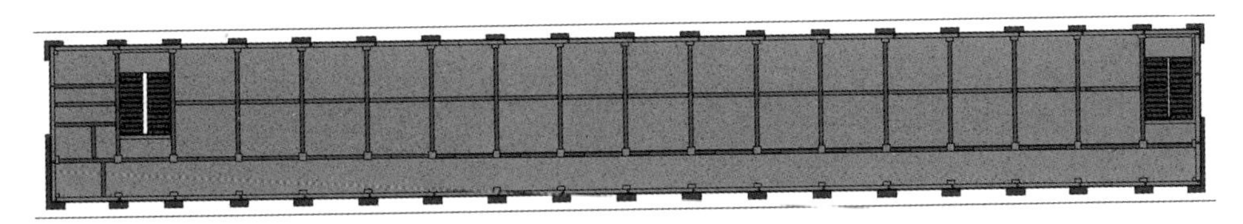

图 3-39　拆分二层结构楼板

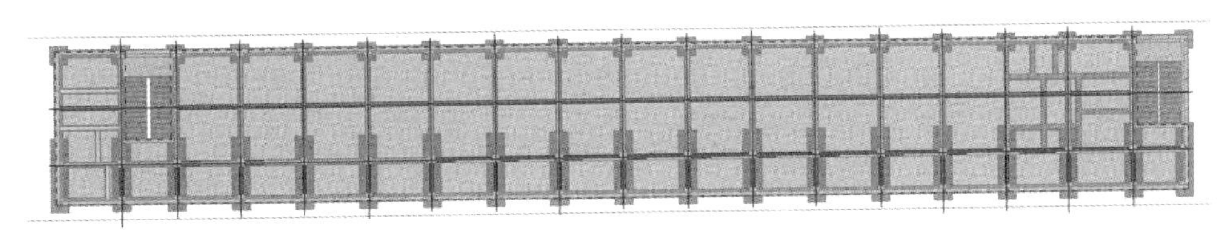

图 3-40　二层实心楼板的草图曲线修改

17 完成实心楼板的拆分修改，结果如图 3-41 所示。

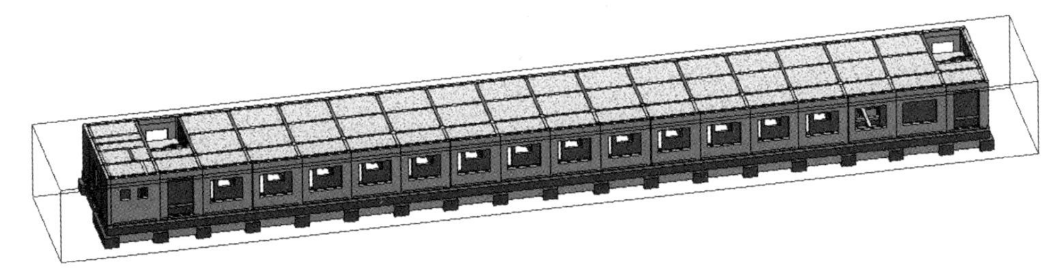

图 3-41　二层实心楼板的拆分修改结果

18 最后拆分内部墙体，一层墙体与二层墙体的拆分参数及效果是相同的。单击【配置】按钮，在弹出的【配置】对话框中设置分段参数，如图 3-42 所示。

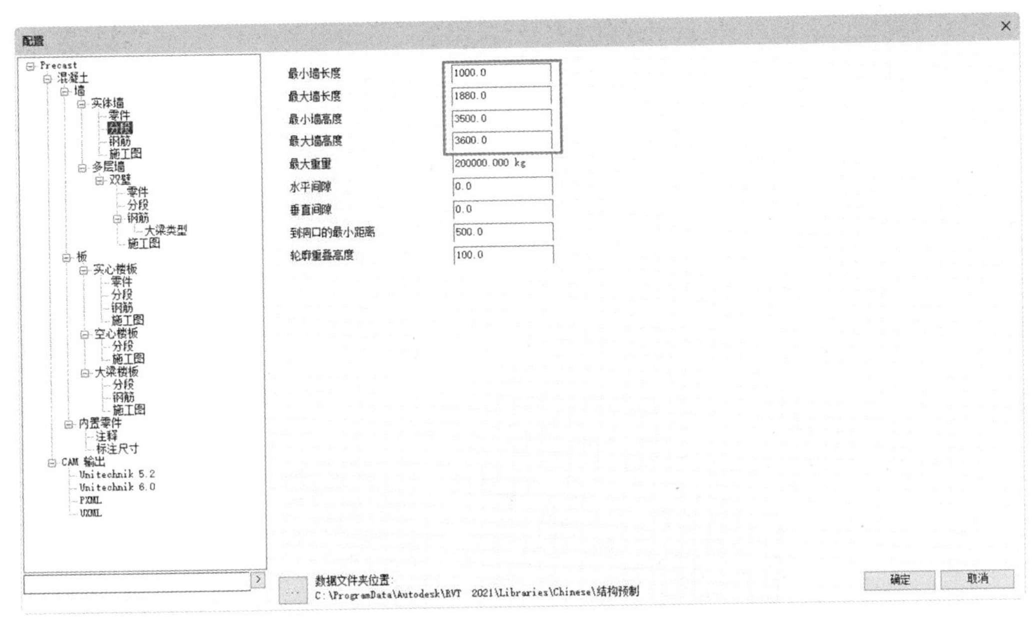

图 3-42　设置分段参数

19 单击【拆分】按钮，选取一层中内部的墙体进行拆分，结果如图 3-43 所示。

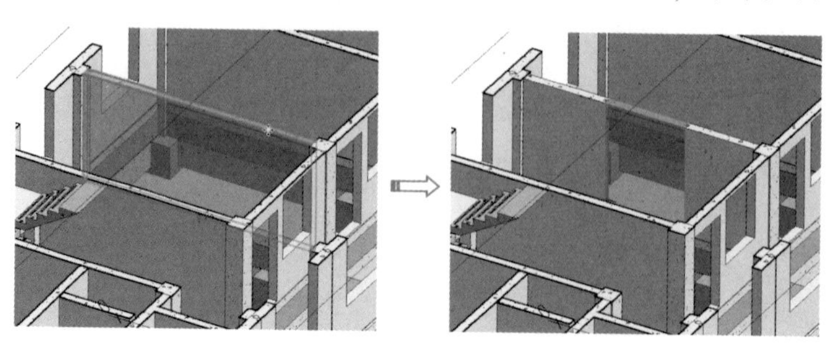

图 3-43 拆分一层内部墙体

20 同理，选取一层中其他要拆分的墙体进行拆分。

3.3.2 预制构件深化设计

拆分并生成预制构件后，还要进行构件与构件之间的连接节点设计，以及部分构件间的间隙及细节处理等，这些操作称作"深化设计"。

1. 楼板的深化设计

01 选取顶层的结构楼板，然后单击【修改 | 楼板】上下文选项卡下【编辑边界】按钮，将楼板的边界与顶层边梁的内部边界对齐，如图 3-44 所示。

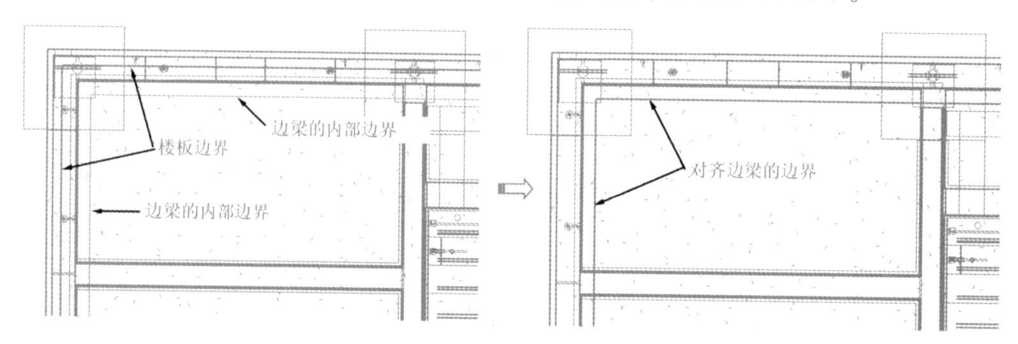

图 3-44 修改楼板的边界

02 修改楼板边界后，将结构楼板隐藏，可见楼板预制构件的真实形状与大小，如图 3-45 所示。

图 3-45 楼板的深化设计效果

03　在有预制柱的位置，楼板的边角形状需要剪切为柱的形状。在有预制柱的位置按住 Ctrl 键选中四块拆分后的预制板构件（“组成部分”对象），在弹出的【修改 | 组成部分】上下文选项卡下单击【分割零件】按钮，弹出【修改 | 分区】上下文选项卡，单击【编辑草图】按钮，绘制出柱的截面图形，如图 3-46 所示。

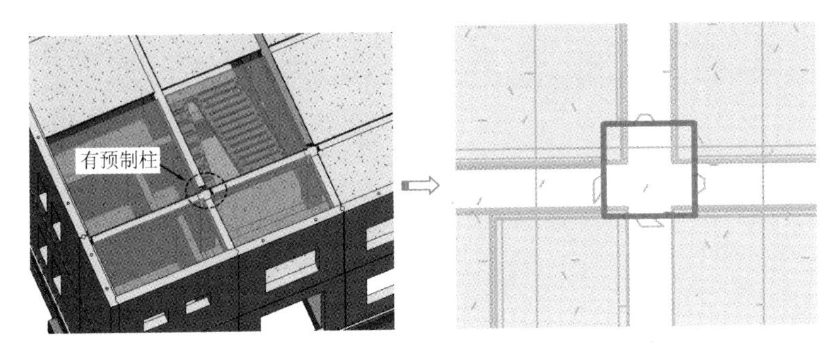

图 3-46　绘制柱截面图形

04　退出编辑模式，完成四块预制板的边角分割，如图 3-47 所示。选中 4 块分割出来的小矩形块，然后单击【修改 | 组成部分】上下文选项卡下的【排除零件】按钮，将所选小矩形块删除，结果如图 3-48 所示。

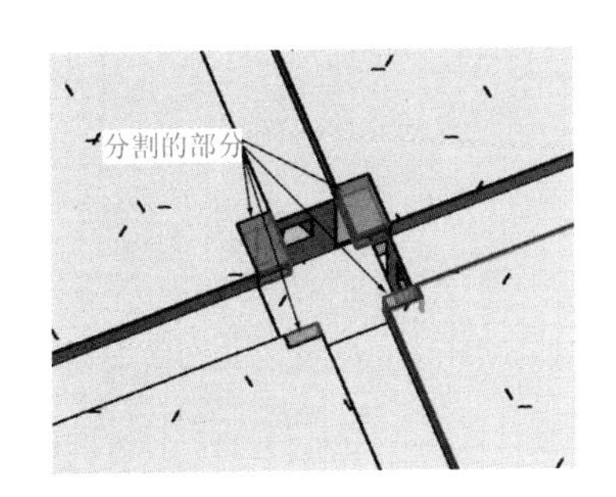

图 3-47　分割完成的边角

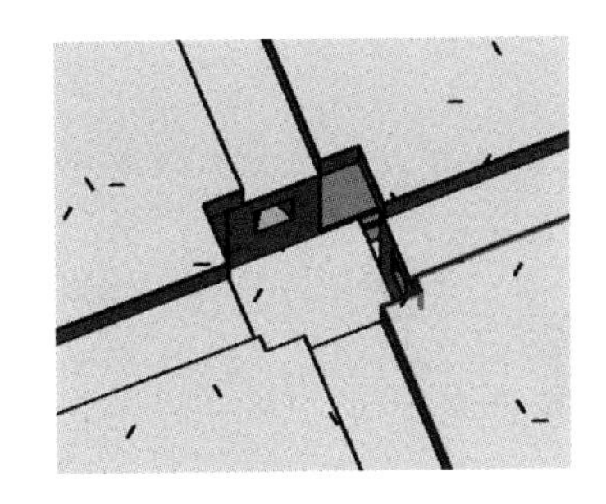

图 3-48　删除多余的边角（小矩形块）

05　同理，对其余的预制楼板的边角进行相同的深化设计。为了快速对其余预制楼板的边角进行修改，可以一次性选取所有预制楼板进行修改。

2. 女儿墙深化设计

标高在 7.000 以上的墙体属于女儿墙，女儿墙的厚度仅为一二层外墙的一半。

01　将二层中的原墙体对象隐藏。

02　在三维视图平面中，单击图形区右上角的指南针中的“前”视图按钮，接着在图形区中从右往左窗交选取二层中的所有墙体对象，如图 3-49 所示。

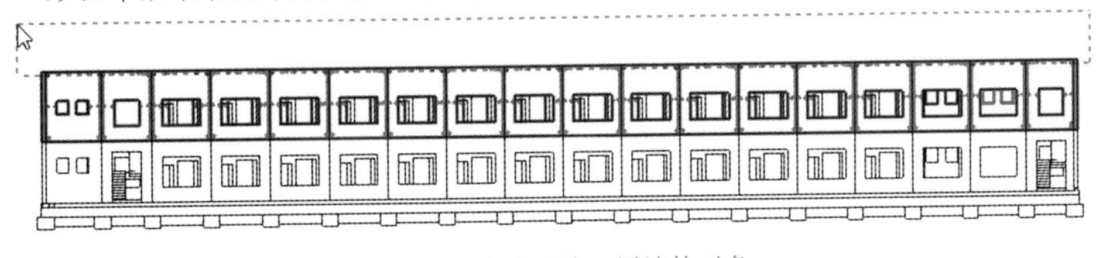

图 3-49　窗交选取二层墙体对象

03 在属性面板的对象列表中选择【组成部分（42）】对象，接着在【修改 | 选择多个】上下文选项卡下单击【过滤器】按钮，在弹出的【过滤器】对话框中仅勾选【组成部分】复选框，单击【确定】按钮，完成所有“组成部分”对象的选取，如图 3-50 所示。

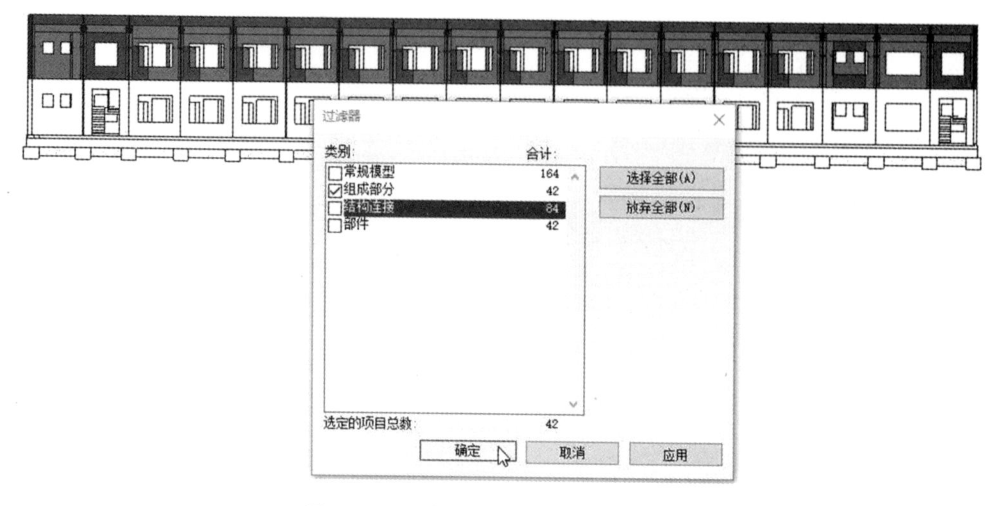

图 3-50 过滤选择“组成部分”对象

04 在弹出的【修改 | 组成部分】上下文选项卡中单击图形区右上角的指南针中的“上”视图按钮，切换到上视图方向。

05 单击【修改 | 组成部分】上下文选项卡下【分割零件】按钮和【修改 | 分区】上下文选项卡下【编辑草图】按钮，然后绘制一个矩形草图，如图 3-51 所示。

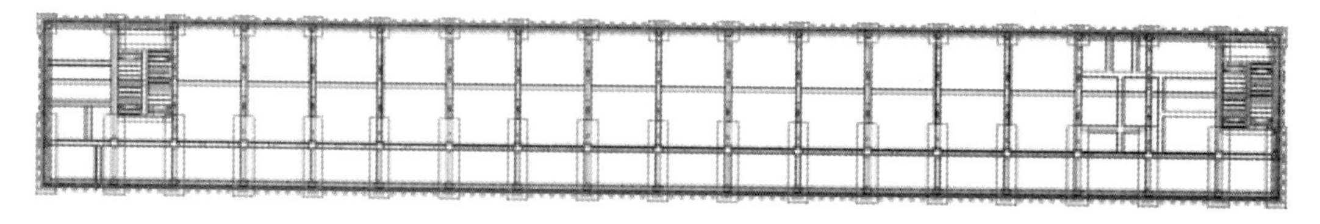

图 3-51 绘制矩形

06 单击【完成编辑模式】按钮，退出草图模式并返回到【修改 | 分区】上下文选项卡。单击【相交参照】按钮，在弹出的【相交命名的参照】对话框中勾选【标高：7.000】复选框，单击【确定】按钮完成相交参照的指定，如图 3-52 所示。

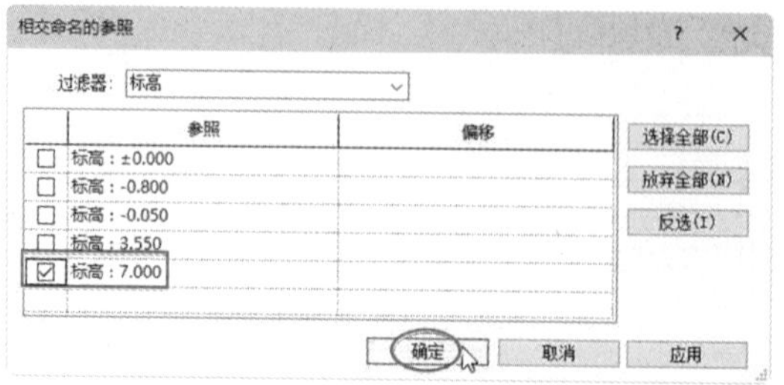

图 3-52 指定相交参照

07 单击【完成编辑模式】按钮✔完成女儿墙的分割。

08 在图形区中选取内侧部分的女儿墙预制构件，单击【修改 | 组成部分】上下文选项卡下【排除零件】按钮进行删除，如图 3-53 所示。

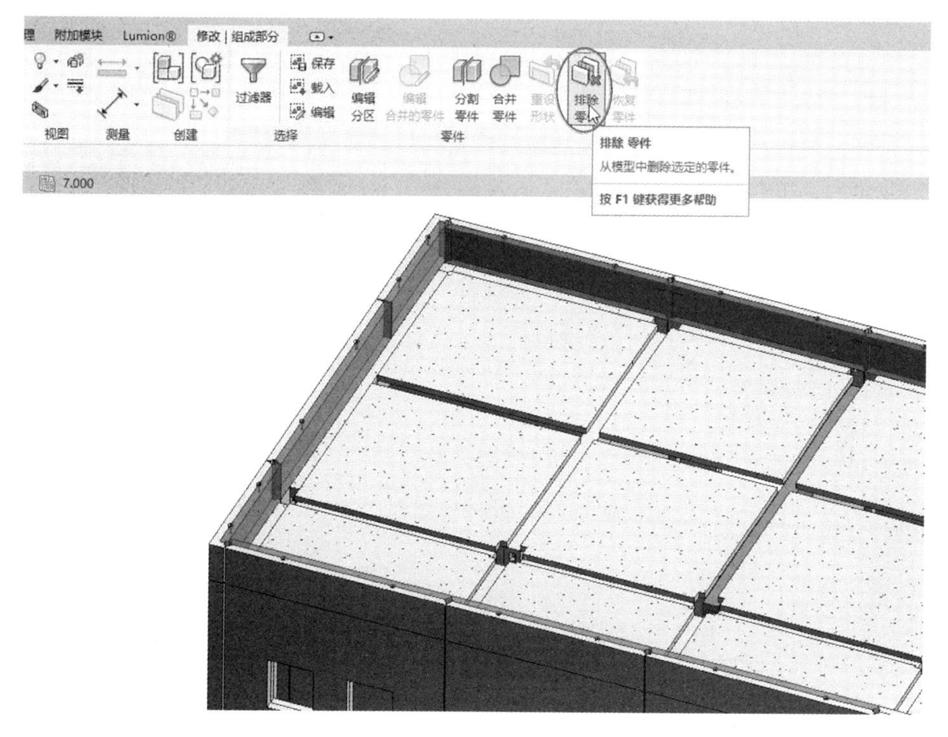

图 3-53　删除内侧的女儿墙预制构件

09 经过上述分割操作后，发现女儿墙与二层的墙体已经相互独立，需要将每一个二层外墙预制构件和其顶部的女儿墙构件重新合并为一个独立预制构件，以便于构件厂加工生产，毕竟女儿墙构件较小，不适宜单独预制成构件。

10 按住 Ctrl 键选取一个二层外墙预制构件和其上的女儿墙构件，在弹出的【修改 | 组成部分】上下文选项卡下单击【合并零件】按钮，将两个预制构件合并为一个预制构件，如图 3-54 所示。

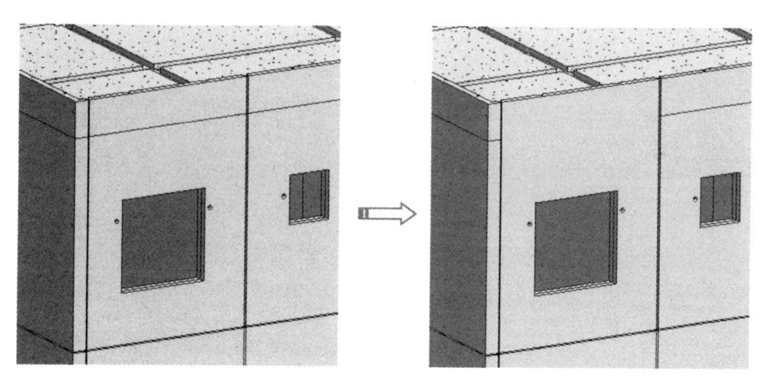

图 3-54　合并两个预制构件为一个预制构件

11 同理，依次将二层的外墙预制构件和其上的女儿墙构件合并。

3. 梁的深化设计

第二层的梁和柱都是预制构件。

01 选中二层中所有的预制梁，然后在属性面板中单击【编辑类型】按钮 编辑类型，弹出【类型属性】对话框。修改【b】（梁宽度）尺寸为 240，使预制梁两侧各有 20mm 伸进预制楼板构件中，能够承载预制楼板构件的重量，如图 3-55 所示。

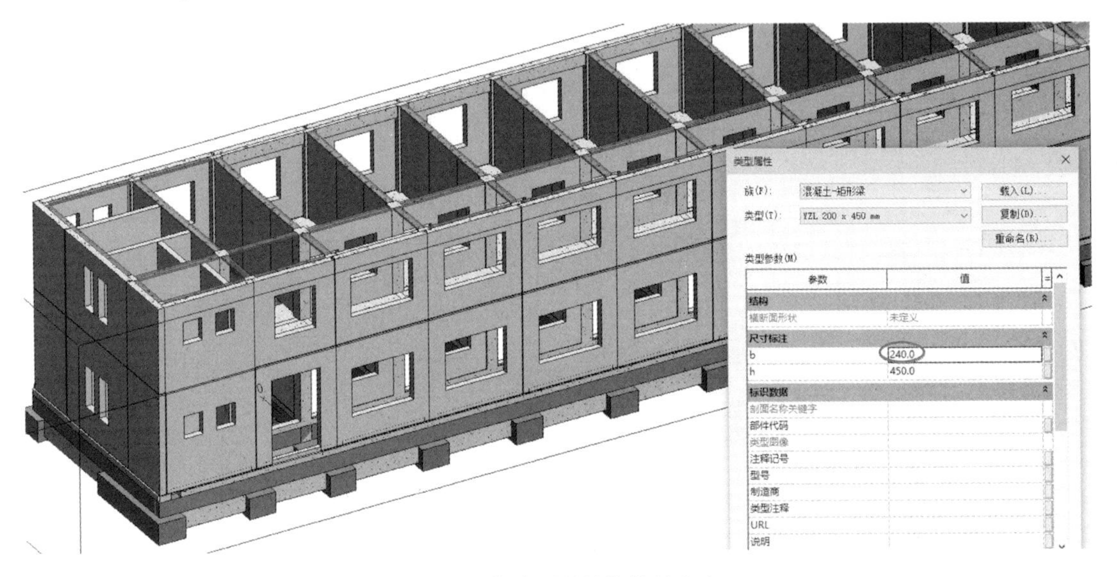

图 3-55 修改预制梁构件的宽度

02 双击预制梁构件进入梁族编辑器模式。单击【设置】按钮，选取梁端面作为工作平面。接着单击【创建】选项卡下【空心融合】按钮，然后切换到右视图中绘制一个矩形，如图 3-56 所示。

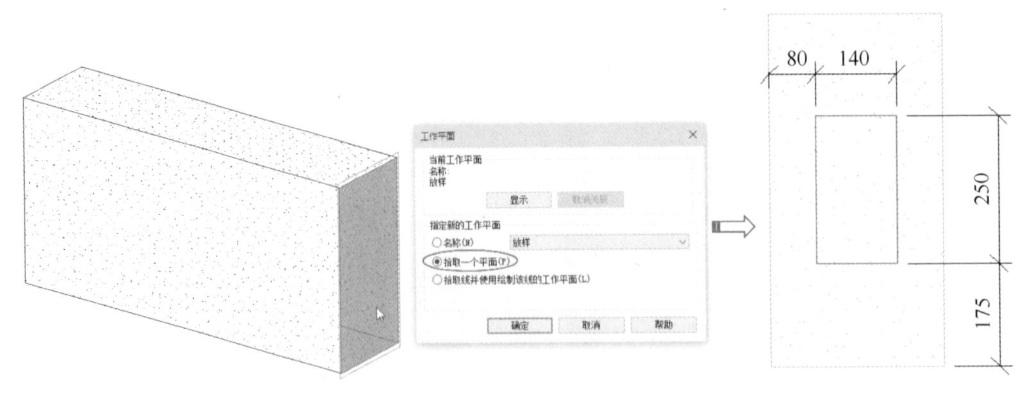

图 3-56 绘制矩形

03 在【修改 | 创建融合底部边界】上下文选项卡下单击【编辑顶部】按钮，在选项栏中设置【深度】为 30，输入【偏移】值为 –20，参照上步骤绘制的矩形绘制

一个偏移图形，如图3-57所示。

04 单击【完成编辑模式】按钮✔，完成融合模型的创建，如图3-58所示。同理，在梁的另一端面也创建空心融合形状。

05 单击【载入到项目并关闭】按钮，保存梁族的更改并应用到当前项目中。选中二层中所有的预制构件梁，然后在属性面板中选择编辑完成的梁族来替代所选的预制构件梁，完成预制构件梁的深化设计。

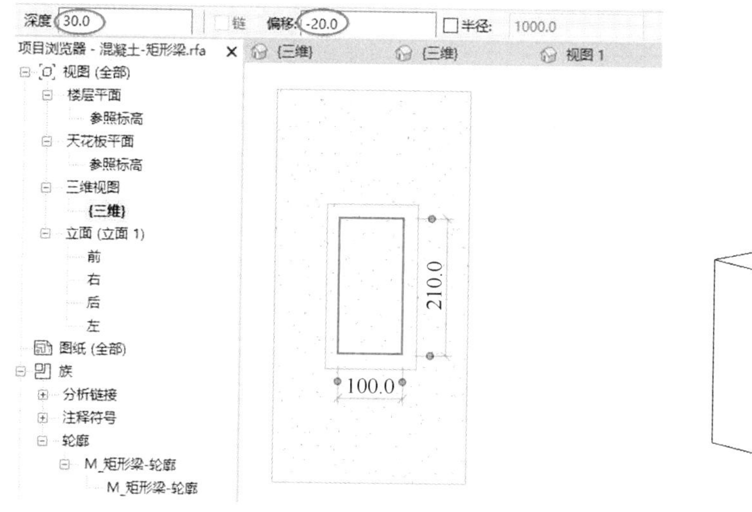

图3-57 绘制偏移矩形

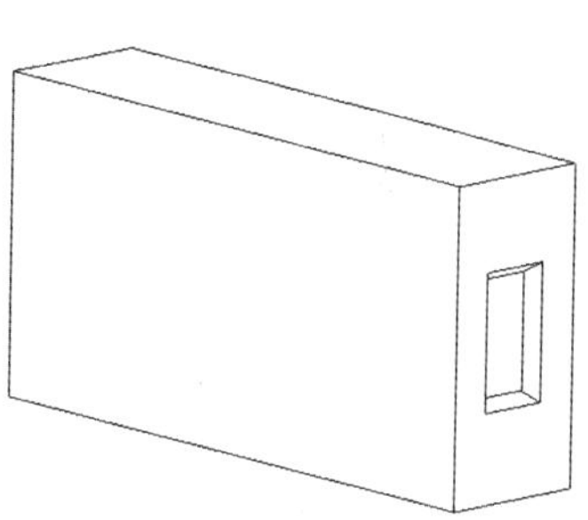

图3-58 创建空心融合形状

4. 柱与梁的节点深化设计

01 选中所有的预制柱，在属性面板中修改【顶部偏移】值为-450，如图3-59所示。

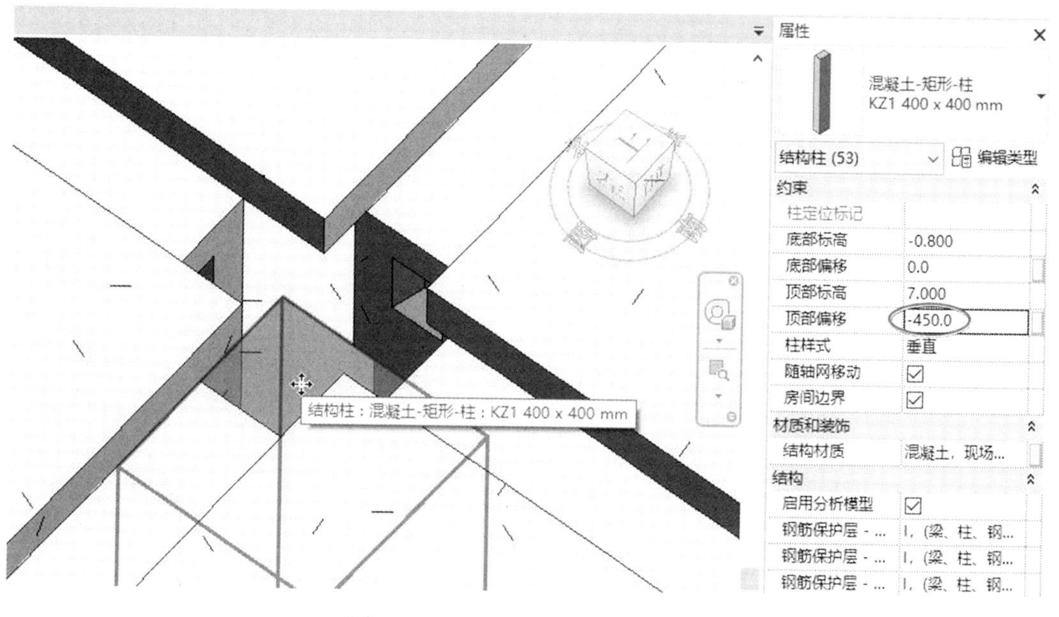

图3-59 修改预制柱的顶部偏移值

02 切换到顶层平面视图。选中预制梁并拖动梁的控制柄拉长梁，超过柱边界 20mm 左右，如图 3-60 所示。同理，更改其他预制梁的位置。

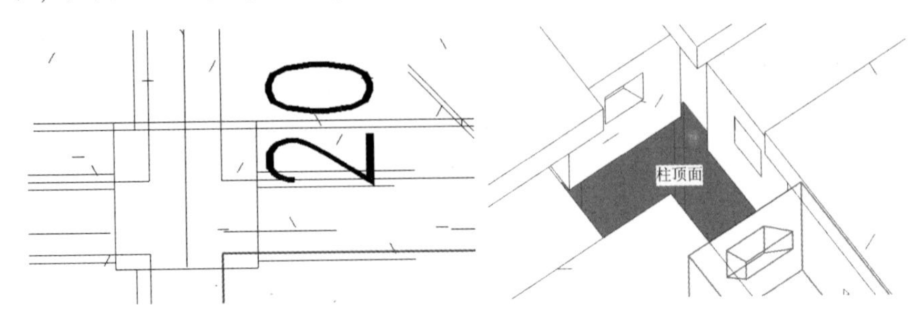

图 3-60　修改梁

第4章

鸿业装配式建筑设计

本章导读

鸿业装配式建筑软件“鸿业装配式软件-魔方 2019”是国内开发较早、功能较完善的装配式建筑设计软件。本章基于 Revit 平台的“鸿业装配式软件-魔方 2019”软件展开全面细致的讲解，介绍该装配式建筑设计软件的功能并将其应用到实际的住宅项目中。

案例展现

案例图	描述
	鸿业装配式设计软件是针对装配式混凝土结构、基于 Revit 平台的二次开发软件，集成了国内装配式规范、图集和相关标准，能够快速实现预制构件拆分、编号、钢筋布置、预埋件布置、深化出图（含材料表）及项目预制率统计等，形成一系列符合设计流程、提高设计质量和效率、解放装配式设计师的功能体系
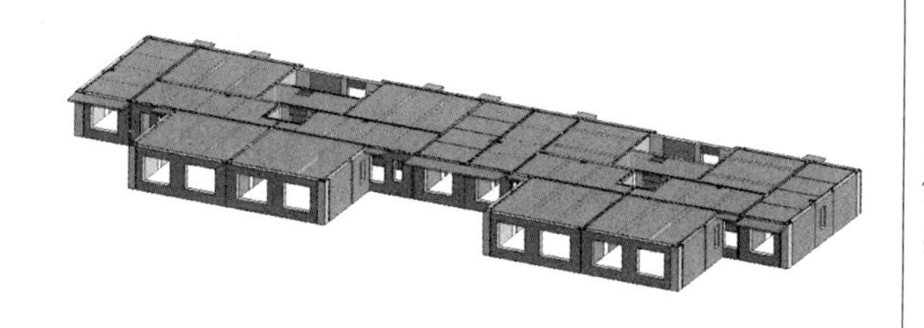	实际工程项目为广东某小区的 5#楼盘住宅项目，建筑结构形式为装配整体式剪力墙结构，共 7 层，由广东某建工集团承担设计、施工和构件生产，预制率达到 62%

4.1 鸿业装配式建筑设计软件介绍

鸿业的 BIM 开发始于 2009 年，伴随着装配式建筑市场不断升温，鸿业公司本着自动化、智慧化、产业化思想，推出了面向 PC 设计的鸿业装配式 BIM 设计软件。

鸿业装配式是针对装配式混凝土结构、基于 Revit 平台的二次开发软件，集成了国内装配式规范、图集和相关标准，能够快速实现预制构件拆分、编号、钢筋布置、预埋件布置、深化出图（含材料表）及项目预制率统计等，形成一系列符合设计流程、提高设计质量和效率、解放装配式设计师的功能体系，如图 4-1 所示。

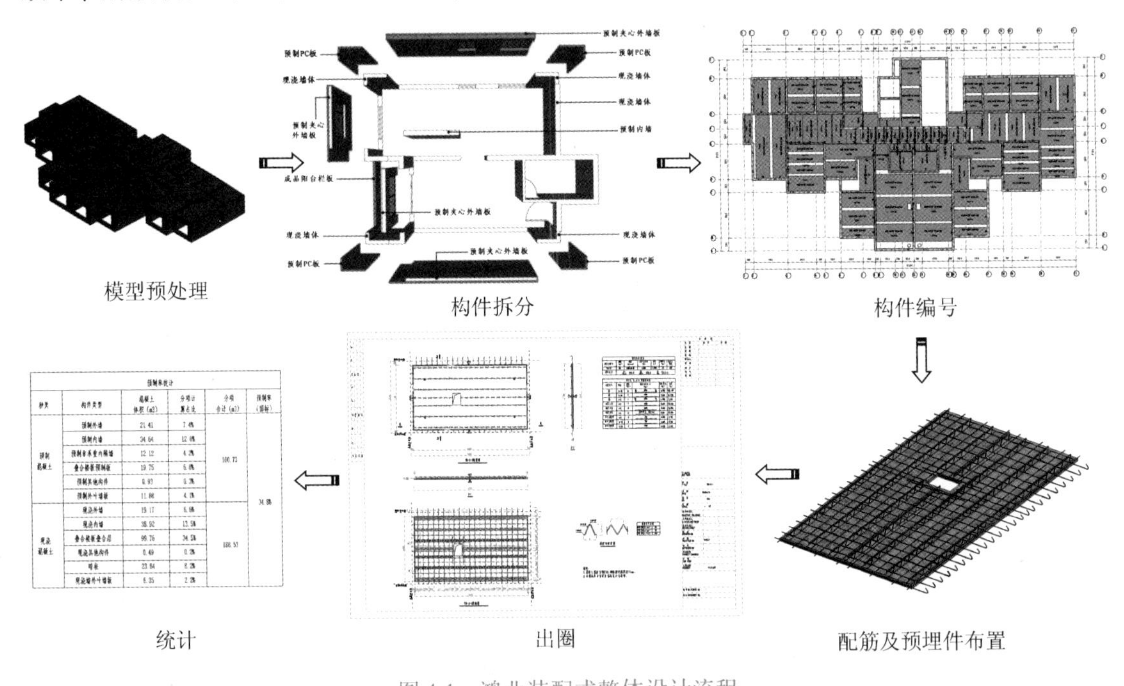

图 4-1　鸿业装配式整体设计流程

4.1.1 主要功能介绍

鸿业装配式建筑设计软件主要功能如下。

1. 智能拆分构件

装配式混凝土结构设计中预制构件的拆分是装配式设计的核心，是标准化、模数化的基础，关系到构件详图如何出、工厂如何预制以及项目预制率、装配率等关键问题。鸿业装配式设计软件通过对图集、规范和装配式实际项目的研究，内置合理的拆分方案和拆分参数，可选择按规则批量拆分和灵活手动拆分两种方式（图 4-2 为采用自动拆分方式拆分楼板）。对拆分后的楼层、现浇与预制构件分别以不同颜色予以区分，方便设计师使用。

2. 参数化布置钢筋

装配式混凝土结构出图量大，PC 构件需要逐根绘制钢筋，因此钢筋的快速实现是影响设计效率的关键因素。鸿业装配式设计软件通过对预制构件布筋规则的研究，采用参数化的钢筋布置方式，只需要在界面中输入配筋参数便可驱动程序自动完成钢筋绘制，大大提高设计效率的同时也更加符合国内的设计习惯，如图 4-3 所示。鸿业装配式设计软件的钢筋设置参数考虑了规范、图集的相关要求和结构设计习惯，以及钢筋避让、钢筋样式等问题，并且支持将配筋方案作为项目或企业资源备份，复用于其他项目。

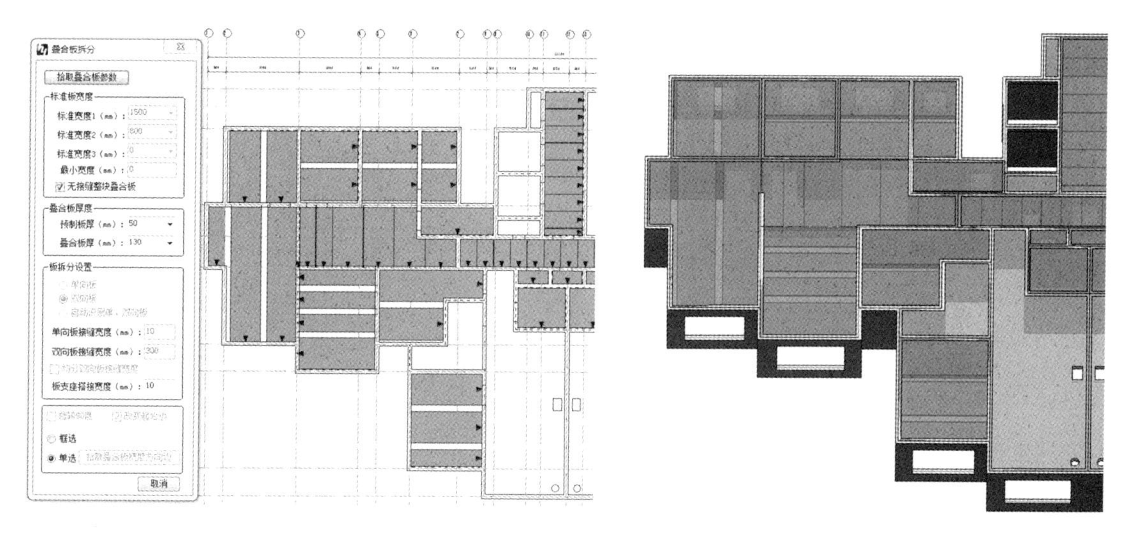

图 4-2　自动拆分楼板构件

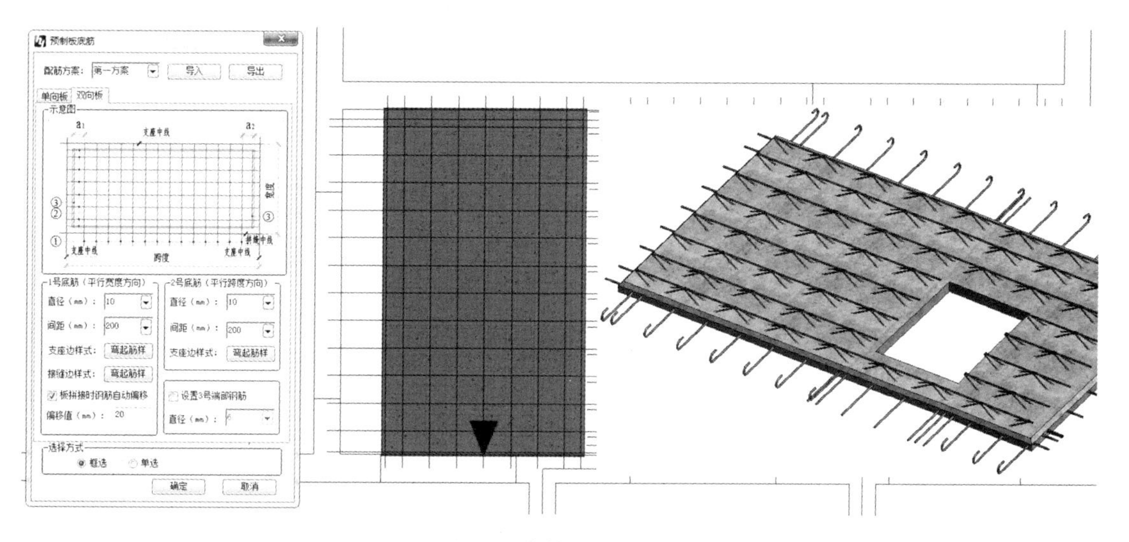

图 4-3　参数化布置钢筋

3. 预埋件布置

鸿业装配式建筑设计软件内置了一批常用的预埋件族，并可通过参数化设置预埋件相关尺寸，同时也支持新建预埋件类型，既包括单个预制构件自身的吊装预埋件、洞口预埋件、电盒与线管等，又包括与墙、板关联的斜撑预埋件，如图 4-4 所示。对于竖向构件的灌浆套筒埋件，在钢筋参数设置时按规则自动生成，从而提高设计效率。

4. 自动出预制件详图

装配式建筑设计需要出大量的预制构件详图，鸿业装配式设计软件开发了一键布图功能，自动生成预制构件详图，如图 4-5 所示。在详图中，考虑了预制构件水平和竖向切角等细节，图纸内容包括模板图、配筋图、剖面图、构件参数表、钢筋明细表及预埋件表等，软件自动实现布图，大大减轻设计师工作量。同时，也可通过构件库功能，将详图文件批量导出为 RVT、PDF 文件。

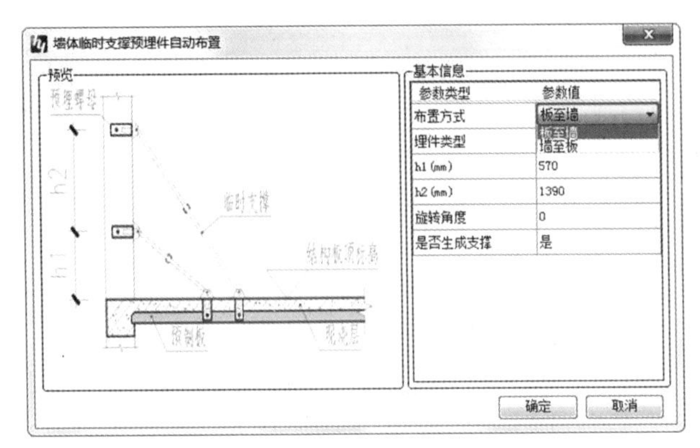

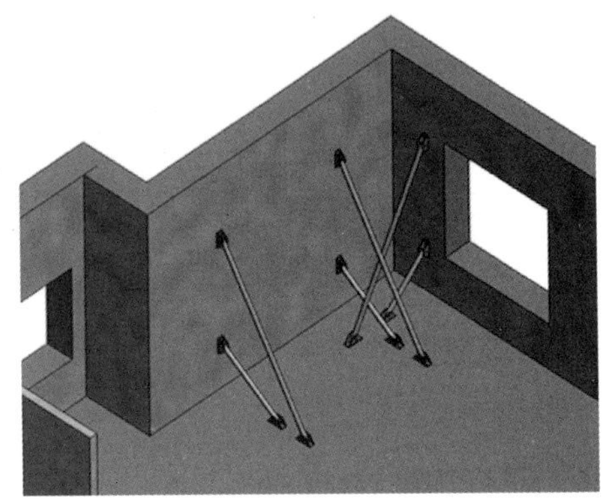

图 4-4 墙体支持预埋件自动布置

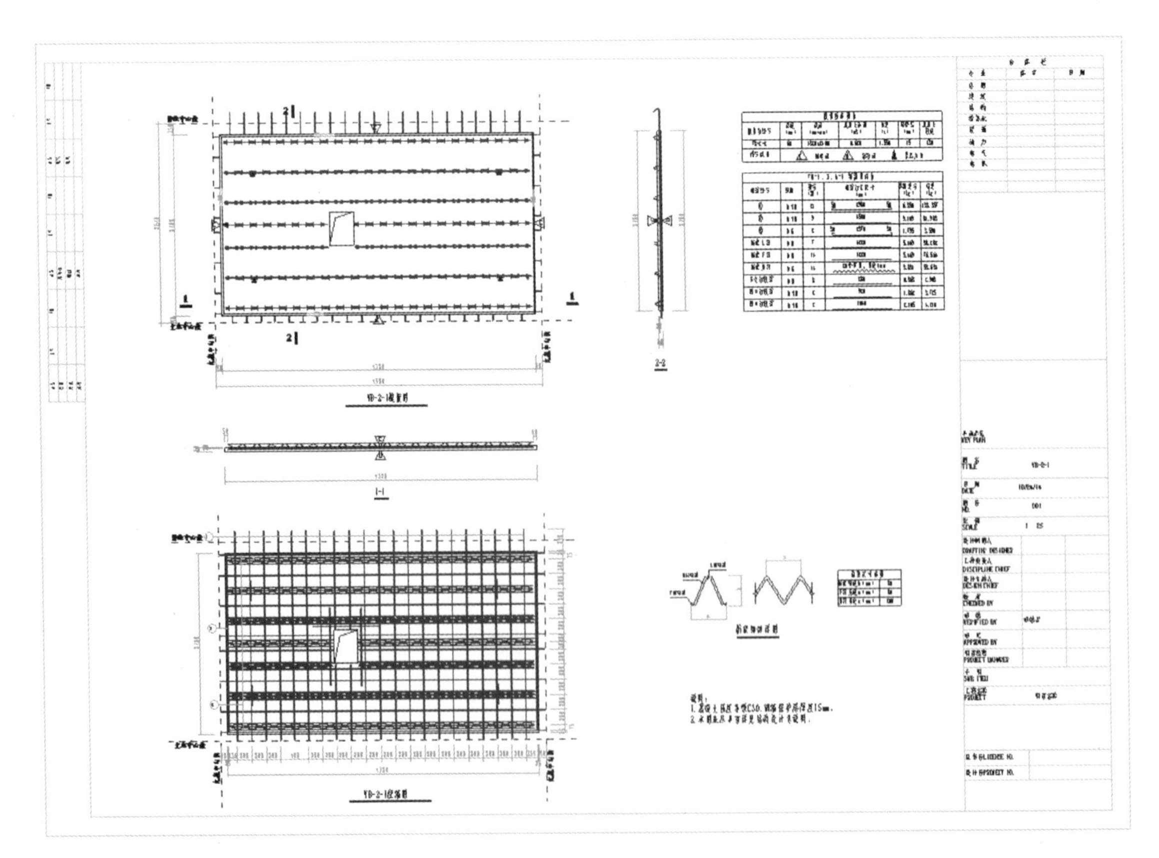

图 4-5 预制板详图

5. 实时统计预制率

预制率是装配式项目的重要考察指标，鸿业装配式设计软件通过构件属性信息的埋入，自动统计预制混凝土和现浇混凝土用量。用户只需选择当地的执行标准和计算规则便可实时计算出当前项目的预制率，支持在设计过程的各阶段进行统计，如图 4-6 所示。

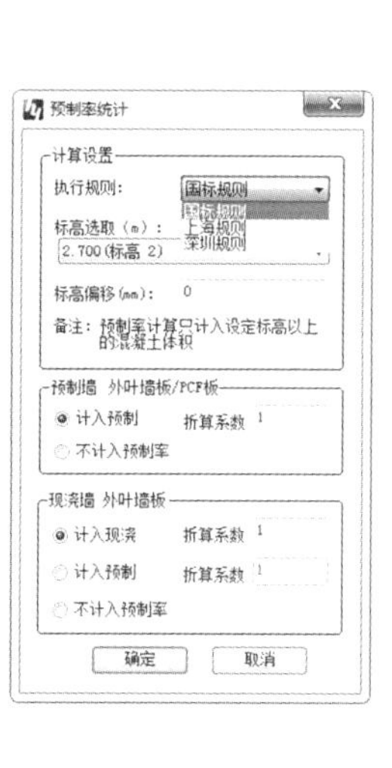

预制率统计					
种类	构件类型	混凝土体积（m³）	分项计算占比	分项合计（m²）	预制率（国标）
预制混凝土	预制外墙	21.41	7.4%	100.73	34.8%
	预制内墙	34.64	12.0%		
	预制非承重内隔墙	12.12	4.2%		
	叠合楼板预制板	19.75	6.8%		
	预制其他构件	0.93	0.3%		
	预制外叶墙板	11.88	4.1%		
现浇混凝土	现浇外墙	19.17	6.6%	188.53	
	现浇内墙	38.92	13.5%		
	叠合楼板叠合层	99.76	34.5%		
	现浇其他构件	0.49	0.2%		
	暗柱	23.84	8.2%		
	现浇墙外叶墙板	6.35	2.2%		

图 4-6　预制率统计

4.1.2 鸿业装配式建筑设计工具

鸿业装配式建筑设计软件可在鸿业科技官网中下载（http://bim.hongye.com.cn/index/xiazai.html），下载软件后安装即可。目前鸿业装配式建筑设计软件的最高版本仅能搭载到 Revit 2019 中使用，是基于 Revit 平台的一个设计插件。因此，读者朋友们除了安装 Revit 2021 软件外，还要安装 Revit 2019 软件。

在桌面上双击“鸿业装配式软件-魔方 2019”软件图标，随即启动 Revit 2019 软件平台。在 Revit 2019 主页界面中选择【Revit 结构样板】项目样板后，进入 Revit 2019 结构设计项目环境。在功能区中会出现【轴网】【预处理】【预制板】【预制墙】【预制楼梯】【预制阳台空调】【标注/文字】【预制件详图】及【通用】等选项卡，这些选项卡中包含了进行装配式建筑设计的工具，如图 4-7 所示。

下面我们将通过一个完整的装配式建筑设计案例，来详细介绍常用的【预制板】【预制墙】【预制楼梯】【预制阳台空调】【预制件详图】等选项卡下的工具命令。

1. 【预制板】选项卡

【预制板】选项卡下各工具指令的含义如下。

- 支座设置：此工具用于设置墙、梁等构件是否作为预制板支撑的一部分。
- 大板分割：此工具用于在定义了【支座设置】之后，将大板按支座的位置分割成多块小板。

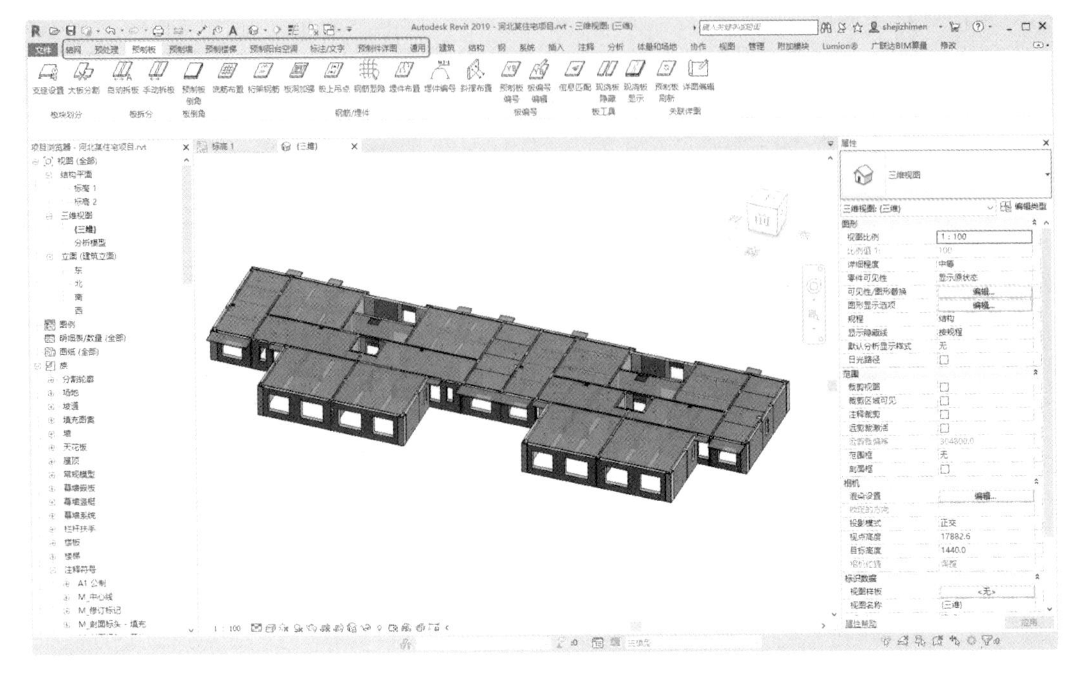

图 4-7　Revit 中的鸿业装配式建筑设计工具

提示	【支座设置】工具和【大板分割】工具不是预制板的构件拆分工具，只是结构模型的版块划分工具。

- 自动拆分：该工具用于将所选区域内的楼板自动拆分设计为叠合板预制件。
- 手动拆板：该工具用于手动选取单块楼板模型进行拆分设计，生成叠合板预制件。
- 预制板倒角：该工具用于定义预制板构件的倒角，起到保护预制件和现场施工人员的作用。
- 底筋布置：该工具用于布置预制板中的底部钢筋，如图 4-8 所示。
- 桁架钢筋：该工具用于布置预制板中的桁架钢筋，如图 4-9 所示。

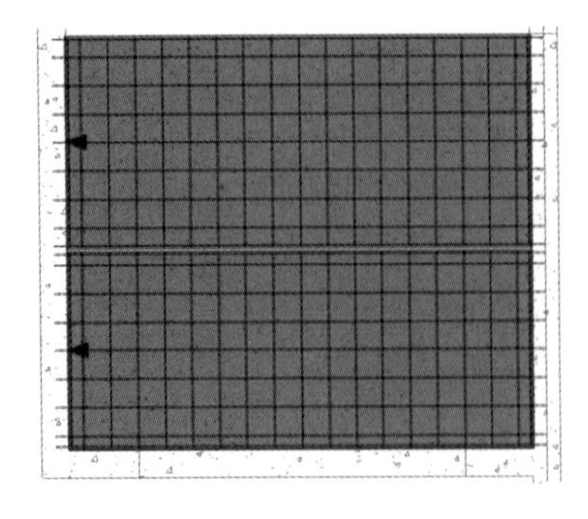

图 4-8　底筋布置

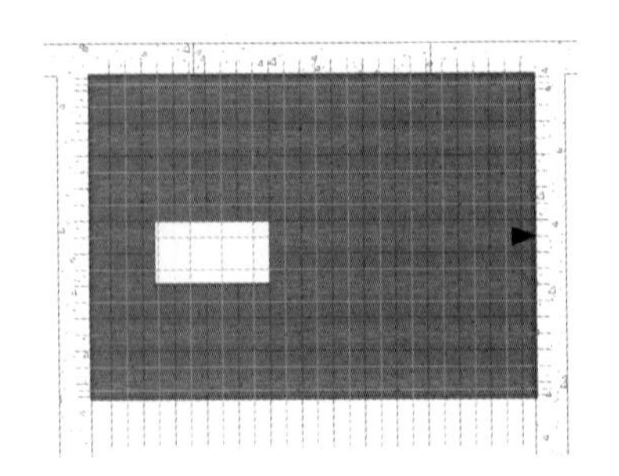

图 4-9　桁架钢筋布置

- 板上吊点：该工具用于布置预制板中的吊点和加强钢筋，如图 4-10 所示。
- 钢筋显隐：单击此按钮，可显示或者隐藏预制构件（包括预制板、预制楼梯、预制墙、预制阳台等构件）中的钢筋。

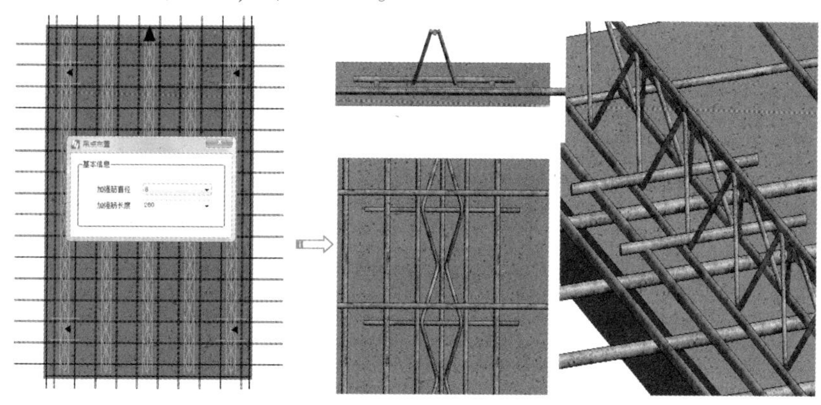

图 4-10　板上吊点布置

- 埋件布置：此工具用于布置预制构件中的预埋件，如图 4-11 所示。
- 埋件编号：此工具用于定义预埋件的编号。
- 斜撑布置：此工具用于布置预制墙构件的斜撑件，如图 4-12 所示。

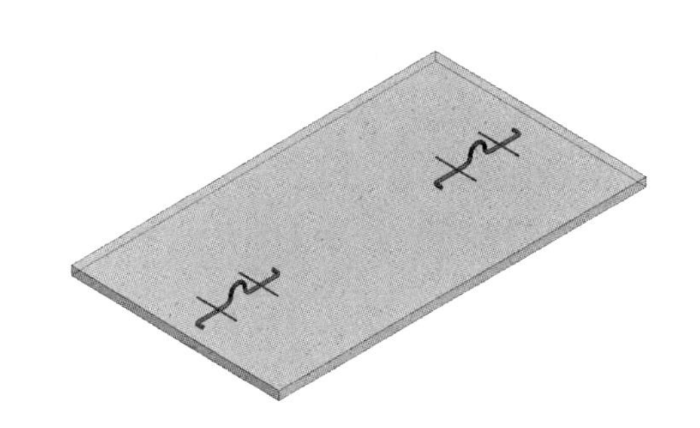

图 4-11　预制板中的预埋件布置

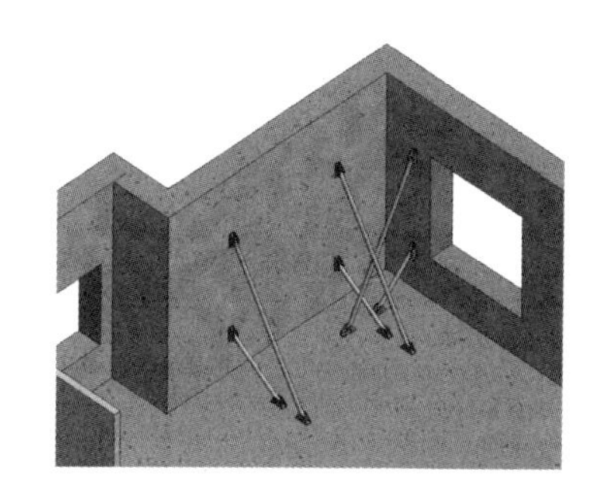

图 4-12　预制墙的斜撑件布置

- 预制板编号：单击此按钮，可以自动生成当前楼层平面视图中预制板的构件编号。
- 板编号编辑：单击此按钮，对自动生成的预制板构件编号进行编辑。
- 信息匹配：单击此按钮，将原结构模型中的楼板信息匹配到新的预制板中。
- 现浇板隐藏：单击此按钮，将隐藏叠合板上的现浇板层。
- 现浇板显示：单击此按钮，将显示叠合板上的现浇板层。
- 预制板刷新：单击此按钮，将主模型中的预制板数据刷新并自动保存到后台的详图模型中。
- 详图编辑：此工具可对预制构件的详图模型进行编辑修改。

2.【预制墙】选项卡

【预制墙】选项卡下的部分工具与【预制板】选项卡下的工具相同，下面仅介绍不同的工具指令。

- 墙体打断：利用此工具将结构墙体打断，以便于进行预制墙构件的拆分设计。
- 墙体合并：利用此工具将打断的墙体合并。

- 墙体类型：利用此工具对结构墙进行预制定义，如定义为预制外墙、预制内墙、预制非承重墙、现浇外墙、现浇内墙等。
- 外叶墙板：此工具可以创建外墙的保温层和外叶板，如图 4-13 所示。
- 墙体拆分：对结构墙体进行拆分，自动生成边缘构件，如图 4-14 所示。

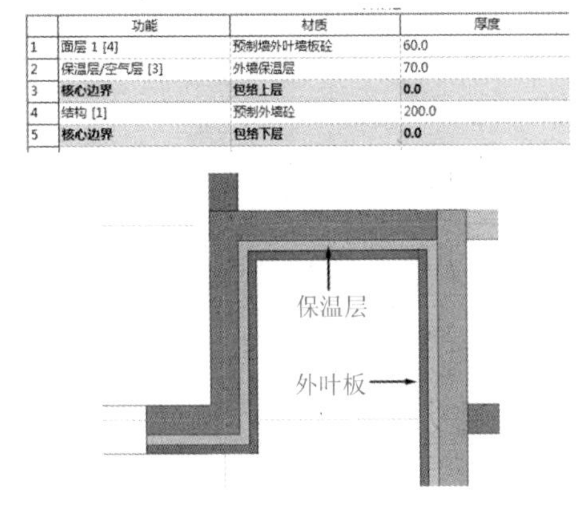

	功能	材质	厚度
1	面层 1 [4]	预制墙外叶墙板砼	60.0
2	保温层/空气层 [3]	外墙保温层	70.0
3	核心边界	包络上层	0.0
4	结构 [1]	预制外墙砼	200.0
5	核心边界	包络下层	0.0

图 4-13　创建外叶墙板

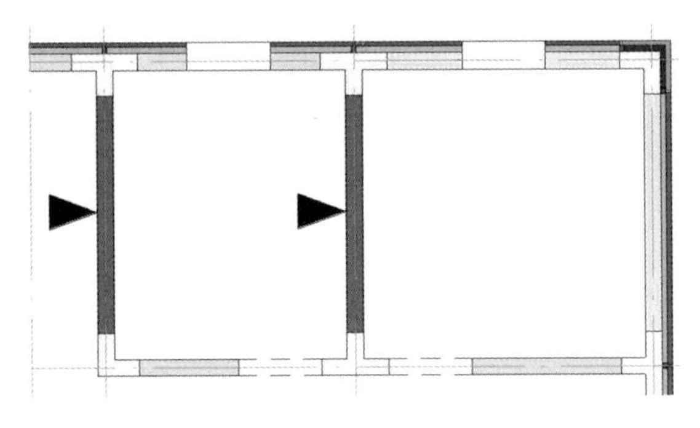

图 4-14　墙体拆分

- 一字柱布置：利用此工具，在墙体（包括预制外墙和预制内墙）中布置一字型暗柱，并将长墙进行分割，如图 4-15 所示。

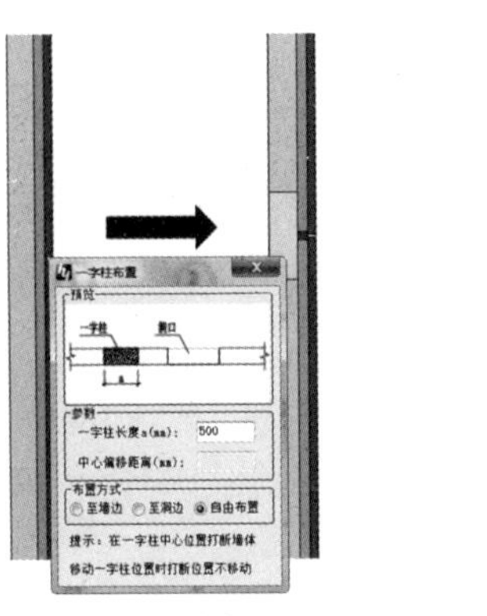

预制外墙一字柱插入

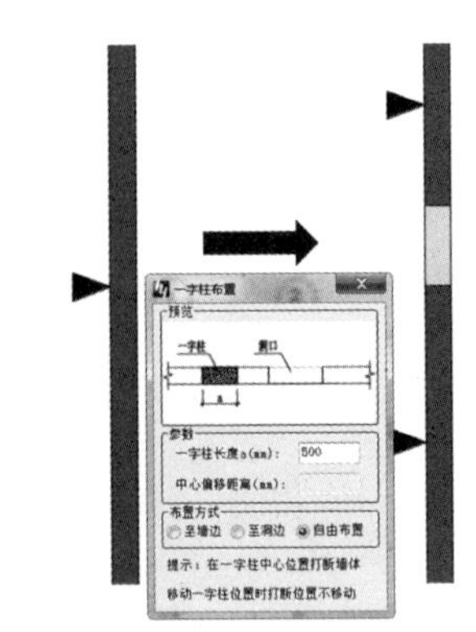

预制内墙一字柱插入

图 4-15　一字柱布置

- 边缘构件编辑：利用此工具，对生成的边缘构件进行编辑修改。
- 装配方向修改：单击此按钮，可更改预制内墙的装配方向。
- 预制墙编号：单击此按钮，对拆分完成的预制墙构件进行自动编号。
- 墙体信息：利用此工具，为预制墙构件布置墙钢筋和预埋件。
- 墙洞加强：利用此工具，在墙洞周围布置加强钢筋。

3. 【预制楼梯】选项卡

【预制楼梯】选项卡下各工具指令的含义如下。

- 单跑楼梯：此工具用于创建单跑楼梯预制构件。
- 双跑楼梯：此工具用于创建双跑楼梯预制构件。

- 剪刀楼梯：此工具用于创建剪刀型楼梯预制构件。
- 楼梯编辑：此工具用于编辑楼梯预制构件的参数。
- 埋件布置：此工具用于布置楼梯中的预埋件。
- 楼梯布筋：此工具用于布置楼梯预制构件中的钢筋。
- 钢筋显隐：单击此按钮，将显示或隐藏楼梯构件中的钢筋。
- 楼梯编号显示：单击此按钮，自动创建楼梯编号。
- 楼梯编号编辑：单击此按钮，对楼梯编号进行编辑修改。
- 楼梯详图布置：单击此按钮，可自动创建楼梯预制构件的详图。

4. 【预制阳台空调】选项卡

【预制阳台空调】选项卡下各工具指令的含义如下。

- 阳台创建：此工具用于创建阳台预制构件。
- 阳台编辑：此工具用于编辑阳台预制构件的参数。
- 埋件布置：此工具用于布置阳台预制构件中的预埋件。
- 阳台布筋：此工具用于布置阳台预制构件中的钢筋。
- 钢筋显隐：单击此按钮，将显示或隐藏阳台构件中的钢筋。
- 阳台编号：单击此按钮，自动创建阳台构件编号。
- 阳台编号编辑：单击此按钮，对阳台构件编号进行编辑修改。
- 阳台详图布置：单击此按钮，可自动创建阳台预制构件的详图。

5. 【预制件详图】选项卡

【预制件详图】选项卡下各工具指令的含义如下。

- 保留详图修改：单击此按钮，对详图进行修改并保存数据到数据库中。
- 预制板布图：单击此按钮，可一键布置预制板构件详图中的元素，并自动生成详图。
- 预制墙布图：单击此按钮，可一键布置预制墙构件详图中的元素，并自动生成详图。

4.2 广东某住宅项目的装配式建筑设计案例

本例项目为广东某小区的5#楼盘住宅项目，建筑结构形式为装配整体式剪力墙结构，共7层，由广东某建工集团承担设计、施工和构件生产，预制率达到62%。

图4-16为5#住宅楼标准层的装配式建筑模型效果图。标准层中的楼梯、外墙、内墙、梁、楼板及柱等均为预制构件。

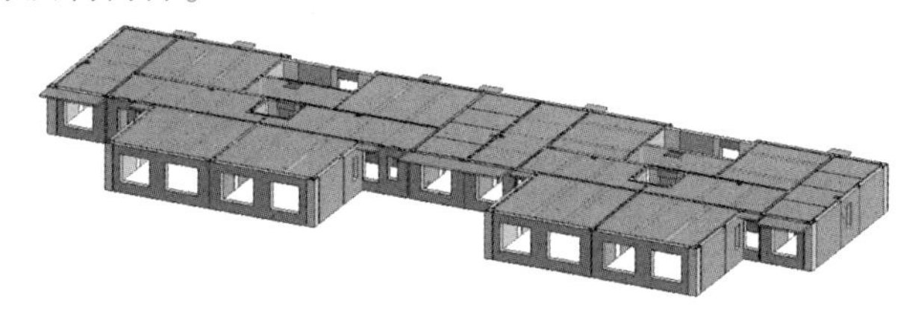

图4-16　5#住宅楼标准层的装配式建筑模型

4.2.1 预制构件设计

接下来，基于已有的 Revit 结构模型，利用鸿业装配式建筑设计软件“鸿业装配式软件—魔方 2019”的相关拆分工具进行预制构件的设计。

1. 预制板设计

下面利用【预制板】选项卡下相关工具进行楼板的拆分设计。

01 启动“鸿业装配式软件—魔方 2019”软件，同时启动 Revit 2019 软件。在主页界面中单击【打开】按钮，打开本例源文件“5#楼住宅项目 . rvt”，如图 4-17 所示。

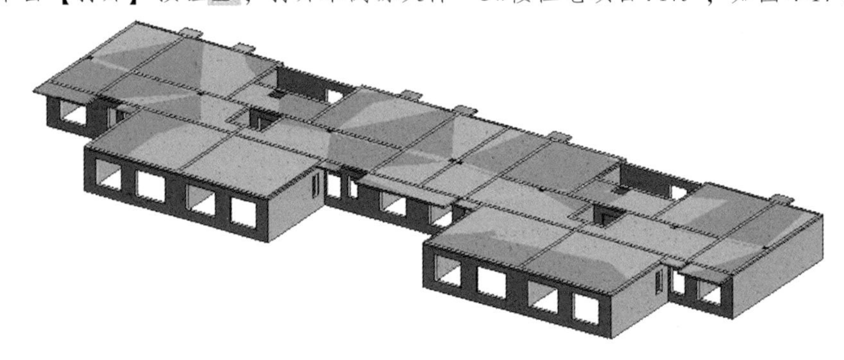

图 4-17 打开 5#楼住宅项目模型

02 切换到“标高 1”结构平面视图。在【预制板】选项卡下单击【支座设置】按钮，系统自动搜索并选取图形区中的墙和梁进行支座转换，选中的对象会高亮显示，如图 4-18 所示。按下 Esc 键完成支座设置。如果发现有墙体或梁没有被自动选中，可手动添加选择。也可手动选取不需要转换为支座的墙与梁。

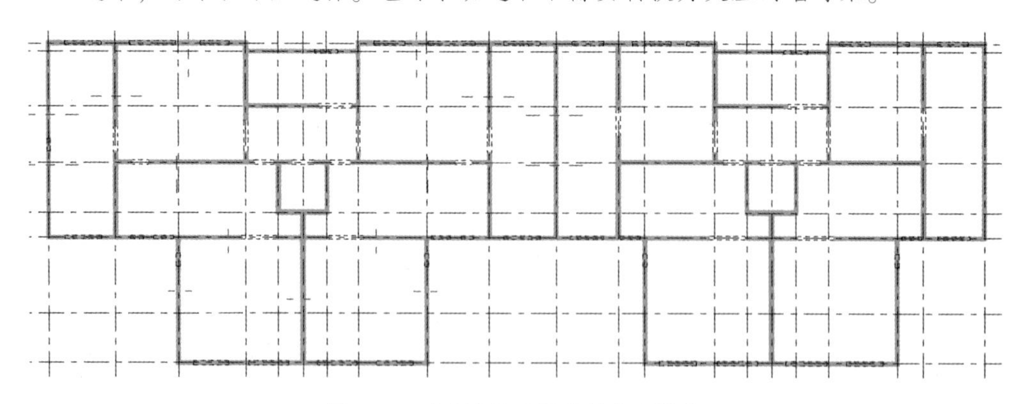

图 4-18 选取墙体或梁进行支座转换

提示	单击【支座设置】按钮后，程序自动搜索所有墙、梁作为楼板支座，且用不同颜色临时显示（墙支座为绿色，梁支座为玫红色），非支座则采用默认颜色。

03 切换到“标高 2”结构平面视图。单击【大板分割】按钮，弹出【大板分割】对话框。单击【框选】单选按钮，然后在图形区中框选所有的楼板进行自动分割，

如图 4-19 所示。分割完成后按下 Esc 键结束操作。

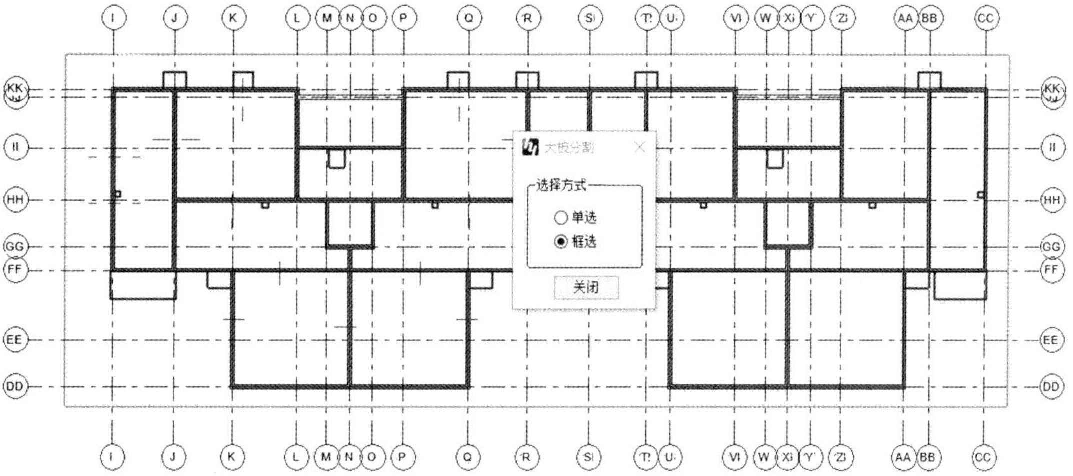

图 4-19　框选楼板进行大板分割

04 单击【自动拆板】按钮，弹出【自动拆板】对话框。在对话框中设置楼板参数，然后框选要拆分的楼板，随后自动完成拆分，如图 4-20 所示。完成后按下 Esc 键结束自动拆板操作。

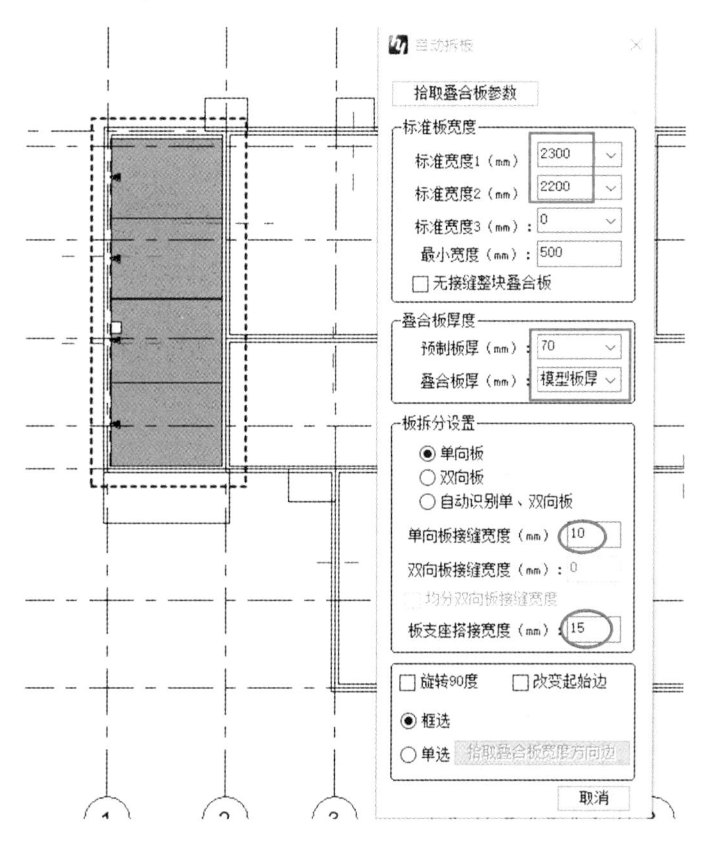

图 4-20　框选楼板完成自动拆分

提示

折分楼板时请使用 AutoCAD 软件打开本例源文件夹中的“5#楼住宅项目.dwg”图纸文件，结合“5#楼标准层预制板平面布置图”图纸拆分楼板，如图 4-21 所示。

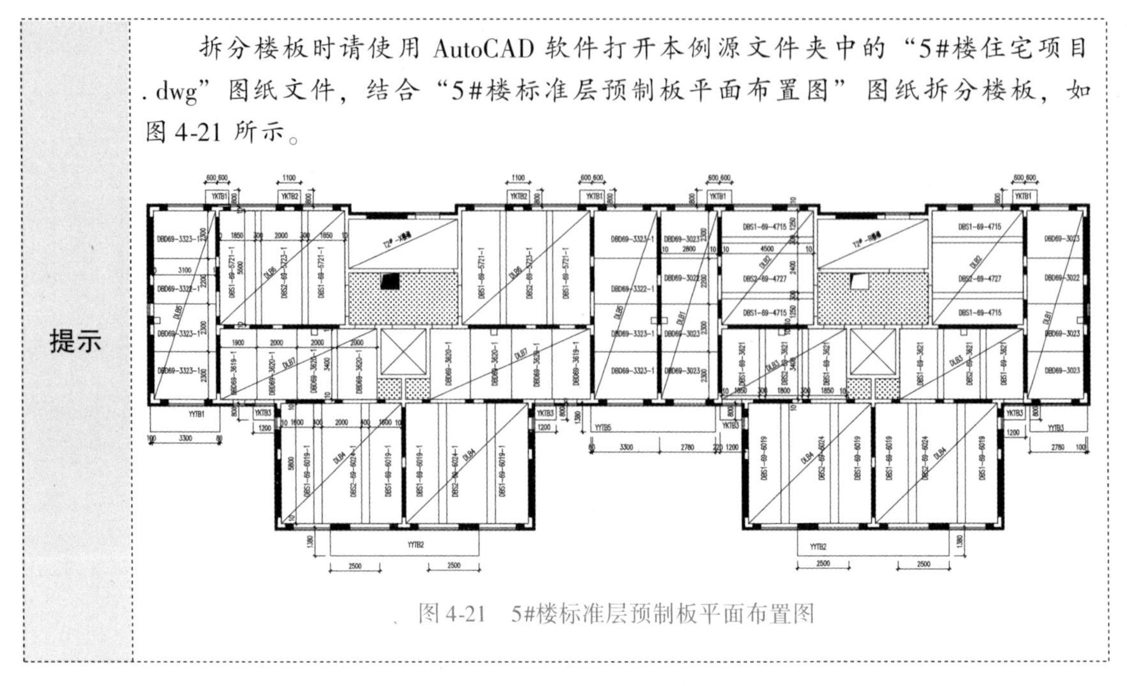

图 4-21　5#楼标准层预制板平面布置图

05 单击【手动拆板】按钮，接着选取要拆分的楼板（虚线框内），随后弹出【手动拆分（总厚度 120mm）】对话框。在对话框中单击【配置】按钮，弹出【常用拆分板宽度尺寸】对话框，输入【预制板宽】的值为 1850，单击【添加】按钮和【确定】按钮完成板宽值的添加，如图 4-22 所示。

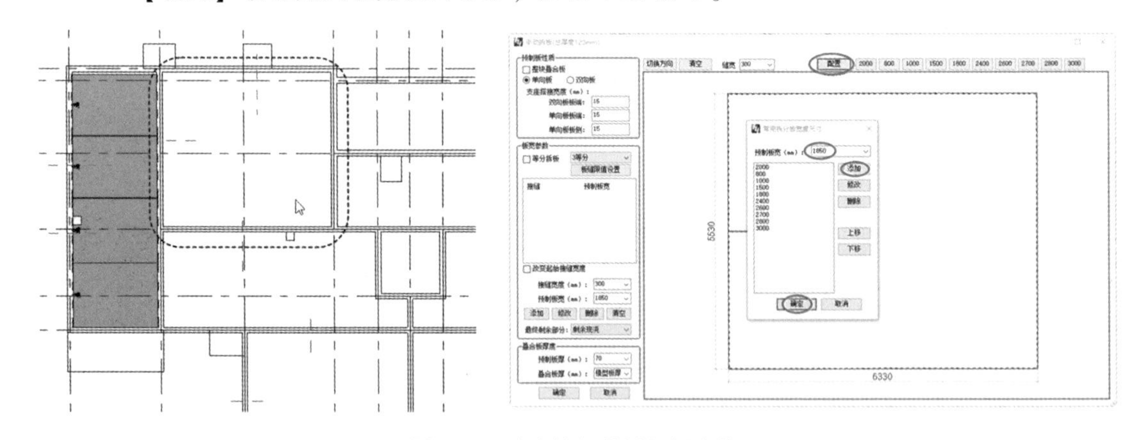

图 4-22　选取楼板并添加板宽值

06 在【手动拆分（总厚度 120mm）】对话框左侧各选项组中设置预制板参数，在【板宽参数】选项组的【预制板宽】下拉列表中选择【1850】参数，然后单击下方的【添加】按钮，添加第一块预制板（对话框中右侧的预览区域中可以预览添加的预制板），如图 4-23 所示。

07 在其他预制板参数不变的情况下，在【板宽参数】选项组的【预制板宽】下拉列表中选择【2000】参数，然后单击下方的【添加】按钮，添加第二块预制板，如图 4-24 所示。

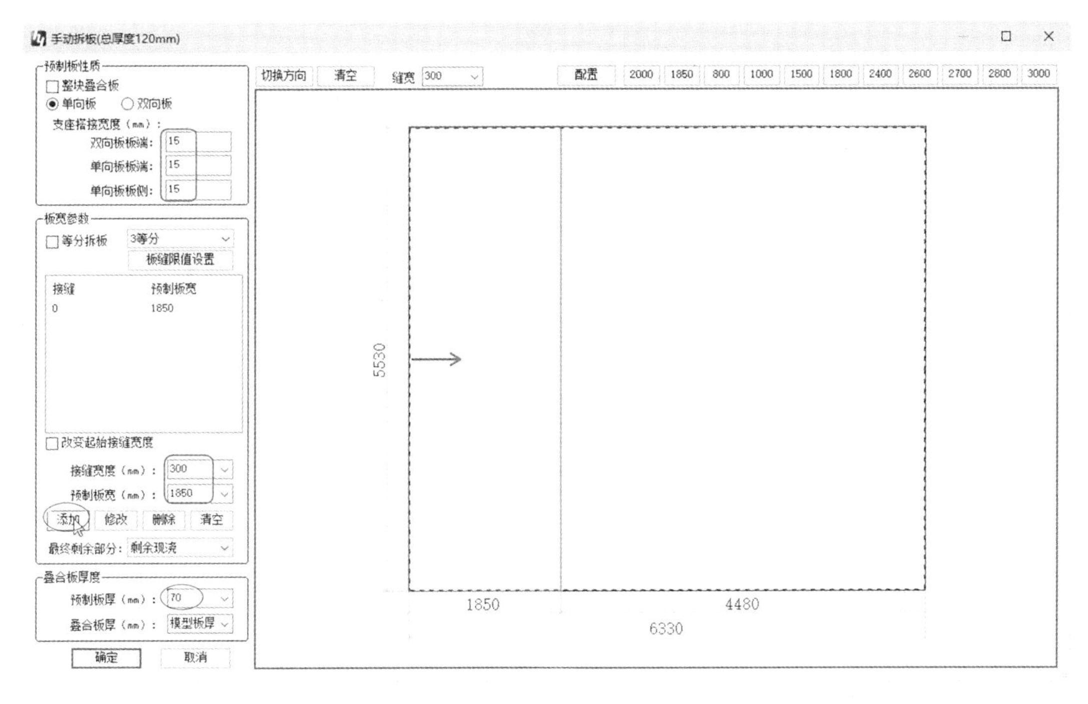

图 4-23　设置预制板参数并添加第一块预制板

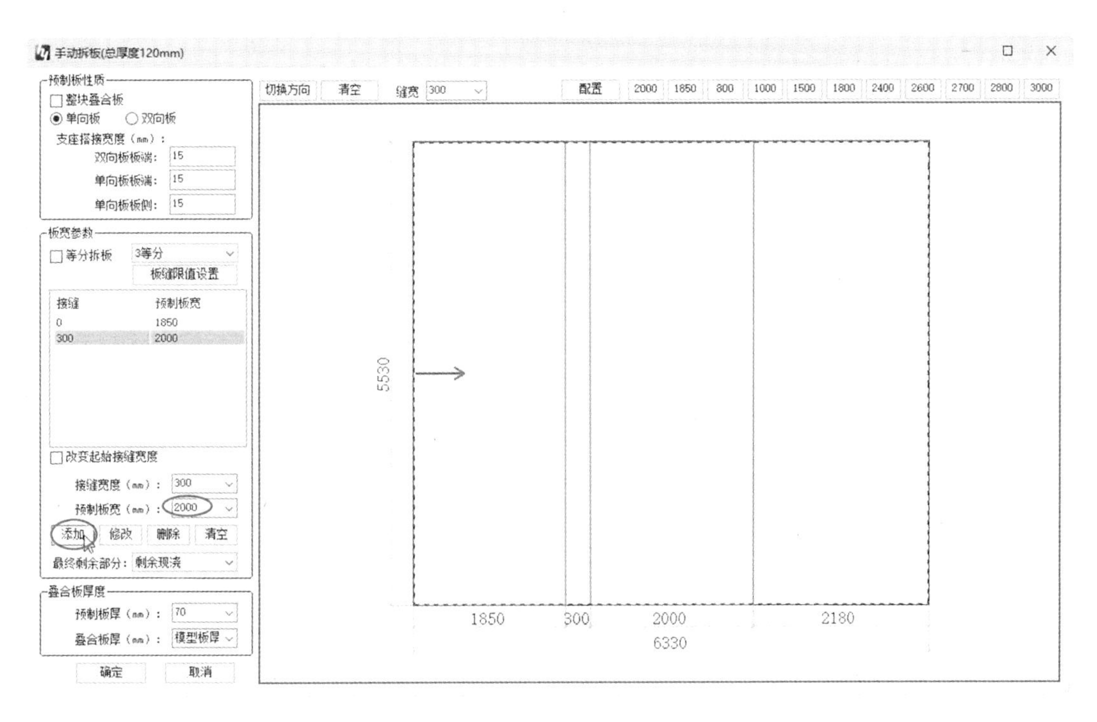

图 4-24　添加第二块预制板

08 同理，在【板宽参数】选项组的【预制板宽】下拉列表中选择【1850】参数，并单击下方的【添加】按钮，添加第三块预制板，如图 4-25 所示。

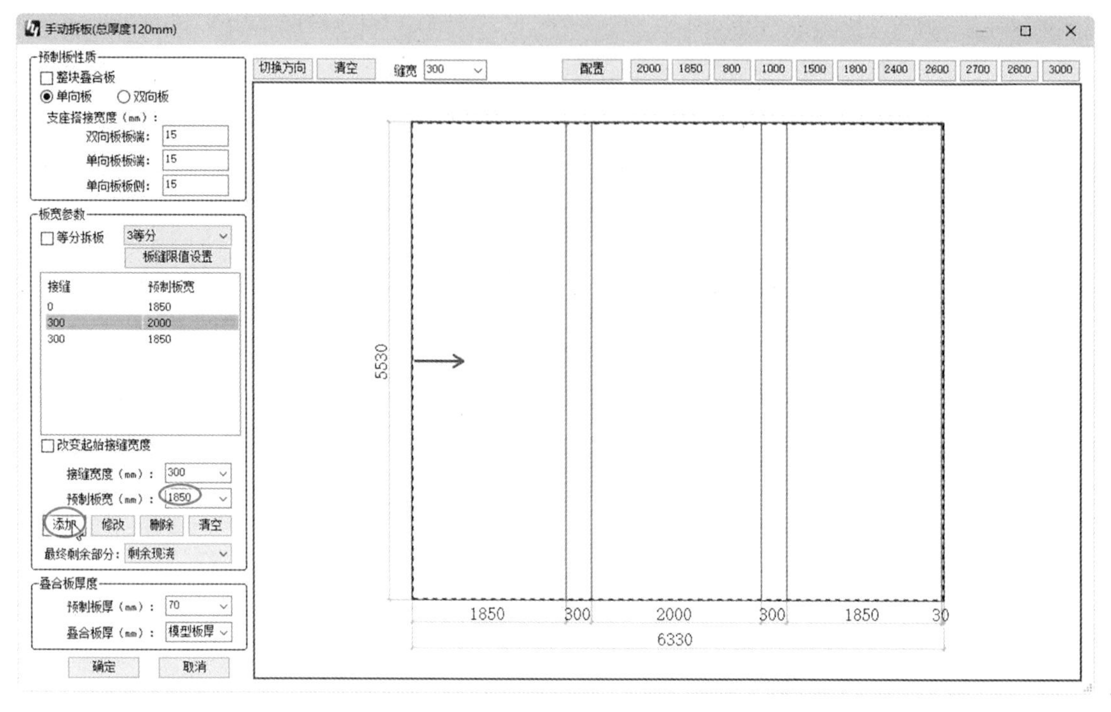

图 4-25　添加第三块预制板

09　单击【确定】按钮，完成手动拆板操作，拆分的楼板如图 4-26 所示。

10　同样，利用【手动拆板】工具，采用与上步骤相同的预制板参数，对图 4-27 所示的楼板进行拆分。

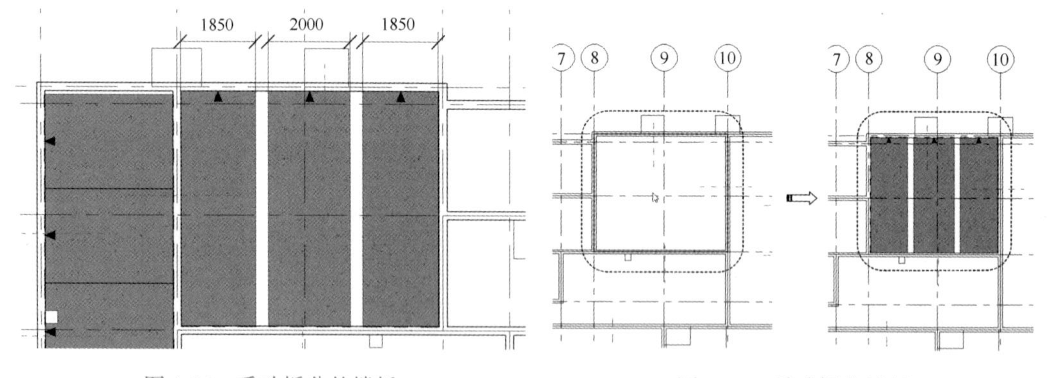

图 4-26　手动拆分的楼板　　　　图 4-27　手动拆分楼板

11　后续的楼板也使用【手动拆分】工具进行操作，设置预制板拆分参数时请严格参照“5#楼标准层预制板平面布置图”图纸中所标注的板宽尺寸来操作，若没有现成的板宽参数，则在【手动拆分（总厚度 120mm）】对话框中单击【配置】按钮进行配置即可，最终拆分完成的预制板效果如图 4-28 所示。

12　楼板拆分完成后，单击【预制板编号】按钮，设置编号后单击【确定】按钮，系统自动完成所有预制板的编号，如图 4-29 所示。

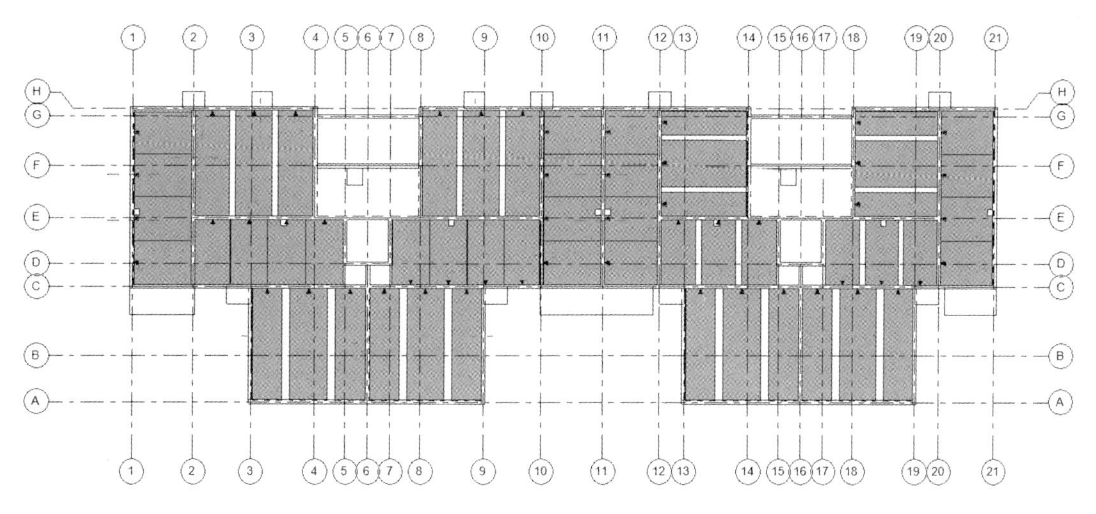

图 4-28　拆分完成的预制板

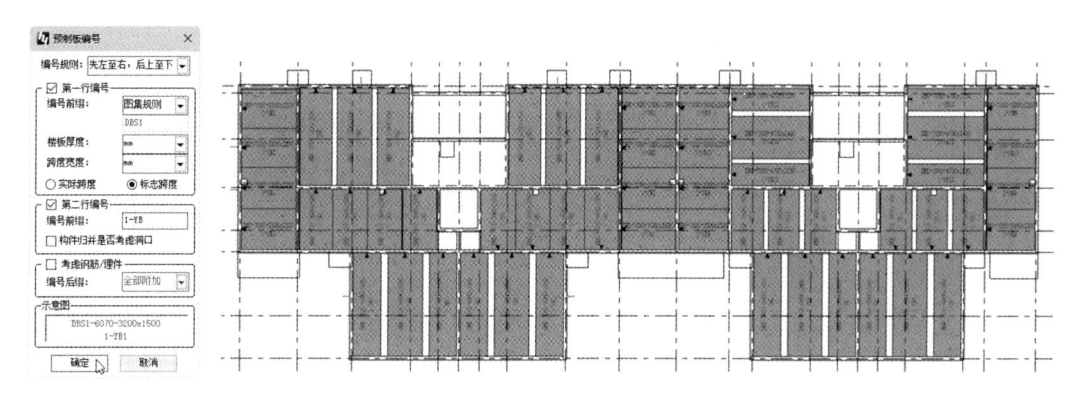

图 4-29　预制板自动编号

13 预制板的自动编号中会默认显示板厚和跨度数字，整个编号显得太长。可单击【板编号编辑】按钮，在弹出的【编号修改】对话框中修改编号，如图 4-30 所示。也可完全按照“5#楼标准层预制板平面布置图”图纸中的预制板编号进行修改。

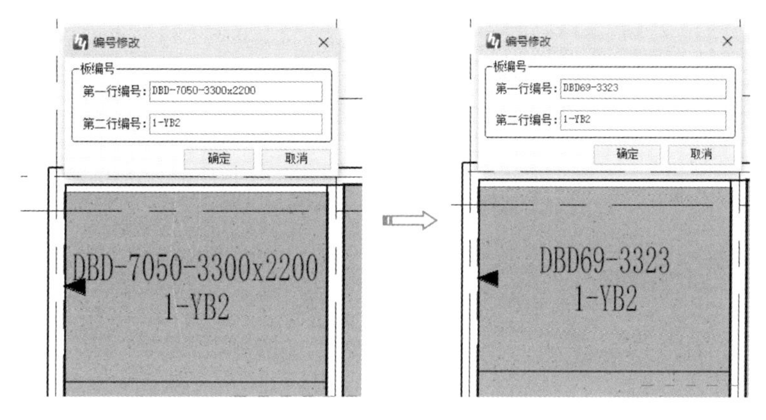

图 4-30　修改编号

2. 预制墙体设计

首先将某些墙体打断，以便于墙体类型划分和墙体拆分。

01 切换到“标高 1”结构平面视图。在【预制墙】选项卡下单击【墙体打断】按钮，然后在要打断的墙体中选择打断点，随后该墙体被自动打断，如图 4-31 所示。要打断的墙体和打断点如图 4-32 所示。

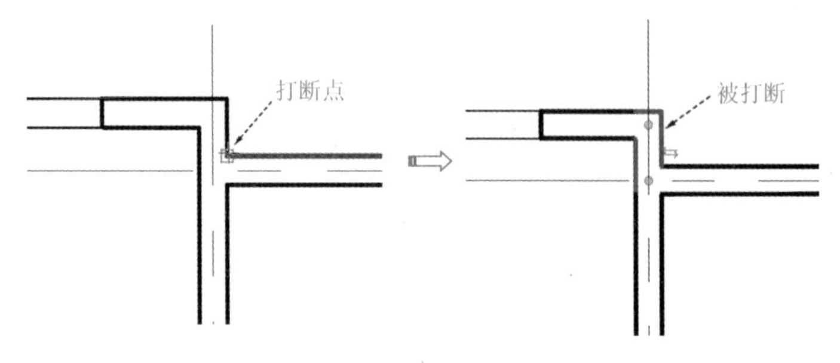

图 4-31　打断墙体

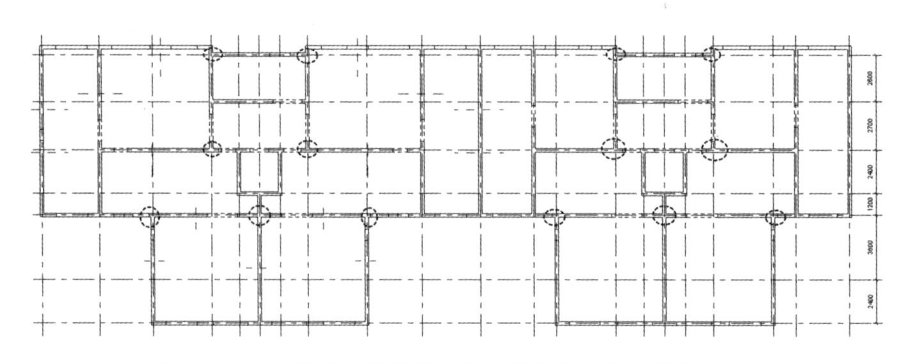

图 4-32　要打断的墙体及其打断点的位置（图中虚线框内）

02 单击【墙体类型】按钮，弹出【墙体类型】对话框。设置【预制外墙】类型，利用【单选】方式逐一选取外墙来定义预制外墙类型，如图 4-33 所示。

提示	指定预制外墙类型后，外墙的颜色由默认的灰色变为粉色，由于本书为单色印刷，此处看不出用颜色来表达预制墙类型的效果，读者可上机实操进行观察。

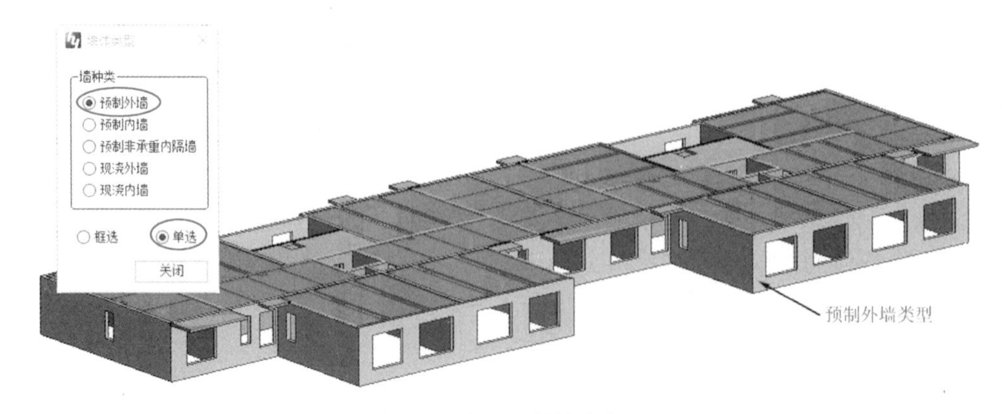

图 4-33　定义预制外墙类型

03 同理，在【墙体类型】对话框中选择【预制内墙】墙类型选项，然后利用【框选】的选择方式，在图形区中框选内部的墙体来定义预制内墙类型。

04 在【墙体类型】对话框中选择【现浇内墙】墙类型选项，然后利用【框选】的选择方式，在图形区中框选楼梯间、天井和两个电梯筒井位置的墙体来定义现浇内墙类型。

提示 楼梯间、天井和两个电梯筒井位置的墙体为现浇剪力墙，不要将其指定为【预制内墙】，如果不小心指定为【预制内墙】类型了，可以选择【现浇内墙】墙类型来重新定义。【预制内墙】的颜色为红色，【现浇内墙】的颜色为橙色。

05 在【预制墙】选项卡下单击【外叶墙板】按钮，弹出【外叶墙板生成】对话框，设置外叶板厚度和保温层厚度，单击【确定】按钮后框选图形区中的预制外墙（前面定义的预制外墙类型）来自动生成外叶墙板，如图4-34所示。

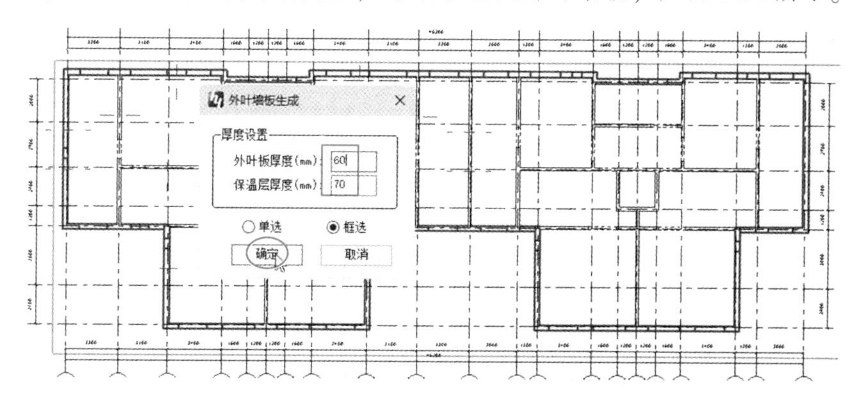

图4-34 框选预制外墙创建外叶墙板

06 接下来创建边缘构件（即转角暗柱）。单击【墙体拆分】按钮，弹出【墙体自动拆分】对话框。设置参数后单击【确定】按钮，在图形区中框选预制外墙和预制内墙（电梯筒位置的墙体不要选）进行自动拆分，如图4-35所示。拆分后所有墙体转角处将自动生成转角暗柱预制构件。

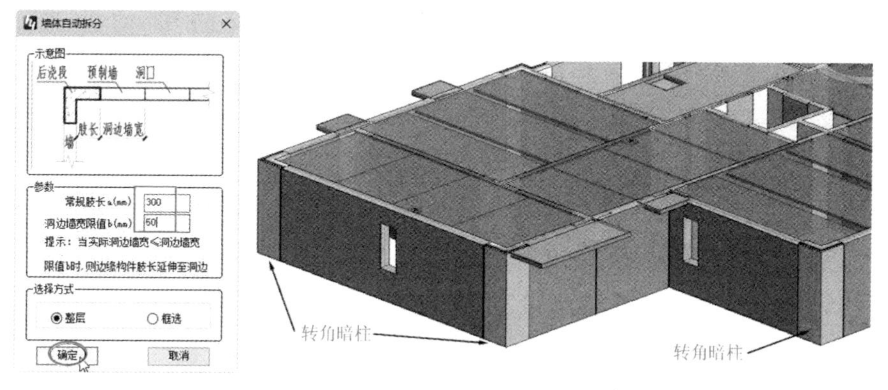

图4-35 墙体自动拆分

07 参照“5#楼标准层剪力墙结构布置图”图纸，从自动创建的转角暗柱来看，建筑周边的转角暗柱尺寸较小，需要进行修改。单击【边缘构件编辑】按钮，然后选择电梯筒位置的转角暗柱进行参数修改，如图 4-36 所示。同理，继续选取其他要修改参数的转角暗柱，参照图纸进行编辑修改。

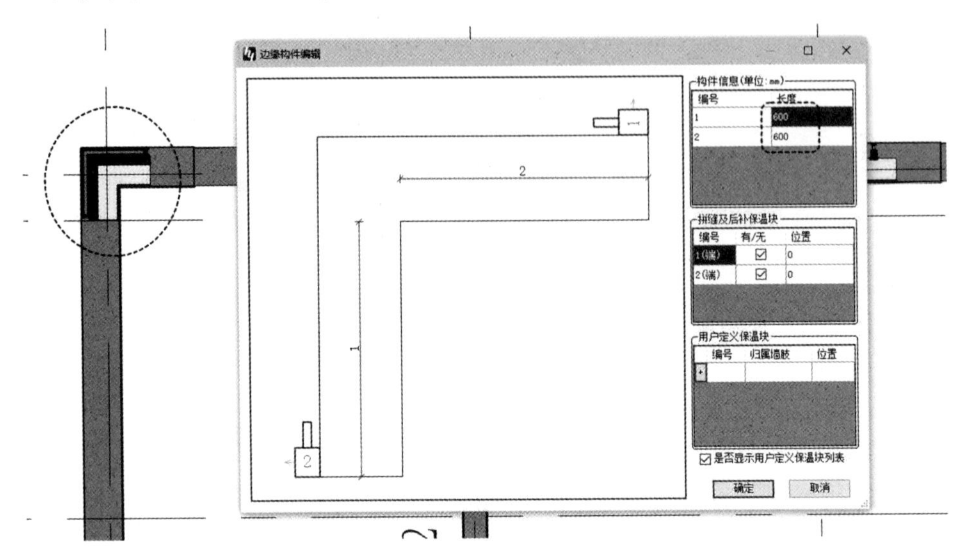

图 4-36　修改转角暗柱的参数

08　修改完成的转角暗柱如图 4-37 所示。

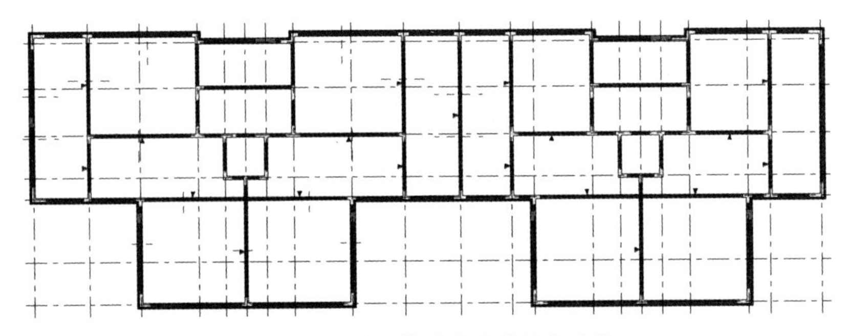

图 4-37　创建和修改完成的转角暗柱

09　单击【预制墙】按钮，弹出【预制墙编号】对话框。设置编号和选项后单击【确定】按钮，系统完成预制墙的自动编号，如图 4-38 所示。

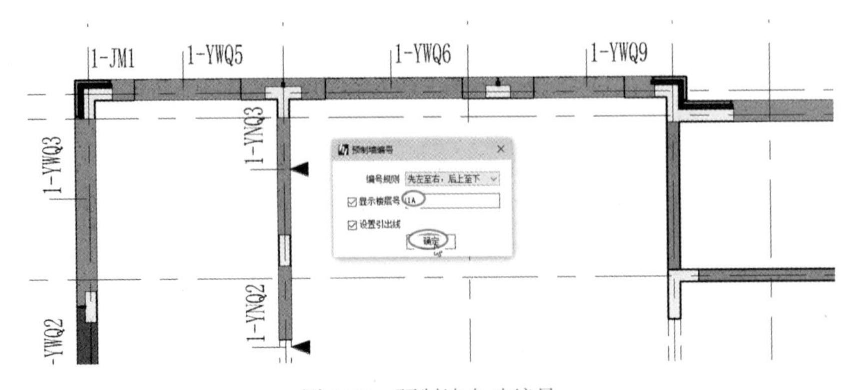

图 4-38　预制墙自动编号

3. 预制楼梯设计

5#住宅项目的标准层中，有两部预制楼梯，楼梯预制构件的设计与安装位置如图 4-39 所示。

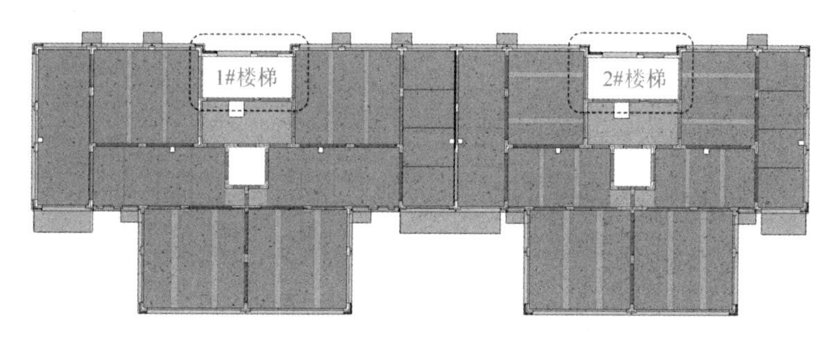

图 4-39　标准层中的楼梯分布

1#楼梯和 2#楼梯尺寸是相同的。1#楼梯间的具体尺寸为：层高 2700mm、楼梯间宽度 2400mm、楼梯间长度 5400mm。按照 1#楼梯间尺寸可以推测并计算出 1#预制楼梯的设计尺寸：踏步（梯步）宽 1100mm、踏步（梯步）深度 300mm、踏步（梯步）高度 150mm、楼梯中间的平台宽度 1100mm，其长度与楼梯间宽度一致。

01　首先设计 1#楼梯。在【预制楼梯】选项卡下单击【双跑楼梯】按钮，弹出【预制双跑楼梯】对话框。在对话框中设置预制楼梯参数，如图 4-40 所示。

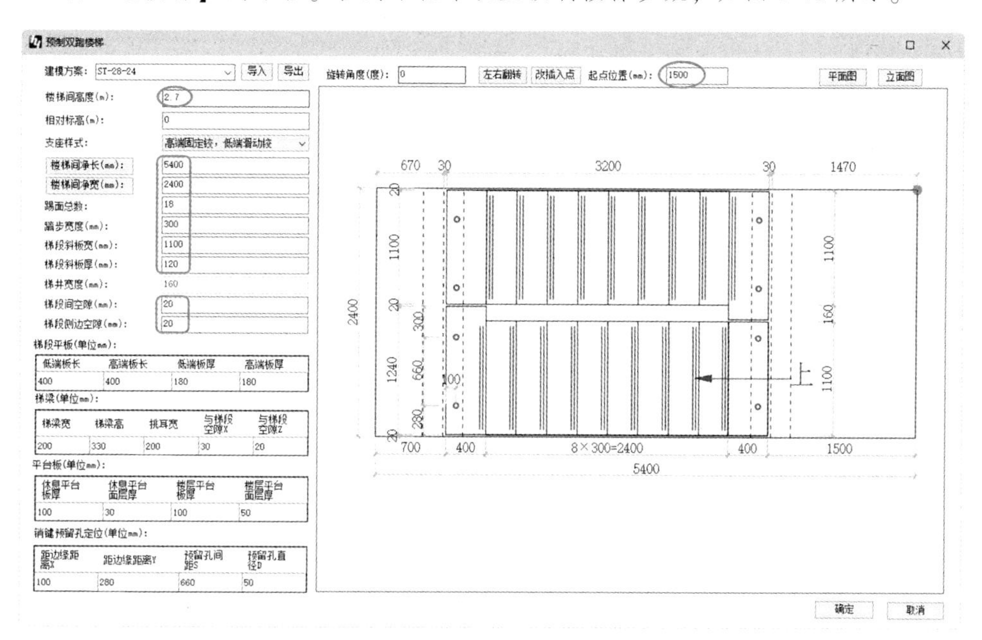

图 4-40　设置预制楼梯参数

02　设置完成后单击【确定】按钮，然后在“标高 1”结构平面视图中指定预制楼梯的插入点，以此放置预制楼梯构件，如图 4-41 所示。

03　按下 Enter 键重复执行【双跑楼梯】命令，以相同的预制楼梯参数来插入 2#预制楼梯，最终完成的效果如图 4-42 所示。

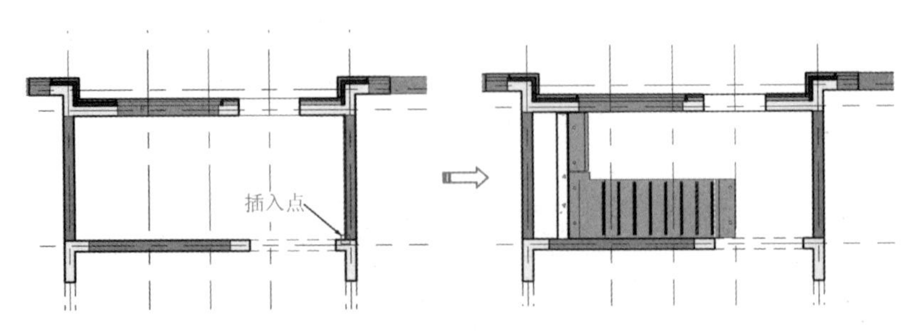

图 4-41　插入预制楼梯

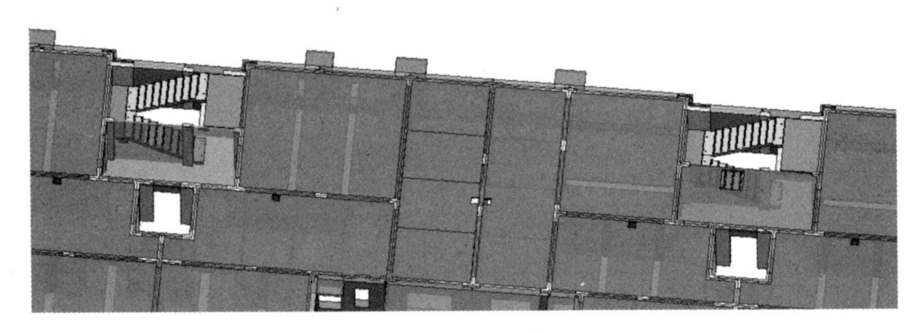

图 4-42　创建完成的预制楼梯

4. 预制阳台和预制空调板设计

在建筑外墙以外的附属构件为阳台和空调板，如图 4-43 所示。

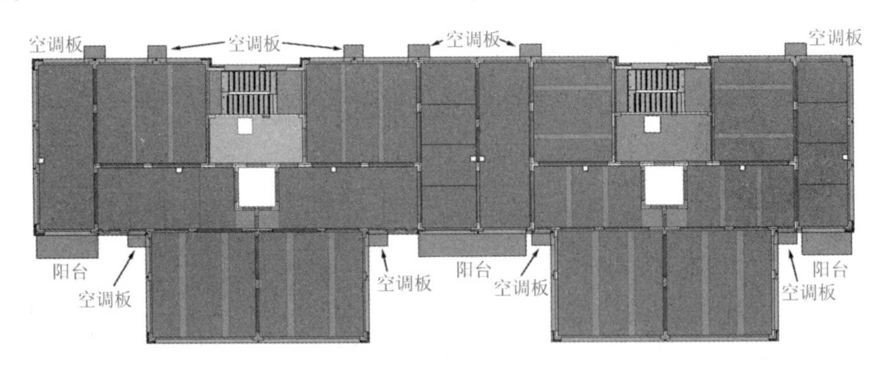

图 4-43　阳台与空调板

01　切换到“标高 2”结构平面视图。在【预制阳台空调】选项卡下单击【阳台创建】按钮，弹出【预制阳台板】对话框。

02　在【预制阳台板】对话框中设置阳台板参数，设置完成后单击【确定】按钮，如图 4-44 所示。

提示　在【预制阳台板】对话框的平面图预览中，最上角的红色大圆点就是预制阳台板构件的插入点，可以单击【改插入点】按钮将插入点更改到右上角。

03　随后在“标高 2”结构平面视图中指定预制阳台的插入点完成预制阳台的自动插入，如图 4-45 所示。

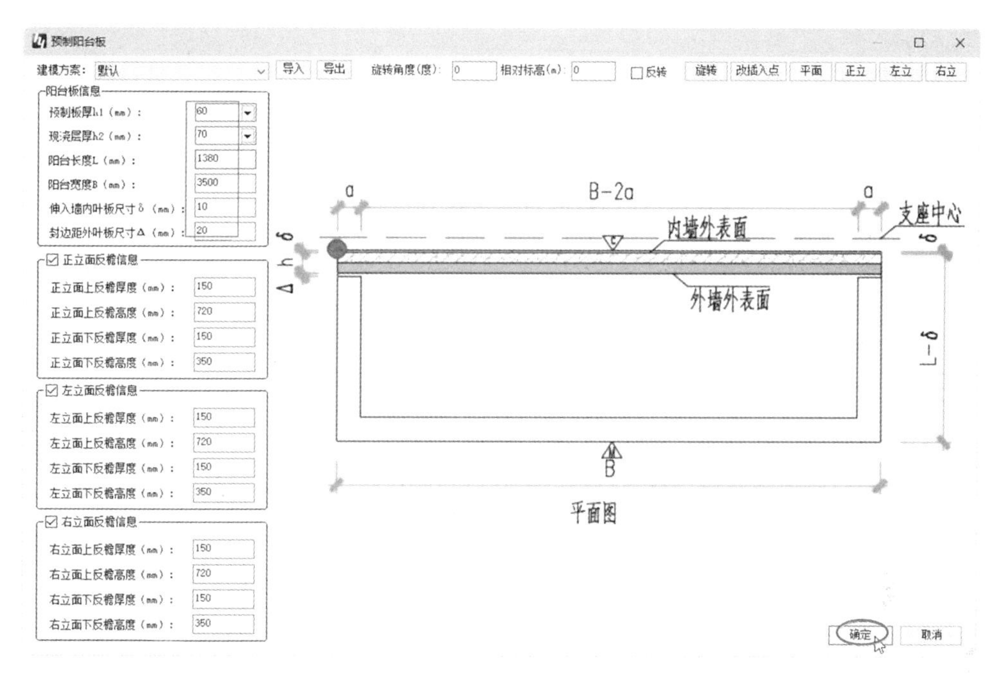

图 4-44　设置阳台板参数

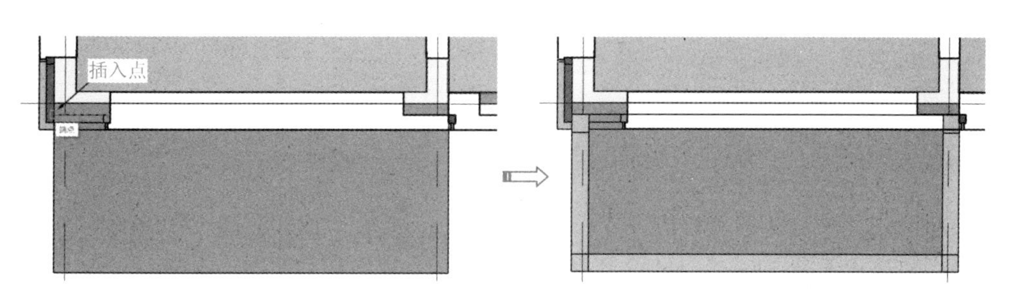

图 4-45　插入第一个预制阳台

04 同理，测得其余阳台的实际尺寸后，设置预制阳台参数完成其余预制阳台的插入，完成结果如图 4-46 所示。

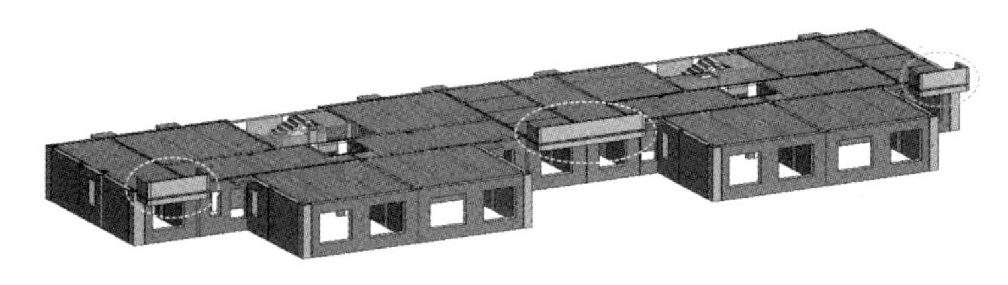

图 4-46　创建完成的预制阳台

05 接下来创建预制空调板。以其中一个空调板为例，先测量空调板的尺寸，例如宽 900 × 长 1200。在【预制阳台空调】选项卡下单击【空调板创建】按钮，在弹出的【预制空调板】对话框中设置空调板参数，设置完成后单击【确定】按钮，然后将其插入到空调板的实际位置，如图 4-47 所示。

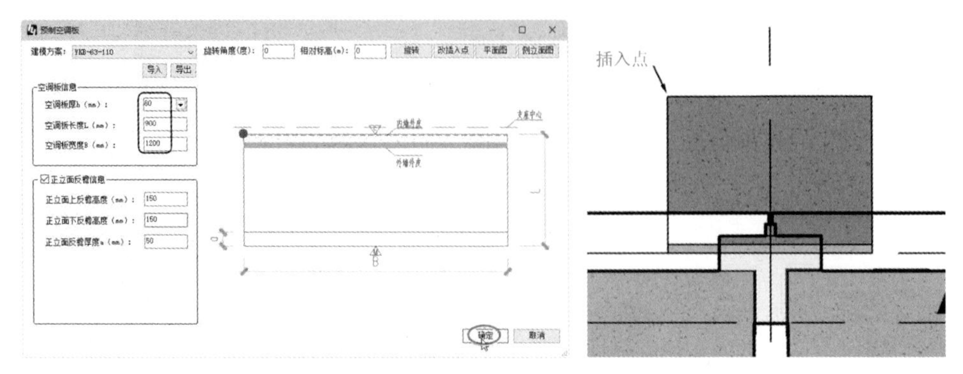

图 4-47　设置参数后插入空调板

06 同理，完成其余空调板的插入。至此，完成了结构模型的拆分设计，即完成了预制构件设计。

4.2.2 钢筋和预埋件布置

接下来为预制墙、预制板、预制楼梯、预制阳台及空调板等构件进行钢筋和预埋件的布置设计。

1. 预制墙钢筋和预埋件布置

01 切换到“标高 1”结构平面视图。在【预制墙】选项卡下单击【墙体信息】按钮，然后在视图中选取一段预制墙，随后弹出【墙体信息编辑】对话框。该对话框的左侧有两个选项卡：【配筋信息】选项卡和【几何信息】选项卡。【配筋信息】选项卡用于设置配筋的参数，【几何信息】选项卡中显示的是所选墙体的几何尺寸信息，是系统自动提取的。

02 在【墙体信息编辑】对话框的【配筋信息】选项卡下，系统根据其他的墙体几何信息来设置配筋参数，如果觉得钢筋参数不合理，可以修改竖向钢筋、水平钢筋或拉结钢筋的各项参数。本例采用系统默认的钢筋配置参数，直接单击【确定】按钮，完成所选预制墙的构件钢筋设置，如图 4-48 所示。

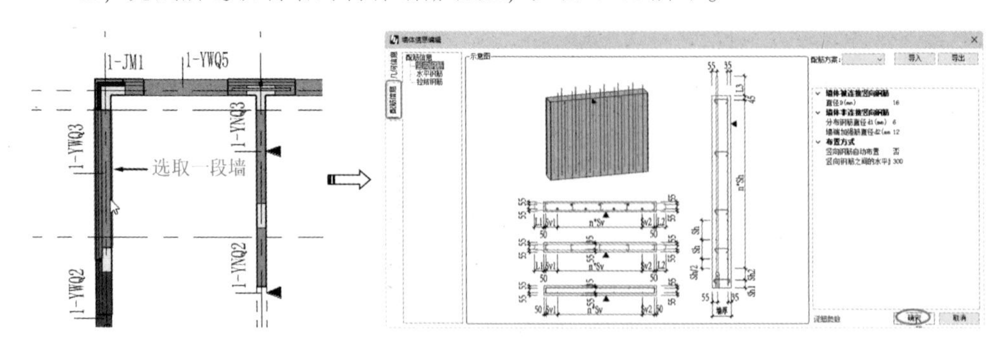

图 4-48　为所选预制墙设置钢筋参数

03 配置钢筋后，默认状态下是看不见钢筋实体的，需要单击【钢筋显隐】按钮，在弹出的【钢筋显/隐】对话框中选中【钢筋实体】单选按钮，接着在三维视图中框选要显示钢筋实体的这面预制墙，即可看见配置的钢筋，如图 4-49 所示。

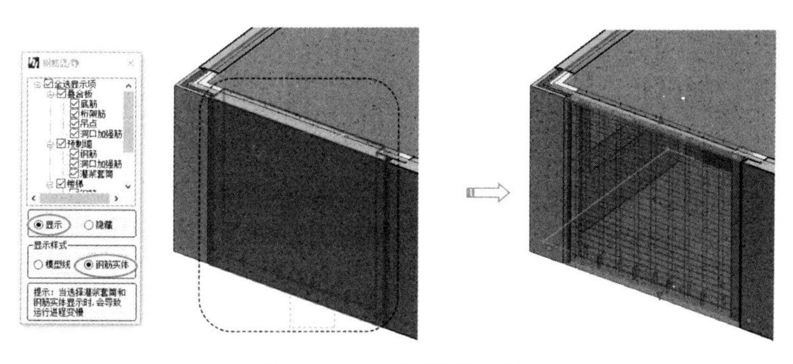

图 4-49　显示配置的钢筋

04 同理，依次选取其余墙体来配置墙钢筋。

05 在【预制墙】选项卡下单击【埋件布置】按钮，然后选取步骤 03 中所配置钢筋的这面墙，弹出【埋件布置】对话框。

06 在左侧的【墙已布置埋件】选项列表中，选中【临时支撑预埋件】选项，单击【布置】按钮，将中间区域的【埋件参数】表格中的埋件参数赋予【临时支撑预埋件】选项。同理，依次将埋件参数赋予【临时加固预埋件】选项、【吊装预埋件】选项、【电盒与线管】选项、【电气操作空间】选项等，单击【完成】按钮，系统自动布置埋件到所选的预制墙体中，如图 4-50 所示。

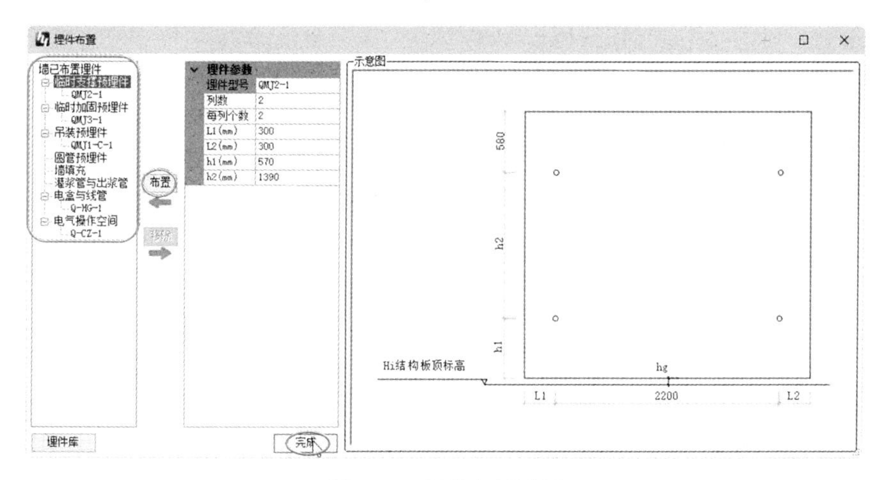

图 4-50　埋件布置设置

07 查看预制墙构件中的预埋件，如图 4-51 所示。由于一层的地板为现浇混凝土，所以还不能为预制墙添加临时支撑件。

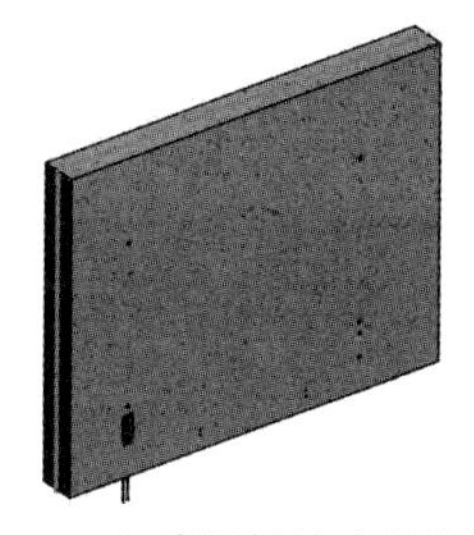

图 4-51　查看预制墙中的预埋件

2. 预制板底筋和预埋件布置

01 切换到“标高 2”结构平面视图。在【预制板】选项卡下单击【底筋布置】按钮，弹出【预制板底筋】对话框。设置底筋参数后单击【确定】按钮，如图 4-52 所示。

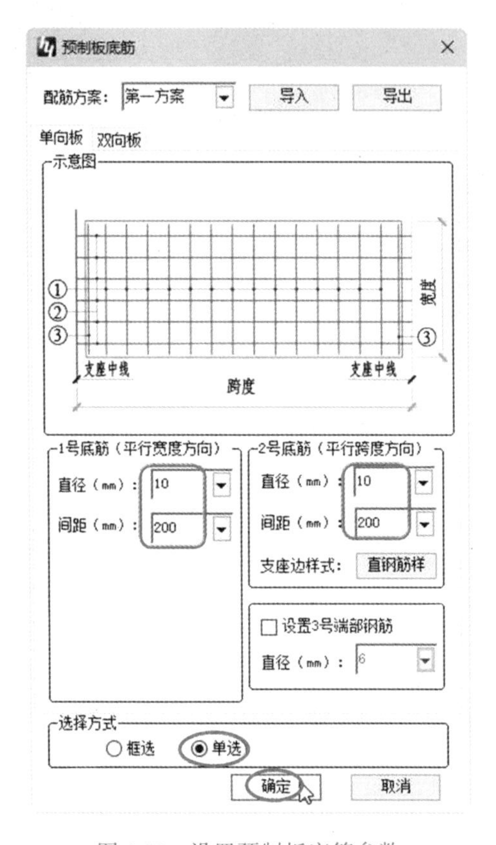

图 4-52 设置预制板底筋参数

02 在平面视图中选取一块预制板，随后自动完成预制板的底筋布置。若要显示钢筋，则单击【钢筋显隐】按钮，然后选取要显示的预制板，即可显示钢筋实体，如图 4-53 所示。同理，完成其余预制板的底筋布置。

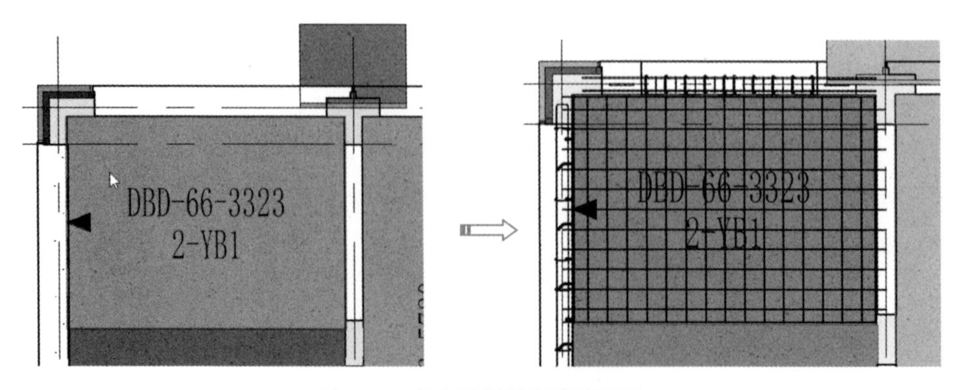

图 4-53 完成预制板底筋的配置

03 单击【桁架钢筋】按钮，接着选取已布置底筋的预制板构件，随后弹出【桁架筋布置】对话框。设置桁架筋参数后单击【确定】按钮，在视图中选取桁架筋的布置位置（共放置 4 条桁架筋），如图 4-54 所示。

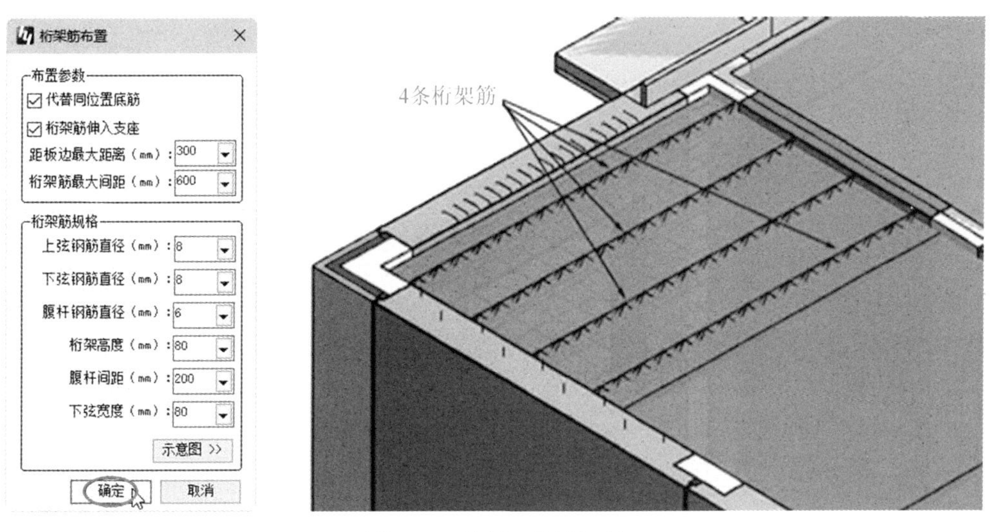

图 4-54　放置 4 条桁架筋

04 在【预制板】选项卡下单击【埋件布置】按钮，然后选取上步骤中已配置桁架筋的预制板，弹出【埋件布置】对话框，设置预埋件参数，如图 4-55 所示。

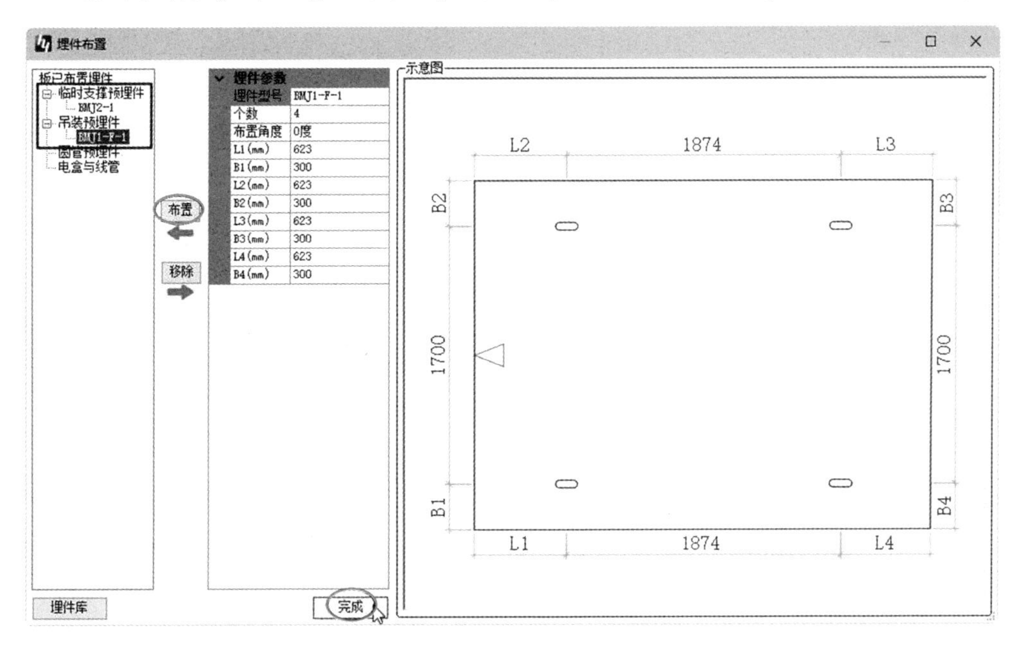

图 4-55　设置预埋件参数

05 埋件参数设置完成后单击【完成】按钮，系统自动布置预埋件到所选的预制板中，如图 4-56 所示。同理，对其余预制板构件进行相同的底筋、预埋件布置操作。

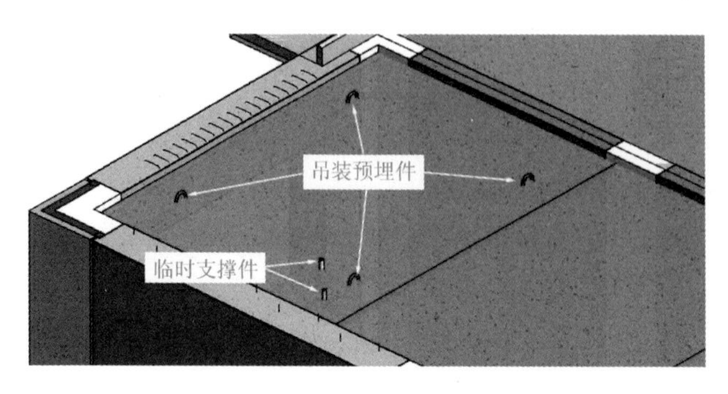

图 4-56　自动生成预埋件

3. 预制楼梯布筋

01　切换到“标高 1”结构平面视图。在【预制楼梯】选项卡下单击【楼梯布筋】按钮，弹出【预制楼梯配筋】对话框。

02　保留预制楼梯配筋参数，单击【确定】按钮，如图 4-57 所示。

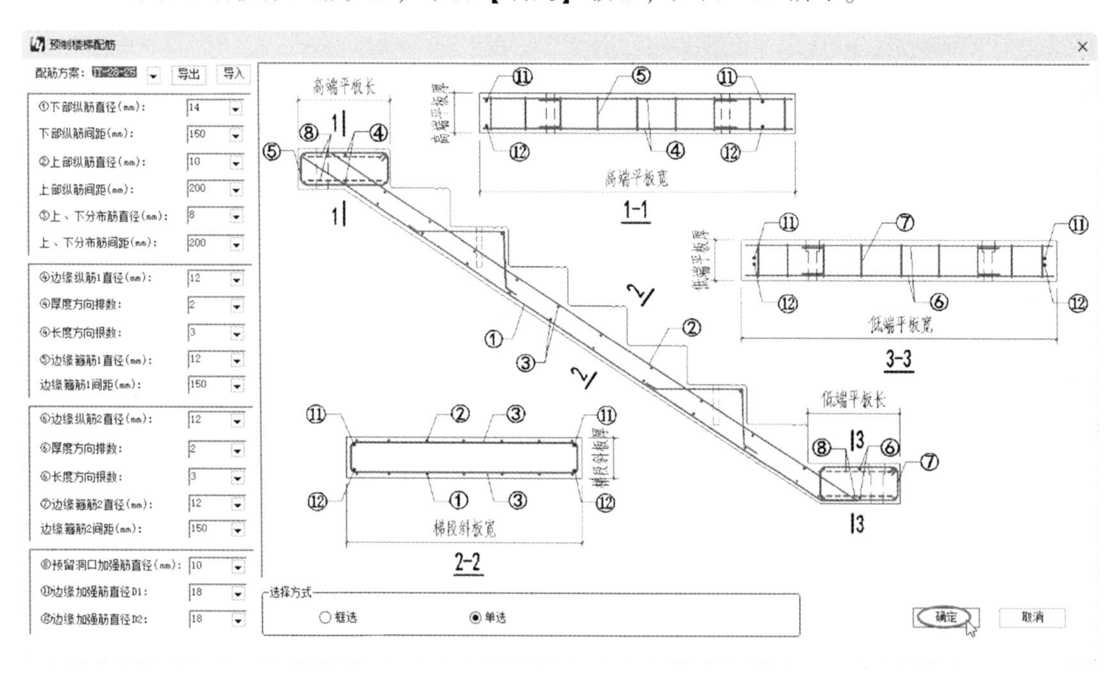

图 4-57　设置预制楼梯配筋

03　选取 1#楼梯，系统自动完成预制楼梯的配筋，如图 4-58 所示。

04　采用同样的操作，完成 2#楼梯的配筋。

4. 预制阳台布筋

01　切换到“标高 2”结构平面视图。在【预制阳台空调】选项卡下单击【阳台布筋】按钮，弹出【预制阳台板配筋】对话框。

02　保留系统默认的配筋参数，单击【确定】按钮，如图 4-59 所示。

03　随后在视图中框选预制阳台，系统自动生成配筋，如图 4-60 所示。

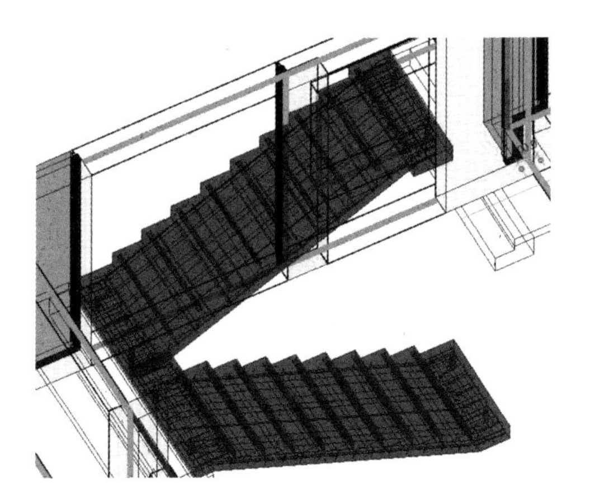

图 4-58　预制楼梯的配筋

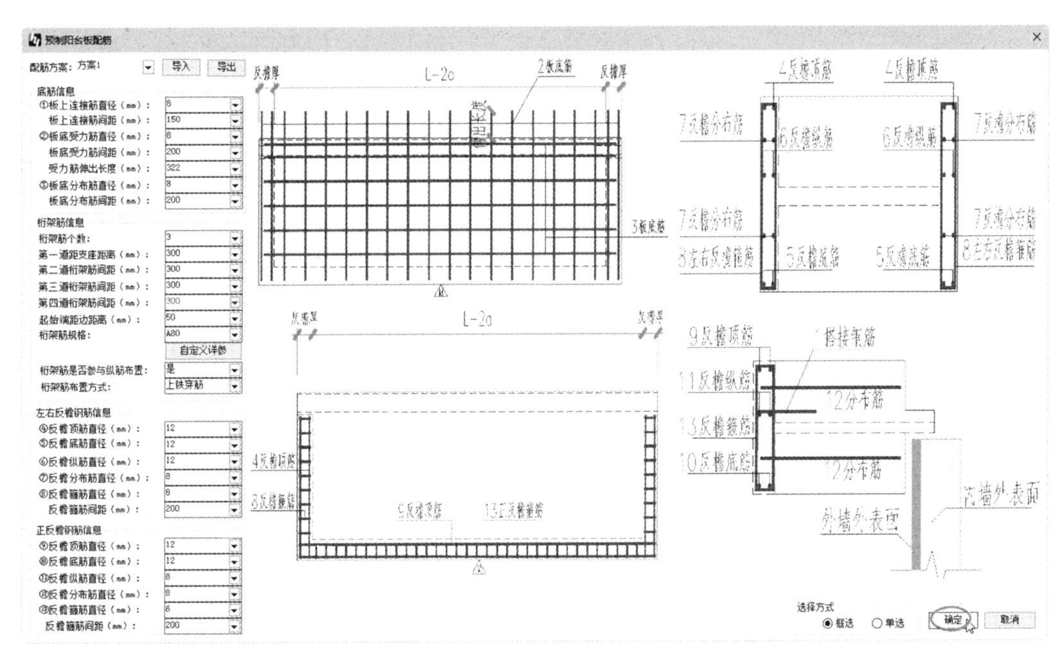

图 4-59　设置预制阳台板的配筋参数

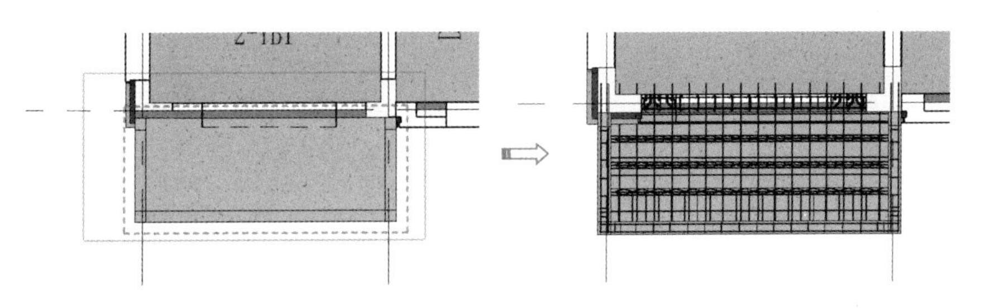

图 4-60　自动生成配筋

04 单击【空调布筋】按钮（此按钮图标与【阳台布筋】图标相同），弹出【空调板配筋】对话框，保留默认配筋参数，单击【确定】按钮，如图 4-61 所示。

05 框选空调板，系统自动完成配筋，如图 4-62 所示。同理，完成其余阳台和空调板的布筋操作。

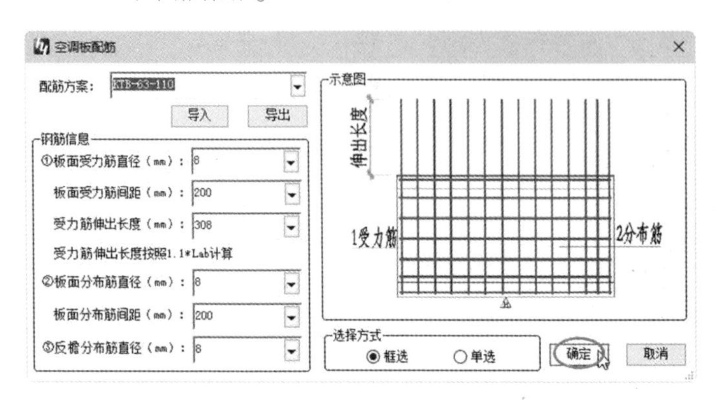

图 4-61　空调板配筋参数设置

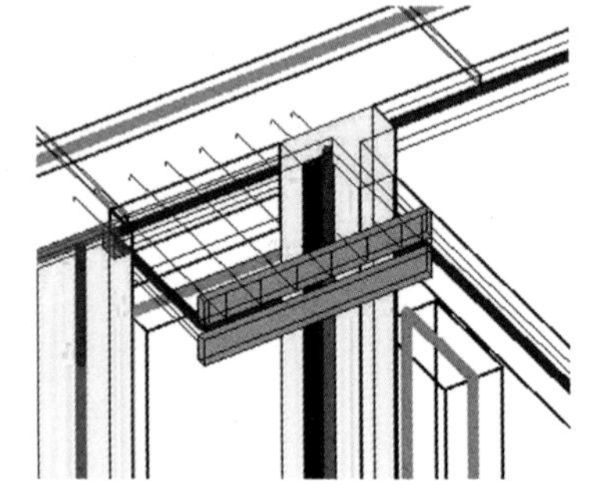

图 4-62　自动生成空调板配筋

4.2.3 预制构件详图设计

接下来为预制板、预制墙、预制阳台和预制楼梯一键生成预制构件详图。创建构件详图之前，可为装配式建筑作预制率统计、构件统计等工作。

1. 构件统计和预制率统计

01 在【通用】选项卡下单击【构件统计】按钮，弹出【报表统计】对话框。

02 在【全部报表】选项组选择【构件统计表】选项，在【构件类别】选项组中选择【预制外墙】选项，勾选【所有楼层】下的【标高 1】复选框，单击【导出 Excel】按钮，导出预制外墙的统计数据，并生成 Excel 数据文件，如图 4-63 所示。同理，按此方法导出其他统计数据。

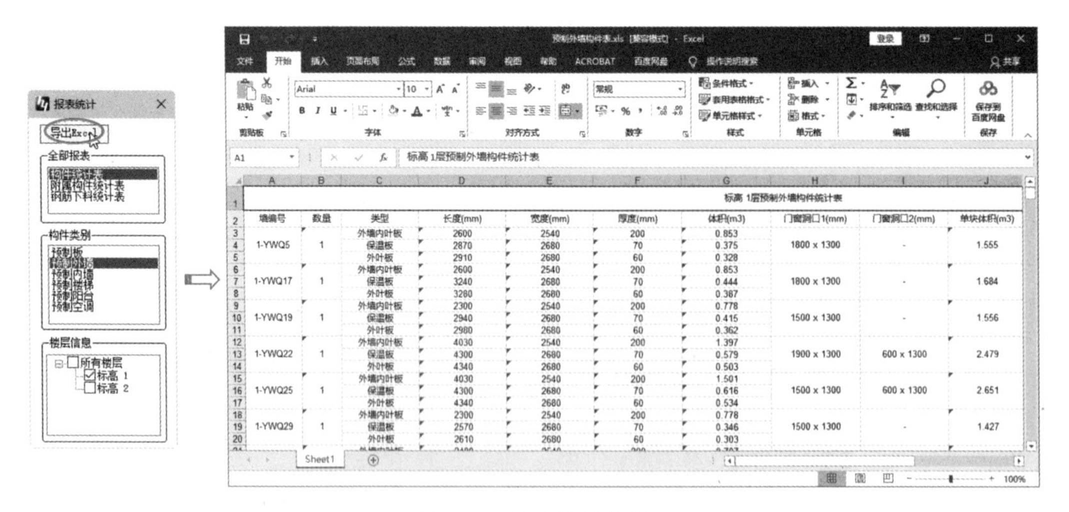

图 4-63　导出统计数据

03 单击【预制率统计】按钮，弹出【预制率统计】对话框。选择【深圳规则】选项，选择【±0.000（标高 1）】选项，其余选项保留默认设置，单击【确定】按钮，将预制率统计表格放置在空白区域，结果如图 4-64 所示。

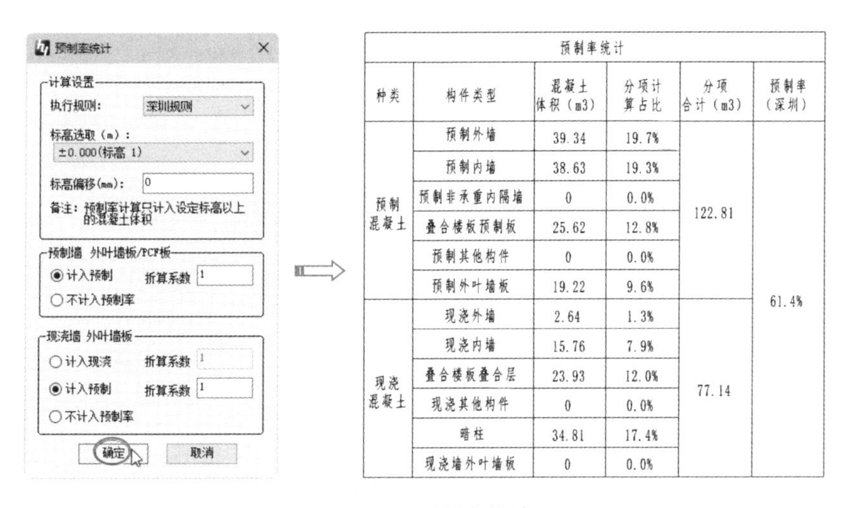

预制率统计					
种类	构件类型	混凝土体积（m3）	分项计算占比	分项合计（m3）	预制率（深圳）
预制混凝土	预制外墙	39.34	19.7%	122.81	61.4%
	预制内墙	38.63	19.3%		
	预制非承重内隔墙	0	0.0%		
	叠合楼板预制板	25.62	12.8%		
	预制其他构件	0	0.0%		
	预制外叶墙板	19.22	9.6%		
现浇混凝土	现浇外墙	2.64	1.3%	77.14	
	现浇内墙	15.76	7.9%		
	叠合楼板叠合层	23.93	12.0%		
	现浇其他构件	0	0.0%		
	暗柱	34.81	17.4%		
	现浇墙外叶墙板	0	0.0%		

图 4-64　预制率统计

2. 创建预制构件详图

01　在【预制板】选项卡下单击【预制板刷新】按钮，选取要创建构件详图的预制板构件，在弹出的【刷新详图信息】对话框中单击【确定】按钮，随后系统自动进行预制板的详图信息更新，如图 4-65 所示。

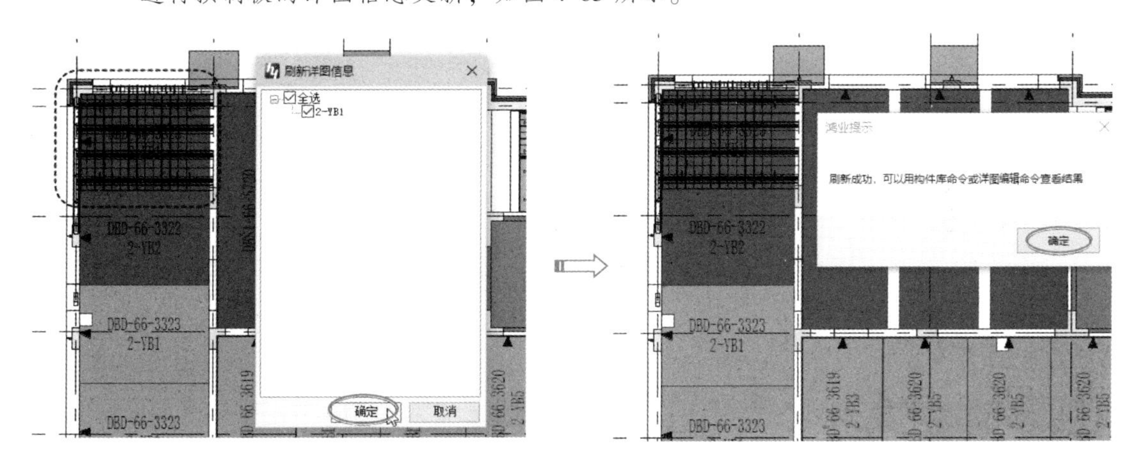

图 4-65　刷新预制板详图信息

02　单击【详图编辑】按钮，选取已完成详图信息刷新的那块预制板构件，系统自动创建该预制板的详图图纸（001-2-YB1），该图纸中包括两个剖面图、模板图、配筋图、桁架筋详图和说明等，如图 4-66 所示。

03　在【预制件详图】选项卡下单击【预制板布图】按钮，弹出【板布图】对话框。保留默认设置，单击【确定】按钮完成布图操作，即完成预制板构件详图设计，结果如图 4-67 所示。

04　在 Revit 的【文件】菜单中执行【导出】|【CAD 格式】|【DWG】命令，弹出【DWG 导出】对话框，单击【下一步】按钮，即可将预制板构件详图图纸导出为 dwg 格式的图纸文件，如图 4-68 所示。

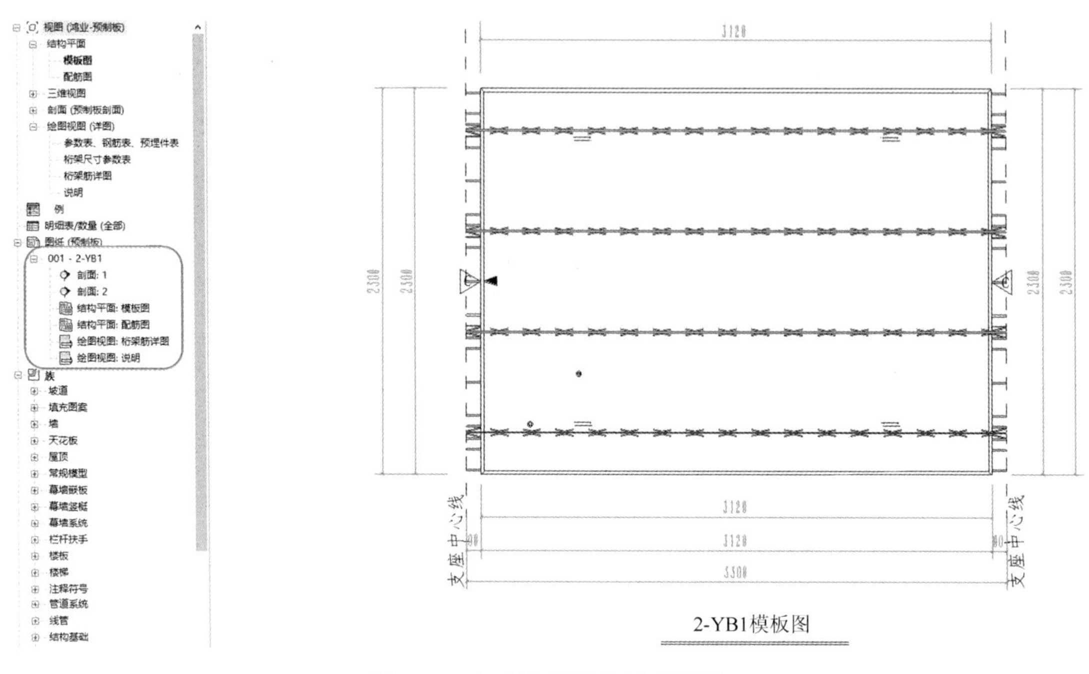

图 4-66　自动创建预制板构件详图

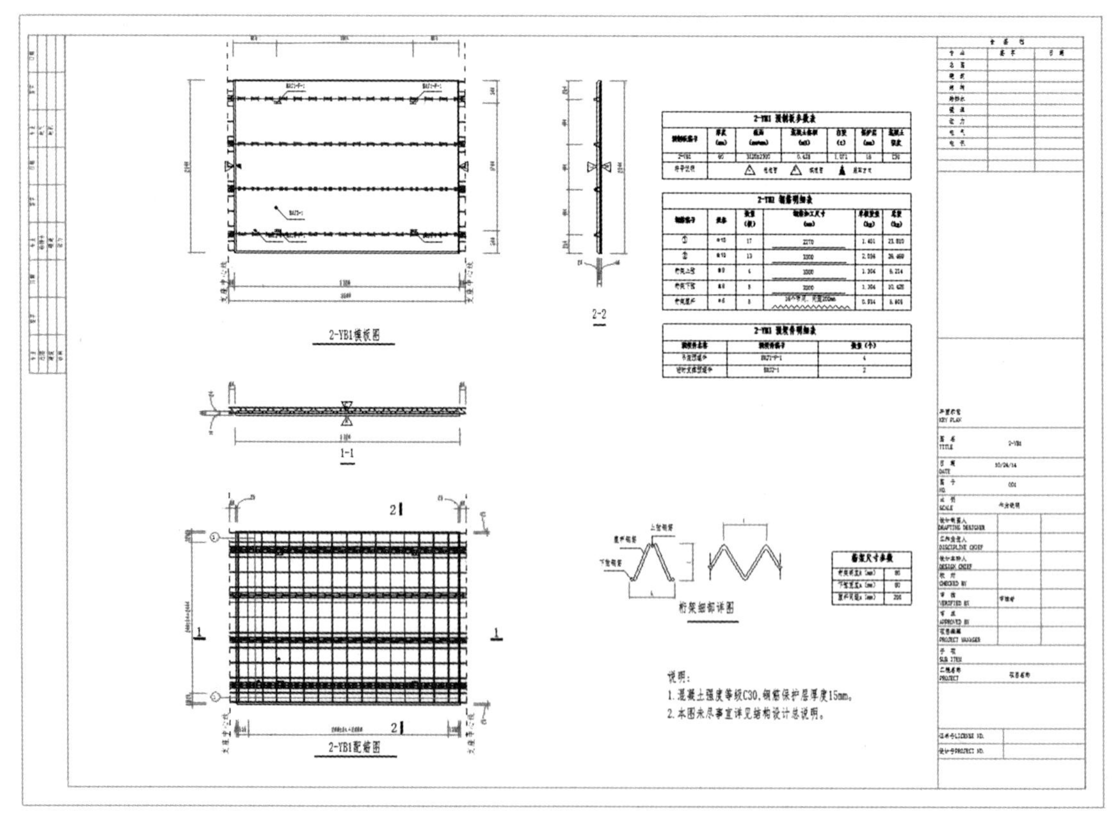

图 4-67　创建完成的预制板构件详图

05 其他预制构件的详图设计也可按此方法进行操作。至此，完成本例住宅项目的装配式建筑设计。

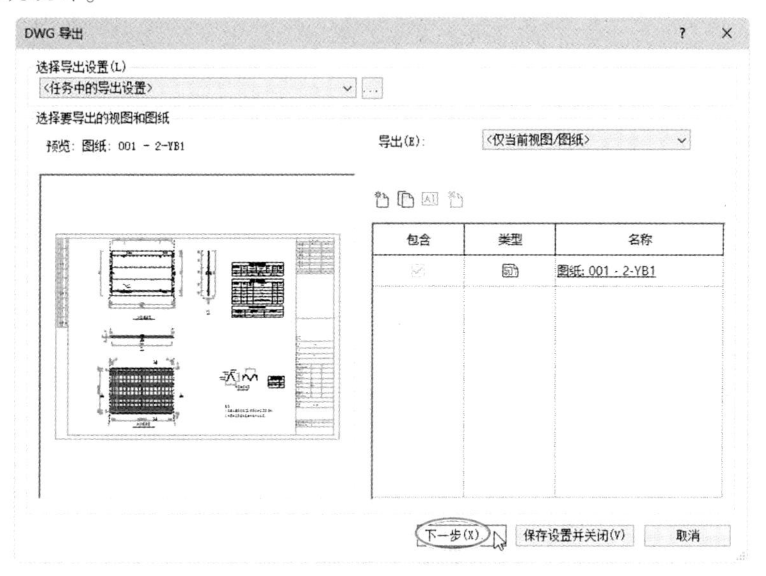

图 4-68　导出 dwg 格式图纸文件

第5章

广联达 BIM 模板与脚手架设计

本章导读

广联达 BIM 模板脚手架设计软件可以帮助工程技术人员解决模架专项设计和模架施工管理中的各种难题。本章主要介绍广联达 BIM 模板脚手架设计软件在建筑模板工程和脚手架设计中的实际应用。

案例展现

案 例 图	描 述
	广联达 BIM 模板脚手架设计软件是国内优秀的 BIM 软件公司——广联达公司基于独立知识产权的图形引擎和 BIM 建模技术，整合了经过大数据验证的力学求解器（国家专利）以及众多智能算法，精心打造的项目级工具，用数字化技术解决工程技术人员在模架专项设计和模架施工管理过程中的诸多难点
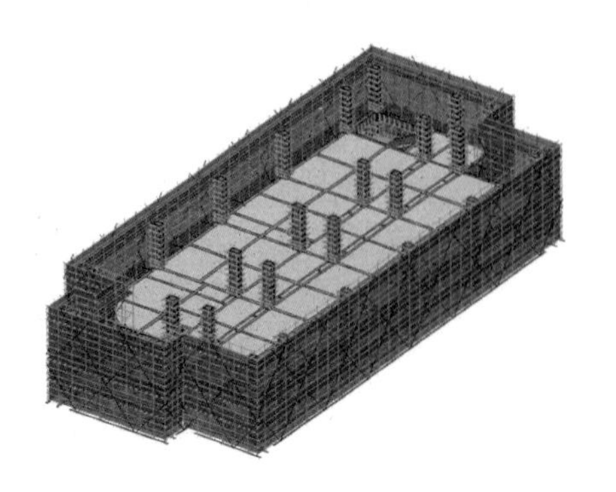	本例项目为贵州遵义市红花岗区银河小学教学楼的改扩建工程，总建筑面积 4087.67m^2。其中，教学楼建筑面积 3240.5m^2，架空活动室建筑面积 847.17m^2，建筑高度 25.3m，地下 1 层，地上 4 层，结构类型为框架结构，建筑防火等级为一级，设计使用年限为 50 年

5.1 广联达 BIM 模板脚手架设计软件简介

广联达 BIM 模板脚手架设计软件主要面向建设安全部门、施工单位总工、技术负责人、技术员、监理单位总监、项目部项目经理、项目技术负责人、施工员、安全员及项目工程师等客户，如图 5-1 所示。

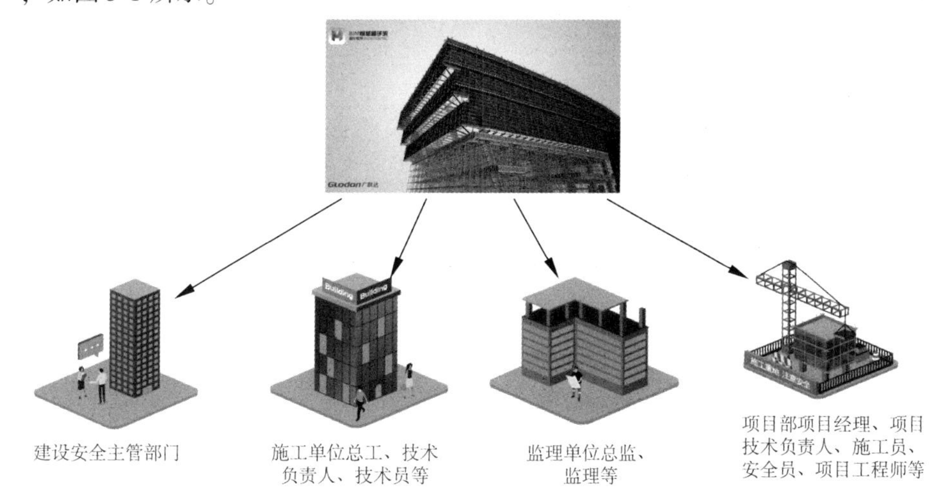

图 5-1　BIM 模板脚手架设计软件面向的客户群体

5.1.1 产品价值

广联达 BIM 模板脚手架设计软件是基于广联达成熟的平台技术和创新采用 BIM 理念设计开发的针对脚手架搭设、模板施工下料、模板支架设计的软件。

1. 快速智能化脚手架设计方案

快速智能生成架体，智能创建支撑和剪刀撑。支持两种架体形式：扣件式和盘扣式，能够快速优化外脚手架搭设方案。

2. 快速智能化生成模板支架排布方案

能够快速智能化生成模板支架排布方案。支持多种架体形式：扣件式、盘扣式、轮扣式、碗扣式和套扣式。

支持定制不同的构件模板支架形式，智能识别高支模，避免各类规范条文记忆和频繁试算。

3. 可视化方案交底

支持整栋、整层、任意剖切三维显示和高清图片输出，支持模板支架平面/立面/剖面以及不同位置详细节点输出，可视化设计成果应用于投标、专家论证、设计方案展示和现场交底。

4. 精细化施工管理

利用真实三维模型自动出图技术特点，可准确输出全方位多角度图纸，准确传递设计结果。内嵌结构计算引擎，协同规范参数约束条件，实现基于结构模型自动计算模板支架参数的功能，避免频繁试算调整的问题。

材料统计功能可按楼层和区域输出不同用途的工程量统计表：模板接触面积、扣件式支架和脚手架的总用量以及不同杆件规格的杆件配杆用量统计。

5.1.2 软件下载与安装

广联达 BIM 模板脚手架设计软件可到官网中下载试用，若要长期使用需要购买正版锁并安装加密锁驱动程序。官网下载地址为 https://www.fwxgx.com/softwares/13722，单击【普通下载】按钮即可自动下载，如图 5-2 所示。目前最新版软件的版本号为 3.0.1.6，与 Revit 2019 软件可进行数据转换。

广联达 BIM 模板脚手架设计软件的安装与其他 BIM 软件并无区别，图 5-3 为安装界面，设置要安装的软件类型和软件安装路径后，其他选项保留默认设置，单击【立即安装】按钮，即可自行完成软件的安装。

提示	在安装“广联达与 Revit 接口软件_GFC2.0”时，要确保之前已经完成了 Revit 2019 软件的安装，否则不能使用接口软件。

图 5-2　下载广联达 BIM 模板脚手架设计软件

图 5-3　广联达 BIM 模板脚手架设计软件的安装

“广联达与 Revit 接口软件_GFC2.0”安装完成后，启动 Revit 2019 软件，会发现在该软件的功能区中增加了一个名为【广联达 BIM 算量】选项卡，如图 5-4 所示。

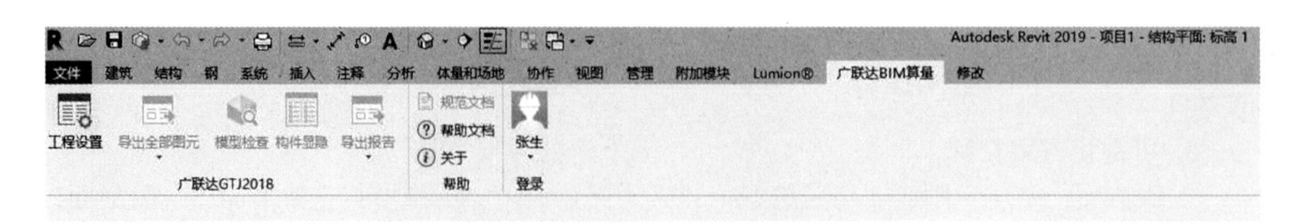

图 5-4　Revit 2019 中的【广联达 BIM 算量】选项卡

5.1.3 软件环境与基本操作

下面介绍这款软件的环境界面、环境设置和基本操作。

1. 项目设计环境界面

广联达 BIM 模板脚手架设计软件安装完成后，双击桌面上的软件图标 M，启动软件平台。图 5-5 为广联达 BIM 模板脚手架设计软件的主页界面。

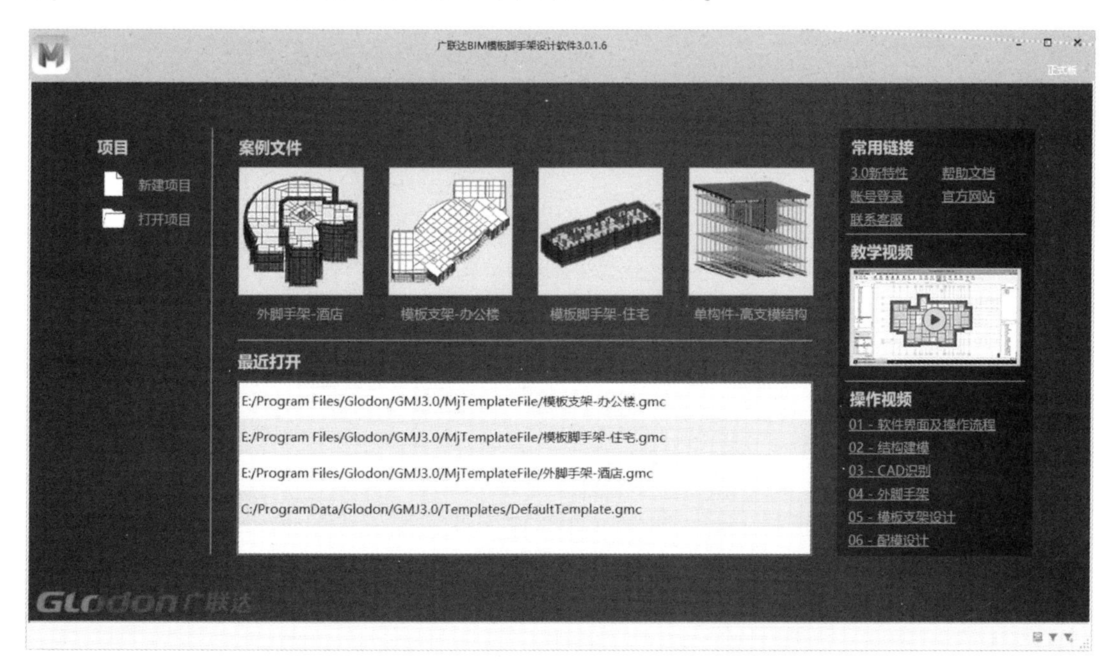

图 5-5　广联达 BIM 模板脚手架设计软件的主页界面

在主页界面中打开已有的案例项目或者新建项目，进入到项目设计环境中，如图 5-6 所示。

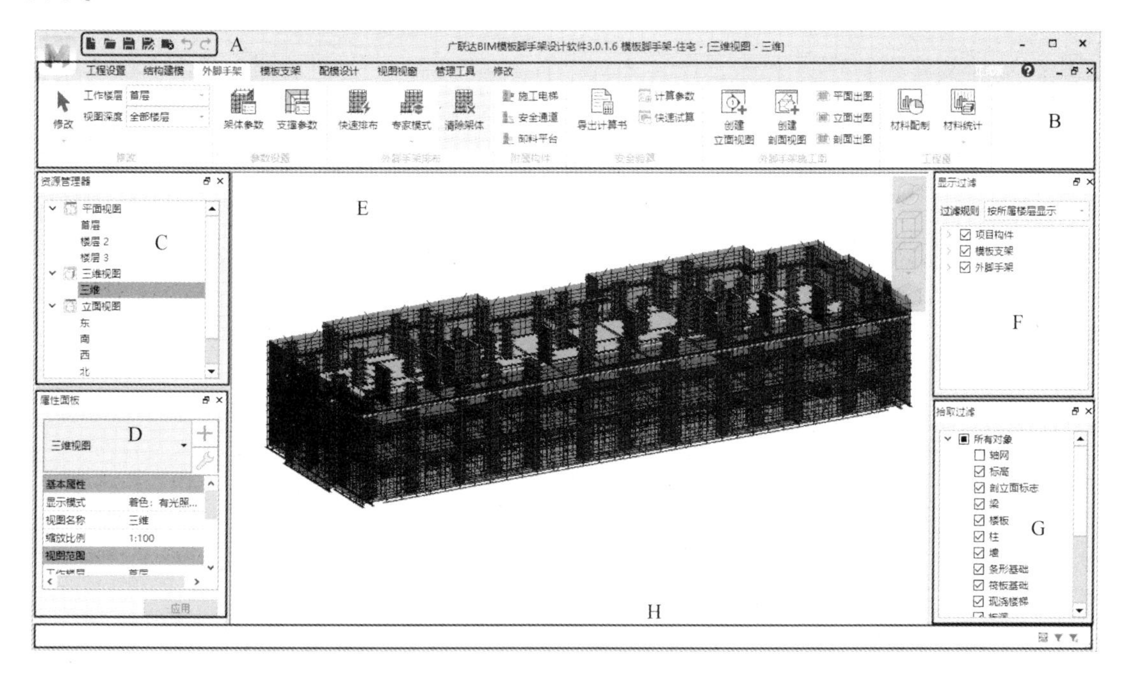

图 5-6　项目设计环境

从项目设计环境中可以看出，广联达 BIM 模板脚手架设计软件的界面环境与其他主流 BIM 软件界面相似，由以下部分组成。

- A 快速访问工具栏：快速执行工具命令的工具列。在功能区的空白区域单击右键，选择【自定义快速访问工具栏】命令，可以将平时常用的工具命令调配到快速访问工具栏中，以便快速执行。
- B 功能区：包含各选项卡及工具面板。
- C 资源管理器：与 Revit 中的项目浏览器的功能相同，用于平面、立面、三维视图及族的管理。
- D 属性面板：与 Revit 中的属性面板功能类似，可对项目中的某个对象进行属性编辑与修改。
- E 图形区窗口：也称为“视图窗口”或“视窗”，是用于选取对象、操作对象、生成对象和查看对象的操作窗口。
- F 显示过滤：用于设置过滤规则以显示或隐藏对象，在后面的内容中将其称为“显示过滤面板”。
- G 拾取过滤：用于定义选取对象的选择过滤器，可以快速、精确地选取对象。
- H 状态栏：状态栏的左侧一般显示操作过程中的操作信息。右侧有 3 个控制按钮，分别是【显示高支模】（仅在创建高支模后才能使用此开关按钮）、【显示过滤】面板和【拾取过滤】面板的开关按钮。

提示　若用户不小心把资源管理器和属性面板关闭了，可在【管理工具】选项卡下【界面】面板中单击【资源管理器】按钮和【属性面板】按钮重新将其打开。

另外，在执行结构建模的某个命令后，功能区中会显示与之关联的上下文选项卡，比如在【结构建模】选项卡下【混凝土构件】面板中单击【墙】按钮，功能区中会弹出【绘制墙 | 修改】上下文选项卡，如图 5-7 所示。【绘制墙 | 修改】上下文选项卡下的工具包括原【修改】选项卡下的修改工具和绘制墙构件时新增的【绘制】面板工具。

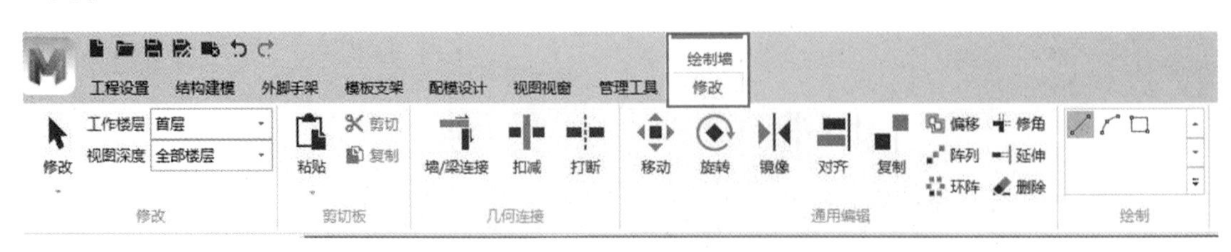

图 5-7 【绘制墙 | 修改】上下文选项卡

在图形区中选取要修改的对象（如外脚手架架体）时，在【修改】选项卡下会增加相应的架体修改工具，如图 5-8 所示。

2. 软件环境设置

软件环境的设置主要是指系统设置、对象样式设置、捕捉设置和选项设置。

图 5-8　与选取对象对应的修改工具

（1）系统设置

在【管理工具】选项卡下【设置】面板中单击【系统】按钮⚙，弹出【系统设置】对话框。在该对话框中可以设置保存项目文件的时间、界面的背景色、外脚手架架体的显示精度和项目文件的自动保存路径等，如图 5-9 所示。

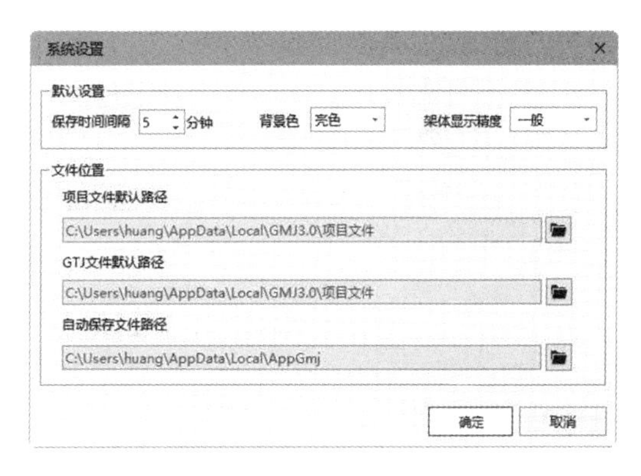

图 5-9　【系统设置】对话框

（2）对象样式设置

在【管理工具】选项卡下【设置】面板中单击【对象样式】按钮，弹出【对象样式设置】对话框，如图 5-10 所示。在【对象样式设置】对话框中可以进行构件对象、模板支架和外脚手架等构件的线颜色、线宽、线型、材质及面样式进行详细设置。

对象样式设置

构件对象　模板支架　外脚手架

类别	投影线宽	线颜色	线型	截面线宽	线颜色	线型	材质	面样式
梁	1			2		StraightLine	无	
楼板	1			2		StraightLine	无	
柱	1			2		StraightLine	无	
墙	1			2		StraightLine	无	
条形基础	1			2		StraightLine	无	
筏板基础	1			2		StraightLine	无	
现浇楼梯	1			2		StraightLine	无	
板洞	1			1				
墙洞	1			1				
施工电梯	1			1			无	
安全通道	1			1			无	
卸料平台	1			1			无	
导入对象	1			1				

确定　取消

图 5-10　【对象样式设置】对话框

（3）捕捉设置

在【管理工具】选项卡下【设置】面板中单击【捕捉】按钮，弹出【捕捉设置】对话框，如图 5-11 所示。【捕捉设置】对话框中包含了绘制图形时的点捕捉设置、捕捉距离设置和长度、角度的增量捕捉设置等。

（4）选项设置

选项设置主要用于对快速访问工具栏及功能区选项卡下的选项命令进行配置。在功能区空白区域单击右键，然后选择右键快捷菜单中的【自定义功能区】命令，弹出【选项】对话框。对话框中包括【快速访问工具栏】设置和【自定义功能区】设置两类选项。

在对话框左侧的类型列表中选择【自定义功能区】类型，右侧显示可以设置的选项，在此可以新建选项卡，并将功能区中的多个命令添加到新选项卡下，也可以删除新建的选项卡或个别命令，如图 5-12 所示。

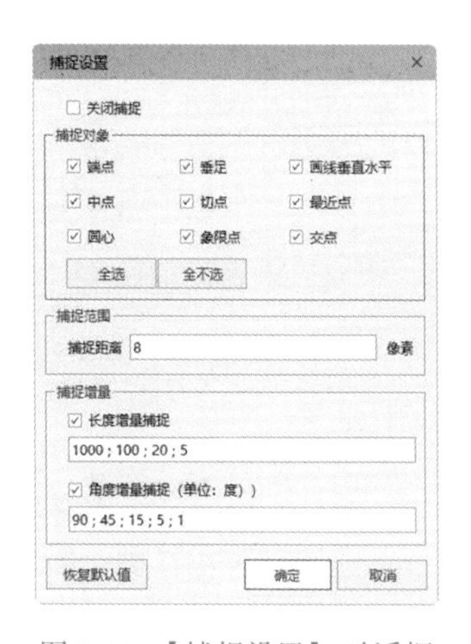

图 5-11 【捕捉设置】对话框

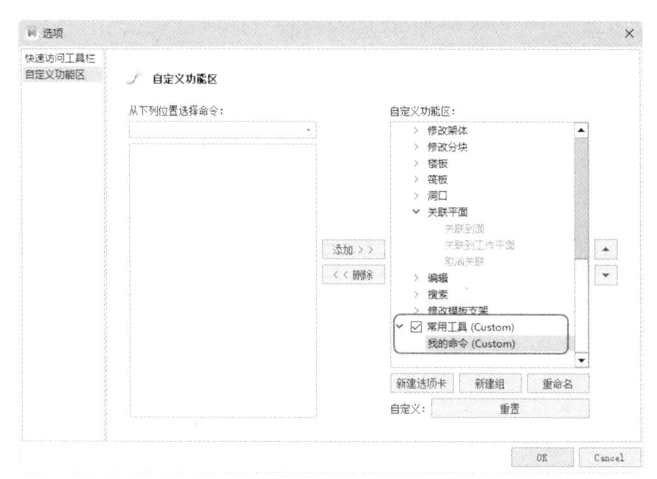

图 5-12 【选项】对话框

3. 视图操作

广联达 BIM 模板脚手架设计软件的视图操作方法如下。

- 滚动鼠标滚轮（中键滚轮）：缩放视图，注意不是缩放对象。
- 按下鼠标中键滑动：平移视图。
- 按下鼠标中键 + Ctrl 键：旋转视图。

经过缩放视图、平移视图或旋转视图等操作后，可在图形区中单击右键弹出快捷菜单，在快捷菜单中选择【缩放匹配】命令，即可恢复到初始视图状态，如图 5-13 所示。

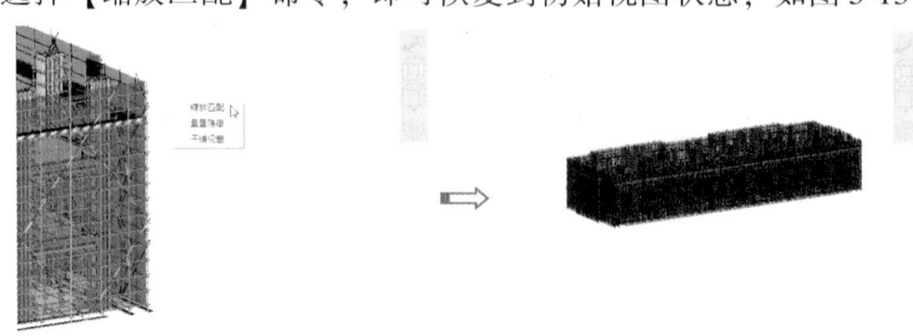

图 5-13 恢复初始视图

5.1.4　主要功能

广联达 BIM 模板脚手架设计软件的主要功能介绍如下。

1. 工程设置

在进行结构建模、外脚手架设计、模板支架设计、配模设计等工作之前，需要对工程项目中的一些设计标准、建筑项目信息、材料库及尺寸参数等进行预设置。功能区中【工程设置】选项卡下的相关工程设置工具如图 5-14 所示。

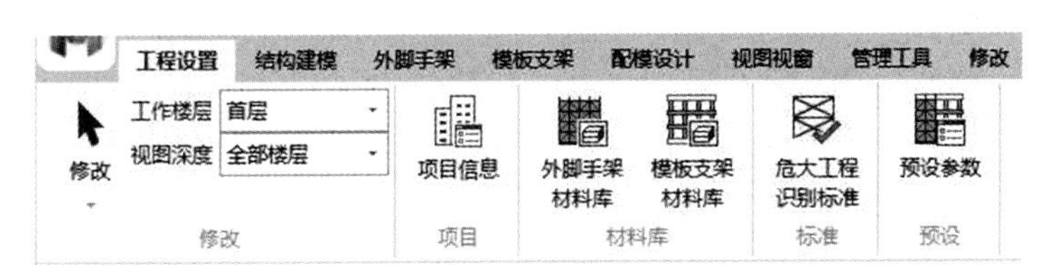

图 5-14　【工程设置】选项卡下工程设置工具

【修改】面板是功能区中每一个选项卡的标配，用于设置面的选择方式、工作楼层的选择和视图深度的选择。

(1) 项目信息

【项目信息】工具用于填写当前项目的工程概况信息，如项目名称、所在地、建设规模、结构类型、建设单位等信息。单击【项目信息】按钮，弹出【项目信息】对话框，在该对话框中输入相关的工程概况信息，如图 5-15 所示。

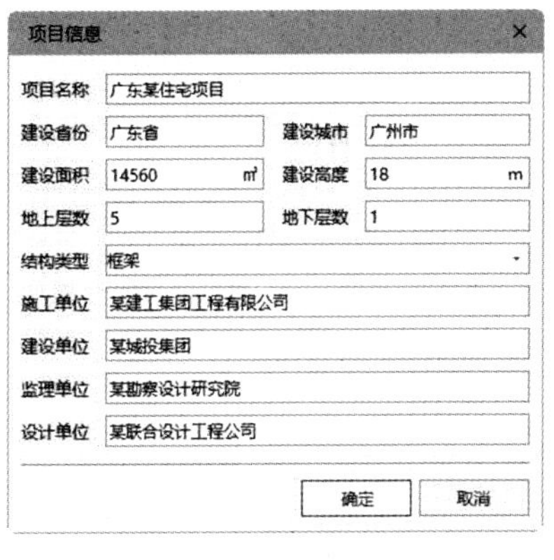

图 5-15　填写工程概况信息

(2) 外脚手架材料库

【外脚手架材料库】工具用于管理外脚手架所有的构配件，影响外架配置参数、外架支撑参数中构配件可选项、材料统计时杆件拆分的可用长度，以及安全计算里构配件的截面特性、材料特性。单击【外脚手架】按钮，弹出【外脚手架材料库】对话框，在该对话框中为相关的脚手架构件设置材料信息，如图 5-16 所示。

(3) 模板支架材料库

【模板支架材料库】工具用于管理模板支架所有的构配件，影响构造参数中做法的构配件可选项、材料统计时杆件拆分的可用长度，以及安全计算里构配件的截面特性、材料特性。

单击【模板支架材料库】按钮，弹出【模板支架材料库】对话框。该对话框用于定义模板支架构件的材料及尺寸等信息，如图 5-17 所示。可以对原有的材料进行设置，也可以新建构件及其材料、尺寸等信息。

(4) 危大工程识别标准

【危大工程识别标准】工具主要用于识别某些工程项目是否属于危大工程，参考规范是《危险性较大的分部分项工程安全管理规定》（建办质〔2018〕31 号）。单击【危大工程识别标准】按钮，弹出【危大工程识别标准】对话框，如图 5-18 所示。

图 5-16　设置外脚手架构件的材料信息

图 5-17　【模板支架材料库】对话框

(5) 预设参数

利用【预设参数】工具，可以对外脚手架、模板支架的布置参数进行优化设置，设置后将会影响到后续的项目设计。单击【预设参数】按钮，弹出【预设参数】对话框。

危大工程识别标准

危大工程识别标准

参考规范：《危险性较大的分部分项工程安全管理规定》建办质 [2018] 31号

危大工程			超危大工程		
搭设高度	5	m	搭设高度	8	m
搭设跨度	10	m	搭设跨度	18	m
施工总荷载	10	KN/m^2	施工总荷载	15	KN/m^2
集中线荷载	15	KN/m	集中线荷载	20	KN/m

荷载取值标准

参考规范：《建筑施工模板安全技术规范》JGJ162-2008

模板（不含支架）自重标准值G1k	0.2	KN/m^2
新浇筑混凝土自重标准值G2k	24	KN/m^3
钢筋自重标准值G3k（梁）	1.5	KN/m^3
钢筋自重标准值G3k（楼板）	1.1	KN/m^3
施工人员及设备产生荷载标准值Q1k	2.5	KN/m^2
振捣混凝土时产生的荷载标准值Q2k	3	KN/m^2

恢复默认值　确定　取消

图 5-18　【危大工程识别标准】对话框

2. 结构建模

广联达 BIM 模板脚手架设计软件为用户提供了强大的结构建模工具，如图 5-19 所示。

利用【导入】面板中的 CAD 识别、导入、GCL 导入、GFC 导入等工具，可以轻松将其他软件格式的模型导入到广联达 BIM 模板脚手架设计软件中。

其中，CAD 文件为 AutoCAD 软件生成的图纸文件；GCL 文件为广联达土建 BIM 算量软件 GCL 产生的文件；GFC 文件为 Revit 软件与广联达 BIM 系列软件进行数据交换的文件。

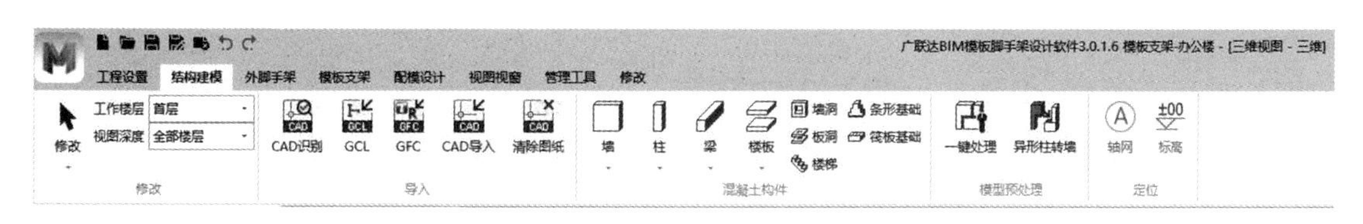

图 5-19　结构建模工具

利用【混凝土构件】面板中的混凝土构件设计工具，根据导入的图纸可以快速而精准地在广联达 BIM 模板脚手架设计软件中创建出所需的建筑结构模型，而不需要从外部导入数据模型，如图 5-20 所示。

利用【一键处理】工具，可对楼板、梁柱等进行打断和扣减操作。【轴网】和【标高】工具用于项目中的轴网和标高创建。

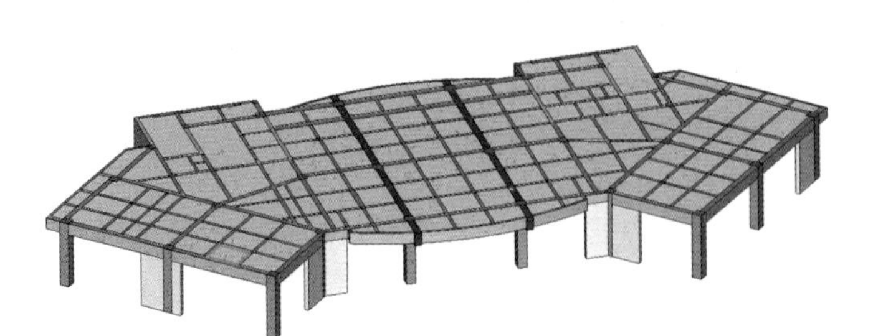

图 5-20　使用结构建模工具创建的结构模型

3. 外脚手架设计

【外脚手架】选项卡下的工具用于设计项目中的外脚手架，如图 5-21 所示。

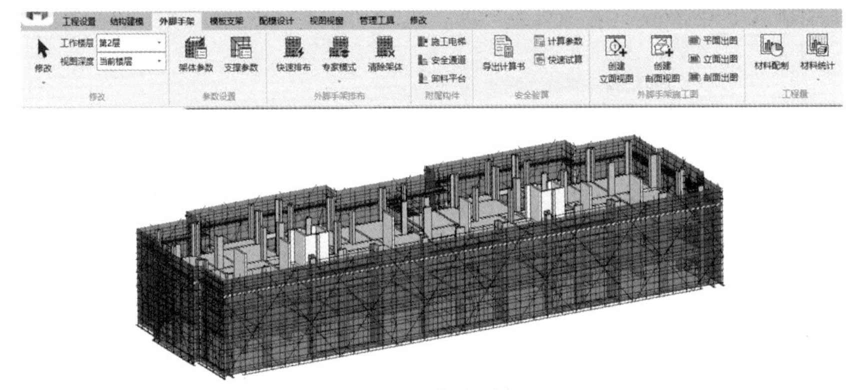

图 5-21　外脚手架

该选项卡下的工具含义介绍如下。

- 架体参数：此工具用于设置架体基本信息、杆件、剪刀撑、横向斜撑、连墙件和脚手板等。单击【架体参数】按钮，弹出【架体参数】对话框，如图 5-22 所示，可以设置两种架体类型的参数，即扣件式和盘扣式。

图 5-22　【架体参数】对话框

- 支撑参数：此工具用于设置支撑方式和规格等，分为落地支撑和主梁悬挑支撑。单击【支撑参数】按钮，弹出【支撑参数】对话框，如图 5-23 所示。

图 5-23　【支撑参数】对话框

- 快速排布：利用此工具，可实现立面变化不大的建筑外脚手架的快速排布，包括扣件式和盘扣式架体。
- 专家模式：此工具可实现复杂造型的建筑的脚手架排布，专家模式分为扣件式和盘扣式两种，如图 5-24 所示。

图 5-24　扣件式（左）和盘扣式（右）

- 清除架体：单击此按钮，可按选取范围来清除项目中的外脚手架。
- 施工电梯、安全通道和卸料平台：此 3 个附属构件工具用于添加施工项目中的施工电梯、安全通道和卸料平台等附属构件，如图 5-25 所示。

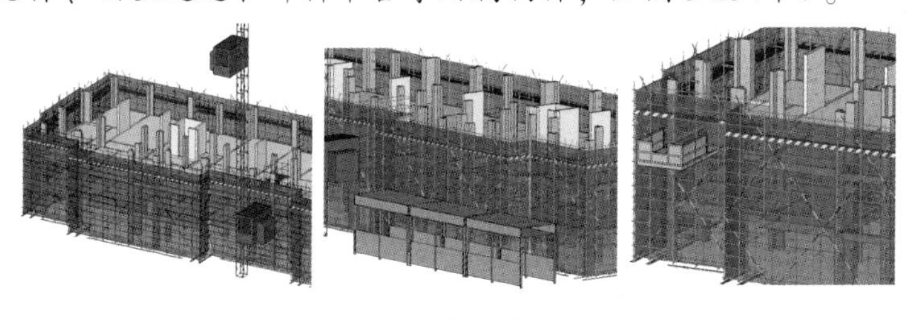

图 5-25　施工电梯（左）、安全通道（中）和卸料平台（右）

● 导出计算书：单击此按钮，可导出计算书。对于已排布的外脚手架，可利用此工具查看详细的安全验算过程，或者获取计算书用于方案交底、专家评审，如图 5-26 所示。

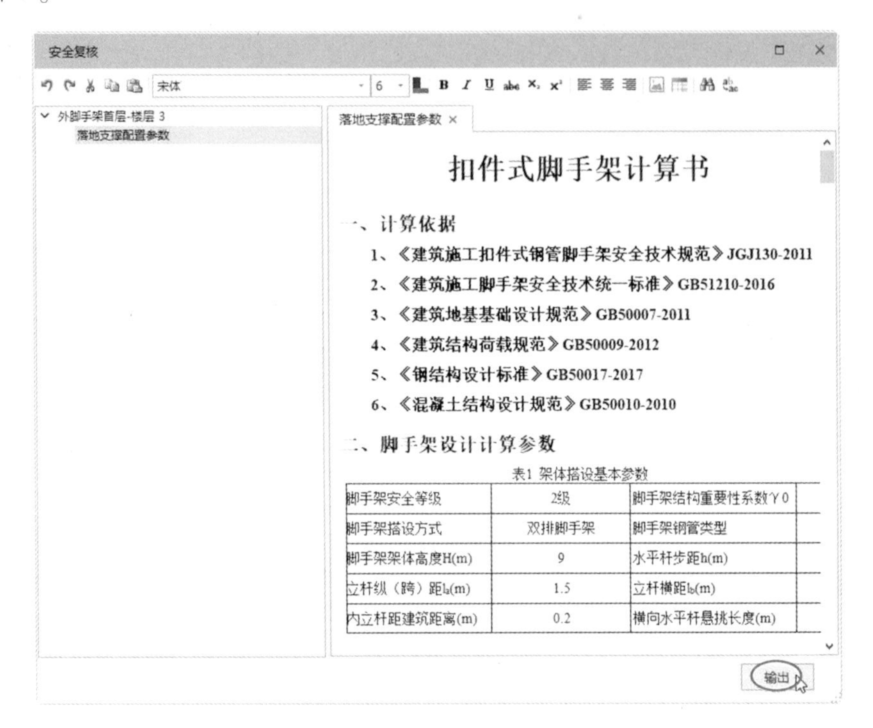

扣件式脚手架计算书

一、计算依据

1、《建筑施工扣件式钢管脚手架安全技术规范》JGJ130-2011
2、《建筑施工脚手架安全技术统一标准》GB51210-2016
3、《建筑地基基础设计规范》GB50007-2011
4、《建筑结构荷载规范》GB50009-2012
5、《钢结构设计标准》GB50017-2017
6、《混凝土结构设计规范》GB50010-2010

二、脚手架设计计算参数

表1 架体搭设基本参数

脚手架安全等级	2级	脚手架结构重要性系数γ0	
脚手架搭设方式	双排脚手架	脚手架钢管类型	
脚手架架体高度H(m)	9	水平杆步距h(m)	
立杆纵（跨）距l_a(m)	1.5	立杆横距l_b(m)	
内立杆距建筑距离(m)	0.2	横向水平杆悬挑长度(m)	

图 5-26　导出计算书

● 计算参数：此工具可在快速试算或导出计算书前，对荷载、分项系数等不反映在排布中的计算参数进行检查与调整。单击【计算参数】按钮，弹出【计算参数】对话框，如图 5-27 所示。

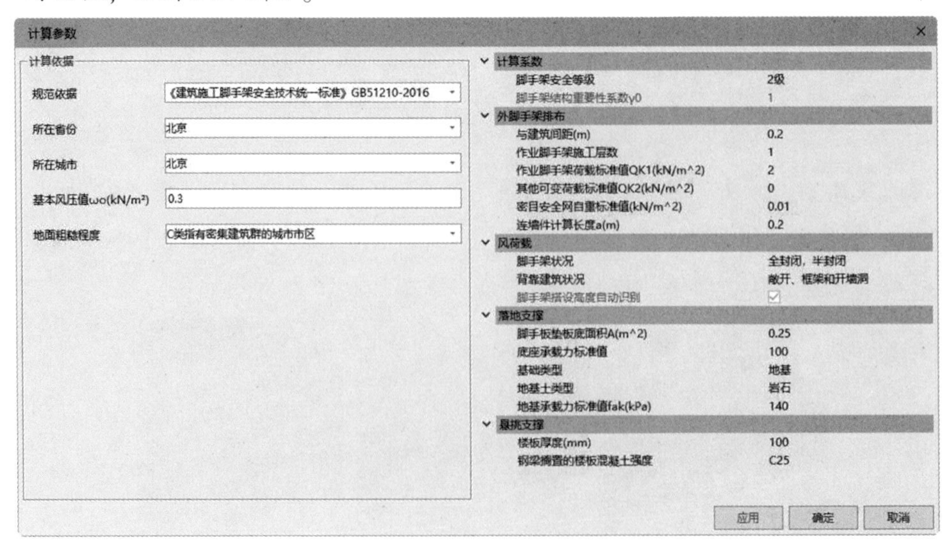

图 5-27　【计算参数】对话框

- 快速试算：此工具可对已排布的外脚手架进行安全性验证，并获取修改建议。单击【快速试算】按钮，系统自动对外脚手架进行安全性验证，并给出提示，如图 5-28 所示。

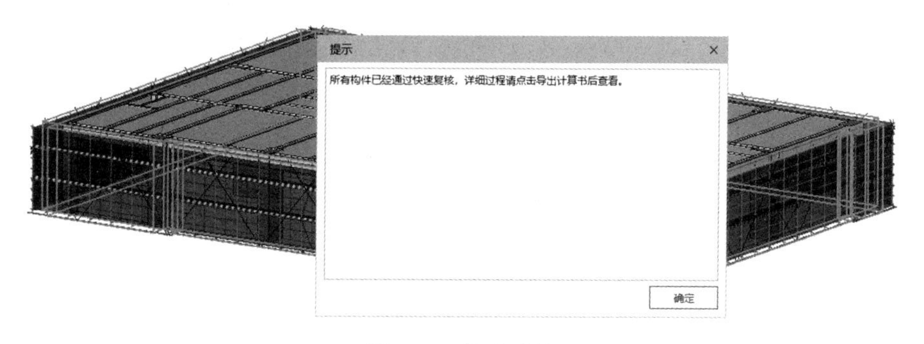

图 5-28　快速试算

- 创建立面视图：若要创建外脚手架的立面图，则要先创建立面视图。单击【创建立面视图】按钮，选取外脚手架架体后，自动创建立面视图，如图 5-29 所示。
- 立面出图：单击此按钮，将根据立面视图来创建立面图图纸，如图 5-30 所示。

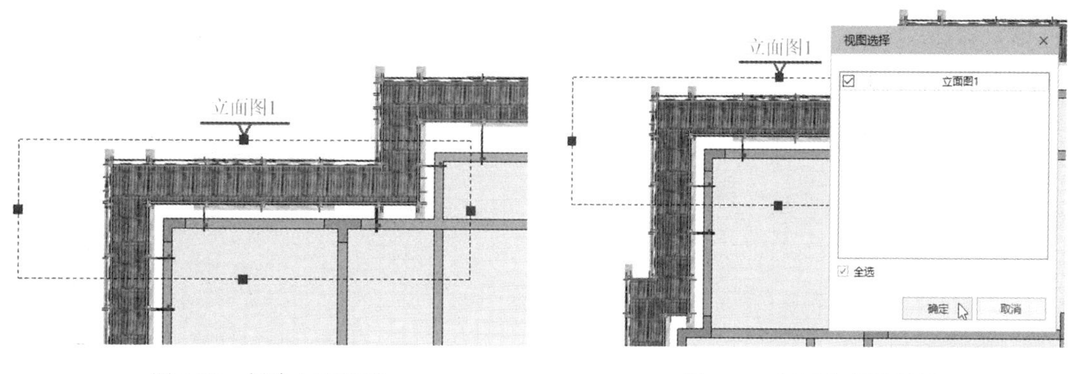

图 5-29　创建立面视图　　　　图 5-30　创建立面图图纸

- 创建剖面视图：若要创建外脚手架的剖面图，则要先创建剖面视图。单击【创建剖面视图】按钮，选取部分外脚手架架体后，自动创建剖面视图，如图 5-31 所示。
- 剖面出图：单击此按钮，将根据剖面视图来创建剖面图图纸，如图 5-32 所示。

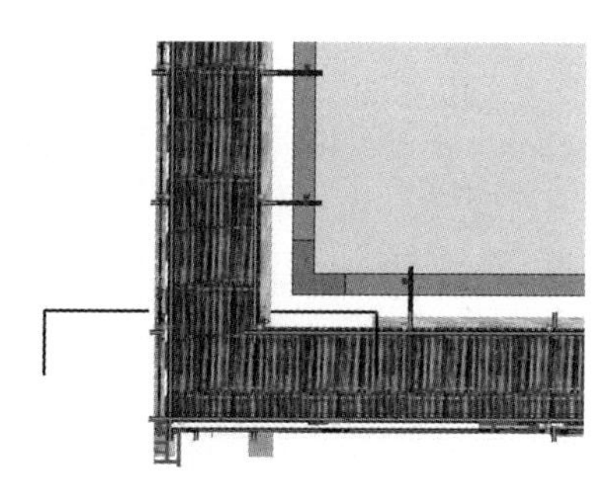

图 5-31　创建剖面视图

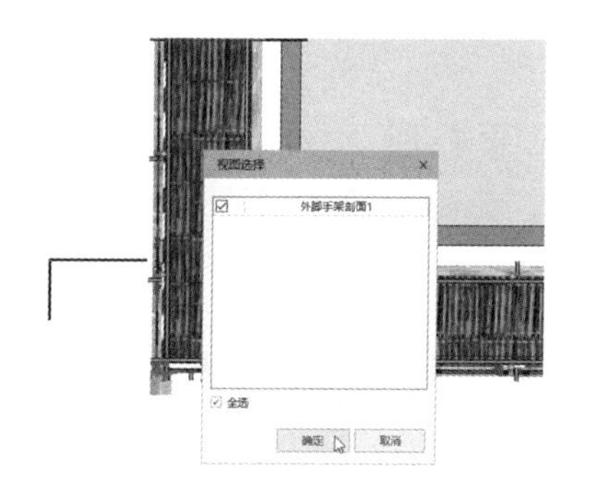

图 5-32　创建剖面图图纸

- 平面出图 ：单击此按钮，弹出【楼层选择】对话框。选择要创建平面图的楼层后，单击【确定】按钮，即可创建该楼层的外脚手架平面图，如图 5-33 所示。

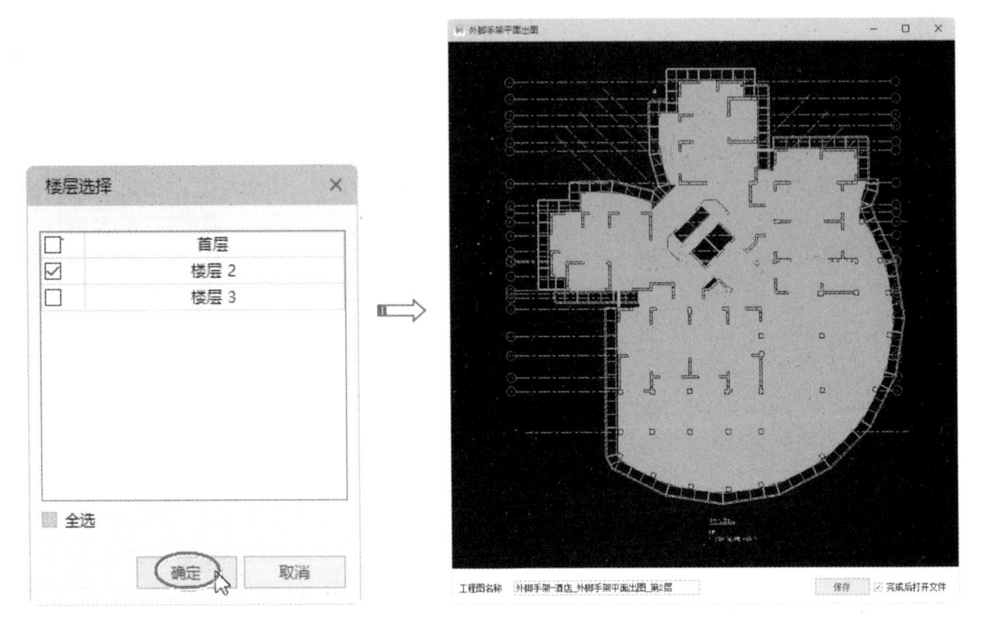

图 5-33　创建外脚手架的平面图

- 材料配制 ：此工具用于定义材料拆分规则，材料拆分规则为项目级设定，后续工程量计算以该规则为依据，工程量计算需基于已排布的架体。外脚手架的材料拆分涉及立杆、水平杆、剪刀撑、悬挑钢梁。在拆分前，可按工程需要设定拆分规则。单击【材料配制】按钮 ，弹出【材料配制】对话框，如图 5-34 所示。

图 5-34　【材料配制】对话框

- 材料统计 ：此工具用于统计整个项目中的外脚手架构件的材料预算。包括“所选架体统计”和“整栋统计”两种统计方式。单击【材料统计】|【整栋统计】按钮 ，系统会自动估算整栋建筑中的外脚手架，并整理成数据表，如图 5-35 所示。此数据表可以导出为“.xls”格式。

4. 配模设计

【配模设计】选项卡下的工具用于设计建筑施工中的模板，模板材料为木质。图 5-36 为【配模设计】选项卡。

整栋统计

外脚手架-酒店材料工程量估算

序号	材料名称	规格	单位	工程量	备注
1	钢管Φ48x3.0mm	L-6000	根	1334.00	
2	钢管Φ48x3.0mm	L-4500	根	298.00	
3	钢管Φ48x3.0mm	L-3000	根	651.00	
4	钢管Φ48x3.0mm	L-2700	根	22.00	
5	钢管Φ48x3.0mm	L-2400	根	417.00	
6	钢管Φ48x3.0mm	L-2000	根	127.00	
7	钢管Φ48x3.0mm	L-1800	根	29.00	
8	钢管Φ48x3.0mm	L-1500	根	938.00	
9	钢管Φ48x3.0mm	L-1200	根	244.00	
10	钢管Φ48x3.0mm	L-900	根	272.00	
11	钢管Φ48x3.0mm	L-600	根	266.00	
12	钢管Φ48x3.0mm	L-300	根	264.00	
13	密目网	-	平方米	2484.76	
14	木挡脚板	180mm	米	431.81	
15	竹笆片脚手板	50mm	平方米	411.60	
16	垫木	50x200mm	米	335.62	
17	旋转扣件	GKU48	个	1382.00	
18	直角扣件	GKZ48	个	8994.00	
19	对接扣件	GKD48	个	782.00	
20	连墙件	预埋	套	214.00	

外脚手架-酒店　杆件汇总说明　杆件拆

文档名称：整栋统计　输出

图 5-35　系统自动估算的数据表

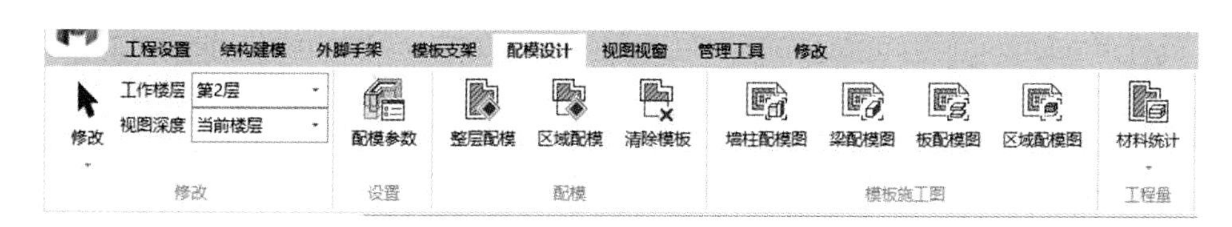

图 5-36　【配模设计】选项卡

该选项卡下的工具介绍如下。

- 配模参数：此工具用于设置木模板的面板规格，以及系统布置柱、墙、梁、板模板顺序或延长等做法、墙柱模板的尺寸控制和其他选项（包括水平与竖向结构相交底模侧模位置等相交处理方式）。单击【配模参数】按钮，弹出【配模参数】对话框，如图 5-37 所示。

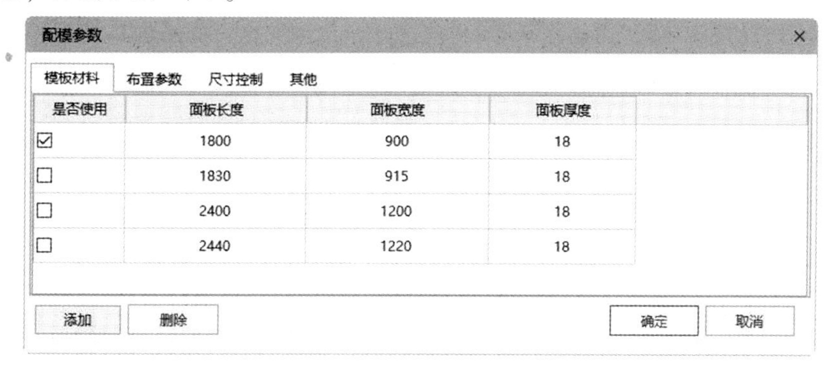

配模参数

模板材料　布置参数　尺寸控制　其他

是否使用	面板长度	面板宽度	面板厚度
☑	1800	900	18
☐	1830	915	18
☐	2400	1200	18
☐	2440	1220	18

添加　删除　确定　取消

图 5-37　【配模参数】对话框

- 整层配模：使用【整层配模】工具，系统会根据【配模参数】对话框中设置的参数，自动完成整层的木模装配，如图 5-38 所示。

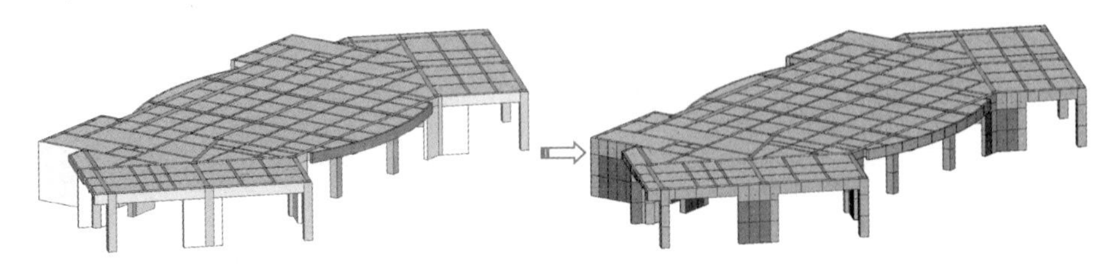

图 5-38　整层配模

- 区域配模：此工具可根据选取的区域完成木模板装配。
- 清除模板：单击此按钮，可以清除所选的木模板。
- 墙柱配模图：单击此按钮，可以创建墙与柱的配模施工图。
- 梁配模图：单击此按钮，可以创建梁的配模施工图。
- 板配模图：单击此按钮，可以创建面板的配模施工图。
- 区域配模图：单击此按钮，可以根据所选区域创建面板的配模施工图。
- 材料统计：材料统计方法有三种，包括整层统计、选择构件统计和整栋统计。

5. 模板支架设计

【模板支架】选项卡下的工具用于设计木模板的支架。【模板支架】选项卡如图 5-39 所示。模板支架设计必须在完成配模设计之后进行。

图 5-39　【模板支架】选项卡

模板支架如图 5-40 所示。

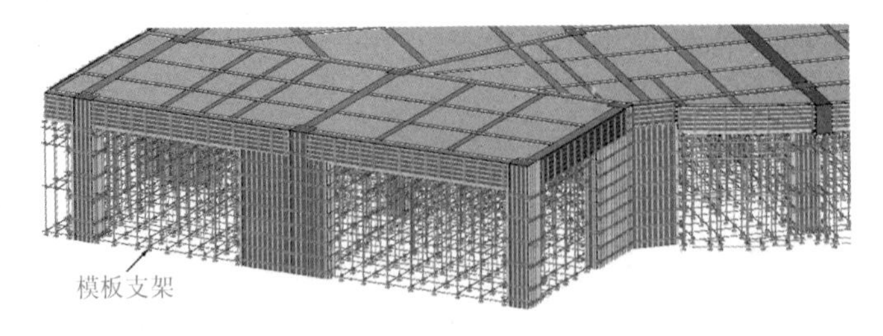

图 5-40　模板支架

【模板支架】选项卡下各工具介绍如下。

- 危大构件识别：此工具用于识别项目中的危大、超危大和普通梁、板，以此作为"高支模识别"的判断依据。图 5-41 为危大构件识别效果图，在识别结果中，橙色表现为危大高支模，红色为超危大高支模。模板支架的高度大于或等于 8m，或搭设跨度超过 18m，或施工总负荷大于 15kN/m²，或集中线负荷大于 20kN/m 的模板支撑系统即为高大模板支撑系统，简称高支模，如图 5-42 所示。

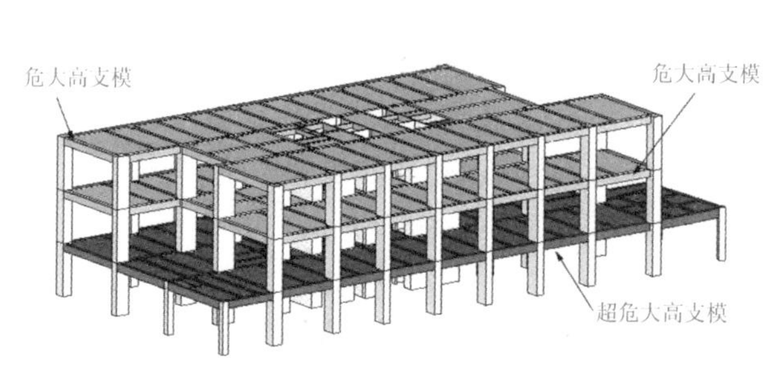

图 5-41　危大构件识别结果

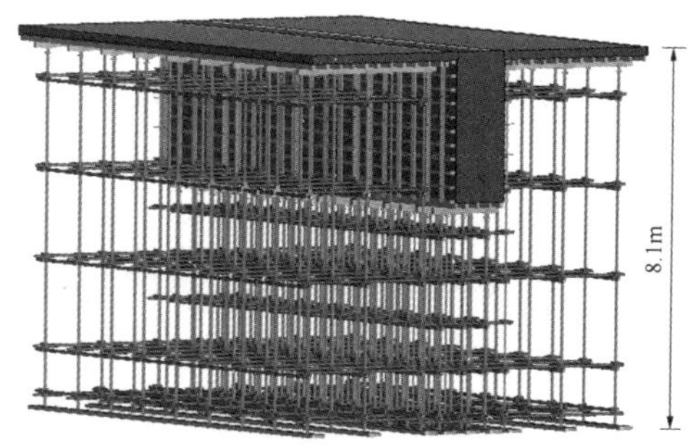

图 5-42　高支模系统

- 危大构件汇总：此工具用于汇总危大构件或超危大构件识别的结果，以输出为“超危大构件汇总统计表”数据，如图 5-43 所示。

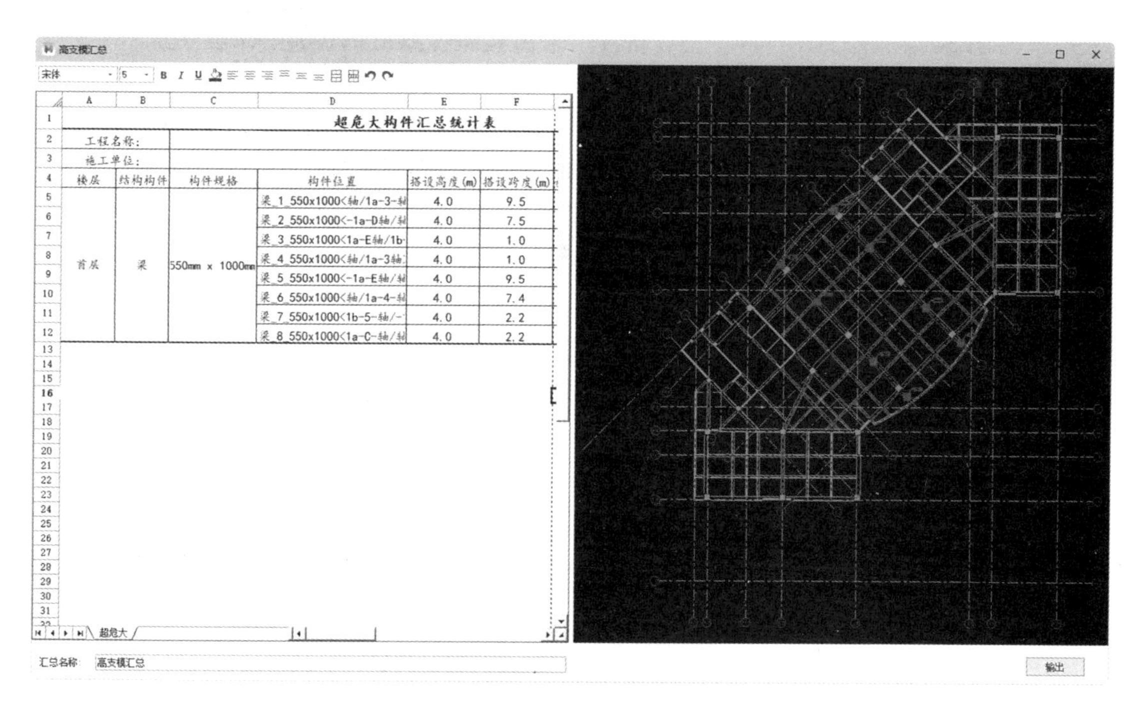

超危大构件汇总统计表

工程名称：					
施工单位：					
楼层	结构构件	构件规格	构件位置	搭设高度(m)	搭设跨度(m)
首层	梁	550mm x 1000mm	梁_1_550x1000<轴/1a-3-轴	4.0	9.5
			梁_2_550x1000<-1a-D轴/轴	4.0	7.5
			梁_3_550x1000<1a-E轴/1b-	4.0	1.0
			梁_4_550x1000<轴/1a-3轴	4.0	1.0
			梁_5_550x1000<-1a-E轴/轴	4.0	9.5
			梁_6_550x1000<轴/1a-4-轴	4.0	7.4
			梁_7_550x1000<1b-5-轴/-	4.0	2.2
			梁_8_550x1000<1a-C-轴/轴	4.0	2.2

图 5-43　危大构件汇总

- 重置识别结果：此工具用于取消危大构件识别结果。
- 危险性判断计算书：单击此按钮，系统会根据危大构件识别的结果，出具危险性判断计算书，如图 5-44 所示。
- 架体设置：此工具用于设置模板支架的架体类型、构造要求、排布规则、细部处理和立杆边界范围等参数。单击【架体设置】按钮，弹出【架体设置】对话框，如图 5-45 所示。
- 模板做法：此工具主要用于定义梁、板、墙和柱的模板构件布置和基本加固做法。图 5-46 为【模板做法】对话框。

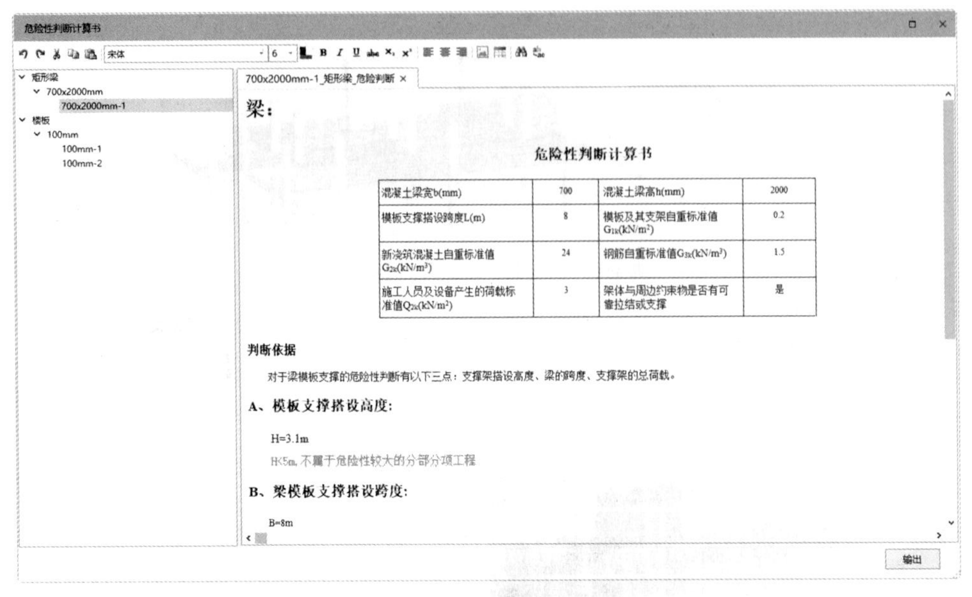

图 5-44　危险性判断计算书

图 5-45　【架体设置】对话框

- 架体排布：架体排布分为整层排布和区域排布两种。单击此按钮，系统将自动完成模板架体的排布。

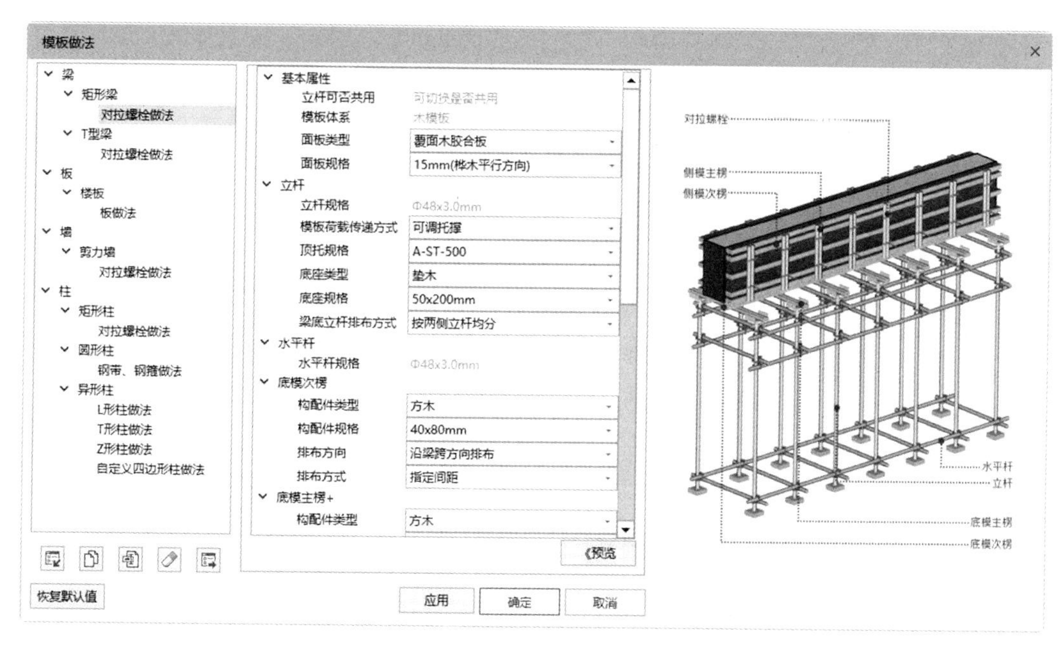

图 5-46　【模板做法】对话框

- 查看架体参数：单击此按钮，弹出【查看架体参数】对话框，可查看项目中模板架体的具体参数，包括梁架体、楼板架体、柱架体和墙架体的参数，如图 5-47 所示。

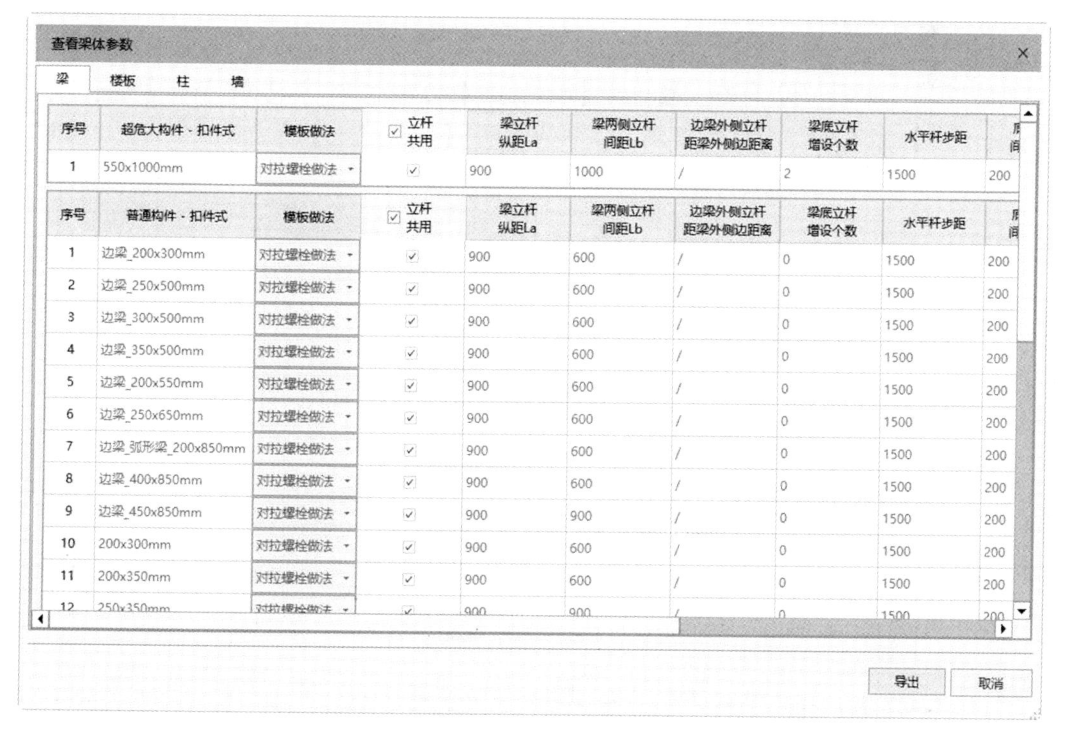

序号	超危大构件 - 扣件式	模板做法	立杆共用	梁立杆纵距La	梁两侧立杆间距Lb	边梁外侧立杆距梁外侧边距离	梁底立杆增设个数	水平杆步距	底…间…
1	550x1000mm	对拉螺栓做法	✓	900	1000	/	2	1500	200

序号	普通构件 - 扣件式	模板做法	立杆共用	梁立杆纵距La	梁两侧立杆间距Lb	边梁外侧立杆距梁外侧边距离	梁底立杆增设个数	水平杆步距	底…间…
1	边梁_200x300mm	对拉螺栓做法	✓	900	600	/	0	1500	200
2	边梁_250x500mm	对拉螺栓做法	✓	900	600	/	0	1500	200
3	边梁_300x500mm	对拉螺栓做法	✓	900	600	/	0	1500	200
4	边梁_350x500mm	对拉螺栓做法	✓	900	600	/	0	1500	200
5	边梁_200x550mm	对拉螺栓做法	✓	900	600	/	0	1500	200
6	边梁_250x650mm	对拉螺栓做法	✓	900	600	/	0	1500	200
7	边梁_弧形梁_200x850mm	对拉螺栓做法	✓	900	600	/	0	1500	200
8	边梁_400x850mm	对拉螺栓做法	✓	900	600	/	0	1500	200
9	边梁_450x850mm	对拉螺栓做法	✓	900	900	/	0	1500	200
10	200x300mm	对拉螺栓做法	✓	900	600	/	0	1500	200
11	200x350mm	对拉螺栓做法	✓	900	600	/	0	1500	200
12	250x350mm	对拉螺栓做法	✓	900	900	/	0	1500	200

图 5-47　查看架体参数

- 剪刀撑布置：剪刀撑用于增强模板支架的稳固定性。单击此按钮，弹出【扣件式剪刀撑手动排布设置】对话框，完成相关参数的设置后单击【确定】按钮，完成剪刀撑的布置，如图 5-48 所示。

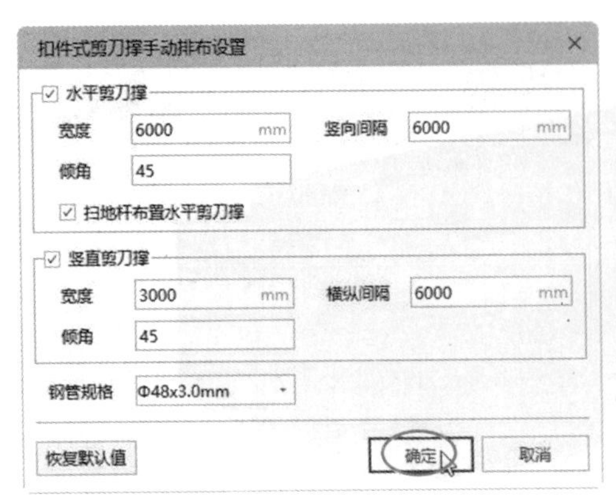

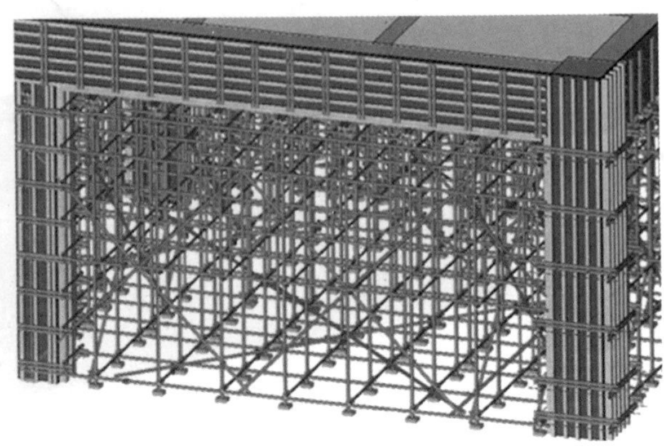

图 5-48　剪刀撑布置

- 清除架体：单击此按钮，可清除所选区域内的模板架体。
- 计算参数：单击此按钮，弹出【计算参数】对话框。通过该对话框可完成梁、板、柱和墙等架体的安全参数计算，计算得出的安全参数用于输出计算书，如图 5-49 所示。

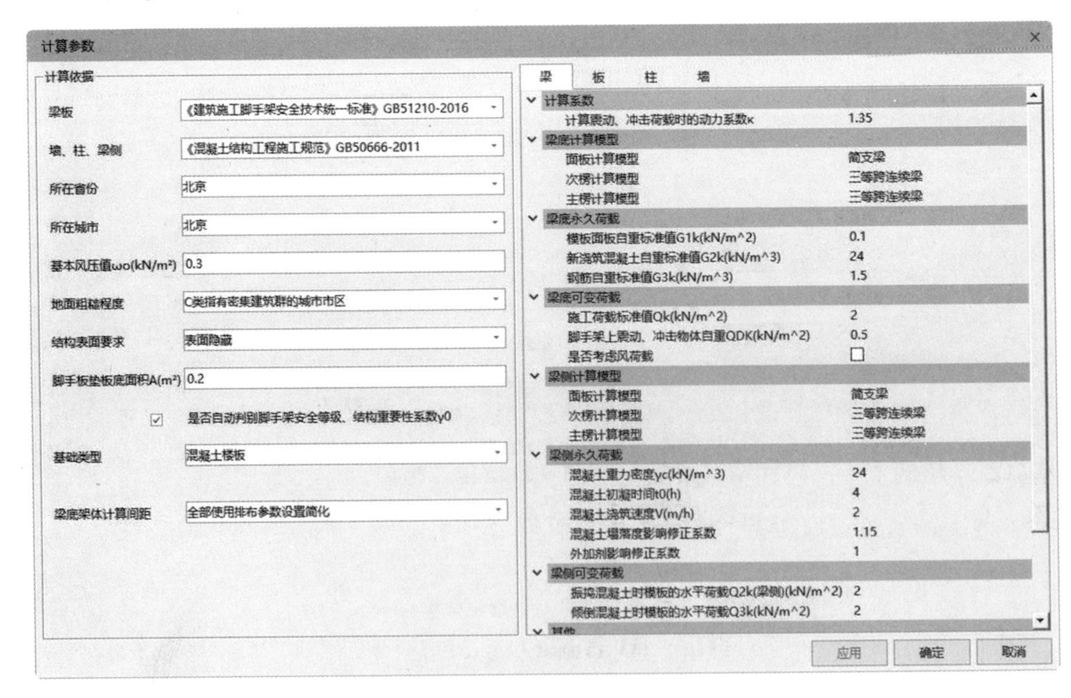

图 5-49　【计算参数】对话框

- 安全复核：此工具用于模板支架的安全要求的计算。不符合安全要求的计算结果将显示在【安全复核】对话框中，如图 5-50 所示。

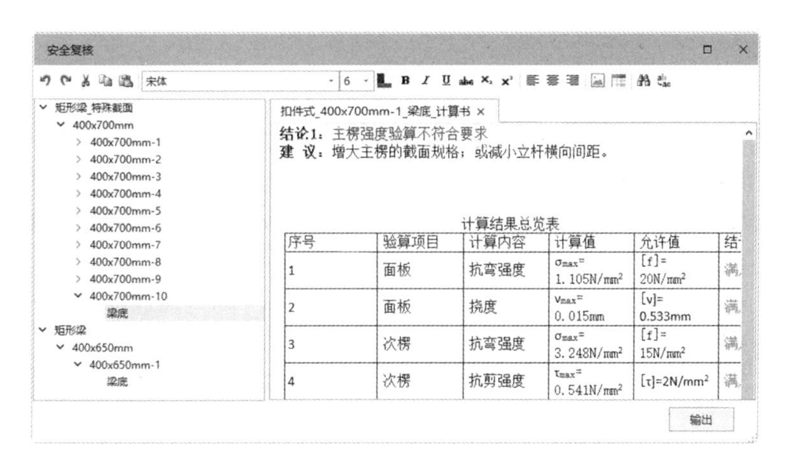

图 5-50　安全复核

- 计算书：单击此按钮，将输出模板架体的计算书。
- 专项方案：单击此按钮，将生成模板支架的专项施工方案，如图 5-51 所示。

图 5-51　生成专项方案

- 立杆平面图：单击此按钮，将创建立杆平面图。
- 创建剖面视图：单击此按钮，将创建剖面视图。
- 剖面出图：单击此按钮，将创建剖面图。
- 墙柱平面图：单击此按钮，将创建墙柱平面图。
- 墙柱大样图：单击此按钮，将创建墙柱大样图（或节点详图）。
- 模板接触面积：单击此按钮，将自动计算整层的模板与现浇混凝土的接触面积。
- 材料配制：单击此按钮，可以为模板支架的材料拆分定义拆分规则，如图 5-52 所示。

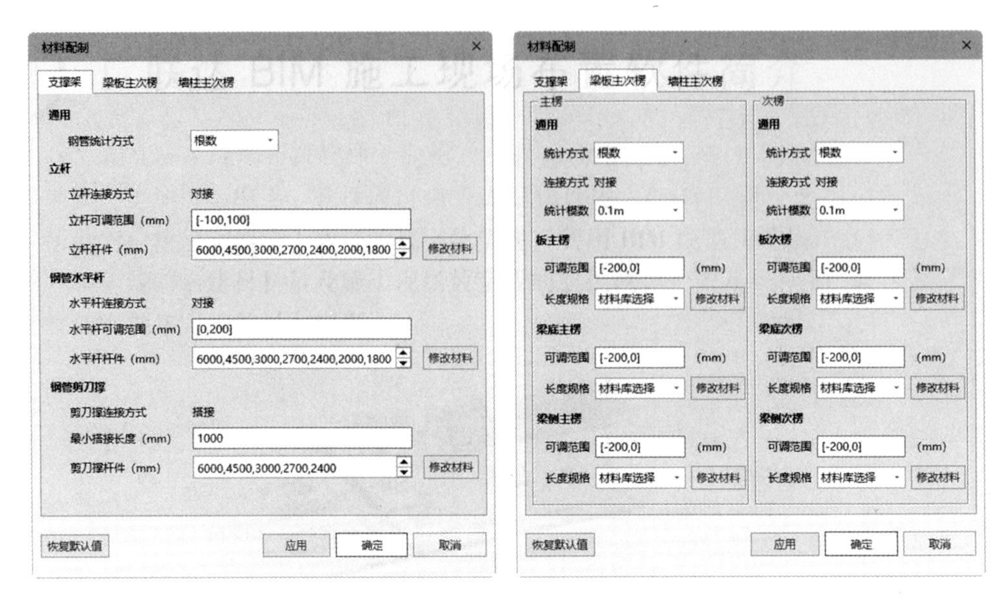

图 5-52 【材料配制】对话框

- 材料统计：单击此按钮，可按整层统计、选择架体统计或者整栋统计的方式进行模板材料的统计，如图 5-53 所示。

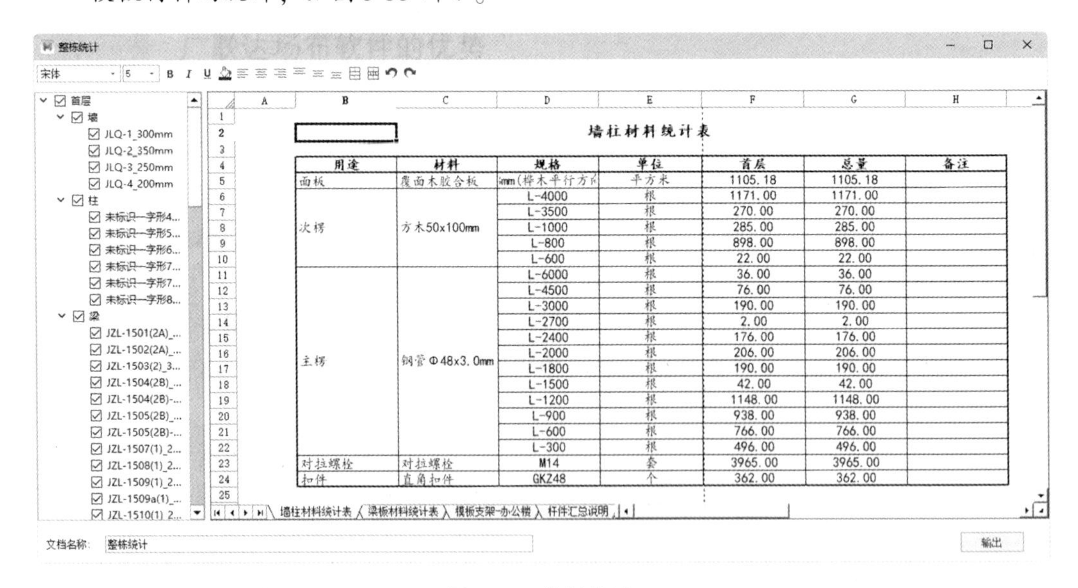

图 5-53 模板统计

5.2 某小学教学楼改扩建项目结构与施工设计案例

本例项目为贵州遵义市红花岗区银河小学教学楼的改扩建工程，总建筑面积为 4087.67m²。其中，教学楼建筑面积 3240.5m²，架空活动室建筑面积 847.17m²，建筑高度 25.3m，地下 1 层，地上 4 层，结构类型为框架结构，建筑防火等级为一级，设计使用年限为 50 年。

图 5-54 为教学楼的结构模型和 BIM 模板、模板支架、外脚手架设计完成的效果。在本例中，将在广联达 BIM 模板脚手架设计软件中完成教学楼改扩建工程项目结构模型、配模设计、模板支架设计和外脚手架设计等结构与施工设计内容。

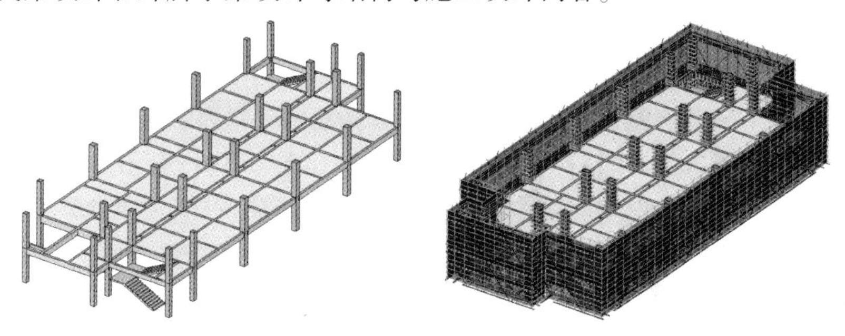

图 5-54　银河小学教学楼结构模型与模板、模板支架、外脚手架的效果图

5. 2. 1　CAD 图纸识别与快速建模

【CAD 识别】工具是广联达 BIM 模板脚手架设计软件的 CAD 识别模块的启动接口。CAD 识别模块是一个快速建模的功能模块，可以根据导入 CAD 图纸，提取图中的墙线、梁线、柱边线及板边线等图线来自动创建相应的三维图元。下面仅介绍地上一层的结构设计。

01　启动广联达 BIM 模板与脚手架设计软件，在软件的主页界面中单击【新建项目】按钮，弹出【新建项目】对话框。保留对话框的默认设置，单击【确定】按钮，完成新项目的创建并进入项目设计环境中，如图 5-55 所示。

图 5-55　新建项目

02　在功能区【工程设置】选项卡下单击【项目信息】按钮，弹出【项目信息】对话框。填写本例项目的相关信息，完成后单击【确定】按钮，如图 5-56 所示。

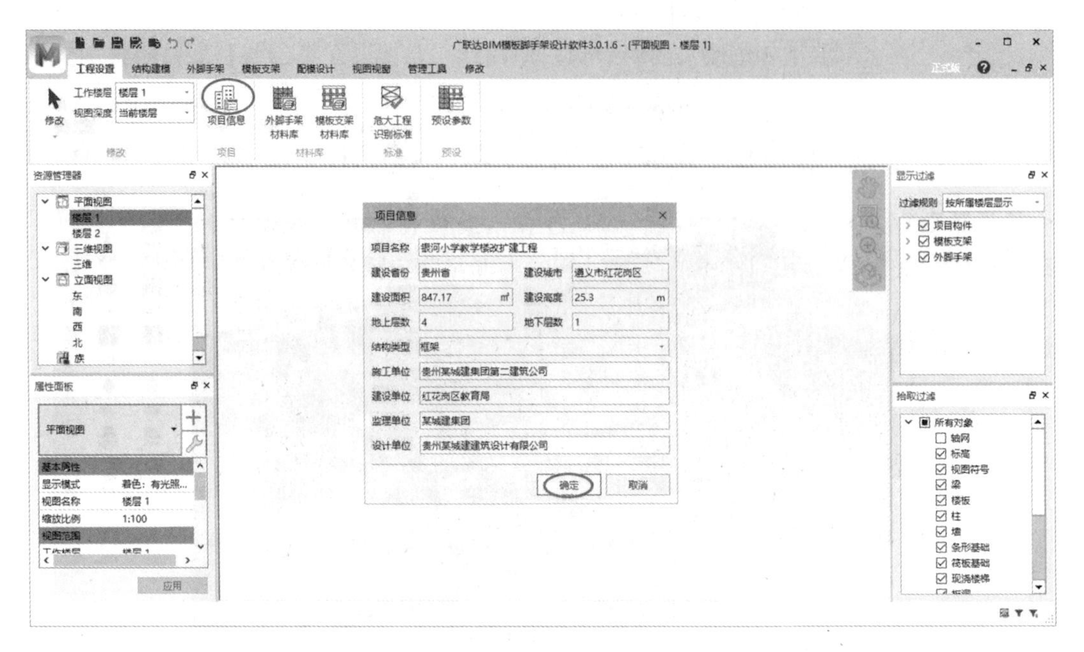

图 5-56　填写项目信息

03 在【结构建模】选项卡下【导入】面板中单击【CAD 识别】按钮，从本例源文件夹中打开“某小学改扩建工程结构图纸 . dwg”CAD 图纸文件，如图 5-57 所示。

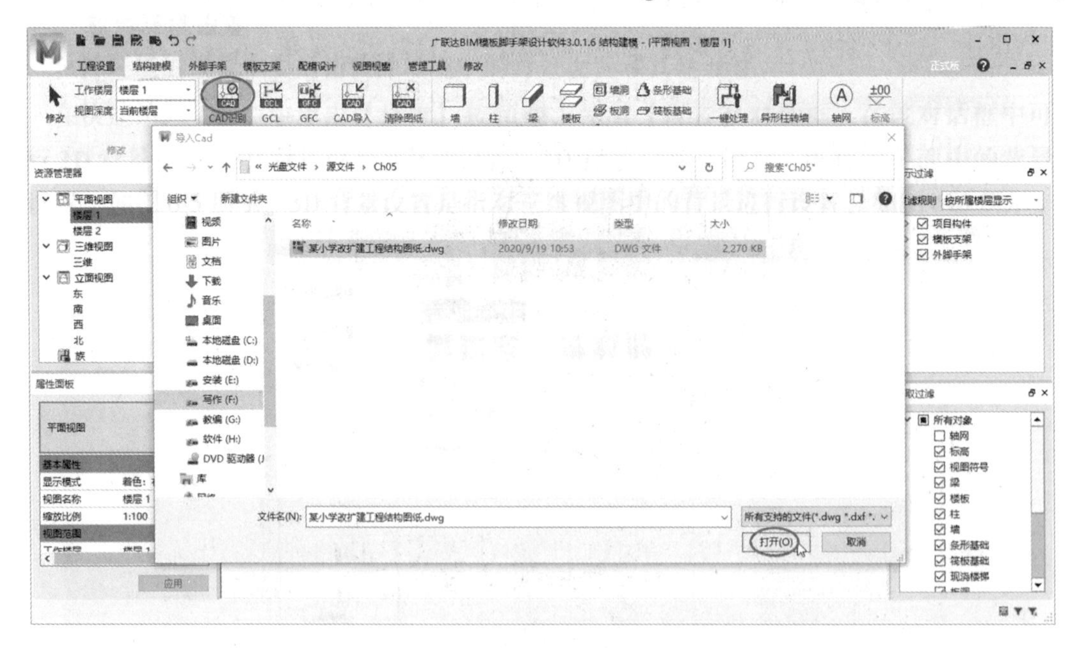

图 5-57　打开 CAD 图纸

04 打开图纸后，系统会自动启动广联达 CAD 识别软件模块，该软件模块启动后将以独立软件窗口显示。广联达 CAD 识别软件的界面如图 5-58 所示。

05 在【图纸管理】面板中显示三张图纸，需要删除其中两张。单击【锁定】按钮先解锁图纸，然后选取列表底部的两张图纸并将其删除（单击【删除】按钮 删除），如图 5-59 所示。

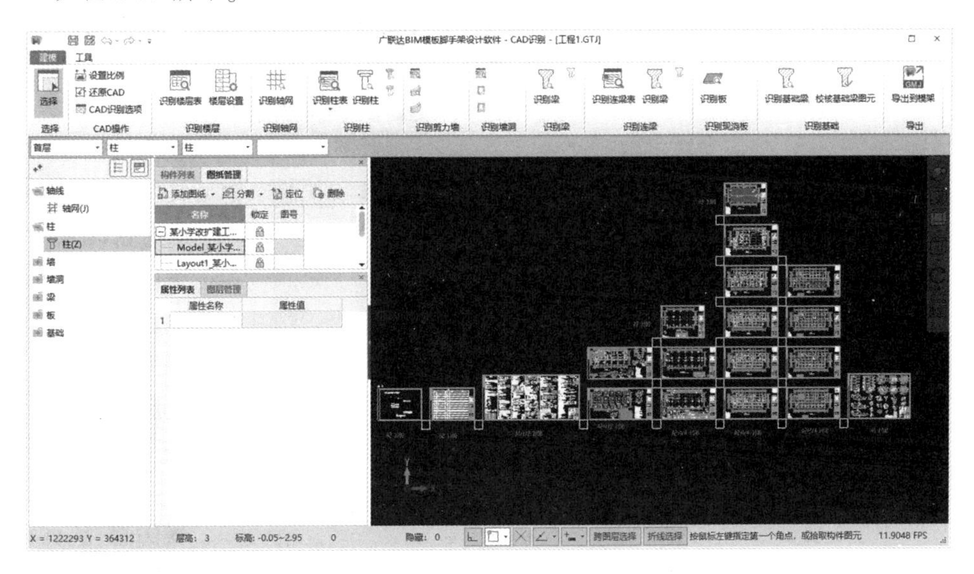

图 5-58　广联达 CAD 识别软件的界面

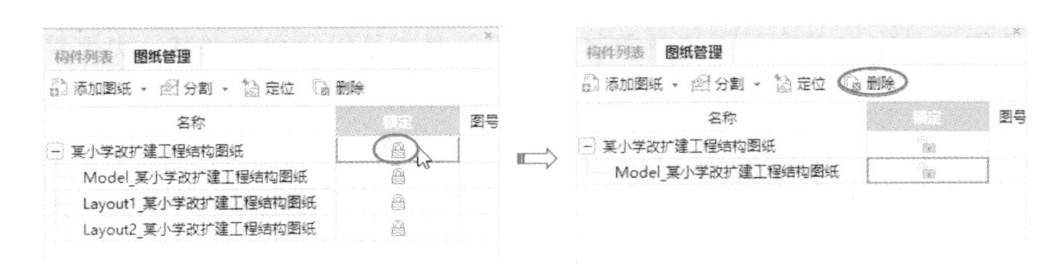

图 5-59　删除多余的图纸

06　剩下的一张图纸是结构设计的总图，包括各层的结构设计图。在分层识别快速建模时需要参考独立的施工图，因此需要对总图进行分割操作。在【图纸管理列表】中单击【分割】|【手动分割】按钮，绘制一个矩形框框住“基础平面布置图”，将其分割出来，接着单击右键确认，此时会弹出【手动分割】对话框，为分割出来的施工图命名（按图纸中各施工图的原名进行命名），如图 5-60 所示。

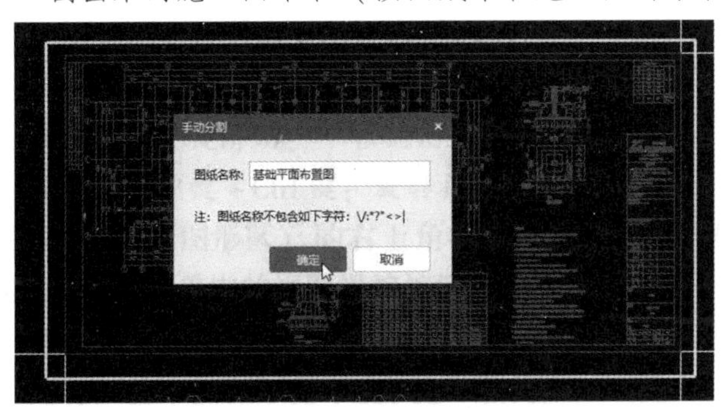

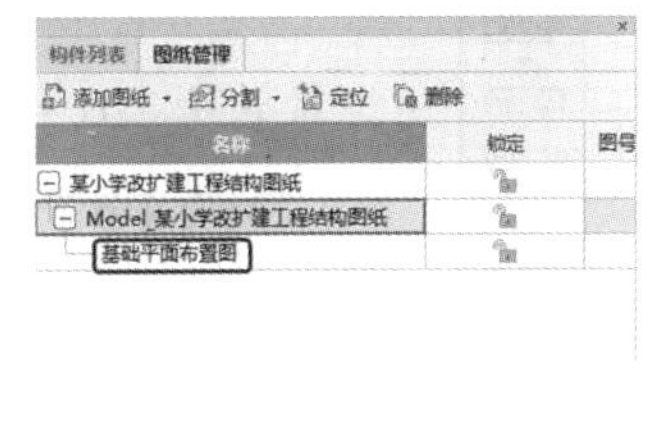

图 5-60　手动分割施工图

> **提示** 如果不想手动输入图纸名，可以用光标在分割的施工图中选取图纸名，系统会自动拾取图纸名并粘贴到【图纸名称】文本框中。

07 同理，按照总图中的“图纸目录”依次分割出其余结构施工图。在【图纸管理】面板中双击分割出来的某一图纸，视图窗口中将会显示该图纸，如图5-61所示。

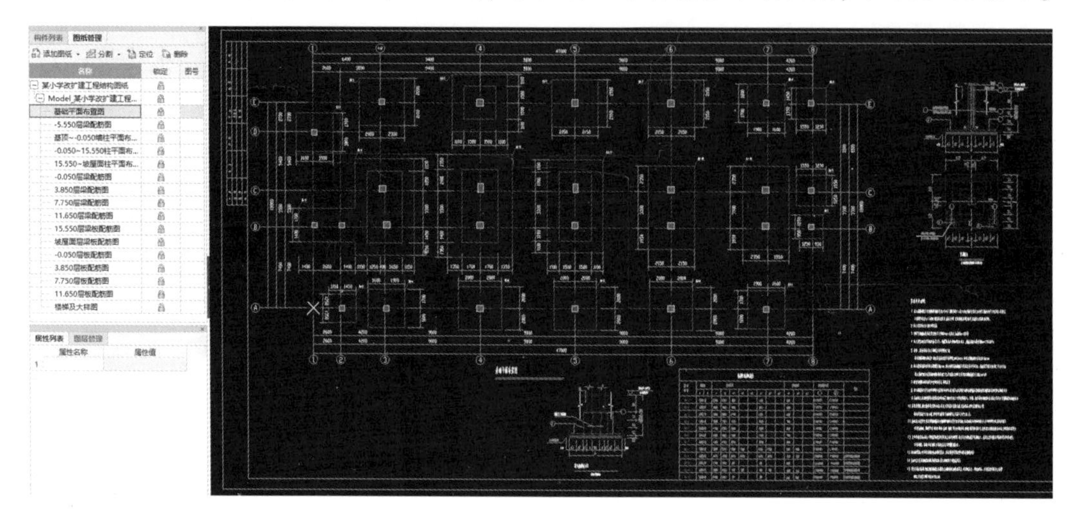

图5-61　显示分割的图纸

08 在【图纸管理】面板中单击【定位】按钮 定位，然后将定位点放置在轴线编号a与轴线编号A的交点上。完成设置后每一张图纸都会进行自动重叠。

09 在【识别楼层】面板中单击【识别楼层表】按钮，接着在“基础平面布置图”图纸中框选右上角的“结构层楼面标高、结构层高表”表格，单击右键弹出【识别楼层表】对话框，仔细核对识别的楼层表与图纸中的层高表是否一一对应，若不对应，则双击对话框表格中的单元格手动进行修改。单击【识别】按钮，完成楼层的设置，如图5-62所示。

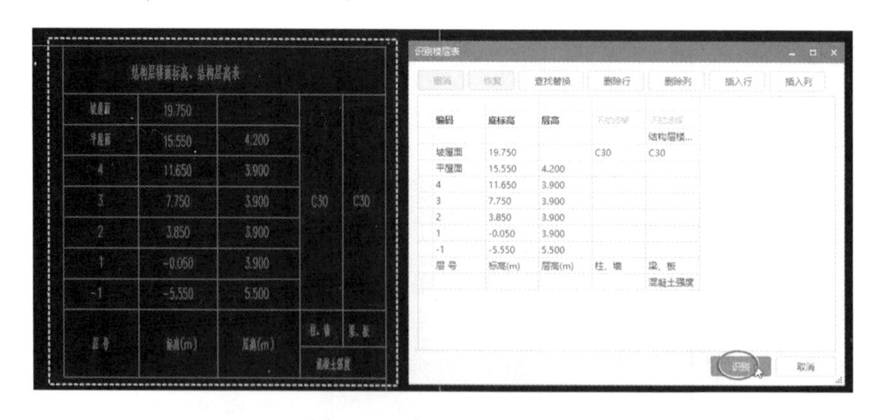

图5-62　自动识别楼层表

10 在功能区选项卡下方的选项栏中，选择【基础层】【轴线】和【轴网】等选项，然后单击【识别轴网】按钮，弹出识别轴网的选项菜单，如图5-63所示。

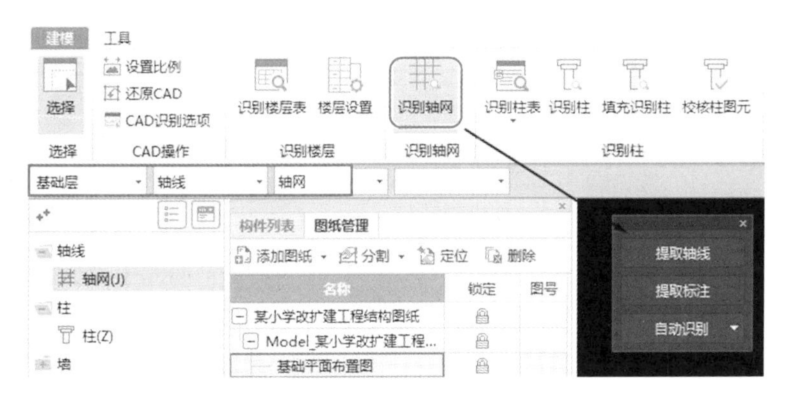

图 5-63　选择当前工作图层并单击【识别轴网】按钮

11　在选项菜单中选择【提取轴线】选项，并在选项栏中单击【按颜色选择】单选按钮，然后在“基础平面布置图”图纸中按住 Alt 键拾取一根轴线，所有轴线都会被自动选中，单击右键进行确认，如图 5-64 所示。

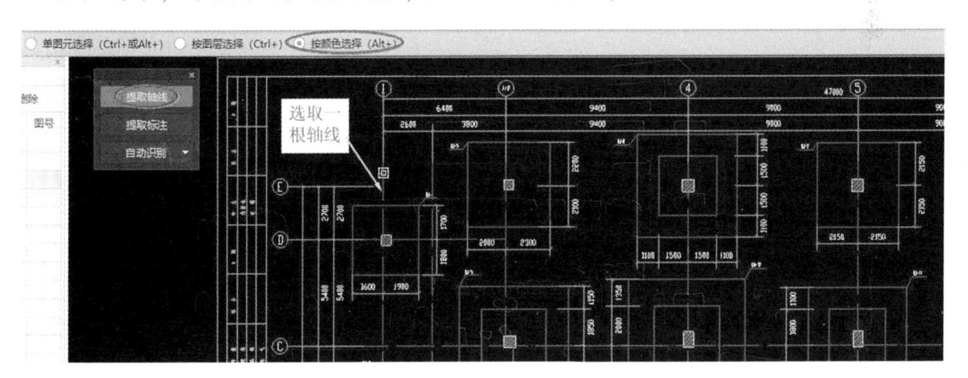

图 5-64　提取轴线

12　在选项菜单中选择【提取标注】选项，在选项栏中选中【按图层选择】单选按钮，在“基础平面布置图”图纸中按住 Ctrl 键选取一个独立基础的尺寸标注即可选中所有独立基础的尺寸标注，单击右键进行确认，如图 5-65 所示。

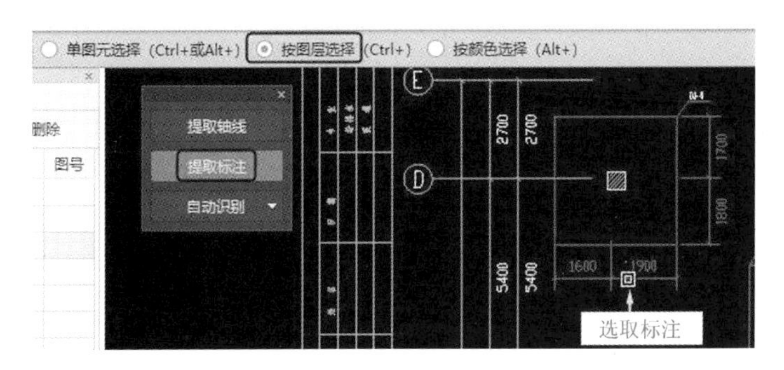

图 5-65　提取标注

提示	若要把轴网标注也识别出来，则在提取标注时将轴网标注也一并提取。

13 在选项菜单中选择【自动识别】选项，系统自动识别出轴网，如图 5-66 所示。

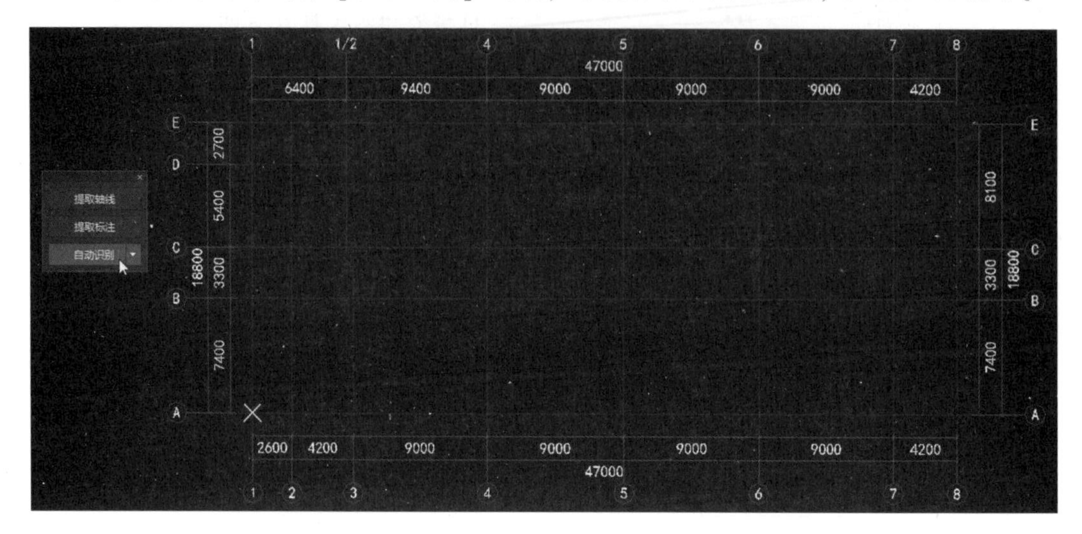

图 5-66　自动识别轴网

14 在【图层管理】面板中勾选【CAD 原始图层】，显示“基础平面布置图”图纸。在【图纸管理】面板中双击“-0.050~15.550 柱平面布置图”图纸并在视图窗口中显示该层施工图图纸。

15 在功能区的【识别柱】面板中单击【识别柱】按钮，弹出提取识别柱的选项菜单。接下来在选项菜单中进行的操作与识别轴网时的操作是完全相同的：提取柱边线、提取柱标注、自动识别柱，完成三个选项菜单的操作步骤后，系统自动识别柱并创建柱图元，如图 5-67 所示。

图 5-67　自动识别柱

提示	在提取柱边线和提取标注时，若一次性提取不完整，可以进行第二次提取，直到提取所有的柱边线或标注。

16 选取所有柱图元，然后在功能区【工具】选项卡下单击【复制到其他层】按钮，将“首层”的柱图元复制到“第 2 层”中，便于后续识别并创建“第 2 层”的结构梁。

17 在【图纸管理】面板中双击“3.850 层梁配筋图”以显示该图纸。在选项栏中选择“第 2 层”作为当前图层。

18 在功能区【识别梁】面板中单击【识别梁】按钮，然后按前面指定识别柱的方法，识别梁并创建梁图元，如图 5-68 所示。

提示	若有的梁没有被识别，或者梁虽然识别出来了，但标高却识别错误，则可以利用【工具】选项卡下的相关工具进行修改，比如对标高出现问题的梁，可以先将其删除，然后将其他位置上的梁复制到删除梁的位置上，或者通过延伸其他梁来填补删除的梁。

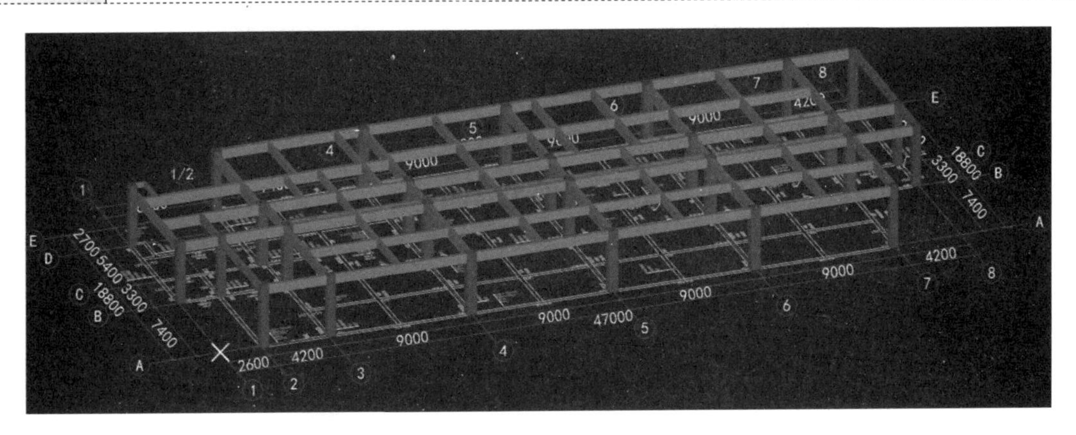

图 5-68　识别柱

19 在【图纸管理】面板中双击“3.850 层板配筋图”以显示该图纸。单击【识别板】按钮，弹出选项菜单，完成 3 个操作步骤：提取板标识、提取板洞线和自动识别板。提取板标识就是选取板配筋标注，提取板洞线就是提取板边线（也是梁边线），自动识别时会弹出如图 5-69 所示的【识别板选项】对话框，单击【确定】按钮完成板的识别。

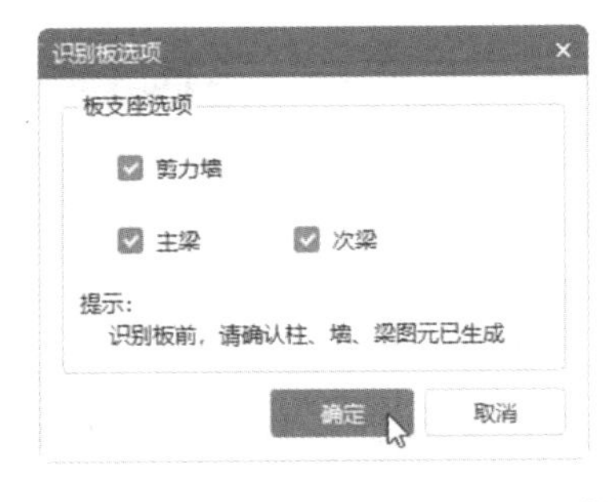

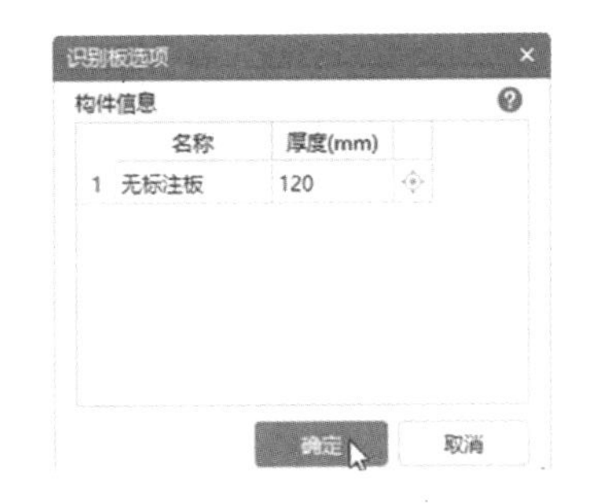

图 5-69　自动识别的板选项和构件信息

20 自动识别并创建楼板，如图 5-70 所示。从结果看，有些板并没有识别出来，需要导出到广联达 BIM 模板脚手架软件中手动添加楼板。

21 单击【导出到模架】按钮，将 CAD 识别的结构模型导入到广联达 BIM 模板脚手架软件中，如图 5-71 所示。

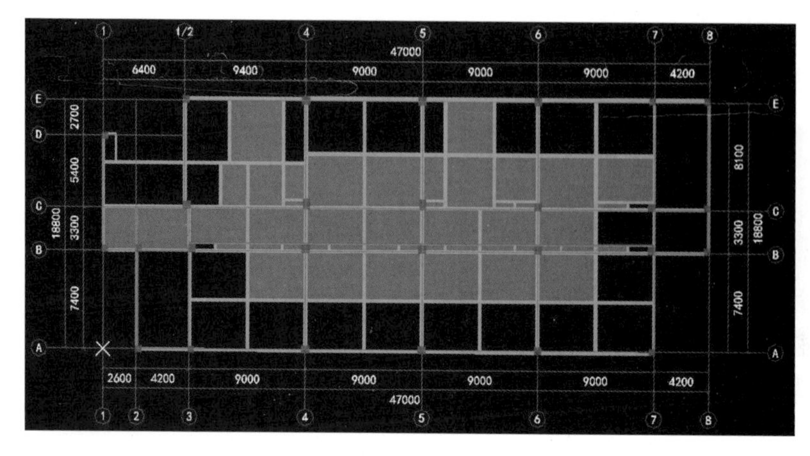

图 5-70　自动识别板并创建板构件

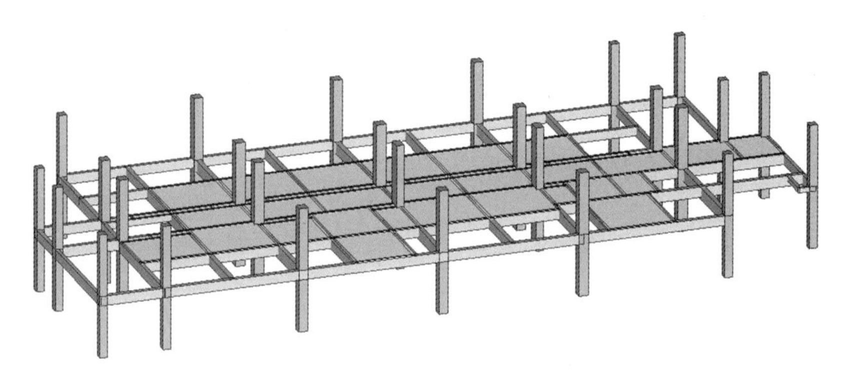

图 5-71　导出结构模型

22 在资源管理器面板中双击“第 2 层”平面视图。参考“某小学改扩建工程结构图纸 . dwg”图纸，补绘出前面进行 CAD 识别时没有成功的楼板，完成结果如图 5-72 所示。没有绘制楼板的房间为楼梯间和天井。

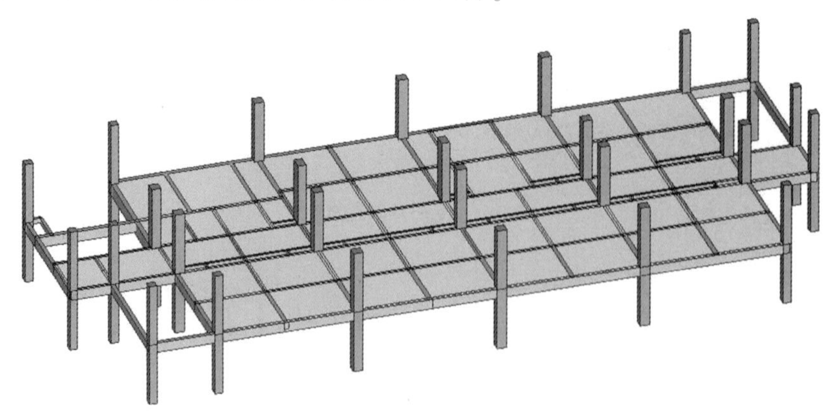

图 5-72　补绘楼板

23 在【混凝土构件】面板中单击【楼梯】按钮，将楼梯构件放置于楼梯间，如图 5-73 所示。

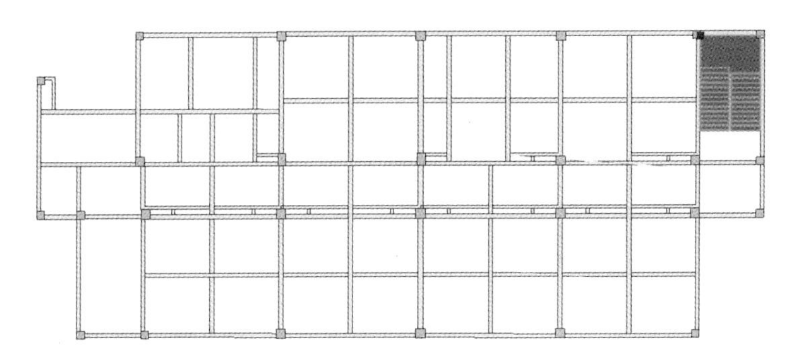

图 5-73　放置楼梯构件

24 选中楼梯构件，在属性面板中设置双跑楼梯的属性参数，如图 5-74 所示。

25 在属性面板中单击【类型参数】按钮，在弹出的【类型参数】对话框中设置类型参数，完成后单击【确定】按钮，如图 5-75 所示。

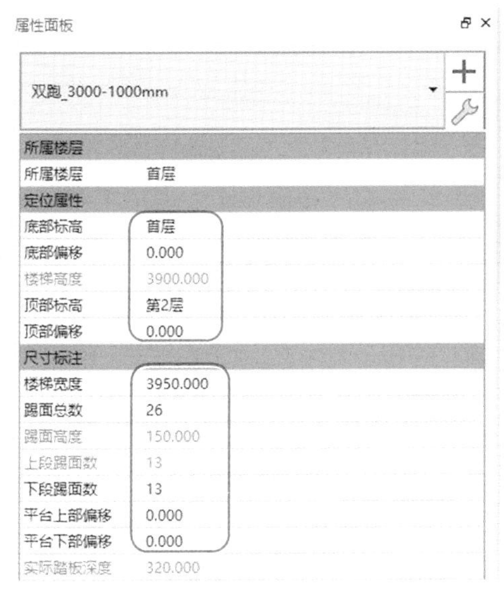

图 5-74　设置属性参数

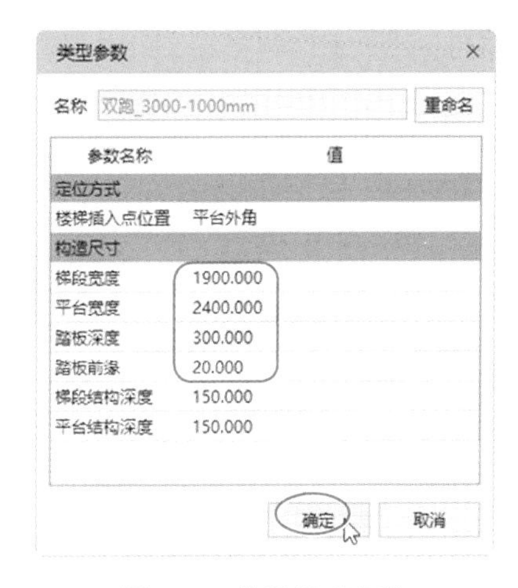

图 5-75　设置类型参数

26 创建的楼梯如图 5-76 所示。将此楼梯复制到另一楼梯处，仅仅修改【类型参数】对话框中的【平台宽度】参数为 1900，其余参数保持不变，结果如图 5-77 所示。

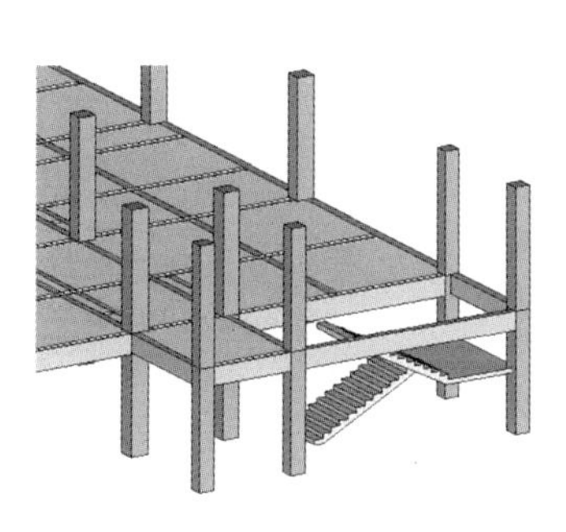

图 5-76　创建完成的第一部楼梯

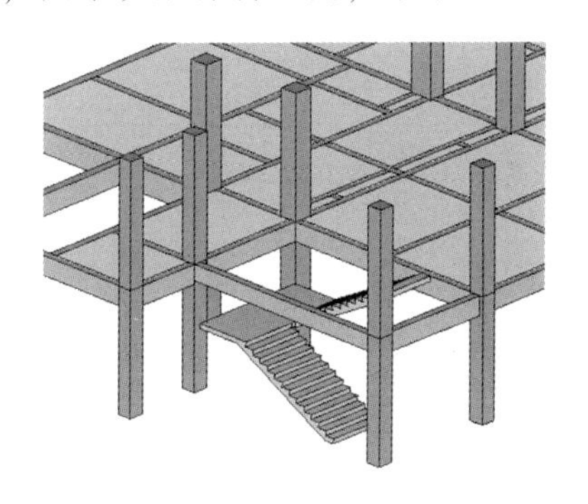

图 5-77　创建的第二部楼梯

27 楼梯设计完成后，楼梯间还要添加楼梯梁和楼梯间走廊的楼板。利用【结构建模】选项卡下【混凝土构件】面板中的【梁】工具和【楼板】工具创建楼梯梁(200×400)和走廊楼板，如图 5-78 所示。

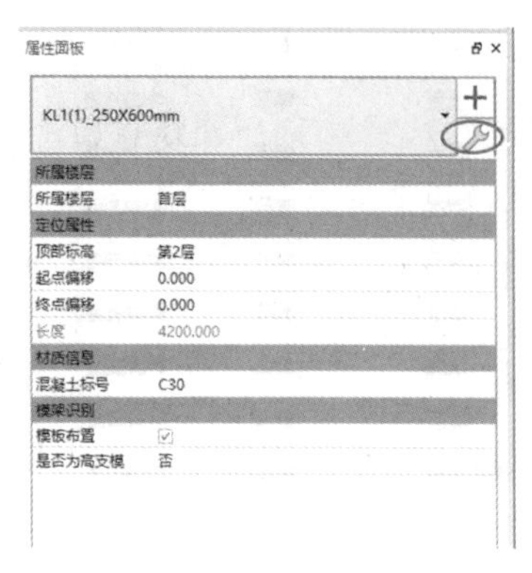

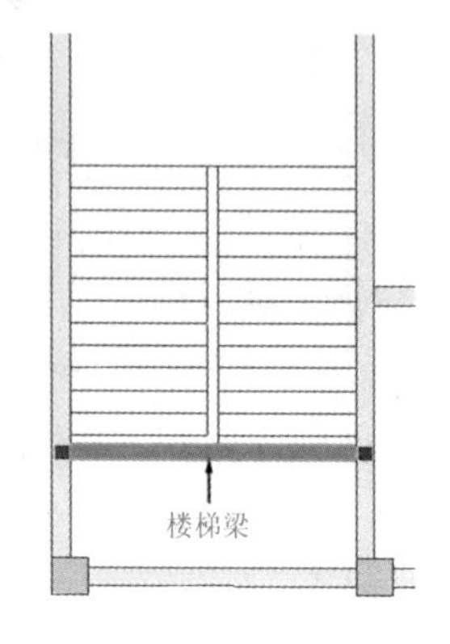

图 5-78 添加楼梯梁

> **提示** 以上创建的两部楼梯均属于有梁楼梯，由于广联达 BIM 模板脚手架软件中没有带梁楼梯的构件，因此需要后续手动添加楼梯梁。

28 在【结构建模】选项卡下【模型预处理】面板中单击【一键处理】按钮，弹出【一键处理设置】对话框。保留对话框中的默认设置，单击【确定】按钮，系统自动对重叠的楼板、重叠的梁等进行修剪处理，得到一个合理的结构模型，如图 5-79 所示。

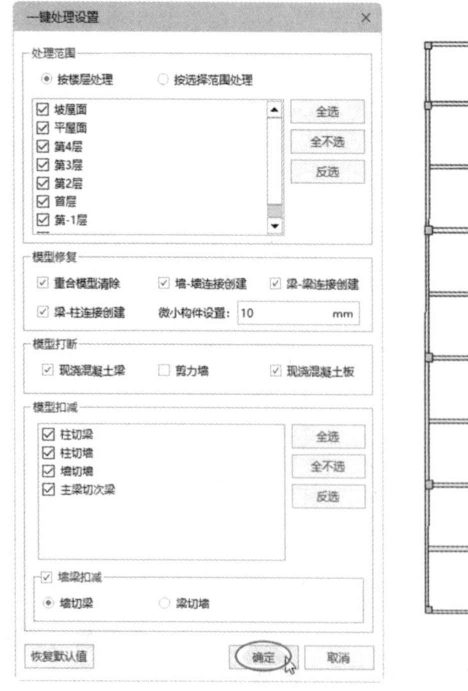

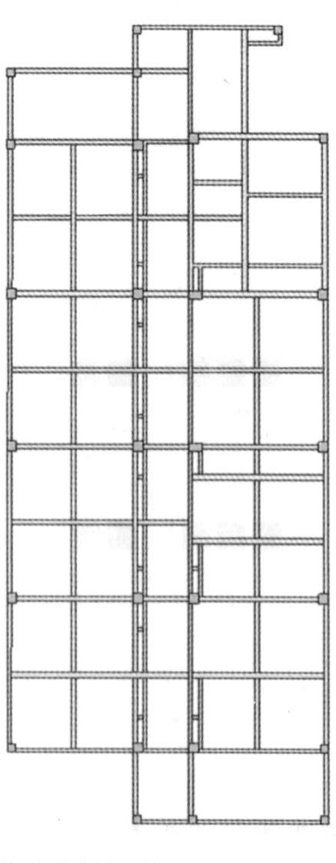

图 5-79 一键处理结构模型中的问题

5.2.2 配模、模板支架及外脚手架设计

在本例中，对于模板和模板支架的材料性能我们不进行深入探讨，这里仅仅介绍整个木模设计（配模）、模板支架和外脚手架设计的操作流程。

1. 配模

01 在【配模设计】选项卡下单击【配模参数】按钮，弹出【配模参数】对话框。

02 在对话框中【模板材料】选项卡下修改【面板厚度】为20，如图5-80所示。

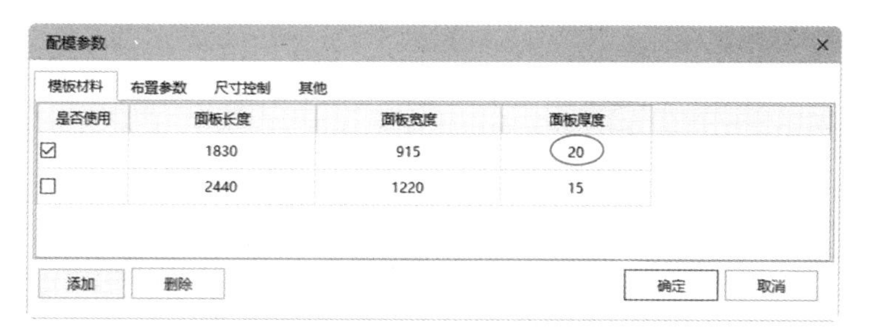

图5-80　设置【面板厚度】

03 其余选项及参数保留默认设置，单击【确定】按钮完成配模参数的设置。

04 切换到“第2层”平面视图，单击【整层配模】按钮，系统自动为整个第2层的结构模型进行木模板的配置，结果如图5-81所示。查看木模生成效果时，可在【显示过滤】面板中取消勾选【项目构件】复选框。

提示　在配模前，要检查所选的梁、柱、板等构件是否同在“第2层”中，如果不是同在一个层中，则选中这部分构件，然后在属性面板中设置【所属楼层】为“第2层”。另外，目前广联达BIM模板脚手架设计软件还不能对楼梯进行配模。

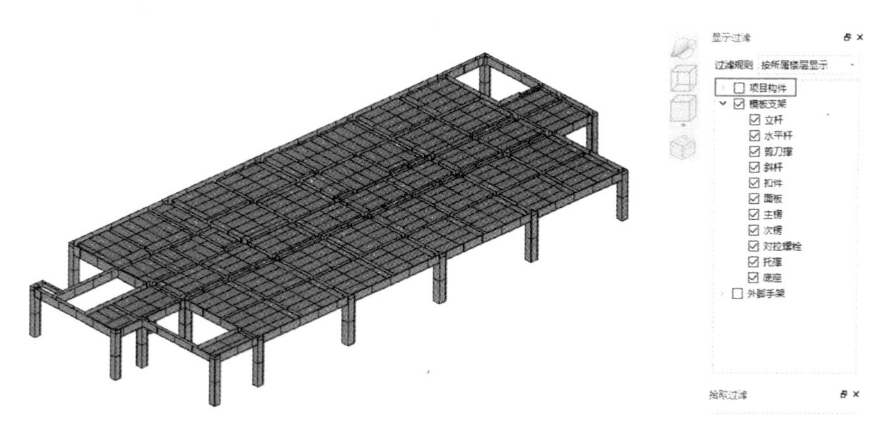

图5-81　为第2层的结构模型配模

05 切换到“第3层”平面视图。单击【整层配模】按钮，系统自动为整个第3层的结构柱进行模板配置，结果如图5-82所示。

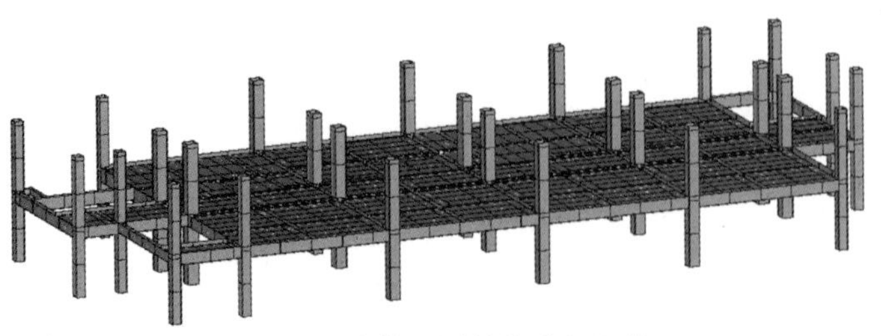

图 5-82 为第 3 层的柱进行配模

2. 模板支架设计

01 在【模板支架】选项卡下单击【危大构件汇总】|【整栋汇总】按钮，系统自动对整栋建筑结构模型进行危大构件的识别和汇总分析，得出如图 5-83 所示的结果。

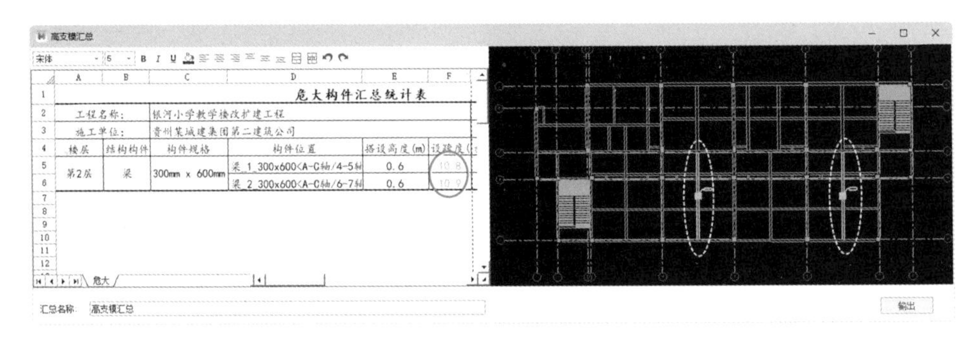

危大构件汇总统计表

工程名称:	银河小学教学楼改扩建工程			
施工单位:	贵州某城建集团第二建筑公司			
楼层	结构构件	构件规格	构件位置	搭设高度(m)
第2层	梁	300mm x 600mm	梁_1_300x600<A-C轴/4-5轴	0.6
			梁_2_300x600<A-C轴/6-7轴	0.6

图 5-83 危大构件汇总结果

02 单击【架体排布】|【区域排布】按钮，框选所有结构模型，在视图窗口左上角单击【确定】按钮✓，弹出【架体排布】对话框。勾选【结构边缘自动布置斜立杆】复选框和【跨楼层布置支架】复选框，其余选项保留默认设置，单击【排布】按钮，如图 5-84 所示。

序号	危大构件 - 扣件式	模板做法	立杆共用	梁立杆纵距La	梁两侧立杆间距Lb	边梁外侧立杆距梁外侧边距离	梁底立杆增设个数	水平杆步距
1	300x600mm (2)	对拉螺栓做法	☑	900	900	/	0	1500

序号	普通构件 - 扣件式	模板做法	立杆共用	梁立杆纵距La	梁两侧立杆间距Lb	边梁外侧立杆距梁外侧边距离	梁底立杆增设个数	水平杆步距
1	边梁_250x500mm (1)	对拉螺栓做法	☑	1200	600	/	0	1500
2	边梁_250x600mm (10)	对拉螺栓做法	☑	1200	600	/	0	1500
3	边梁_300x600mm (7)	对拉螺栓做法	☑	1200	600	/	0	1500
4	边梁_250x650mm (2)	对拉螺栓做法	☑	900	600	/	1	1500
5	边梁_300x750mm (1)	对拉螺栓做法	☑	900	600	/	1	1500
6	200x300mm (14)	对拉螺栓做法	☑	1200	600	/	0	1500
7	200x350mm (2)	对拉螺栓做法	☑	1200	600	/	0	1500
8	200x400mm (8)	对拉螺栓做法	☑	1200	600	/	0	1500
9	250x450mm (5)	对拉螺栓做法	☑	1200	900	/	0	1500

图 5-84 架体排布设置

03 随后系统自动为模板排布模板支架，结果如图 5-85 所示。由于楼梯构件不能配模，所以这两个构件不能排布模板支架。

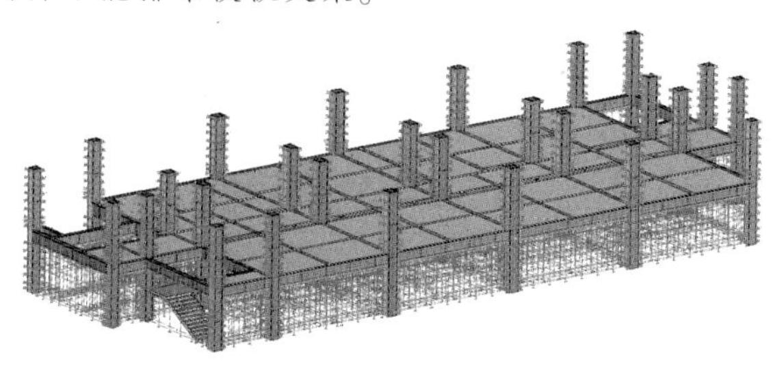

图 5-85　自动排布的模板支架

04 切换到“第 2 层”平面视图。单击【剪刀撑布置】按钮，弹出【扣件式剪刀撑手动排布设置】对话框，保留默认设置，单击【确定】按钮，完成剪刀撑的手动布置，如图 5-86 所示。

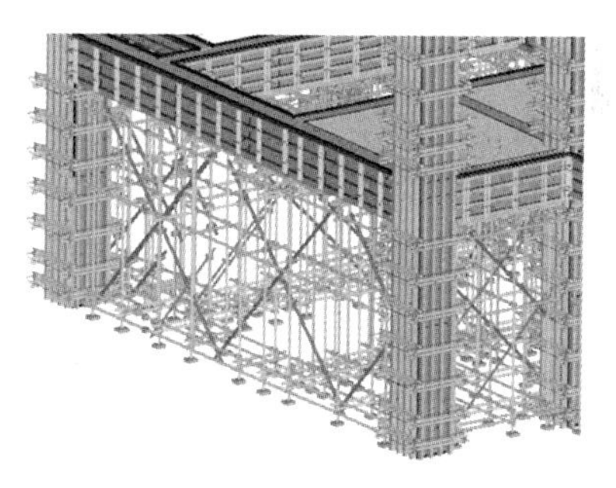

图 5-86　手动布置剪刀撑

3. 外脚手架设计

01 在【外脚手架】选项卡下单击【快速排布】按钮，弹出【快速排布设置】对话框。

02 在对话框中设置【排布范围】选项组中的选项及参数，然后单击【排布】按钮，如图 5-87 所示。

图 5-87　快速排布设置

03 随后自动完成外脚手架的排布，结果如图 5-88 所示。

04 接下来可以按施工要求，输出配模、模板支架和外脚手架的计算书，以及相关施工图。这里就不再一一详解操作步骤了。最后保存项目文件。

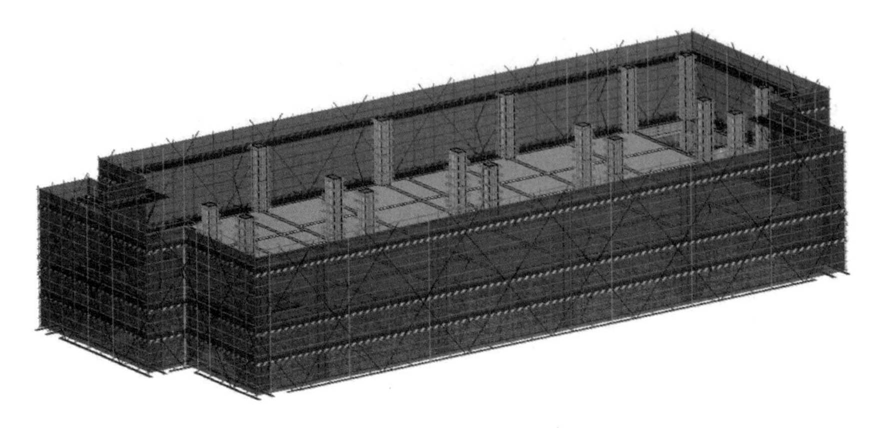

图 5-88　自动排布外脚手架的结果

第 6 章

施工现场布置设计

本章导读

广联达 BIM 施工现场布置软件是用于工程项目场地策划及展示的三维软件。本章主要介绍广联达 BIM 施工现场布置软件在建筑施工现场的场地规划设计中的具体应用。

案例展现

案例图	描述
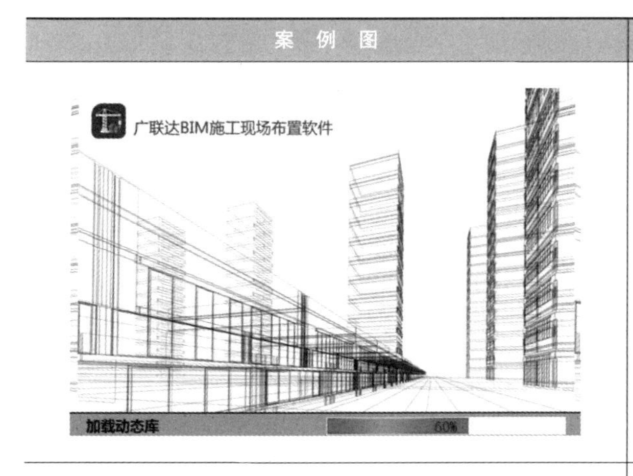	广联达 BIM 施工现场布置软件（简称“广联达场布软件”）可让技术人员在投标展示及施工策划阶段更加得心应手。软件通过内置大量构件库、CAD 识别、导入 GCL、OBJ、SKP 等方式帮助用户快速完成施工现场的数字化呈现，利用 BIM 模型快速输出各阶段的二维图、三维图、各阶段的临建材料量及施工现场数字版的航拍视频
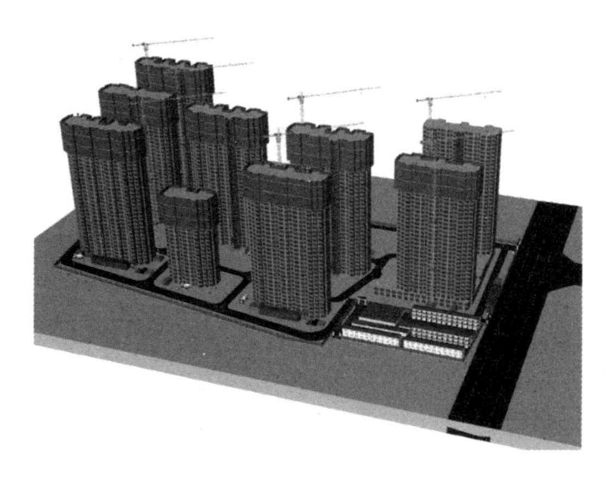	本案例项目为某市新城滨河住宅小区，工程总用地为 32887.67m^2，东侧道路红线宽 30m。小区规划建设 9 栋楼，楼层层高为 31～34 层。1#楼和 2#楼为商住楼，其余楼栋为民用住宅。周边配套齐全，交通便利，环境景观优越，为该市自具特色的优雅居住小区

6.1 广联达 BIM 施工现场布置软件简介

广联达 BIM 施工现场布置软件（简称“广联达场布软件”）可让技术人员在投标展示及施工策划阶段更加得心应手。软件通过内置大量构件库、CAD 识别、导入 GCL、OBJ、SKP 等方式帮助用户快速完成施工现场的数字化呈现，利用 BIM 模型快速输出各阶段的二维图、三维图、各阶段的临建材料量及施工现场数字版的航拍视频。图 6-1 为在广联达 BIM 施工现场布置软件中创建完成的场布模型。

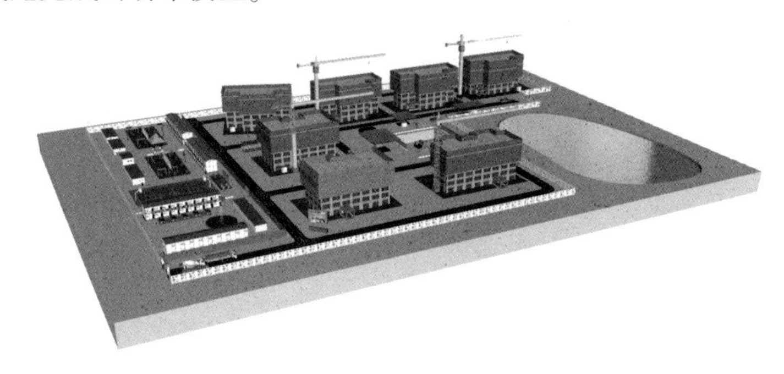

图 6-1　场布模型

6.1.1 广联达场布软件的优势

利用广联达场布软件可以实现三维场地布置，大型机械选型、结构实体建模、施工过程推演、现场 3D 漫游等综合应用需求。进行三维场地布置，能够使现场施工人员更直观地了解施工场地的规划，提升标准化施工、施工进度、施工方案等方面的安全管理水平。

1. 可视化的项目策划

通过 CAD 识别、GCL 文件导入以及内置构件可以简单快速完成三维场地策划。

2. 辅助成本分析

所有构件均支持自定义价格，在策划过程中，可以随时查看临建工程量，快速测算临建花费。

3. 辅助生产管理

可通过智能手机终端应用随时记录信息，云端实时同步，基于 BIM 模型，结合移动互联网通讯辅助项目生产管理。

6.1.2 软件下载与安装

广联达场布软件致力于为建筑工程行业技术人员打造施工现场三维仿真和施工模拟的专业轻量的 BIM 产品。可到官网中下载试用软件，若要长期使用则需要购买正版锁并安装加密锁驱动程序。官网下载地址为 http://gcb. glodon. com/，在下载页面中，单击【下载最新版本】按钮即可自动下载，如图 6-2 所示。目前最新版软件的版本号为 V7. 9。

广联达场布软件的安装与广联达 BIM 模板脚手架设计软件的安装过程是完全相同的，这里不再赘述。

图 6-2 下载广联达 BIM 施工现场布置软件

6.1.3 软件环境设置与基本操作

下面介绍软件的界面和环境设置以及基本的操作。

1. 项目设计环境界面

双击桌面上广联达场布软件图标，启动软件。图 6-3 为广联达场布软件工作界面。

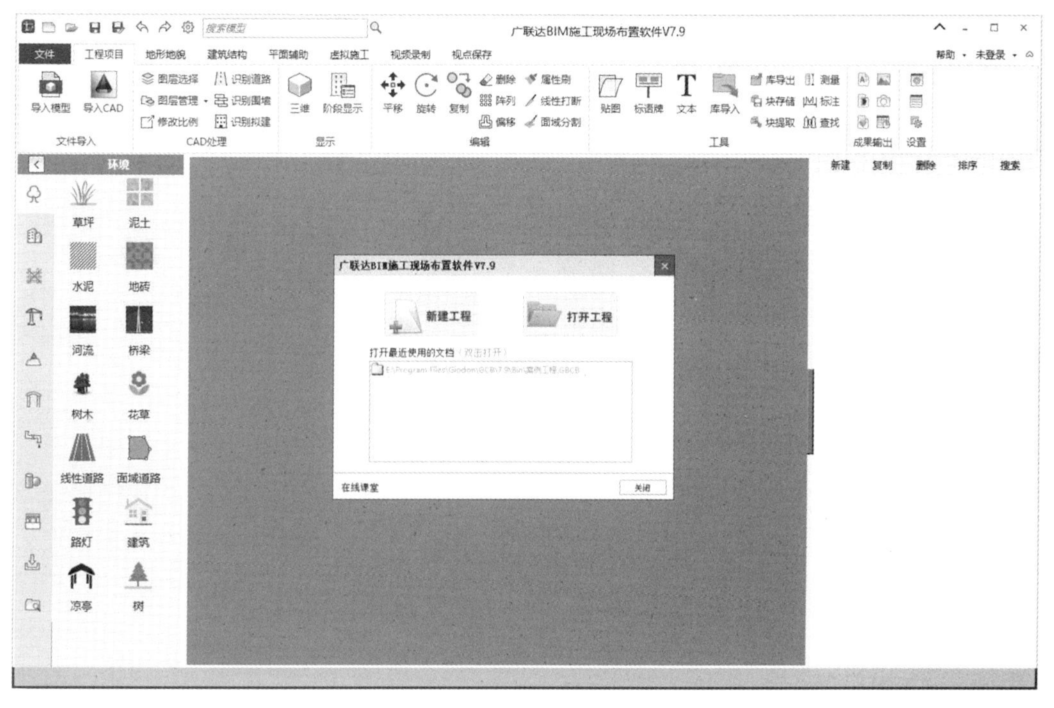

图 6-3 广联达场布软件的工作界面

在工作界面中会弹出【广联达 BIM 施工现场布置软件 V7.9】对话框，通过此对话框可以新建工程项目或打开已有工程项目，激活项目设计环境，如图 6-4 所示。

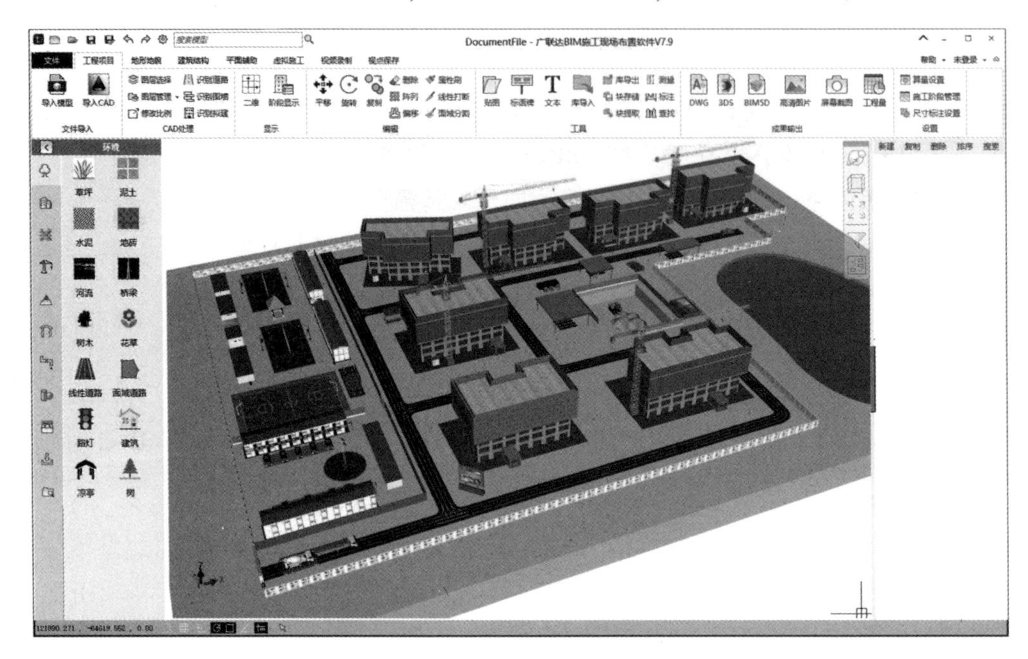

图 6-4 项目设计环境

2. 软件环境设置

软件环境的设置主要是指软件环境中的背景设置和其他设置。

在快速访问工具栏中单击【设置】按钮⚙，弹出【设置】对话框。在该对话框中可以进行 2D 背景设置、3D 背景设置及其他设置。2D 背景设置是指对二维视图平面中的背景进行设置，如图 6-5 所示。3D 背景设置是指对三维视图中的背景进行设置，如图 6-6 所示。

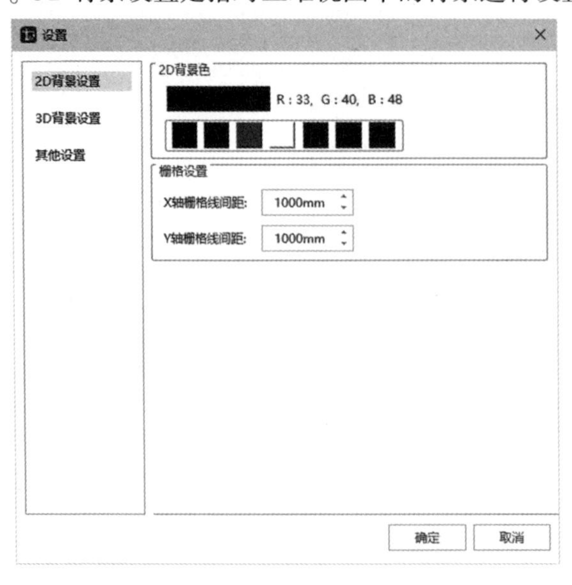

图 6-5 2D 背景设置

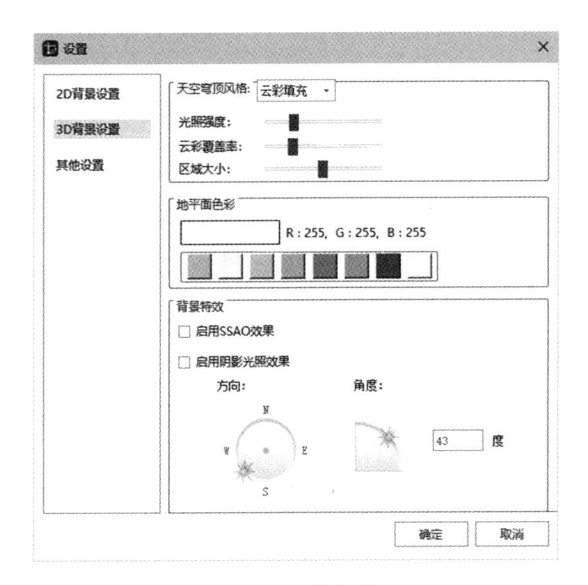

图6-6　3D背景设置

在【其他设置】页面中（如图6-7所示），可设置软件自动保存项目文件的时间选项【自动保存时间】，设置自动保存时间是为了防止因计算机死机、断电或软件故障等原因导致项目文件丢失。其他选项采用系统默认设置，特殊情况下可自行决定是否需要设置这些选项。

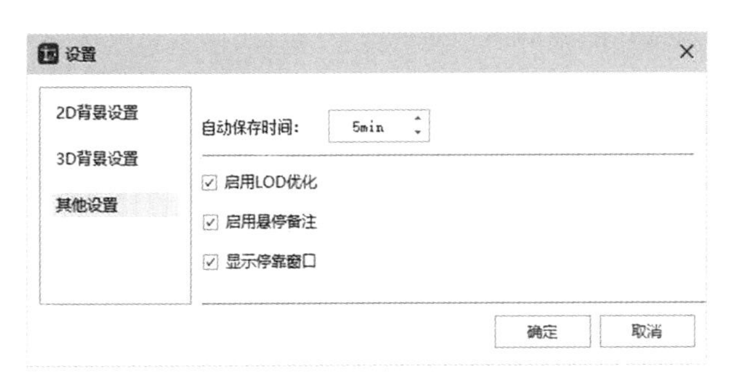

图6-7　其他设置

3. 视图操作

广联达场布软件的视图操控方法如下。

- 滚动鼠标滚轮（中键滚轮）：缩放视图。
- 按下鼠标中键滑动：平移视图。
- 按下鼠标中键＋Ctrl键：旋转视图。

在视图窗口（图形区）的右上角有视图操控菜单，如图6-8所示。该视图操控菜单中的视图操控按钮含义介绍如下。

- 动态观察：单击此按钮，可以旋转视图进行动态观察，作用与“按下鼠标中键＋Ctrl键”相同。
- 视图切换：单击此按钮，将弹出视图子菜单。视图子菜单

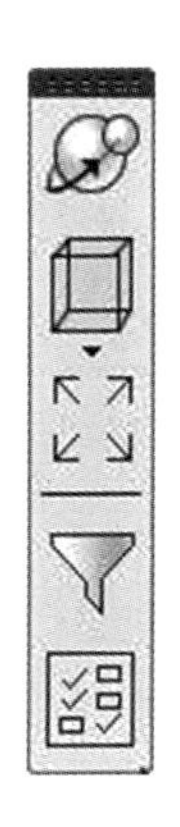

图6-8　视图操控菜单

中包括 6 个基本视图和 4 个等轴侧视图，如图 6-9 所示。用户可切换不同的视图进行项目设计。

- 自适应⛶：操作视图后，单击此按钮可使视图在窗口中完全显示。
- 拾取过滤▽：单击此按钮，将弹出【拾取过滤】对话框，如图 6-10 所示。在该对话框中勾选或取消勾选图元选项，可以控制哪些图元能被快速拾取或不被拾取。
- 显示过滤▤：单击此按钮，将弹出【图元显示设置】对话框，如图 6-11 所示。在该对话框中勾选或取消勾选图元选项，可以控制图元的显示或隐藏。

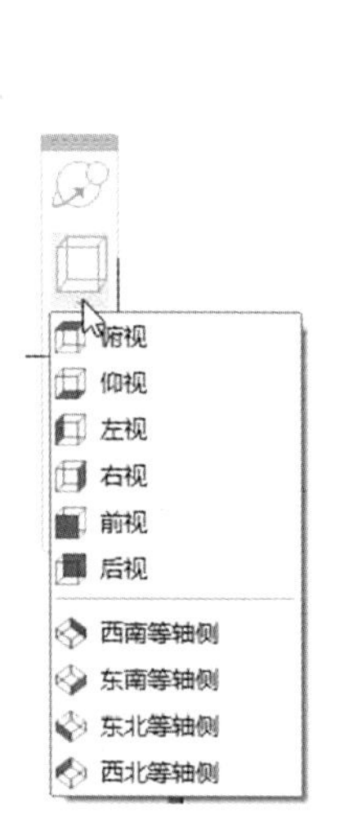

图 6-9　视图子菜单

图 6-10　【拾取过滤】对话框

图 6-11　【图元显示设置】对话框

6.1.4　功能区介绍

广联达施工场布软件的功能区介绍如下。

1.【构件】面板

【构件】面板位于视图窗口左侧，用于向施工场地中插入各种场地布置设施及构件。【构件】面板中包含 11 个标签，其中前面 9 个标签是构件分类标签，后面 2 个为用户标签，如图 6-12 所示。

在不同的构件分类标签中，用户可以根据施工场地布置图来选择相应的构件布置到施工场地中，布置构件的方式包括点放置、线性放置或绘制范围框自动生成。布置构件时需要切换到二维视图。

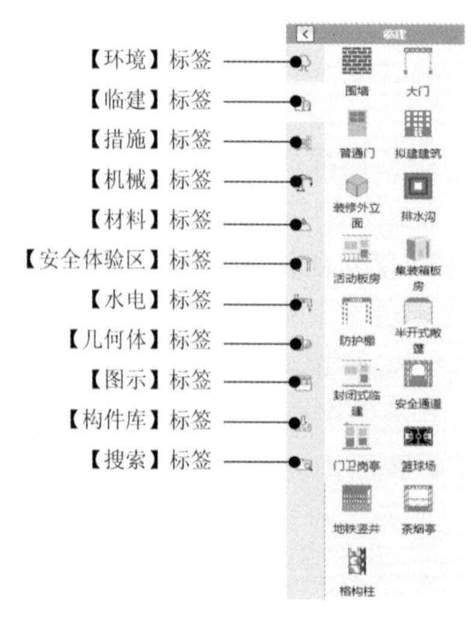

图 6-12　【构件】面板

2.【工程项目】选项卡

功能区【工程项目】选项卡下的工具是进行项目设计的相关准备工具，如图 6-13 所示。

图 6-13　【工程项目】选项卡

（1）【文件导入】面板

【文件导入】面板中的两个工具：导入模型和导入 CAD。

- 导入模型：通过此工具，导入广联达公司其他软件所生成的三维建筑模型或常见的 BIM 软件生成的三维建筑模型（如 skp、obj、fbx、dae、stl 及 ply 等格式）。
- 导入 CAD：通过此工具，导入 AutoCAD 软件或其他制图软件所生成的 dwg 格式图纸，如图 6-14 所示。

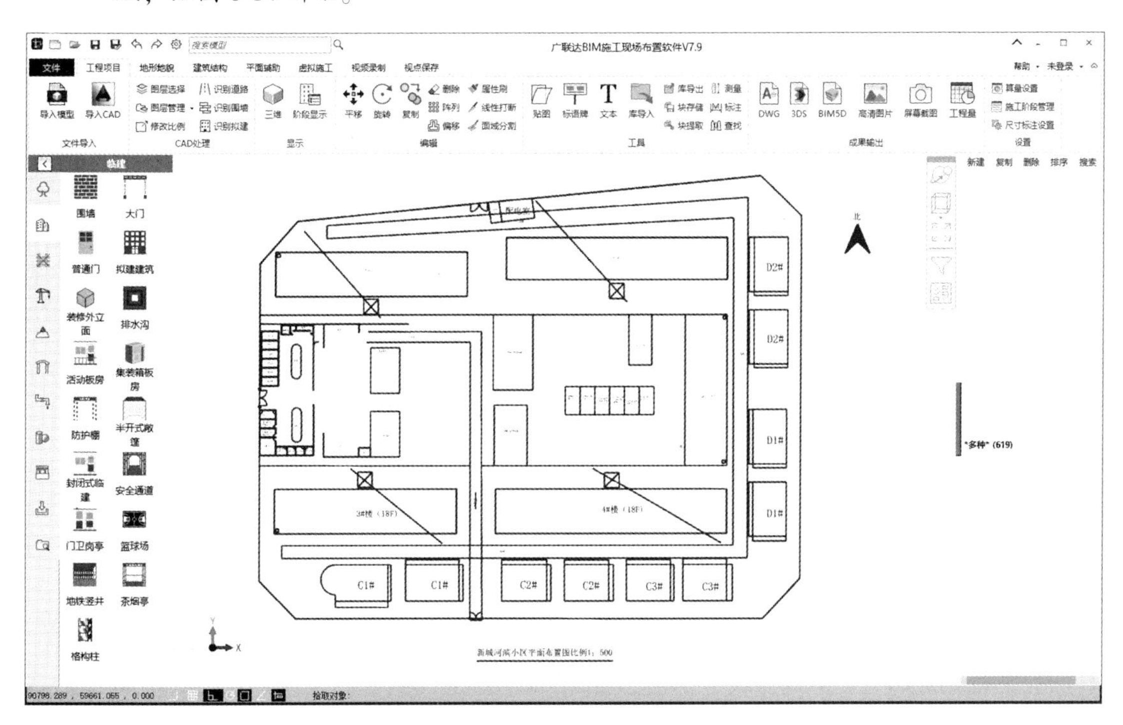

图 6-14　导入 CAD 图纸

（2）【CAD 处理】面板

【CAD 处理】面板中的工具用于对 CAD 图元进行快速选择、比例缩放和对图元进行自动识别，可快速建立起场布模型。各工具介绍如下。

- 图层选择：单击此按钮，弹出【CAD 图层选择】对话框。通过该对话框可快速选择 CAD 图层中的对象，如图 6-15 所示。
- 图层管理：图层管理的作用是控制图层中对象的显示与隐藏、删除图层外的对象和分解图层中的图块。图 6-16 为【图层管理】菜单。
- 修改比例：选取要修改比例的 CAD 图元，然后单击此按钮，可以设置缩放比例来缩放 CAD 图元，如图 6-17 所示。

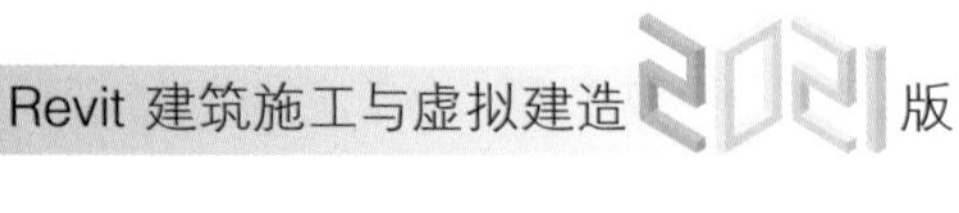

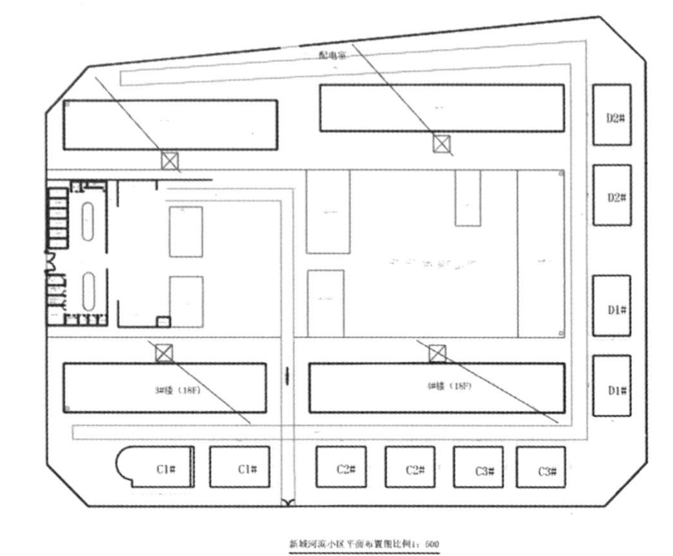

图 6-15　通过图层选择对象

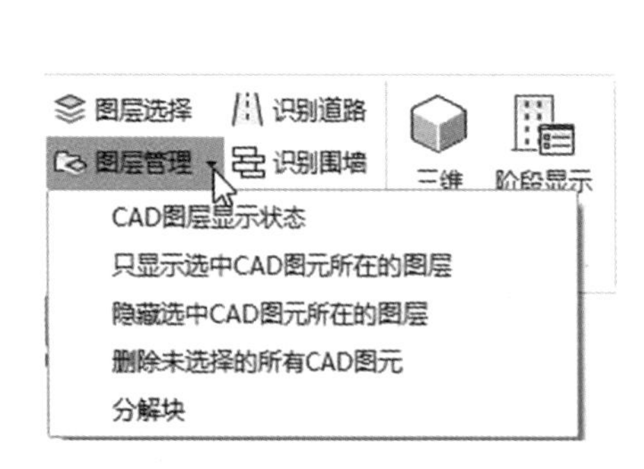

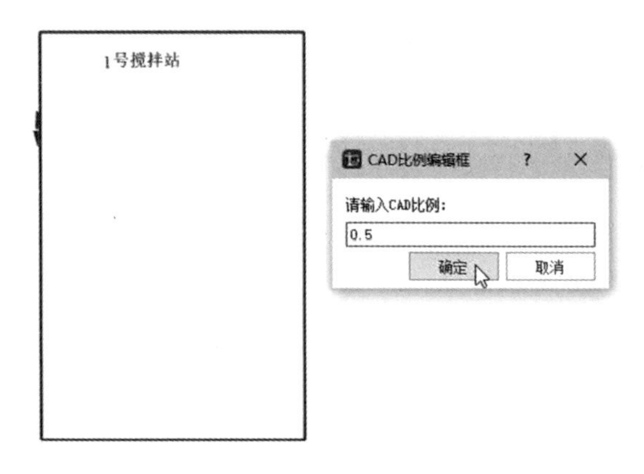

图 6-16　【图层管理】菜单　　　　图 6-17　修改 CAD 图元的比例

- 识别道路：此工具可快速识别 CAD 图纸中的道路线，并快速建立起道路构件，如图 6-18 所示。
- 识别围墙：此工具可快速识别 CAD 图纸中的场地围墙和建筑楼层的墙体线，并快速建立起墙体构件，如图 6-19 所示。
- 识别拟建：此工具可根据 CAD 图纸中的建筑物轮廓快速创建拟建建筑（虚拟建筑），如图 6-20 所示。

(3)【显示】面板

【显示】面板中的工具用于控制视图和视图中图元的显示状态。

- 二维/三维：这两个按钮用于切换视图的二维平面显示状态和三维立体显示状态。
- 阶段显示：此工具用于控制在不同的施工阶段中的图样显示，单击【阶段显示】按钮，弹出【施工阶段显示】对话框，如图 6-21 所示。勾选不同施工阶段的显示选项，可以控制该阶段的图元显示，不勾选则隐藏该施工阶段所创建的图元。

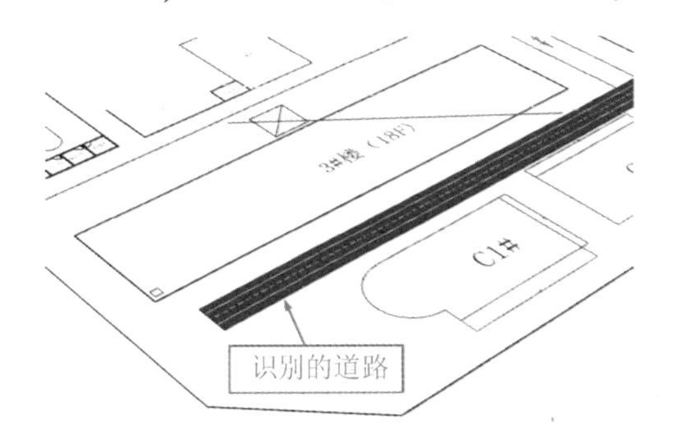

图6-18　识别道路

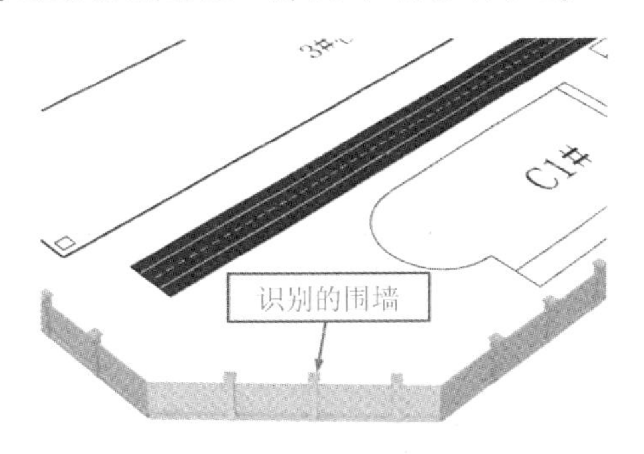

图6-19　识别围墙

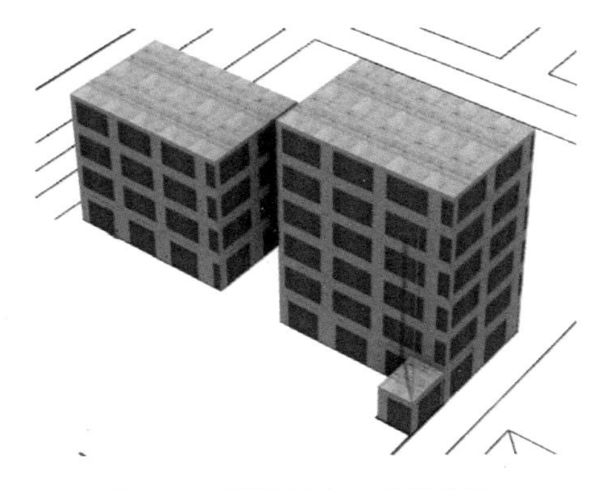
图6-20　识别拟建（虚拟建筑）

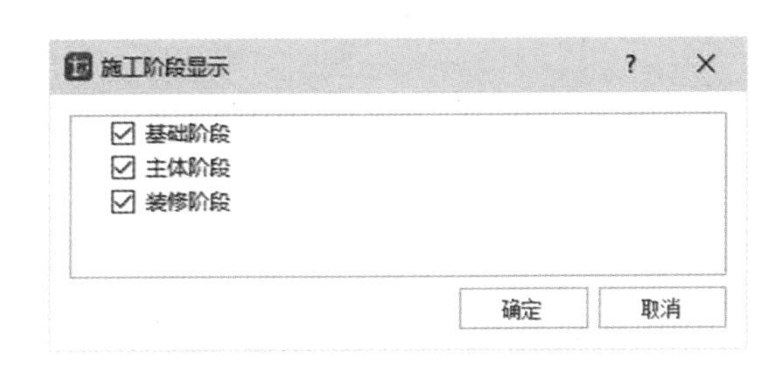

图6-21　【施工阶段显示】对话框

(4)【编辑】面板

【编辑】面板中的编辑工具用于CAD图纸中的二维图元和场布（施工场地布置的简称）构件的编辑与修改。各工具介绍如下。

- 平移：单击此按钮，对所选图元进行平移操作。执行【平移】命令后，选取要平移的图元，单击右键进行确认，接着选取平移的起点和终点完成平移操作。
- 旋转：单击此按钮，对所选图元进行旋转操作。
- 复制：单击此按钮，对所选图元进行复制。
- 删除：单击此按钮，将所选图元删除。
- 阵列：单击此按钮，对所选图元进行矩形阵列。
- 偏移　：单击此按钮，对所选图元进行偏移复制。
- 属性刷：单击此按钮，将参考图元的属性应用到其他图元上。
- 线性打断：利用此工具将线性图元分割打断。
- 面域分割：利用此工具对面图元（主要是建筑构件）进行分割。

(5)【工具】面板

【工具】面板中的工具用于定义辅助场布构件，如贴图、标语牌、文本、库构件导入、块制作、块存储、测量、标注和查找构件等。

- 贴图：利用此工具可将外部图片载入到项目环境中作为贴图使用，如图6-22

所示。

- 标语牌：利用此工具可在标识牌构件的表面填写标语，如图 6-23 所示。

图 6-22　使用贴图

图 6-23　设置标语牌

- 文本 T：利用此工具为导出图纸创建注释文本。
- 库导入：利用此工具，可以从外部导入构件库文件。
- 库导出：利用此工具，可将广联达场布软件的构件库导出。
- 块存储：利用此工具，可将当前项目中的场布构件保存为块文件，在今后进行新的施工场布设计时可直接导入使用。
- 块提取：利用此工具，可将以前项目中保存的块文件导入到当前项目中。
- 测量：这是一个测量工具，用于测量二维图元和三维图元之间的距离，或者测量某个图元的长度。
- 标注：用于标注图元，便于导出 DWG 图纸文件。
- 查找：通过该工具，可以快速找到当前项目中某类型的场布构件图元，如图 6-24 所示。

图 6-24　查找图元

(6)【成果输出】面板

【成果输出】面板中的工具用于将当前项目输出为可与其他 BIM 软共享的数据文件，比如导出为 DWG 文件，之后可通过 AutoCAD 软件打开施工场布图纸，了解施工场地的规划建设和施工进度等情况。可输出的数据类型如下。

- DWG：将当前项目输出为 DWG 格式的图纸文件。
- 3DS：将当前项目输出为可用 3ds Max 软件打开的场景文件。
- BIM5D：将当前项目输出为可用广联达 BIM5D 3.5 软件打开的项目文件。

- 高清图片：将当前项目的某个视图导出为高清图片文件，如图6-25所示。导出的数据文件占用内存比“屏幕截图”大。
- 屏幕截图：利用软件自动的屏幕截图工具，将当前项目的三维效果图自动截图并导出为较低清晰度的图像文件。
- 工程量：利用此工具，可查看当前项目中的工程量汇总，如图6-26所示。

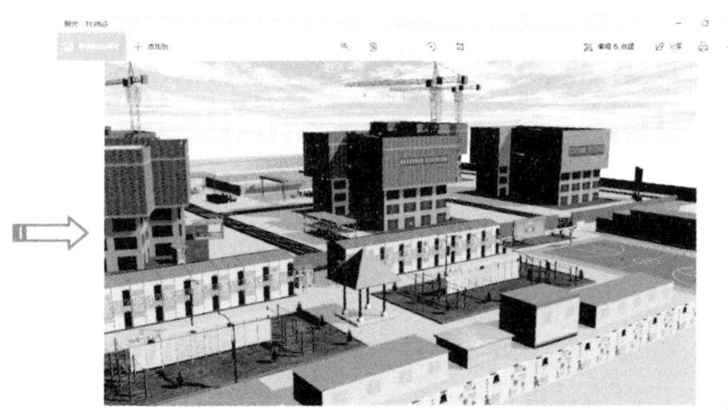

图6-25　输出高清图片

查看工程量

	A	B	C	D	E	F	G	H
1	汇总表							
2	构件	材质	规格	单位	数量	单价	总价	厂家
3	安全讲台		安全讲台-1	个	1.000	0.000	0.00	
4	钢筋弯曲机		钢筋弯曲机-1	台	1.000	0.000	0.00	
5	泵车		砼泵车-1	台	1.000	0.000	0.00	
6	砌块堆场		砌块堆-1	个	1.000	0.000	0.00	
7	工地大门	电动门	大门-1	樘	1.000	0.000	0.00	
8	机电材料堆场		机电材料堆场-1	个	2.000	0.000	0.00	
9	围挡	密目网	围挡-1	米	161.768	0.000	0.00	
10	消防箱		消防箱-1	个	1.000	0.000	0.00	
11	旗杆		旗杆-1	个	1.000	0.000	0.00	
12	混凝土罐车		泵罐车-1	台	1.000	0.000	0.00	
13	草坪		草坪-1	平方米	8546.991	0.000	0.00	
14	停车场		停车坪-1	位	19.000	0.000	0.00	
15	植草砖地面		地砖-1	平方米	131.492	0.000	0.00	
16	配电箱		配电箱-1	台	4.000	0.000	0.00	
17	施工道路	沥青	线性道路-1	平方米	4599.397	0.000	0.00	
18	砂堆		砂石堆-1	个	4.000	0.000	0.00	
19	化粪池		化粪池-1	个	1.000	0.000	0.00	
20	钢筋堆场		钢筋-1	个	9.000	0.000	0.00	
21	钢筋调直机		钢筋调直机-1	台	3.000	0.000	0.00	
22	模板堆场		模板堆-1	个	4.000	0.000	0.00	
23	塔式起重机		塔吊-1	台	4.000	0.000	0.00	
24	挖掘机		挖掘机-1	台	1.000	0.000	0.00	
25	生活垃圾站		生活垃圾站-1	个	1.000	0.000	0.00	
26	木材堆场		原木-1	个	5.000	0.000	0.00	
27	安全通道		安全通道-1	个	7.000	0.000	0.00	

基础阶段　主体阶段　装修阶段　总计

打印　导出到Excel　关闭

图6-26　查看工程量

(7)【设置】面板

【设置】面板中有3个设置工具，分别介绍如下。

- 算量设置：此工具用于设置当前项目中相关场布构件的规格、单位、单价、厂家等，如图6-27所示。

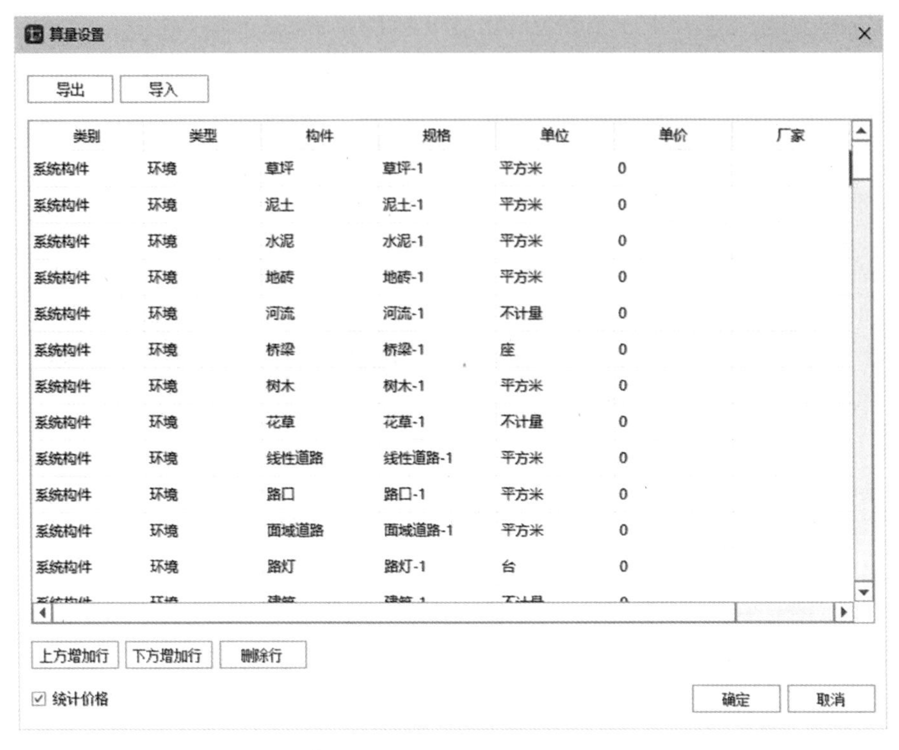

图 6-27　算量设置

- 施工阶段管理：此工具用于管理项目的施工运行阶段，默认有三个阶段，即基础阶段、主体阶段和装修阶段，如图 6-28 所示。目前，常规的施工阶段主要涉及基础阶段、主体阶段和外墙装修阶段，根据实际安排，还可增加施工准备阶段、工程竣工阶段等。
- 尺寸标注设置：此工具用于定义尺寸标注中的尺寸线颜色、标注文本颜色和字体大小等，如图 6-29 所示。

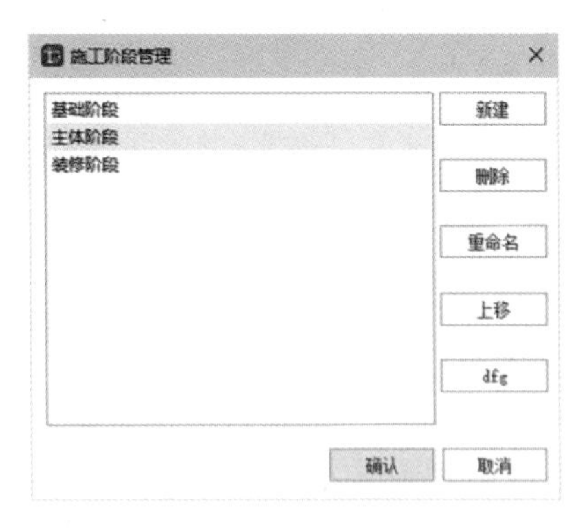

图 6-28　施工阶段管理

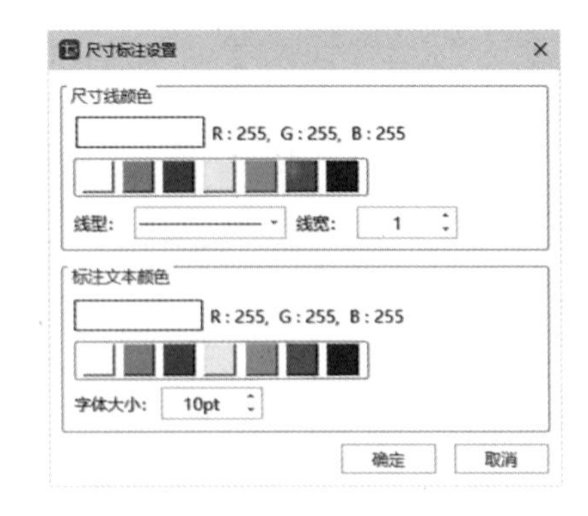

图 6-29　尺寸标注设置

3. 【地形地貌】选项卡

【地形地貌】选项卡下的工具主要用于创建和修改施工场地的地形地貌特征。图 6-30 为【地形地貌】选项卡。

图 6-30　【地下地貌】选项卡

(1)【地形表面】面板

【地形表面】面板中的工具是用于创建施工场地地形表面的工具，分别介绍如下。

- 地形设置：此工具用于设置当前项目的地形地貌的深度（也就是地形模型的厚度）和颜色，如图 6-31 所示。
- 平面地形：此工具用于创建矩形立方体形状的地形地貌，如图 6-32 所示。矩形是用户手工绘制的，地形模型的厚度和颜色来自于【地形设置】。

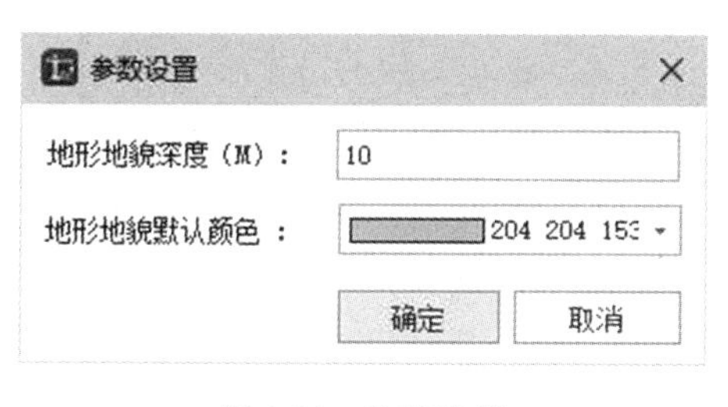

图 6-31　地形设置

图 6-32　平面地形

- 绘制等高线：此工具通过输入等高线的高程来创建地形。
- 识别等高线：此工具用于识别 CAD 图纸中的等高线和高程文字。
- 生成曲面：识别等高线和高程文字后，单击此按钮可自动生成地形。
- 拆分地形：此工具用于拆分地形。当地形上有地形开挖、地形回填、地形道路、地形地貌面域等构件时，不能进行地形拆分。

(2)【开挖和回填】面板

【开挖和回填】面板中的工具用于开挖土石方（创建基坑）、回填土石方（基坑回填）或在开挖的基坑中创建底部斜坡。

- 开挖：此工具用于开挖基坑，只需设置基坑深度（即基底部标高）并绘制基坑的形状基坑即可，如图 6-33 所示。

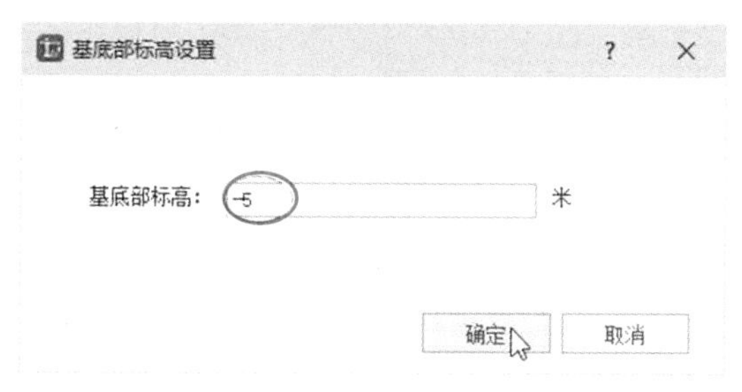

图 6-33　开挖基坑

- 回填：回填是开挖的逆反工作，是将开挖出来的土石方回填到基坑中。
- 底部斜坡：此工具用于在基坑中创建斜坡，如图 6-34 所示。

图 6-34　创建底部斜坡

(3)【基坑围护】面板

【基坑围护】面板中的工具用于创建地基的基坑及其周边的围护结构。

- 坡道：此工具用于在基坑中设计运输坡道，这跟前面介绍的【底部斜坡】不同，底部斜坡是将整个基坑的底部变成斜坡，而【坡道】工具只是将基坑的某一个角落变成斜坡，如图 6-35 所示。绘制坡道时要切换到二维视图中。
- 围护桩：此工具用于创建基坑围护，如图 6-36 所示。基坑围护的作用是当基坑开挖后，在基坑的四周创建基坑围护，防止基坑周边的沙土、石、水及其他杂物渗漏到基坑中。基坑围护是为合理利用地下空间而进行的一种建筑围护方法。

图 6-35　创建坡道

图 6-36　创建围护桩

- 连续墙：连续墙也是一种基坑围护结构。在基坑中利用挖槽机械沿着基坑周边开挖出来深槽，然后在槽内调方形钢筋笼，用导管法灌筑水泥而形成一个槽段，如此逐段进行，最终形成连续墙，起到截水、防渗、承重等作用。地下连续墙如图 6-37 所示。
- 识别支护梁：支护梁是为保护地下主体结构施工和基坑周边环境的安全，对基坑采用临时性支挡、加固、保护与地下水控制的措施构件，常见的基坑支护梁结构如图 6-38 所示。此工具仅针对有支护梁设计的施工图纸。

(4)【编辑】面板

【编辑】面板中的编辑工具与【工程项目】选项卡下【编辑】面板中的编辑工具是完全相同的，此处不再赘述。

图 6-37 创建连续墙

图 6-38 基坑支护梁

4. 【建筑结构】选项卡

【建筑结构】选项卡下的工具用于创建建筑结构模型，如图 6-39 所示。

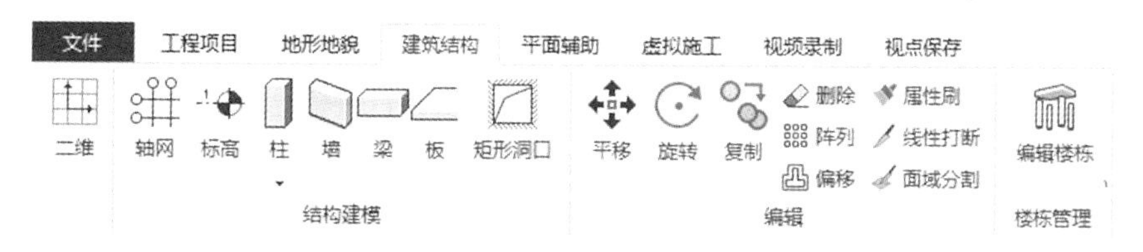

图 6-39 【建筑结构】选项卡

利用【建筑结构】选项卡下的建模工具，依据导入的 CAD 图纸，可以快速而精准地创建建筑结构模型，如图 6-40 所示。

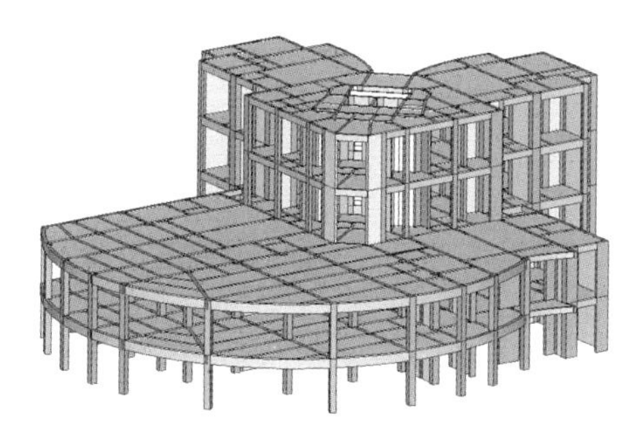

图 6-40 创建的结构模型

利用【一键处理】工具，可对楼板、梁柱等进行打断和扣减操作。【轴网】和【标高】工具用于创建项目中的轴网和标高。

5. 【平面辅助】选项卡

【平面辅助】选项卡下【平面绘制】面板中的工具用于绘制施工场地布置的二维图形，也就是说可以在广联达场布软件中进行施工现场布置图的设计，如图 6-41 所示。

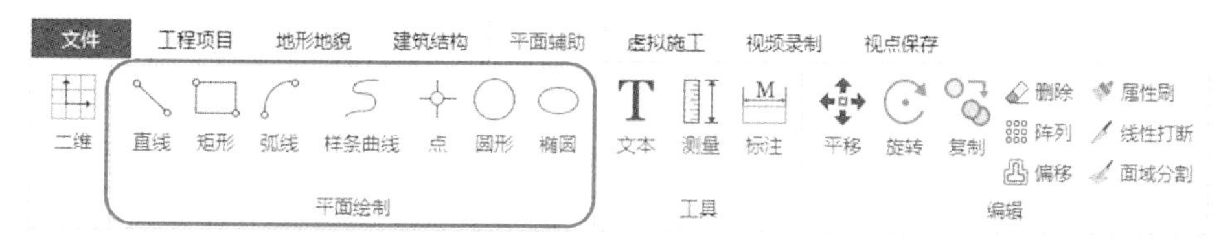

图 6-41 【平面辅助】选项卡下【平面绘制】面板中的工具

6. 【虚拟施工】选项卡

【虚拟施工】选项卡下的工具用于创建虚拟施工的模拟动画。【虚拟施工】选项卡如图 6-42 所示。模板支架设计只能在完成配模设计之后进行。

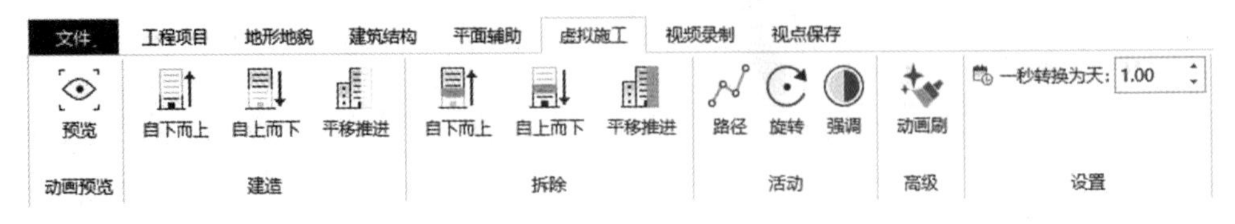

图 6-42 【虚拟施工】选项卡

【虚拟施工】选项卡下各工具介绍如下。

(1)【动画预览】面板

- 预览：模拟施工过程后，系统会自动创建虚拟施工的动画。单击【预览】按钮可以预览虚拟施工过程，观看施工模拟动画，如图 6-43 所示。

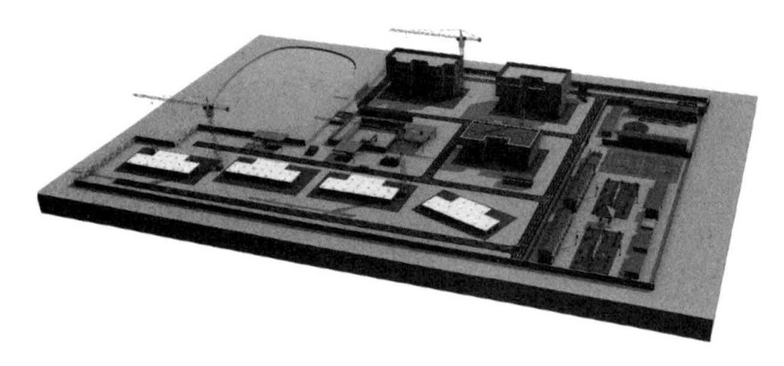

图 6-43 预览虚拟施工过程

(2)【建造】面板

- 自下而上：此工具用于定义单个房屋建筑自下而上的虚拟施工过程，即从建筑物底部往顶层进行建造模拟，如图 6-44 所示。

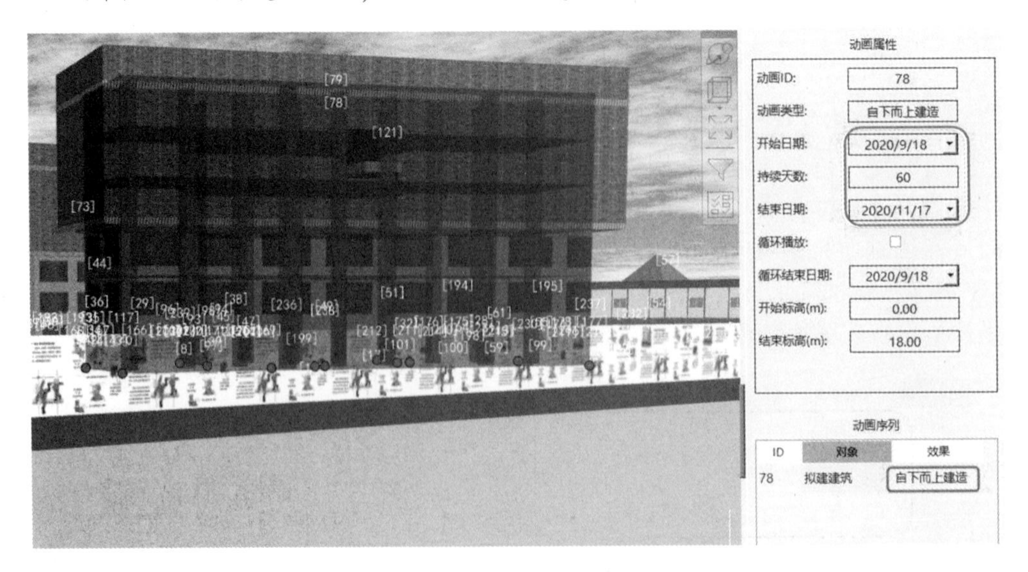

图 6-44 自下而上

- 自上而下：此工具用于定义单个房屋建筑自上而下的虚拟施工过程。
- 平移推进：此工具针对施工道路、围墙、洗车池、停车场、篮球场等只能在地面施工的构件进行虚拟施工过程。

(3)【拆除】面板

- 自下而上：此工具用于房屋拆除的虚拟施工过程模拟，拆除方式为自下而上。
- 自上而下：此工具用于房屋拆除的虚拟施工过程模拟，拆除方式为自上而下。
- 平移推进：此工具用于房屋拆除的虚拟施工过程模拟，拆除方式为平移推进拆除。

(4)【活动】面板

- 路径：此工具用于为具有动力装置的施工车辆绘制运动轨迹，如图6-45所示。创建路径后，车辆会沿着路径进行运动。

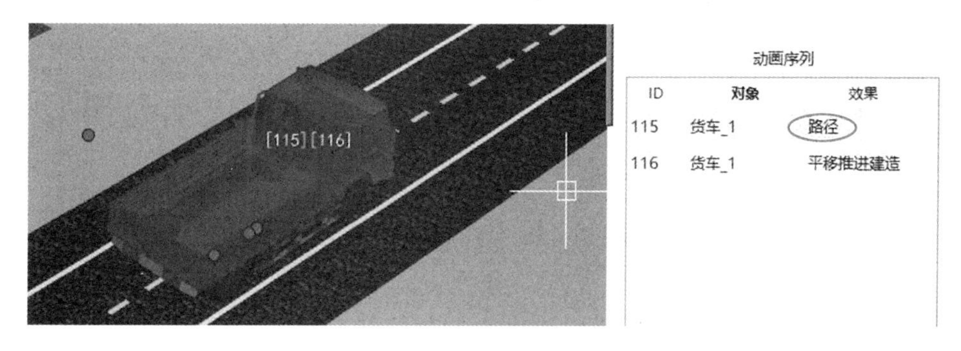

图6-45　创建车辆的路径

- 旋转：此工具用于为塔式起重机（塔吊）、汽车吊等施工设备创建旋转运动，如图6-46所示。

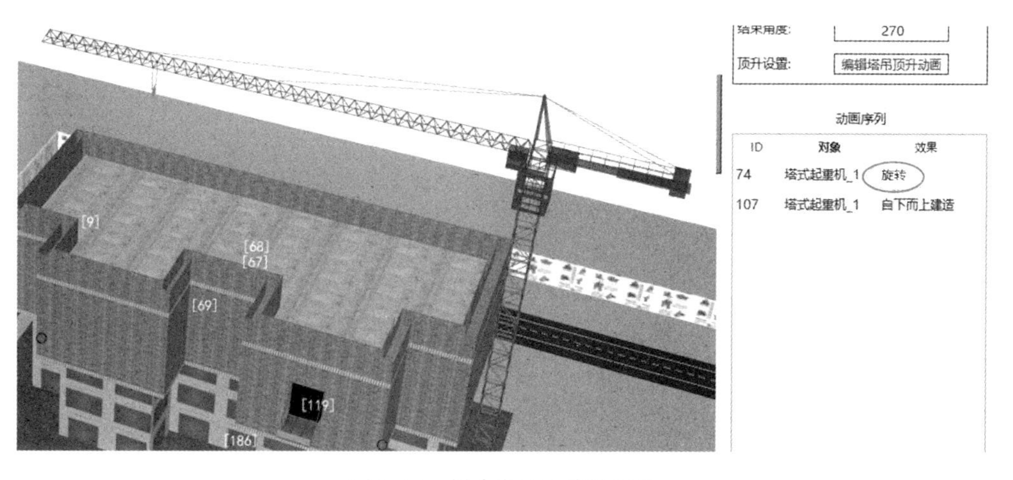

图6-46　创建塔吊的旋转运动

- 强调：单击此按钮，可以重点显示所选构件。

(5)【高级】面板和【设置】面板

- 动画刷：利用【动画刷】工具可将参考构件的动画属性应用到目标构件。
- 一秒转换为天：此工具用于设置虚拟建造的预览速度，值越大速度越快。

7. 【视频录制】选项卡

【视频录制】选项卡如图 6-47 所示。该选项卡下的工具用于创建漫游和虚拟施工的动画。【视频录制】选项卡下的工具会在后面的实战案例中详细介绍。

图 6-47 【视频录制】选项卡

8. 【视点保存】选项卡

【视点保存】选项卡如图 6-48 所示。该选项卡下的工具可用于操作当前项目中的图元和创建剖切视图。

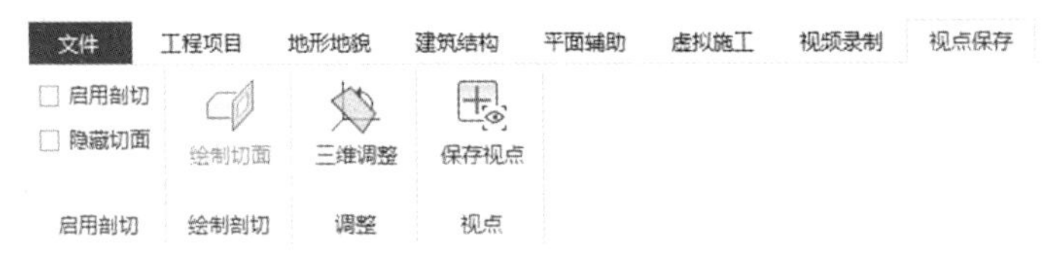

图 6-48 【视点保存】选项卡

6.2 某商业地产项目的施工现场布置设计案例

本案例项目为某市新城滨河住宅小区，工程总用地为 32887.67m^2，东侧道路红线宽 30m。小区规划建设 9 栋楼，楼层层高为 32 ~ 34 层。1#楼和 2#楼为商住楼，其余楼栋为民用住宅。周边配套齐全，交通便利，环境景观优越，为该市自具特色的优雅居住小区。

图 6-49 为滨河住宅小区施工现场布置设计完成的效果。

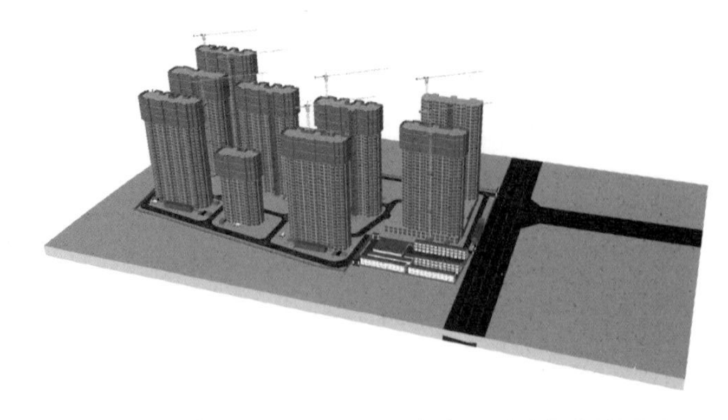

图 6-49 滨河住宅小区施工现场布置设计完成效果图

6.2.1 场地地形创建

在进行施工场地布置设计之前，首先要创建场地地形，然后将各种场布构件布置在地形上，否则系统默认不允许添加其他临建设施。

01 启动广联达 BIM 施工现场布置软件 V7.9。在弹出的【广联达 BIM 施工现场布置软件 V7.9】对话框中单击【新建工程】按钮，新建工程文件并进入项目设计环境。

02 在【工程项目】选项卡下【文件导入】面板中单击【导入 CAD】按钮，从本例源文件夹中打开“滨河花园小区施工场地布置图.dwg”图纸文件，如图 6-50 所示。

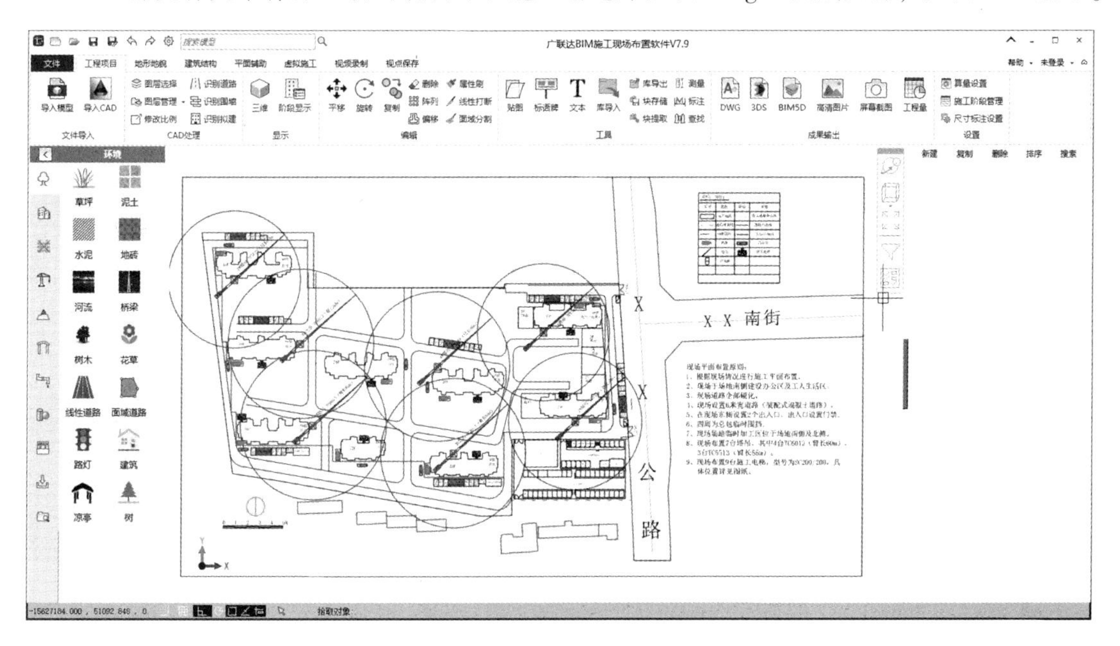

图 6-50 导入 CAD 图纸

03 在【地形地貌】选项卡下单击【三维】按钮切换到三维显示模式。单击【平面地形】按钮，然后参照图纸图框的边界绘制一个矩形作为地形轮廓，完成地形创建，如图 6-51 所示。

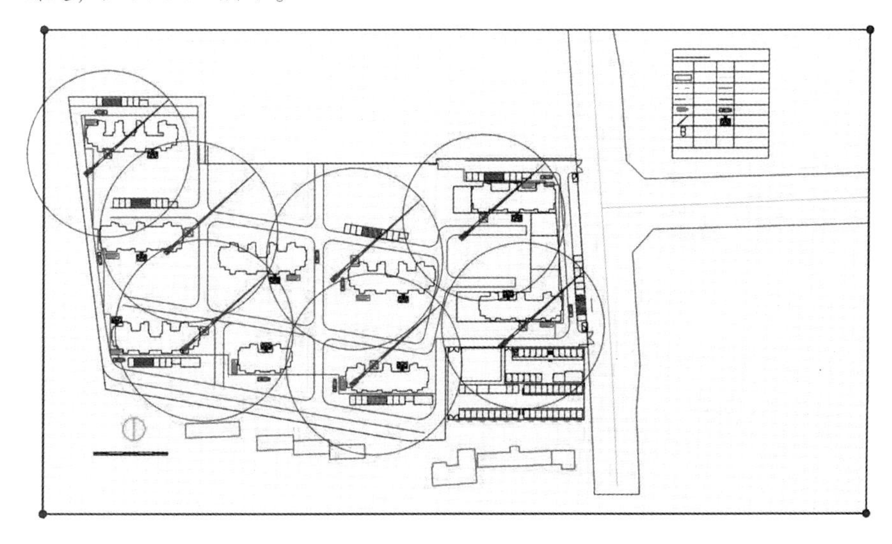

图 6-51 绘制矩形地形轮廓

6.2.2 场布构件布置

进行场布构件布置时，采用 CAD 处理方式和构件放置方式进行，快速完成场布构件的布置。

1. 识别道路和围墙

01 在视图窗口中选取两条平行的施工道路直线，如图 6-52 所示。

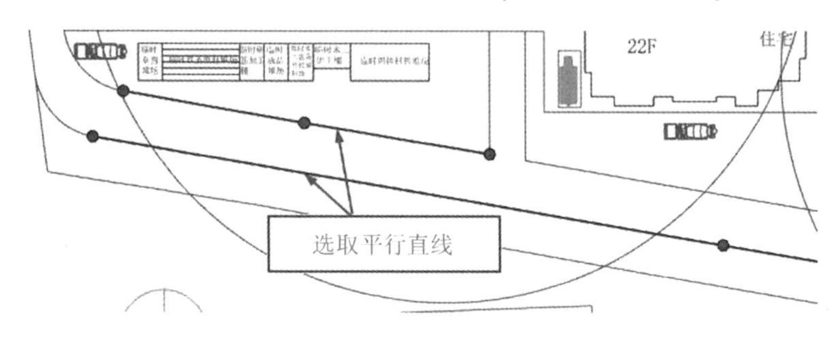

图 6-52 通过 CAD 图层选择施工道路曲线

02 在【工程项目】选项卡下【CAD 处理】面板中单击【识别道路】按钮，随后系统自动将所选的平行直线识别为施工道路构件，如图 6-53 所示。

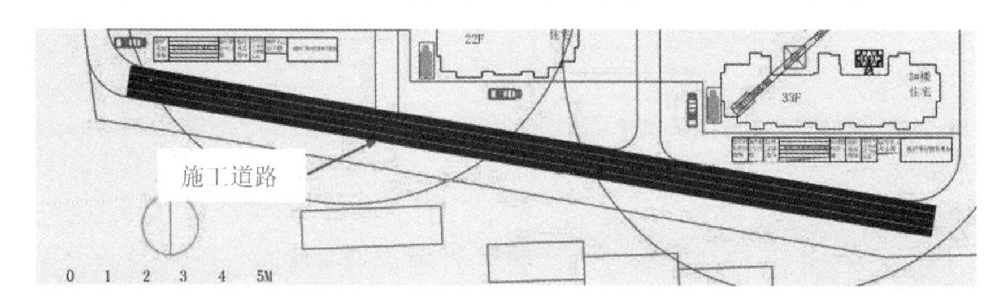

图 6-53 自动识别的施工道路构件

03 同理，依次选取其余平行的施工道路线识别为施工道路构件，施工道路构件识别完成的结果如图 6-54 所示。

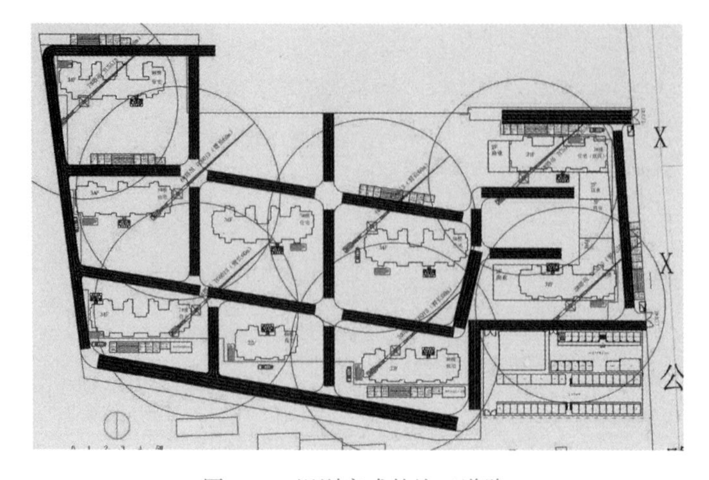

图 6-54 识别完成的施工道路

04 由于广联达场布软件不能识别圆弧曲线为施工道路，因此需要手动创建圆弧形的施工道路。方法很简单：拖动要创建圆弧连接的两条施工道路构件的端点进行延伸操作，使两条施工道路构件的中心线交汇在一起，系统会自动判断并创建出圆弧连接，如图6-55所示。

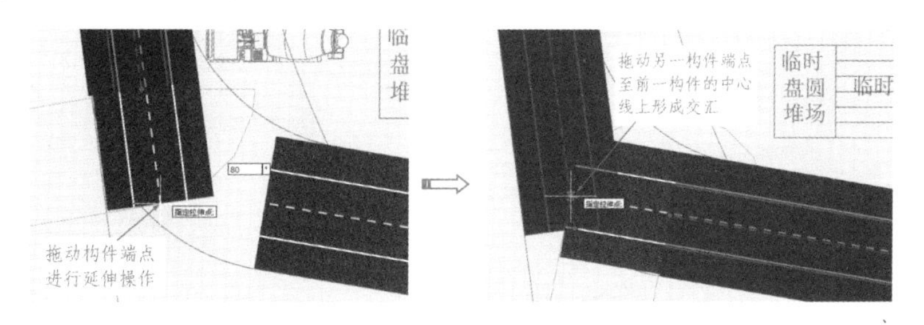

图6-55 拖动施工道路构件的端点来创建圆弧连接

05 在两直线施工道路之间自动创建圆弧连接，如图6-56所示。若要修改圆弧连接的半径，可以选中圆弧道路构件，在其【属性栏】面板中修改半径值，如图6-57所示。

提示	如果发现所创建的圆弧连接与原图纸的道路曲线相差较大，且在修改半径后都不能改善的情况下，可以利用视图窗口左侧的【构件】面板【环境】标签中的【面域道路】构件来手动修补。

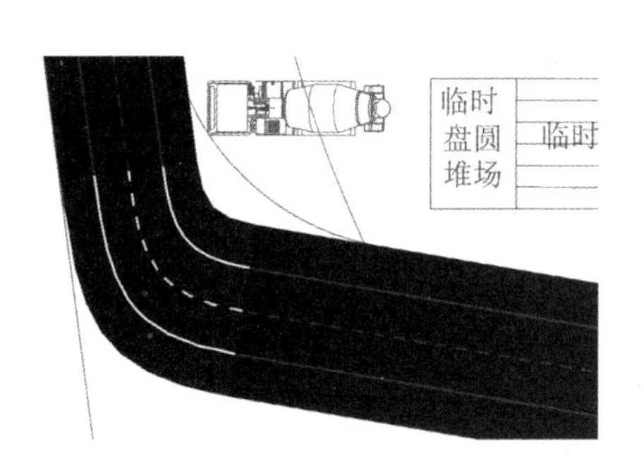

图6-56 创建的圆弧连接效果

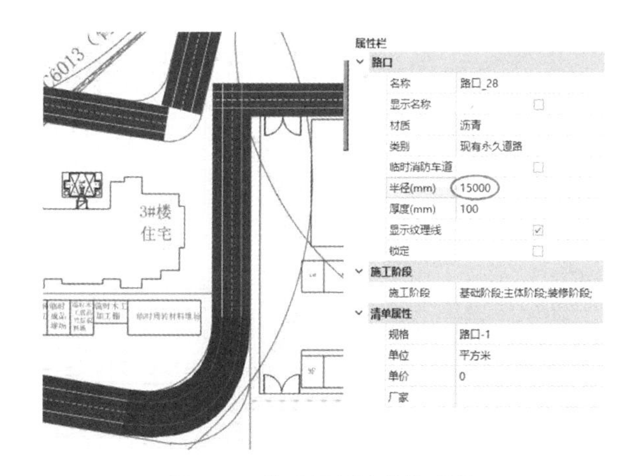

图6-57 修改圆弧连接的半径

06 同理，完成其他直线道路的圆弧连接，最终效果如图6-58所示。

07 在视图窗口中选中所有围墙线，如图6-59所示。或者单击【图层选择】按钮，在弹出的【CAD图层选择】对话框中勾选【zpm-用地范围线】选项，单击【确定】按钮，即可自动选中所有围墙线。

提示	建议用【图层选择】工具来精确选取对象。每用一次【图层选择】工具，需要在【CAD图层选择】对话框中单击【全部取消选择】按钮，再重新勾选要选择的图层选项，否则会将其他图层的对象一并选取。

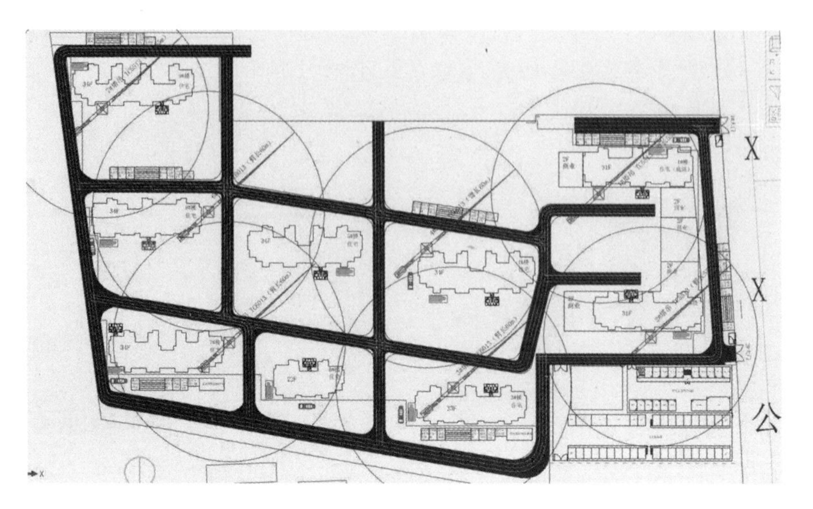

图 6-58　完成其余施工道路的圆弧连接

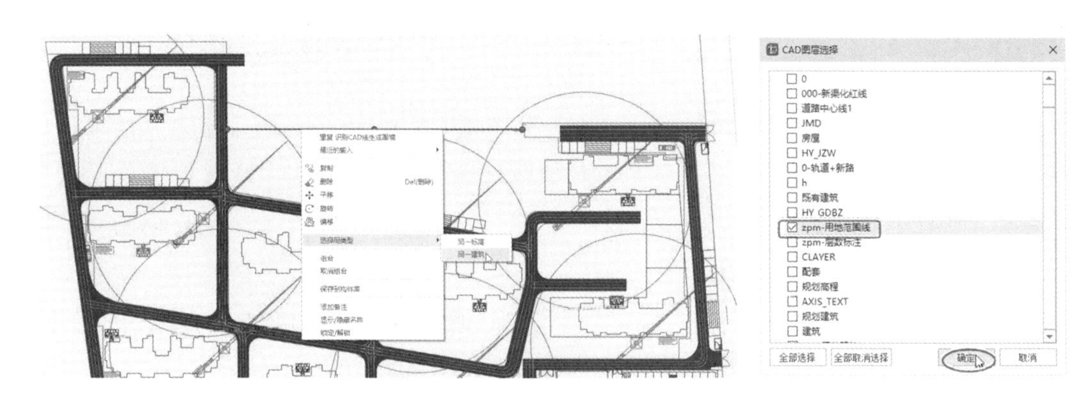

图 6-59　选取所有围墙线

08 在【工程项目】选项卡下【CAD 处理】面板中单击【识别围墙】按钮，系统自动识别所选围墙线并创建围墙构件，如图 6-60 所示。

图 6-60　识别围墙线并创建围墙构件

09 另外，还需要在“甲方及总包办公区”区域创建围墙构件。在【构件】面板的【临建】标签中单击【围墙】按钮，然后参照图纸放置墙体构件，结果如图 6-61 所示。

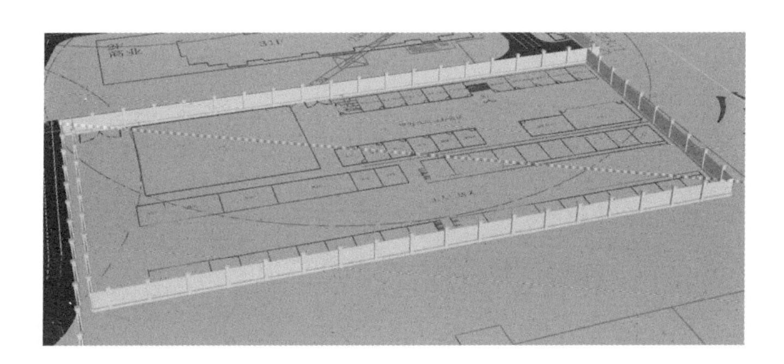

图6-61 创建“甲方及总包办公区”区域的围墙构件

2. 放置大门和门卫岗亭构件

01 在【构件】面板的【临建】标签中单击【大门】按钮，将大门构件放置在图纸中标注“1#大门”和“2#大门”墙体上，如图6-62所示。

图6-62 放置大门构件

02 选中大门构件，然后在【属性栏】面板中设置大门属性选项，如图6-63所示。同理，对另一大门进行属性设置。

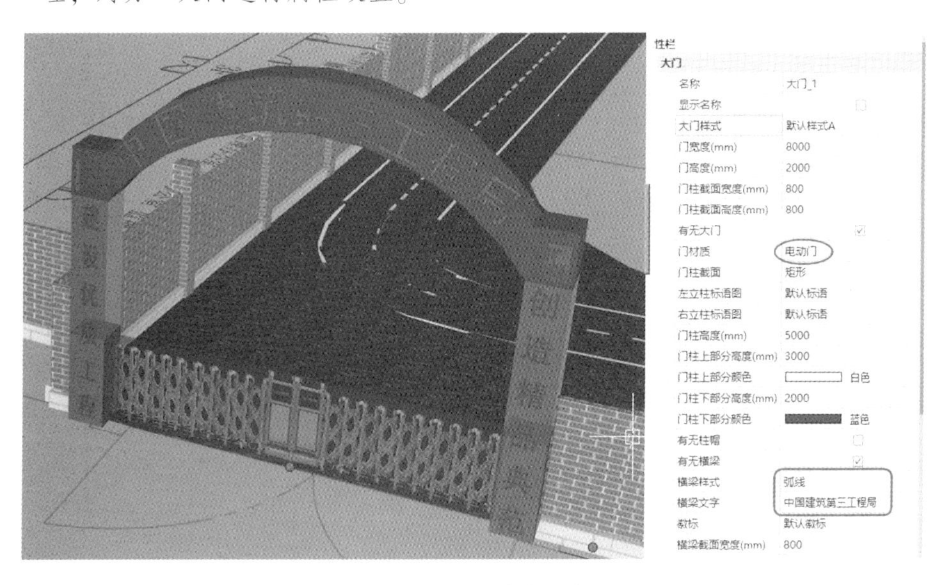

图6-63 设置大门属性

03 在【临建】标签中单击【门卫岗亭】按钮，将门卫岗亭构件放置在围墙内的大门一侧，如图 6-64 所示。

04 在“甲方及总包办公区”区域的围墙中放置两扇大门构件，如图 6-65 所示。

图 6-64 放置门卫岗亭构件

图 6-65 放置两扇大门构件

05 在【措施】标签中单击【员工通道】按钮，分别在 1#大门和 2#大门旁放置员工通道构件，放置构件后需要更改围墙的终点位置，如图 6-66 所示。

图 6-66 放置员工通道

3. 放置加工棚构件

01 将【临建】标签中的【防护棚】和【半开式敞篷】加工棚构件放置在 1#大门附近的工棚区域，如图 6-67 所示。

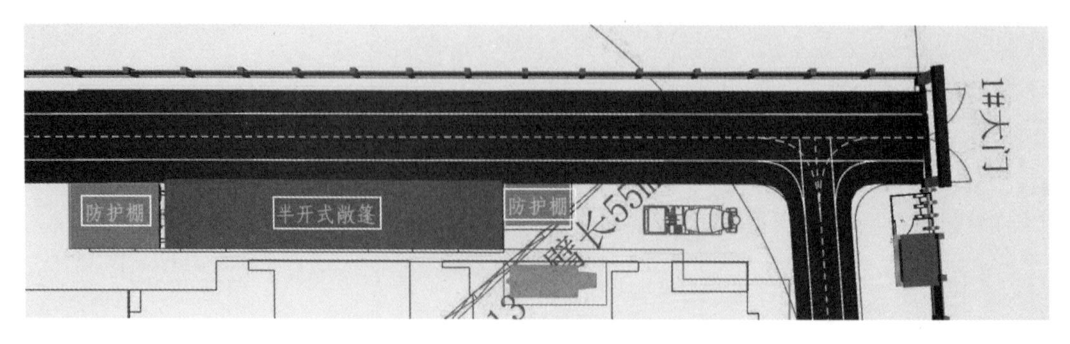

图 6-67 放置加工棚构件

02　选中左侧【防护棚】构件，在【属性栏】面板中修改标语图名称为“钢筋房”，如图6-68所示。右侧【防护棚】构件标语图名称默认为“木工房”，不用修改。

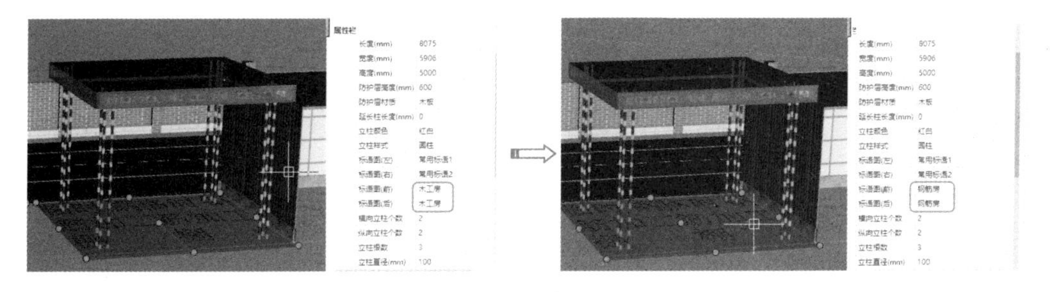

图6-68　修改标语图

03　将【构件】面板【机械】标签中的【泵罐车】【钢筋调直机】【钢筋弯曲机】【木工电锯】等机械构件放在加工棚区域；将【材料】标签中的【模板堆】、【原木】、【钢筋】等构件放置在加工棚内，如图6-69所示。

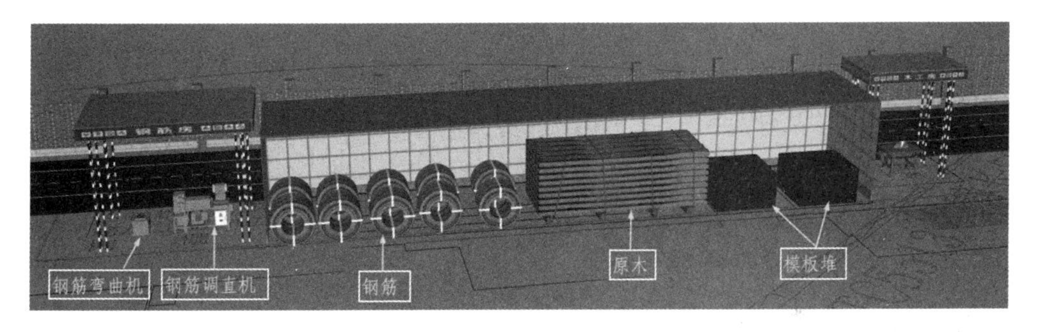

图6-69　放置机械构件和材料构件

04　选中【防护棚】【半开式敞篷】【茶烟亭】等构件，单击【编辑】面板中的【复制】按钮，将其复制到其他加工棚位置上，如图6-70所示。同理，将机械构件和材料构件也复制到其他加工棚内。将【泵罐车】构件复制到其他位置上。

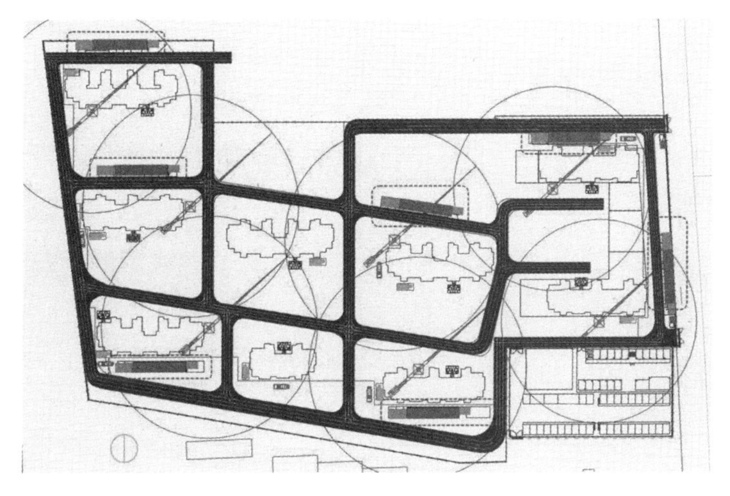

图6-70　复制加工棚构件、机械构件和材料构件等

05 将【材料】标签中的【脚手架】【模板堆】【砌块堆】等构件放置到图纸中有“临时周转材料堆场”标注的位置上，如图 6-71 所示。

图 6-71 放置【脚手架】、【模板堆】和【砌块堆】构件

4. 搭建“甲方及总包办公区”

01 在【临建】标签中单击【封闭式临建】按钮，然后绘制食堂及食堂下方的浴室、厕所、库房等，如图 6-72 所示。

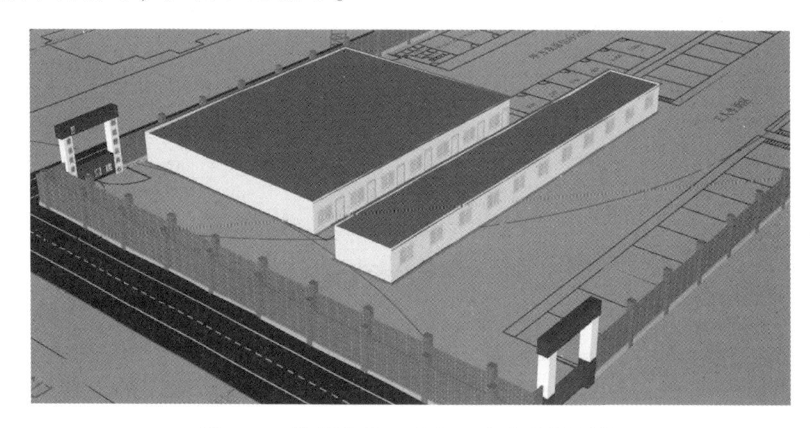

图 6-72 绘制食堂、浴室、库房及厕所等

02 接着绘制出小食堂、小厨房、储藏室、材料样板间和会议室等，如图 6-73 所示。【封闭式临建】构件的层数均设为 1（在属性栏中设置）。

图 6-73 绘制材料样板间、会议室、小厨房、小食堂等

03 在【临建】标签中单击【活动板房】按钮，然后在办公区域和工人生活区绘制办公室和宿舍活动板房，如图6-74所示。

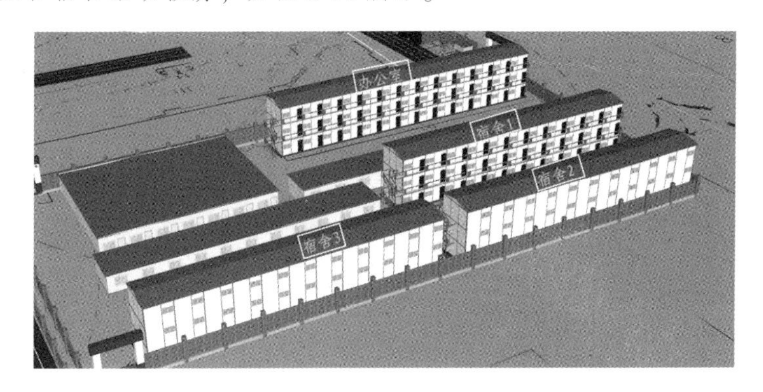

图6-74　绘制办公室和宿舍

04 办公室活动板房的属性参数如图6-75所示。

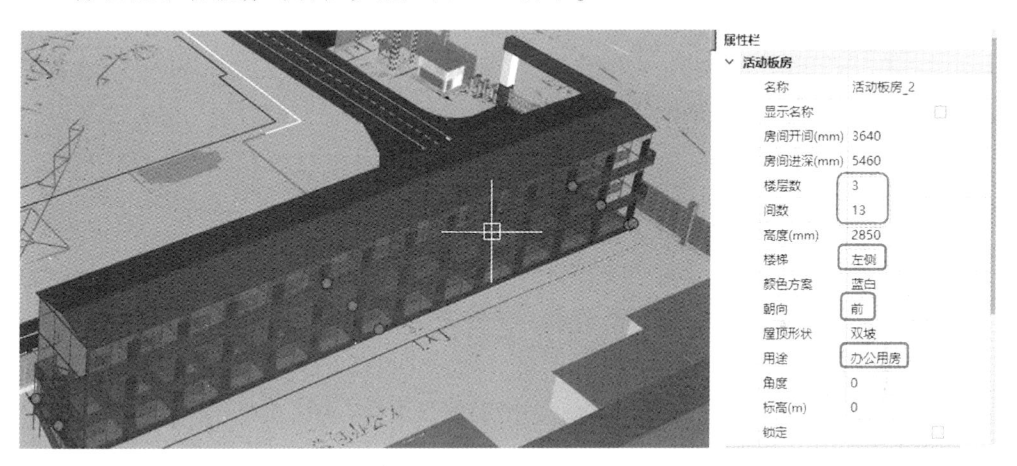

图6-75　设置办公室活动板房

05 宿舍1活动板房的属性参数如图6-76所示。

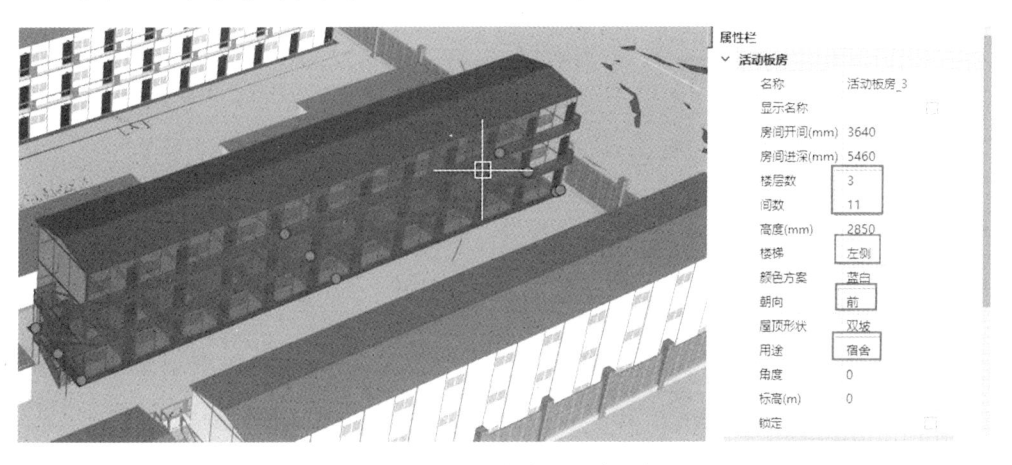

图6-76　设置宿舍1活动板房

06 宿舍2和宿舍3活动板房的属性参数如图6-77所示。

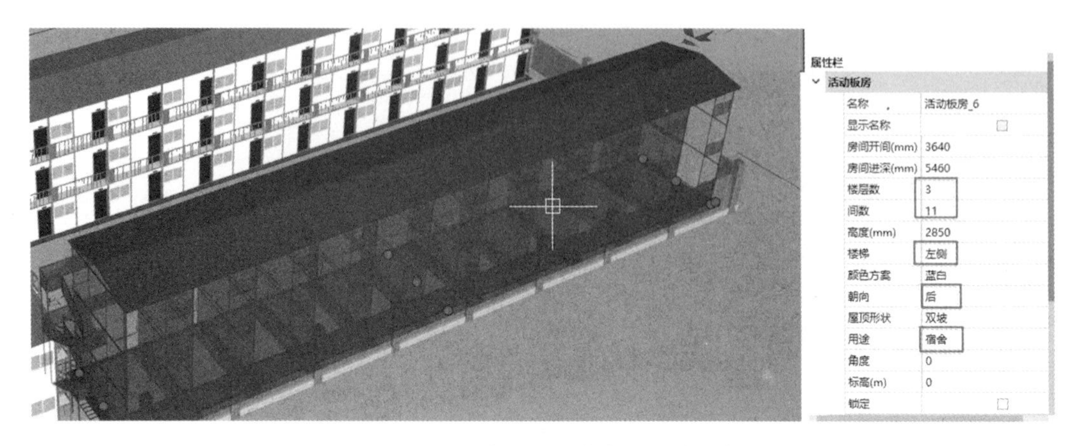

图6-77　设置宿舍2和宿舍3活动板房

07 将【措施】标签中的【旗杆】【公告牌】【垃圾桶】【展示板】等构件放置到办公区域，如图6-78所示。

图6-78　放置旗杆、公告牌、展示台、垃圾桶等构件

08 在【环境】标签中单击【地砖】按钮，然后绘制铺设地砖的区域（整个甲方及总包办公区），如图6-79所示。

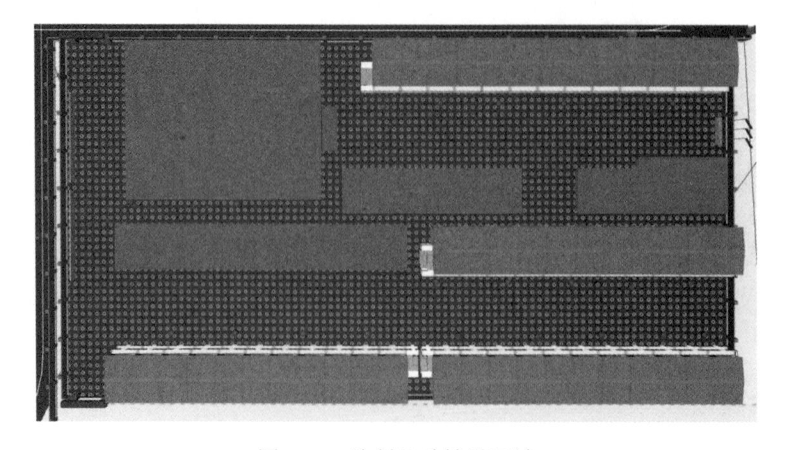

图6-79　绘制地砖铺设区域

5. 创建拟建建筑

01 在【构件】面板的【临建】标签中单击【拟建建筑】按钮，然后绘制 1#楼、2#楼下的底商建筑，多数底商为 2 层，中间的底商为 3 层，如图 6-80 所示。2 层底商和 3 层底商的拟建建筑要分开绘制。

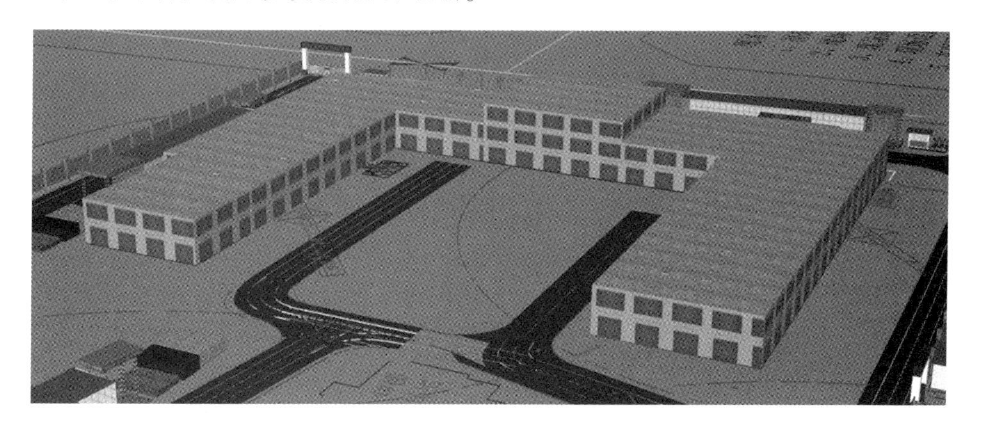

图 6-80　绘制底商拟建建筑

02 在视图窗口中选中 1#楼的轮廓线，在【工程项目】选项卡下【CAD 处理】面板中单击【识别拟建】按钮，系统自动识别轮廓线并创建拟建建筑，设置 1#楼的楼层数为 31，层高为 3000mm，首层底标高为 6m，如图 6-81 所示。

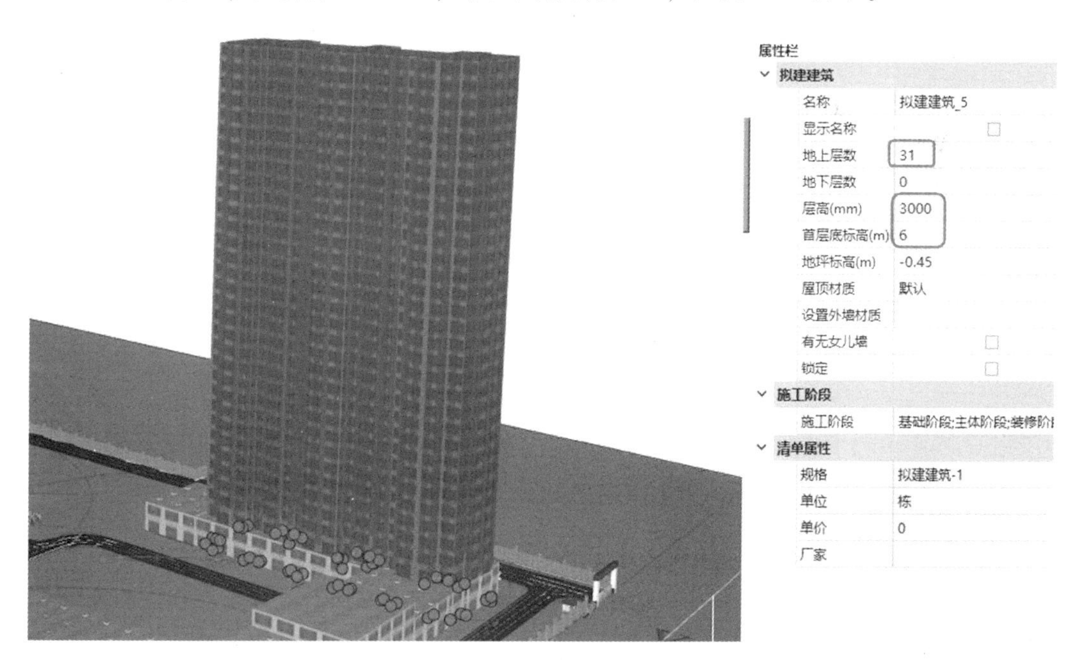

图 6-81　识别 1#楼

03 接着识别 2#楼，楼层设置与 1#楼相同，如图 6-82 所示。

04 同理，继续其余楼栋的识别拟建操作（可同时选中多楼栋的轮廓线，设置不同的楼层），识别完成的楼栋如图 6-83 所示。

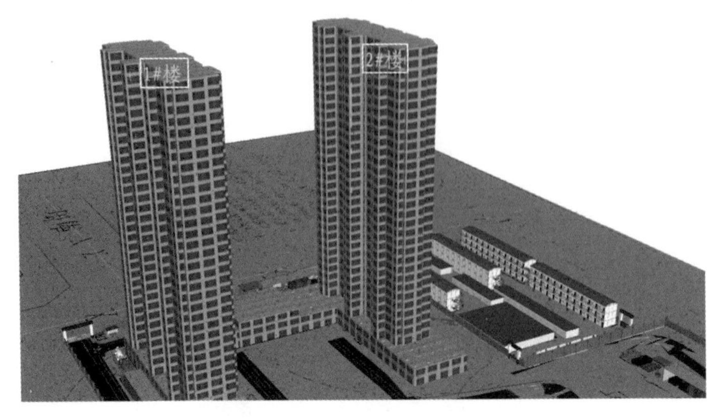

图 6-82　识别 2#楼

图 6-83　识别其余楼栋的拟建建筑

05 在【措施】标签中单击【脚手架】按钮，在视图窗口中选取拟建建筑，系统会自动添加外脚手架构件。修改外脚手架构件的属性参数，设置起始楼层为 28 层、结束楼层为 34 层，6#楼起始楼层为 16 层、结束楼层为 22 层，如图 6-84 所示。

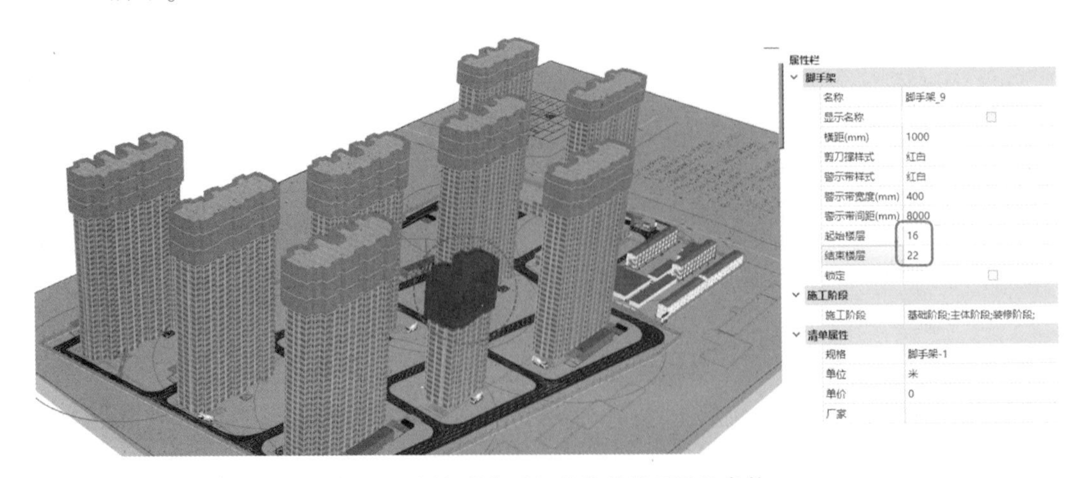

图 6-84　添加外脚手架构件并设置属性参数

06 将【机械】标签中的【施工电梯】构件放置到每一楼栋的前面，不同的楼层要设置不同的电梯层数，如图6-85所示。

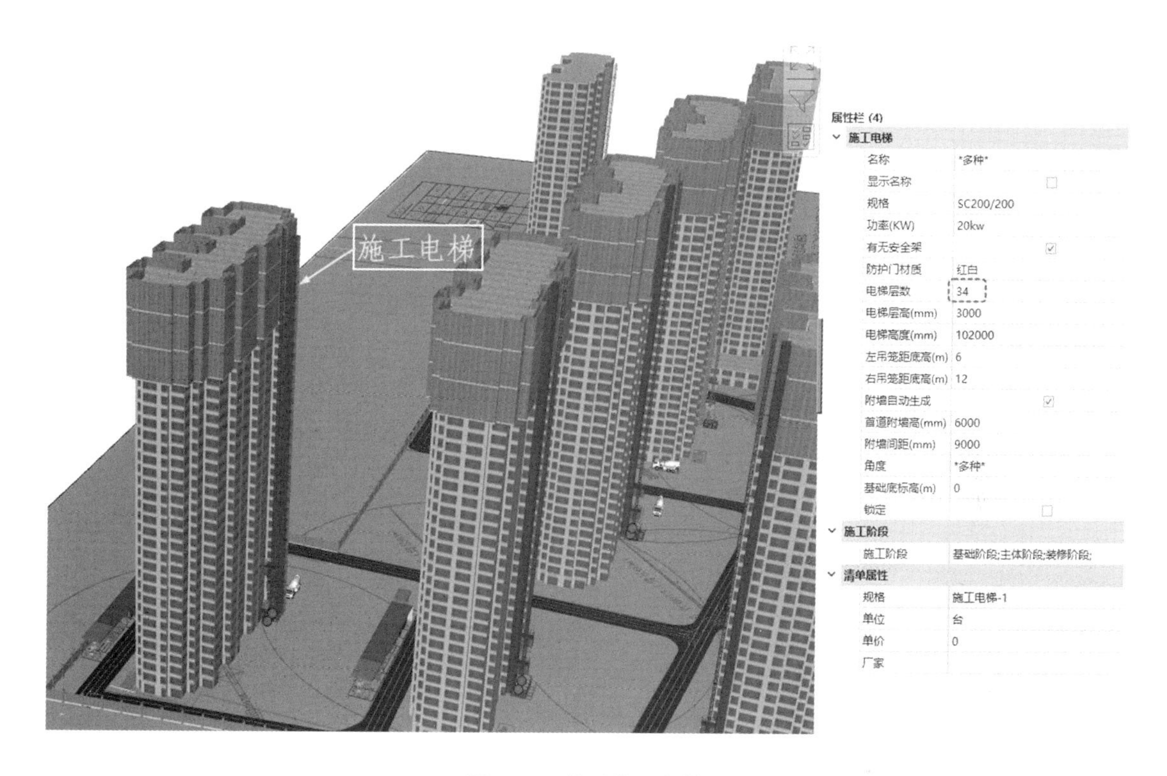

图6-85　放置施工电梯

07 将【临建】标签中的【安全通道】构件放置于各栋楼的入口处，如图6-86所示。

图6-86　放置安全通道构件

08 将【机械】标签中的【塔吊】构件放置于图纸中注释有“塔吊”字样的位置，如图6-87所示。

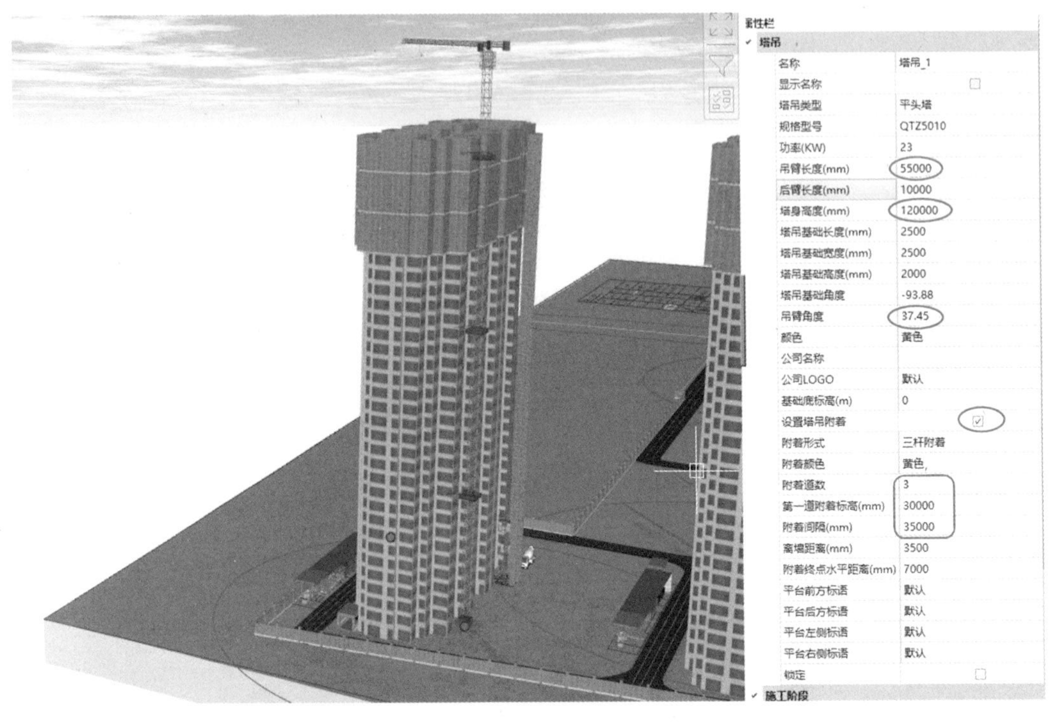

图 6-87　放置塔吊

09　补齐本项目规划用地以外的道路，最终场布构件布置完成的效果如图 6-88 所示。

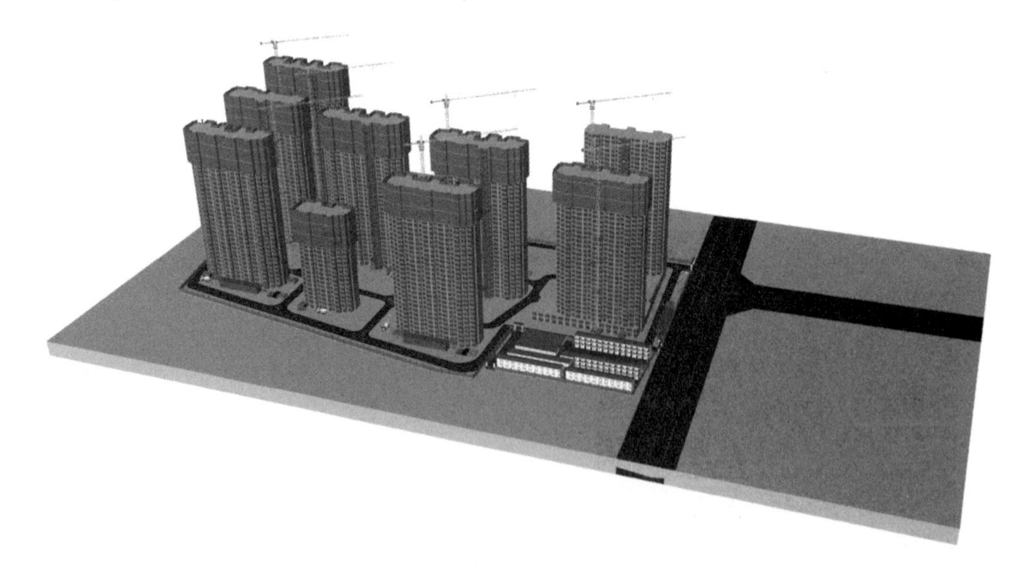

图 6-88　场布构件布置完成的效果

第7章 BIM5D施工项目精细化管理

本章导读

广联达 BIM5D 软件是基于 BIM 的施工项目精细化管理工具，为项目的进度、成本、物料管控等提供精确模型与准确数据，协助管理人员有效决策和精细化管理。本章主要介绍广联达 BIM5D 软件在建筑项目管理中的具体应用。

案例展现

案 例 图	描 述
	广联达 BIM5D 以 BIM 集成平台为核心，通过三维模型数据接口集成土建、钢构、机电、幕墙等多个专业模型，并以 BIM 集成模型为载体，将施工过程中的进度、合同、成本、工艺、质量、安全、图纸、材料、劳动力等信息集成到同一平台
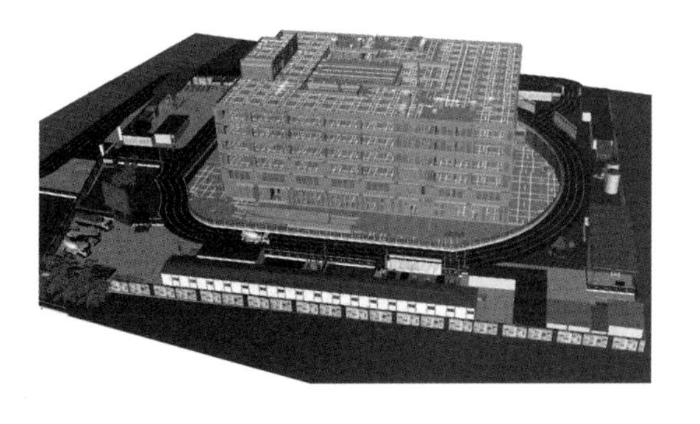	本案例项目为广联达信息大厦，位于北京市海淀区中关村软件园二期，地块面积 $10042m^2$，容积率≤1.85，绿化率≥22%。建筑物地上 6 层，地下 2 层，建筑总高 24m。总建筑面积 $30504m^2$，其中地上 $18578m^2$，地下 $11926m^2$，可容纳约 1200 人办公

7.1 广联达 BIM5D 软件简介

广联达 BIM5D 是以 BIM 平台为核心的施工项目管理工具，侧重于项目的建造阶段。相对于传统的施工模拟，BIM5D 进行了如下全新的变革。

1）基于 BIM 的施工模拟工具软件，BIM5D = 3D 模型 + 进度 + 资源。

2）以 BIM 平台为核心，集成土建、机电、钢结构等全专业数据模型。

3）以 BIM 模型为载体，实现进度、预算、物资、图纸、合同、质量、安全等业务信息关联。

4）通过三维漫游、施工流水划分、工况模拟、复杂节点模拟、施工交底、形象进度查看、物资提量、分包审核等核心应用，帮助技术、生产、商务、管理等人员进行有效决策和精细化管理。

5）实现减少项目变更、缩短项目工期、控制项目成本、提升施工质量的要求。

图 7-1 为在广联达 BIM5D 软件中的建筑项目模型。

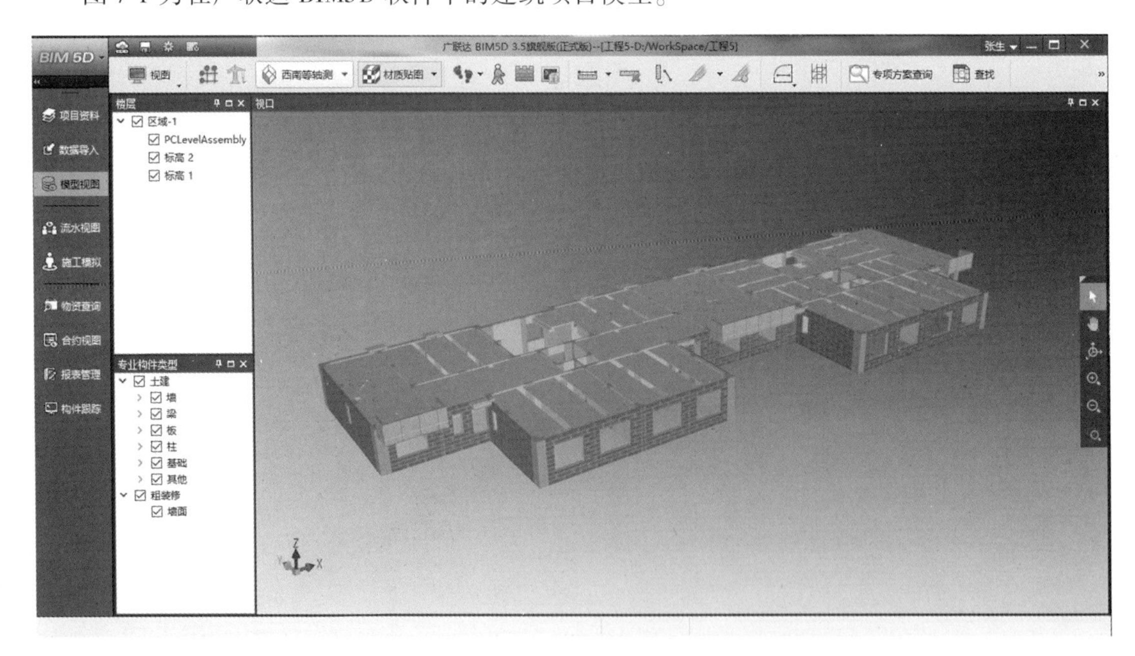

图 7-1　建筑项目模型

7.1.1 广联达 BIM5D 的核心优势

广联达 BIM5D 平台具有以下核心优势。

1. 施工模拟

对施工模拟进行了重新定义，可以让项目管理人员在施工之前提前预测项目建造过程中每个关键节点的施工现场布置、大型机械及措施布置方案，还可以预测每个月、每一周所需的资金、材料、劳动力情况，提前发现问题并进行优化。

2. 进度控制

基于 BIM 的虚拟建造技术的进度管理功能通过反复的施工过程模拟，让施工阶段可能出现的问题在模拟环境中提前发生，逐一修改，并提前制定应对措施，使进度计划和施工方案最优化，指导实际的项目施工，从而保证项目施工的顺利完成。

3. 成本控制

按楼层、进度、规格型号等维度统计物资量，指导编制物资供应和采购计划，需求人可随时调出数据实现工程量等数据的多部门共享，项目部成员可随时访问工长统计用量，使审核流程有效可靠，真正做到限额领料，同时也便于实现项目过程管理的实时三算对比。

4. 全专业模型集成

- 集成结构、机电、钢构、幕墙等模型，实现全专业模型浏览，便于沟通、指导施工。
- 无缝对接广联达各专业算量软件，支持国际 IFC 标准，导入 Revit、MagiCAD、Tekla 等模型，避免重复建模，降低成本。
- 集成进度、预算等关键信息，通过形象进度查看，调整资金与资源计划，达到资金与资源使用平衡。
- 提供动画机制，实现大工况穿插、复杂节点施工、技术方案的模拟，优化施工方案，指导现场施工。
- 质量跟踪与管理：通过手机移动端，实现质量安全等问题实时记录、跟踪与改进。

5. BIM 模型的创建

广联达 BIM5D 无缝对接广联达图形算量（GCL）、钢筋算量（GGJ）、安装算量（GQI）等行业内领先的 BIM 算量建模工具，同时支持国际通用的 IFC 标准，可导入 Revit 土建、Revit 机电（MEP）、MagiCAD（机电）、Tekla（钢构）等信息模型，避免不同阶段重复建模，为企业节省人力和时间成本。

6. BIM 数据接口

广联达 BIM 产品支持国际 BIM 标准 IFC、算量模型导入标准 GFC、施工模型导入标准 IGMS 等多种标准，可以导入多种专业建模工具的信息模型。通过广联达的 Revit 导入插件，可以将 Revit 模型导出到广联达算量及 BIM5D 施工管理软件中。

7.1.2 软件下载与安装

广联达 BIM5D 软件可到官网中下载试用，若要长期使用则需要购买正版锁并安装加密锁驱动程序。官网下载地址为 http://bim.glodon.com/chanpinzhongxin/，在下载页面中，单击【BIM5D】即可下载，如图 7-2 所示。

广联达 BIM5D 软件的安装与其他广联达算量软件的安装过程是完全相同的，这里不再赘述。

7.1.3 软件环境设置与基本操作

下面介绍 BIM5D 软件的环境设置与基本操作。

1. 项目设计环境界面

双击桌面上的广联达 BIM5D 3.5 软件图标，启动 BIM5D 软件平台。图 7-3 为广联达 BIM5D 软件的导航页面。

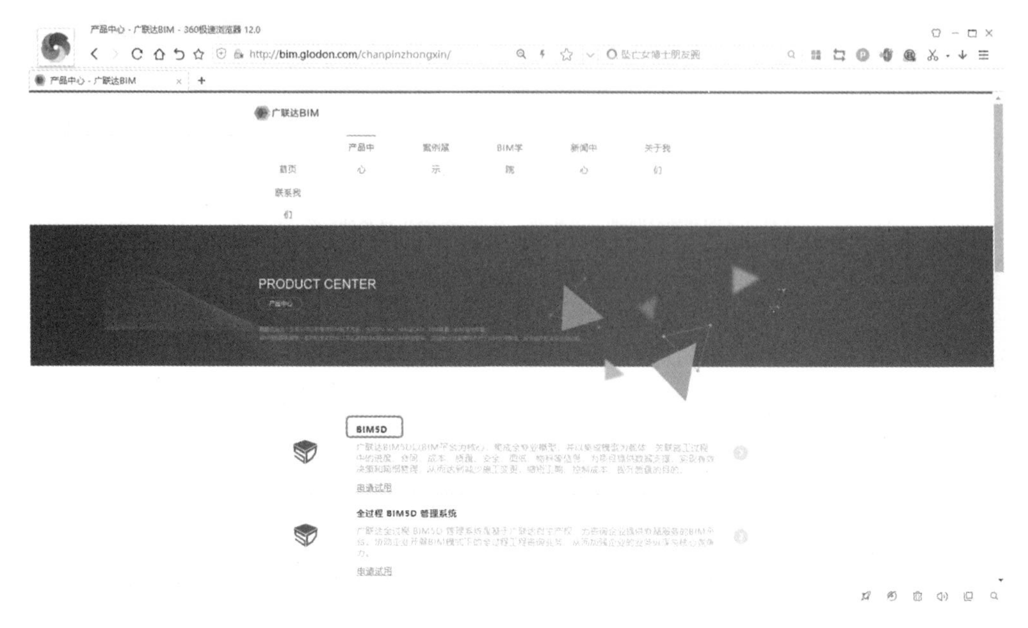

图 7-2　下载广联达 BIM5D 软件

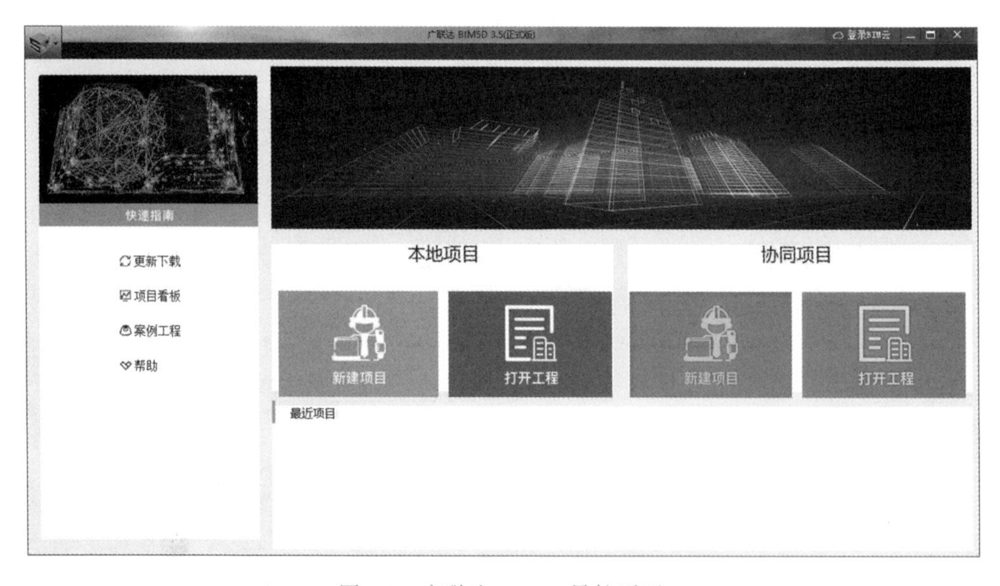

图 7-3　广联达 BIM5D 导航页面

在导航页面中可以通过单击【新建项目】或【打开工程】选项按钮，新建或打开项目，进入 BIM5D 项目环境中，如图 7-4 所示。

2. 软件环境设置

软件环境的设置包括项目信息设置和选项设置。

项目信息是用户在创建施工精细化管理项目时必须填写的工程项目相关信息。在 BIM5D 菜单浏览器中选择【项目信息】菜单命令，可打开【项目信息】对话框，如图 7-5 所示。

图 7-4　项目设计环境

图 7-5　打开【项目信息】对话框填写项目信息

完成项目信息的填写后，可以利用填写的项目信息来确定项目位置，这在施工模拟过程中，可以正确指导用户完成相关操作。

在 BIM5D 菜单浏览器中选择【选项设置】菜单命令，或者在快速访问工具栏中单击【选项设置】按钮，弹出【选项设置】对话框，如图 7-6 所示。在【选项设置】对话框中可以根据用户喜好、项目设计要求和软件配置等条件进行设置。

3. 视图操作

广联达 BIM5D 软件的视图操控方法如下。

- 滚动鼠标滚轮（中键滚轮）：缩放视图。
- 按下鼠标中键滑动：平移视图。
- 按下鼠标中键 + Ctrl 键：旋转视图。

除了使用键鼠快捷键命令操控视图外，也可以在视图窗口右侧的视图操控菜单中选择视图操控命令来操作视图。

在接下来的施工项目精细化管理中将详细介绍广联达 BIM5D 软件中的相关指令和项目设计流程。

选项设置

通用设置　模型颜色　模型材质　各专业标高体系　进度状态颜色　机电计算规则　图形设置　SketchUp匹配规则

☑ 自动保存

自动保存临时文件间隔时间(1-360)分钟: 30

☐ 新建单体和楼层时不再显示提示

☐ 显示线框模型

☐ 启用正交投影模式(勾选后，漫游和按路线行走功能不可使用)

☐ 场地模型显示CAD图层

☐ 实体化钢筋二维图元(如:板受力筋,板负筋等)

统计预算类型: 成本预算

工程量计算方式: 按工作日统计

资金曲线计算规则: 不计算规费税金

☑ 生成图纸轴网　图纸类型: pdf

☐ 计算钢筋楼梯工程量

确定　取消　应用

图 7-6　选项设置

7.2 某办公大楼项目的 BIM5D 精细化管理案例

本案例项目为广联达信息大厦，位于北京市海淀区中关村软件园二期，地块面积 10042m²，容积率≤1.85，绿化率≥22%。建筑物地上 6 层，地下 2 层，建筑总高 24m。总建筑面积 30504m²，其中地上 18578m²，地下 11926m²，可容纳约 1200 人办公。图 7-7 为广联达信息大厦的建筑渲染效果图。

图 7-7　建筑渲染效果图

7.2.1　BIM 模型及信息集成

根据广联达建模标准建立的土建、钢构、机电、幕墙等专业三维模型，可以通过国际标准 IFC、广联达算量模型标准 GFC、广联达施工模型标准 IGMS 等格式，导入到广联达 BIM5D 中进行集成。

提示	广联达 BIM5D 软件本身不是一个建模软件，所以必须从外部导入模型到 BIM5D 中进行集成。

BIM 模型与信息集成过程分如下几步。

1. 准备项目资料

项目资料包括项目信息的填写、确定项目位置等内容。在进行 BIM5D 精细化管理前，可通过 Revit 将模型导出为 E5D 格式文件，广联达 BIM5D 不能直接导入 Revit 模型文件。

提示	在 Revit 中导出 E5D 文件的工具是一个插件工具，在安装广联达 BIM5D 3.5 时已经安装了，目前该插件支持 Revit 软件的最高版本为 Revit 2019。

01 启动广联达 BIM5D 软件，在导航页面中单击【新建项目】选项按钮，在弹出的【新建向导】对话框中输入工程名称，单击【完成】按钮进入项目环境，如图 7-8 所示。

图 7-8　新建项目

02 在 BIM5D 菜单浏览器中选择【项目信息】菜单命令，打开【项目信息】对话框。在【项目信息】对话框中填写工程地点、工程造价等项目信息，如图 7-9 所示。

项目信息

	属性名称	属性值
1	项目名称:	广联达信息大厦
2	工程区域:	中国 北京市
3	详细地址:	北京市海淀区中关村软件园二期
4	结构形式:	钢筋混凝土框架结构
7	产业构成:	
8	专业资质:	
9	工程造价(万元):	25000
10	合同签订日期:	
11	建筑面积(㎡):	30504
12	合同开工日期:	2014-07-01
13	合同竣工日期:	2015-05-08
14	合同工期:	312
15	实际开工日期:	
16	实际竣工日期:	
17	实际工期:	0
18	项目状态:	验收
19	有施工许可证:	☑
20	业主单位:	广联达
21	建设单位:	中建一局五公司
22	设计单位:	中国建筑科学研究院建筑设计院

确定 取消

图 7-9　填写项目信息

03　在【项目资料】模组的【项目概况】选项卡下单击【添加效果图】按钮，然后将本例项目文件路径“源文件\Ch07\项目效果图”中的 8 张效果图图片依次添加到项目中，如图 7-10 所示。

图 7-10　添加项目效果图图像文件

04 在【项目资料】模组的【项目位置】选项卡下单击【定位】按钮，可以利用谷歌（Google）地图软件定位本项目的地理位置，如图 7-11 所示。

图 7-11　定位项目位置

2. 数据导入

(1) 导入实体模型

01 在【数据导入】模组的【模型导入】选项卡下单击【新建分组】按钮，创建三个分组，然后重命名这三个分组为“土建”“结构”和“机电”，如图 7-12 所示。

> **提示**　在【数据导入】模组的【模型导入】选项卡下，有三种可导入的模型类型（在“名称”表列的左侧有 3 个模型类型标签），包括实体模型、场地模型和其他模型。

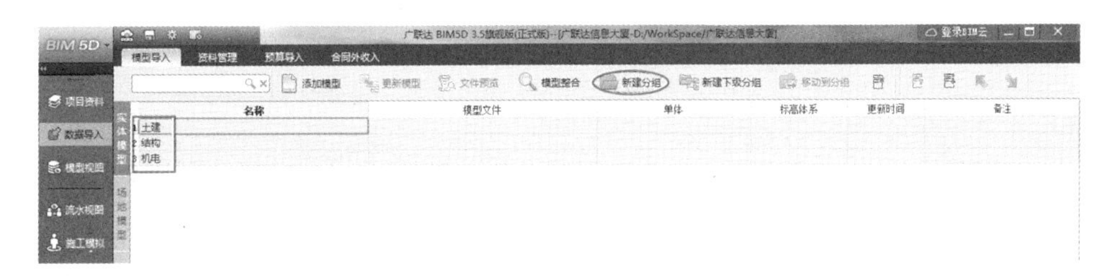

图 7-12　新建分组

02 选中“机电”分组，单击【新建下级分组】按钮，在“机电”分组中新建 4 个下级分组并重命名为“空调系统”“给排水系统”“强电弱电系统”和“喷淋及消火栓系统”，如图 7-13 所示。

03 选中“土建”分组，单击【添加模型】按钮，弹出【打开模型文件】对话框。将本例源文件夹“广联达项目模型”中的“广联达信息大厦 . GCL10. igms”文件导入到 BIM5D 项目中，如图 7-14 所示。

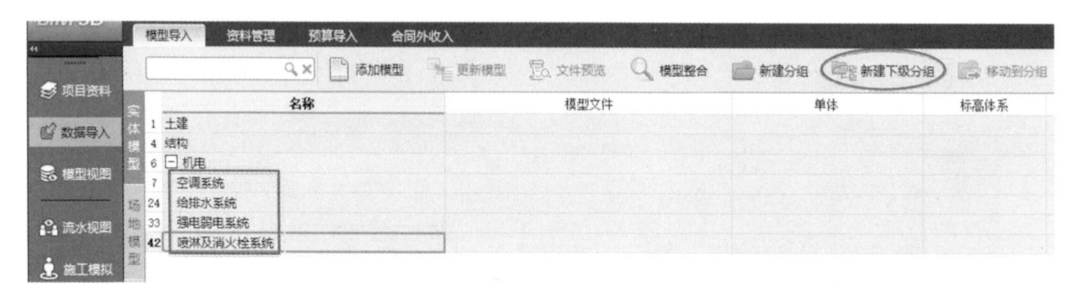

图 7-13　新建下级分组

提示	土建模型为“广联达办公大厦 GCL10. igms”“钢筋模型为广联达办公大厦 ggj. igms”，其他 E5D 模型为安装专业模型。

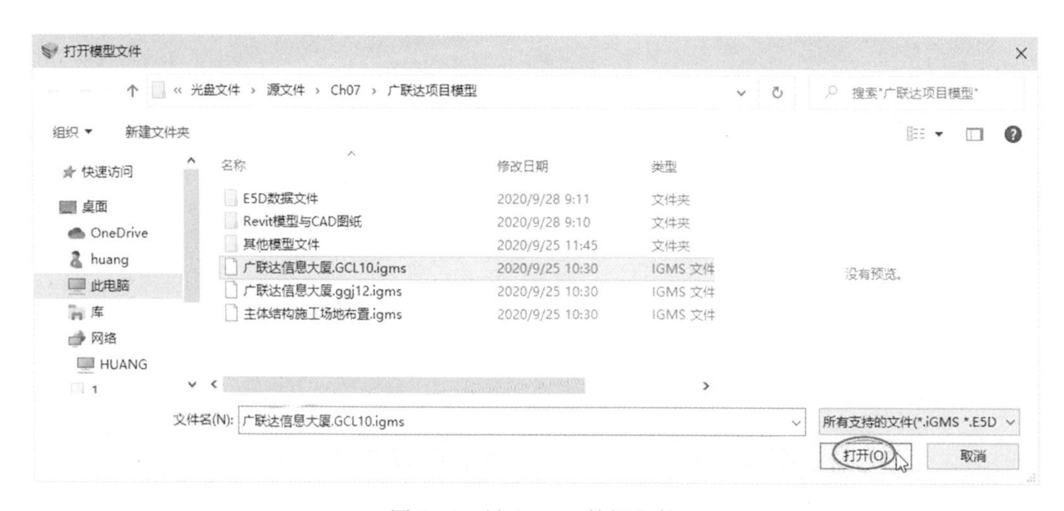

图 7-14　导入 igms 数据文件

04 随后弹出【添加模型】对话框，保留对话框中的默认设置，单击【导入】按钮，完成模型的导入操作，如图 7-15 所示。

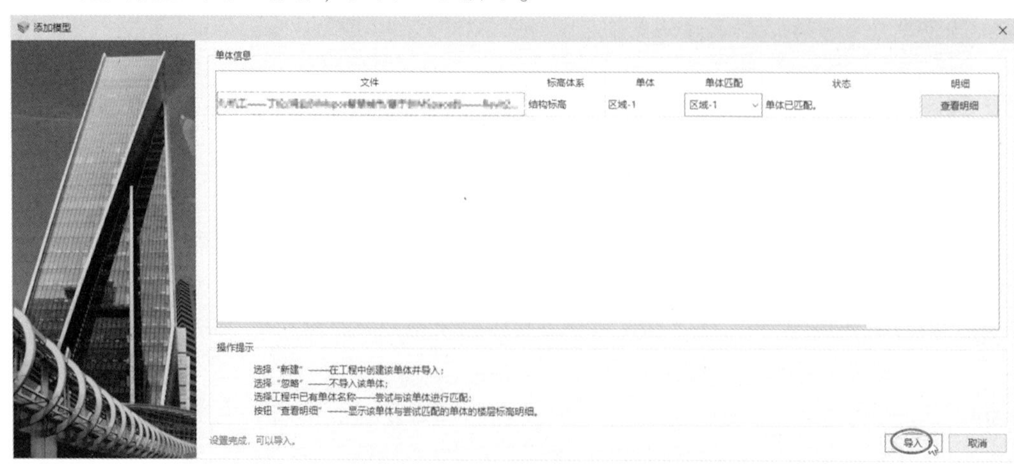

图 7-15　导入模型

05 同理，将源文件夹中的“广联达信息大厦 . ggj12. igms”文件添加到“结构”分组，将“E5D 数据文件”文件夹中的“广联达结构总模型 . rvt. E5D”文件添加到“结构”分组，将“E5D 数据文件”文件夹中的其他 E5D 文件按安装专业分类分别添加到“机电”分组下的 4 个下级分组中，最终添加模型文件的结果如图 7-16 所示。

	名称	模型文件	单体	标高体系	更新时间	备注
1	⊟ 土建					
2	广联达信息大厦	广联达信息大厦.GCL10.igms	区域-1	结构标高	2020-09-28	
3	广联达信息大厦	广联达信息大厦.ggj12.igms	区域-1	结构标高	2020-09-28	
4	⊟ 结构					
5	广联达结构总模型	广联达结构总模型.rvt.E5D	区域-2	结构标高	2020-09-28	
6	⊟ 机电					
7	⊟ 空调系统					
8	空调风系统_B1	空调风系统_B1.rvt.E5D	区域-3	建筑标高	2020-09-28	
9	空调风系统_B2	空调风系统_B2.rvt.E5D	区域-3	建筑标高	2020-09-28	
10	空调风系统_F1	空调风系统_F1.rvt.E5D	区域-3	建筑标高	2020-09-28	
11	空调风系统_F2	空调风系统_F2.rvt.E5D	区域-3	建筑标高	2020-09-28	
12	空调风系统_F3	空调风系统_F3.rvt.E5D	区域-3	建筑标高	2020-09-28	
13	空调风系统_F4	空调风系统_F4.rvt.E5D	区域-3	建筑标高	2020-09-28	
14	空调风系统_F5	空调风系统_F5.rvt.E5D	区域-3	建筑标高	2020-09-28	
15	空调风系统_F6	空调风系统_F6.rvt.E5D	区域-3	建筑标高	2020-09-28	
16	B1-空调水管	B1-空调水管.rvt.E5D	区域-4	建筑标高	2020-09-28	
17	B2-空调水管	B2-空调水管.rvt.E5D	区域-4	建筑标高	2020-09-28	
18	F1-空调水管	F1-空调水管.rvt.E5D	区域-4	建筑标高	2020-09-28	
19	F2-空调水管	F2-空调水管.rvt.E5D	区域-4	建筑标高	2020-09-28	
20	F3-空调水管	F3-空调水管.rvt.E5D	区域-4	建筑标高	2020-09-28	
21	F4-空调水管	F4-空调水管.rvt.E5D	区域-4	建筑标高	2020-09-28	
22	F5-空调水管	F5-空调水管.rvt.E5D	区域-4	建筑标高	2020-09-28	
23	F6_空调水管	F6_空调水管.rvt.E5D	区域-4	建筑标高	2020-09-28	
24	⊟ 给排水系统					
25	给排水_B1	给排水_B1.rvt.E5D	区域-4	建筑标高	2020-09-28	
26	给排水_B2	给排水_B2.rvt.E5D	区域-4	建筑标高	2020-09-28	
27	给排水_F1	给排水_F1.rvt.E5D	区域-4	建筑标高	2020-09-28	
28	给排水_F2	给排水_F2.rvt.E5D	区域-4	建筑标高	2020-09-28	
29	给排水_F3	给排水_F3.rvt.E5D	区域-4	建筑标高	2020-09-28	
30	给排水_F4	给排水_F4.rvt.E5D	区域-4	建筑标高	2020-09-28	
31	给排水_F5	给排水_F5.rvt.E5D	区域-4	建筑标高	2020-09-28	
32	给排水_F6	给排水_F6.rvt.E5D	区域-4	建筑标高	2020-09-28	
33	⊟ 强电弱电系统					
34	强弱电_B1	强弱电_B1.rvt.E5D	区域-3	建筑标高	2020-09-28	
35	强弱电_B2	强弱电_B2.rvt.E5D	区域-3	建筑标高	2020-09-28	
36	强弱电_F1	强弱电_F1.rvt.E5D	区域-3	建筑标高	2020-09-28	
37	强弱电_F2	强弱电_F2.rvt.E5D	区域-3	建筑标高	2020-09-28	
38	强弱电_F3	强弱电_F3.rvt.E5D	区域-3	建筑标高	2020-09-28	
39	强弱电_F4	强弱电_F4.rvt.E5D	区域-3	建筑标高	2020-09-28	
40	强弱电_F5	强弱电_F5.rvt.E5D	区域-3	建筑标高	2020-09-28	
41	强弱电_F6	强弱电_F6.rvt.E5D	区域-3	建筑标高	2020-09-28	
42	⊟ 喷淋及消火栓系统					
43	喷淋及消火栓	喷淋及消火栓.B2.rvt.E5D	区域-3	建筑标高	2020-09-28	
44	喷淋及消火栓	喷淋及消火栓.F1.rvt.E5D	区域-3	建筑标高	2020-09-28	

图 7-16　添加模型的结果

06 在【项目资料】模组的【单体楼层】选项卡下可以看到系统自动生成的楼层信息，如图 7-17 所示。

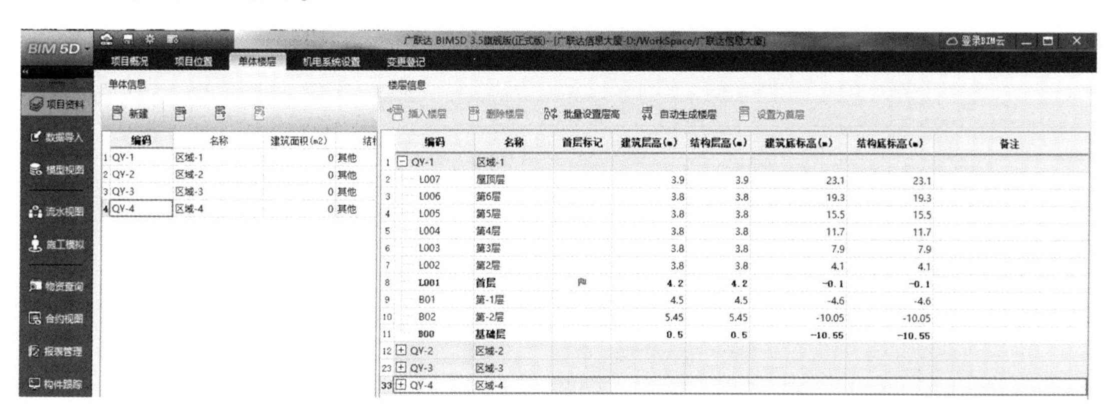

图 7-17　查看楼层信息

07 可参考本例“源文件\Ch07\广联达项目模型\建筑”路径中的“建筑立面图.dwg”图纸来修改“首层”的楼层信息，使各层的【建筑底标高】值比【结构底标高】值大0.1，如图7-18所示。同理，在其他单体楼层中也进行相应的标高修改，如图7-19所示。

广联达 BIM5D 3.5旗舰版(正式版)--[广联达信息大厦-D:/WorkSpace/广联达信息大厦]

BIM 5D | 项目概况 | 项目位置 | 单体楼层 | 机电系统设置 | 变更登记

项目资料 | 数据导入 | 模型视图 | 流水视图 | 施工模拟 | 物资查询 | 合约视图 | 报表管理 | 构件跟踪

单体信息

新建

	编码	名称	建筑面积(m2)	结构
1	QY-1	区域-1	0	其他
2	QY-2	区域-2	0	其他
3	QY-3	区域-3	0	其他
4	QY-4	区域-4	0	其他

楼层信息

插入楼层 | 删除楼层 | 批量设置层高 | 自动生成楼层 | 设置为首层

	编码	名称	首层标记	建筑层高(m)	结构层高(m)	建筑底标高(m)	结构底标高(m)	备注
1	QY-1	区域-1						
2	L007	屋顶层		3.9	3.9	23.2	23.1	
3	L006	第6层		3.8	3.8	19.4	19.3	
4	L005	第5层		3.8	3.8	15.6	15.5	
5	L004	第4层		3.8	3.8	11.8	11.7	
6	L003	第3层		3.8	3.8	8	7.9	
7	L002	第2层		3.8	3.8	4.2	4.1	
8	L001	首层		4.2	4.2	0	-0.1	
9	B01	第-1层		4.5	4.5	-4.5	-4.6	
10	B02	第-2层		5.45	5.45	-9.95	-10.05	
11	B00	基础层		0.5	0.5	-10.45	-10.55	
12	QY-2	区域-2						
23	QY-3	区域-3						
33	QY-4	区域-4						

图 7-18 修改楼层信息

单体信息

新建

	编码	名称	建筑面积(m2)	结构
1	QY-1	区域-1	0	其他
2	QY-2	区域-2	0	其他
3	QY-3	区域-3	0	其他
4	QY-4	区域-4	0	其他

楼层信息

插入楼层 | 删除楼层 | 批量设置层高 | 自动生成楼层 | 设置为首层

	编码	名称	首层标记	建筑层高(m)	结构层高(m)	建筑底标高(m)	结构底标高(m)	备注
1	QY-1	区域-1						
12	QY-2	区域-2						
13	L010	机房层		4	4	27.2	27.1	
14	L009	ROOF		4	4	23.2	23.1	
15	L008	F6		3.8	3.8	19.4	19.3	
16	L007	F5		3.8	3.8	15.6	15.5	
17	L006	F4		3.8	3.8	11.8	11.7	
18	L005	F3		3.8	3.8	8	7.9	
19	L004	F2		3.8	3.8	4.2	4.1	
20	L003	F1		4.2	4.2	0	-0.1	
21	L002	B1		4.5	4.5	-4.5	-4.6	
22	L001	B2		5.4	5.4	-9.9	-10	
23	QY-3	区域-3						
24	L009	ROOF		4	4	23.2	23.1	
25	L008	F6		3.81	3.81	19.39	19.29	
26	L007	F5		3.79	3.79	15.6	15.5	
27	L006	F4		3.8	3.8	11.8	11.7	
28	L005	F3		3.8	3.8	8	7.9	
29	L004	F2		3.8	3.8	4.2	4.1	
30	L003	F1		4.2	4.2	0	-0.1	
31	L002	B1		4.5	4.5	-4.5	-4.6	
32	L001	B2		5.45	5.45	-9.95	-10.05	
33	QY-4	区域-4						
34	L009	ROOF		4	4	23.2	23.1	
35	L008	F6		3.8	3.8	19.4	19.3	
36	L007	F5		3.8	3.8	15.6	15.5	
37	L006	F4		3.8	3.8	11.8	11.7	
38	L005	F3		3.8	3.8	8	7.9	
39	L004	F2		3.8	3.8	4.2	4.1	
40	L003	F1		4.2	4.2	0	-0.1	
41	L002	B1		4.5	4.5	-4.5	-4.6	
42	L001	B2		5.4	5.4	-9.9	-10	

图 7-19 修改其他单体楼层的标高

08 在【数据导入】模组的【模型导入】选项卡下单击【模型整合】按钮，可以在弹出的【模型整合】对话框中查看相关楼层中的模型整合情况，如图7-20所示。可以通过旋转、平移等功能对不同专业、类型的模型进行整合，比如把不同专业(土建、钢筋、机电)、不同单体、不同类型（实体模型、场地模型）的模型原点调整为同一点。

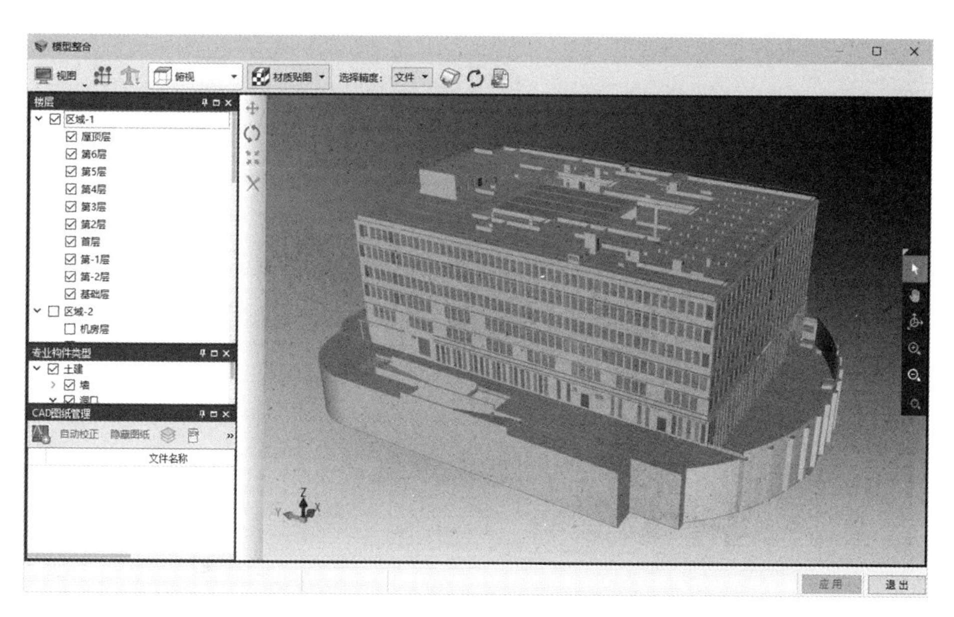

图 7-20　查看模型整合情况

提示　整合时，可以选择精度进行定位，比如选择【单体】【文件】或【专业】，支持导入 CAD 图纸、加载轴网，参考 CAD 图、轴网进行定位。可以在测量距离和角度后，单击【旋转模型】按钮或者【平移模型】按钮，按下 Shift + 鼠标左键，在弹出的对话框中输入距离和角度值进行精确移动。

(2) 整合模型

01　在【模型整合】对话框的【楼层】面板中勾选【区域-1】和【区域-2】楼层选项，可以看到两个单体楼层中的模型原点并没有完全重合，如图 7-21 所示。

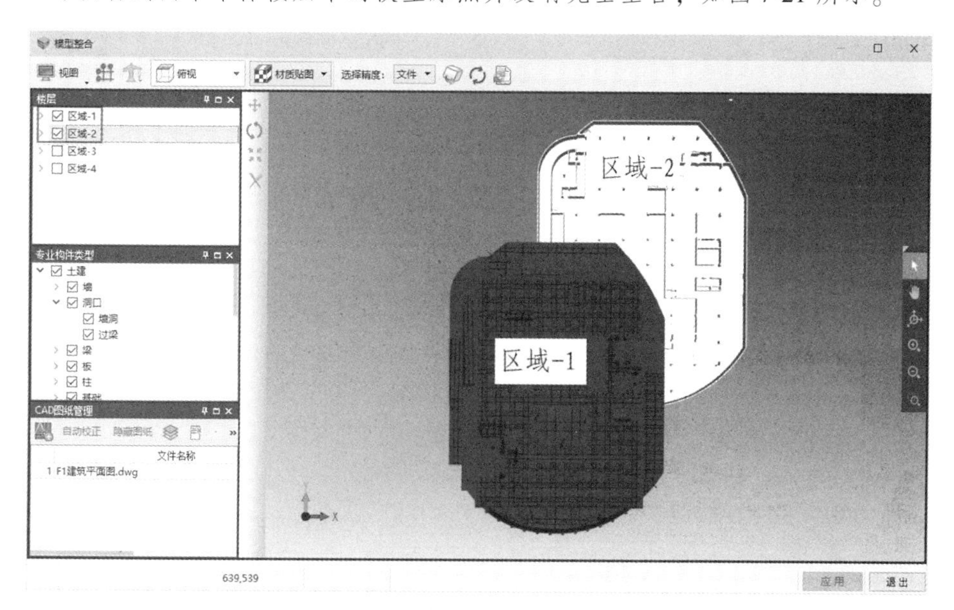

图 7-21　模型原点不重合的两个单体楼层

02 在【模型整合】对话框的【CAD 图纸管理】面板中单击【添加图纸】按钮，在“源文件\Ch07\广联达项目模型\Revit 模型与 CAD 图纸\建筑”路径中打开“B2 建筑平面图.dwg”图纸文件，接着打开“源文件\Ch07\广联达项目模型\Revit 模型与 CAD 图纸\结构”路径中的“B2 基础配筋图.dwg”图纸文件。

03 导入图纸后，先隐藏【区域-2】单体楼层和“B2 基础配筋图.dwg”图纸。选中“B2 建筑平面图.dwg”图纸，再单击【CAD 图纸管理】面板中的【自动校正】按钮，随后【区域-1】单体楼层自动与“B2 建筑平面图.dwg”图纸对齐，如图 7-22 所示。

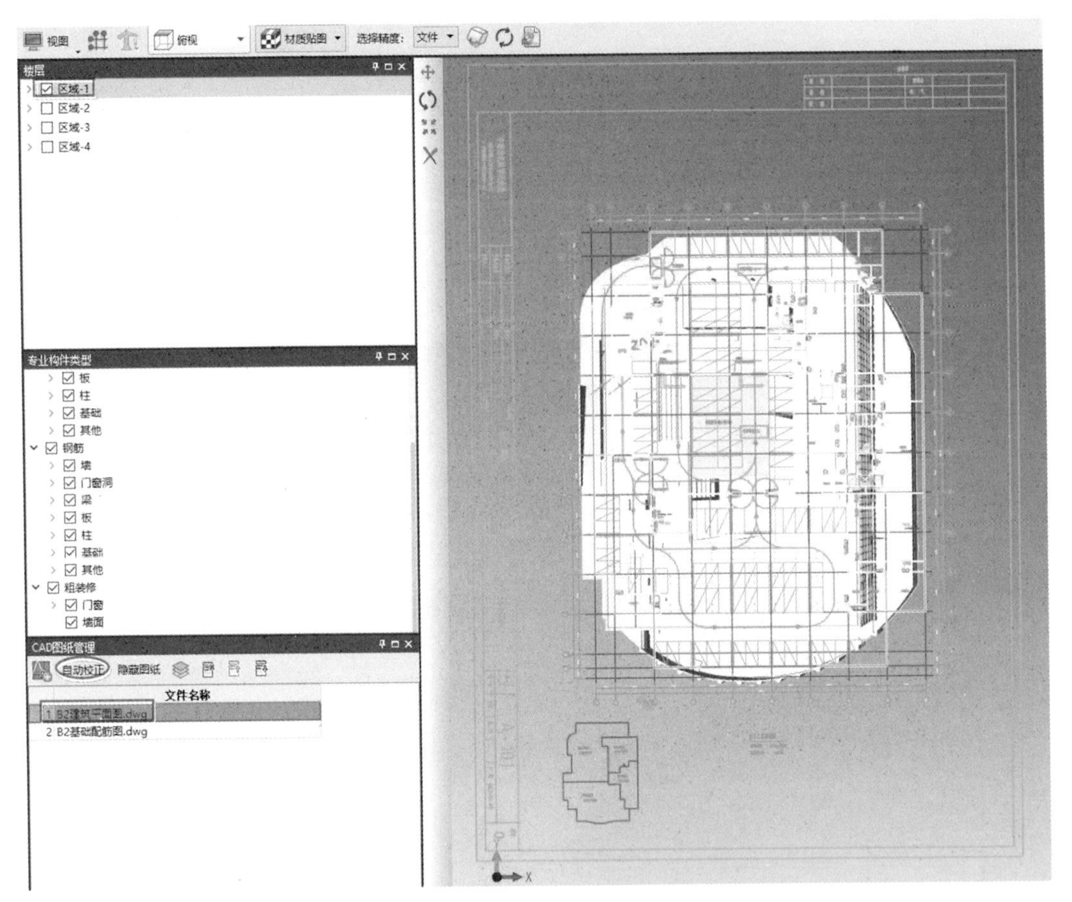

图 7-22 对齐“B2 建筑平面图.dwg”图纸与【区域-1】单体楼层

04 同理，仅显示【区域-2】单体楼层和“B2 基础配筋图.dwg”图纸，单击【CAD 图纸管理】面板中的【自动校正】按钮，随后【区域-2】单体楼层自动与“B2 基础配筋图.dwg”图纸对齐，如图 7-23 所示。

05 选中【区域-2】整个单体楼层模型，单击【移动模型】按钮，选取一个特征点，移动【区域-2】到【区域-1】单体楼层模型上具有相同特征点的位置，使两个单体楼层模型重合，如图 7-24 所示。

06 继续检查【区域-3】和【区域-4】单体楼层模型是否与【区域-1】【区域-2】重合，不重合就进行平移操作使其重合。

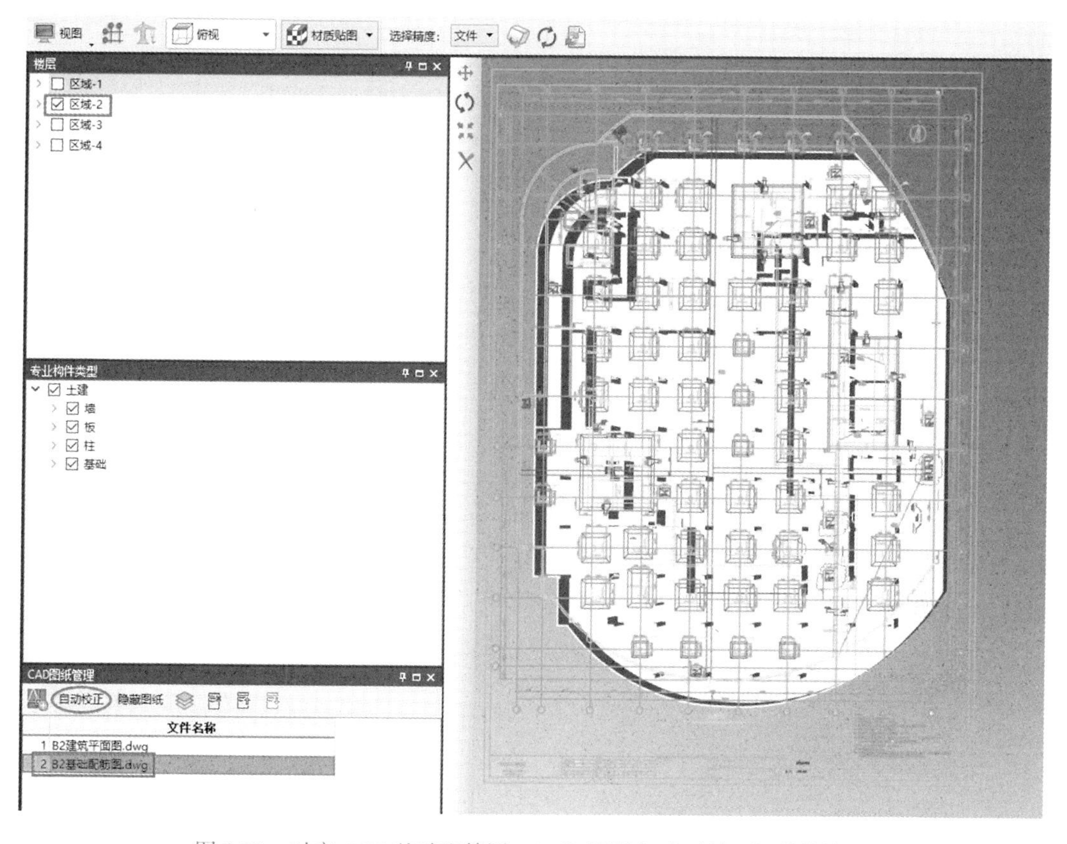

图 7-23　对齐“B2 基础配筋图 . dwg”图纸与【区域-2】单体楼层

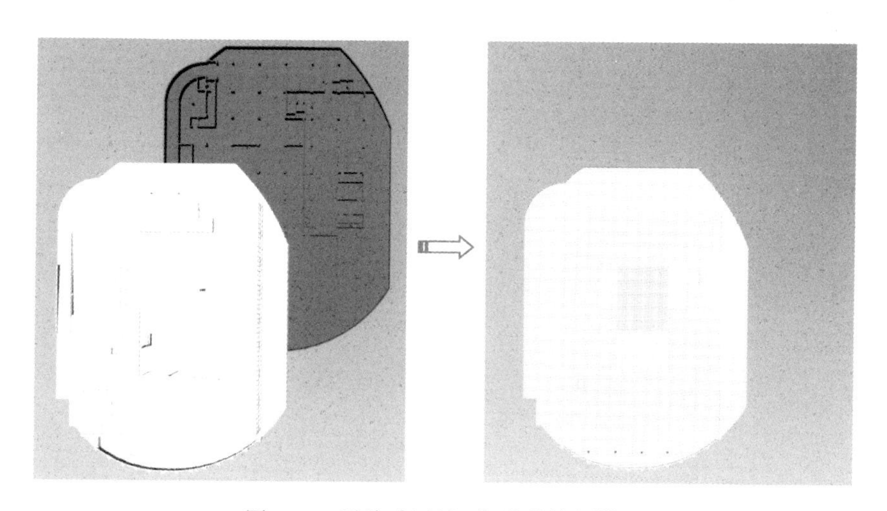

图 7-24　平移【区域-2】单体楼层模型

(3) 导入场地模型和其他模型

01 在【数据导入】模组的【模型导入】选项卡下，单击【场地模型】标签页，然后单击【添加模型】按钮，将源文件夹中的“主体结构施工场地布置 . igms”文件添加到当前项目中，如图 7-25 所示。

图 7-25　导入场地模型

02　单击【其他模型】标签页，然后将“源文件\Ch07\广联达项目模型\其他模型文件”路径中的 3ds 格式的文件导入到当前项目中，结果如图 7-26 所示。

图 7-26　导入其他模型

03　在【场地模型】标签页中单击【文件预览】按钮，可以预览广联达信息大厦主体结构的施工场地布置情况，如图 7-27 所示。

04　导入场地布置模型及其他模型后，在【数据导入】模组中单击【模型整合】按钮，打开【模型整合】新窗口。在【楼层】面板中勾选【区域-1】选项显示整个建筑模型，接着单击【施工场地】按钮并选择【主体结构施工场地布置】模型，将场布模型显示在视口中，如图 7-28 所示。

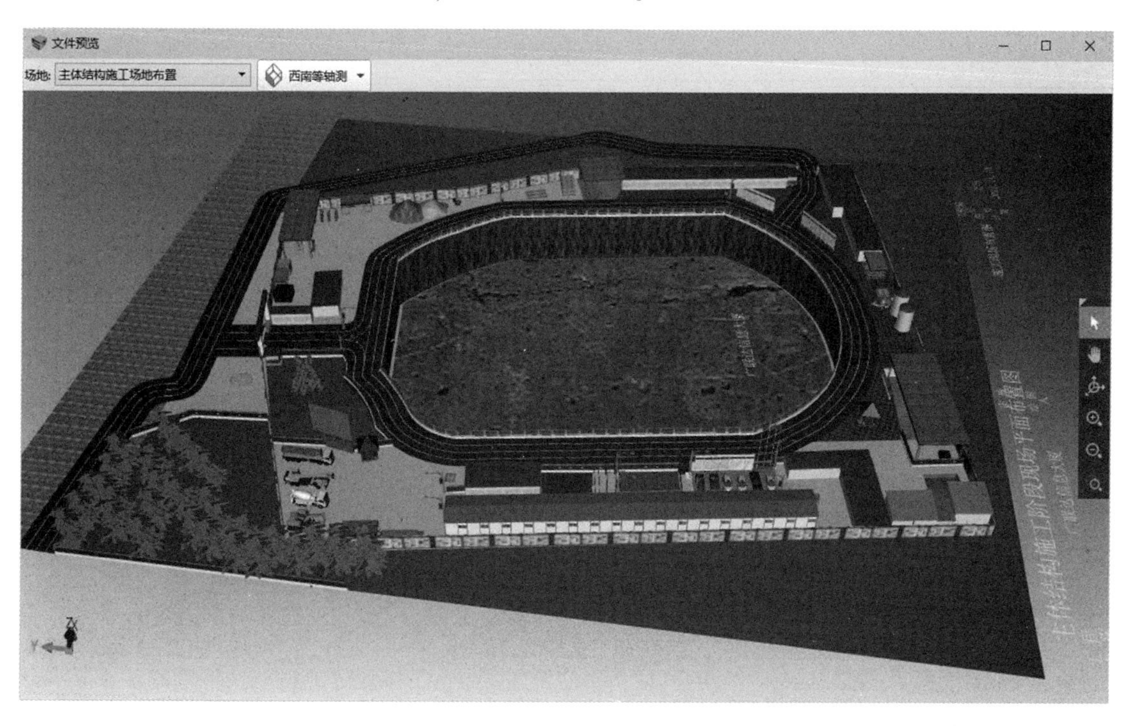

图 7-27　主体结构施工场地布置的预览

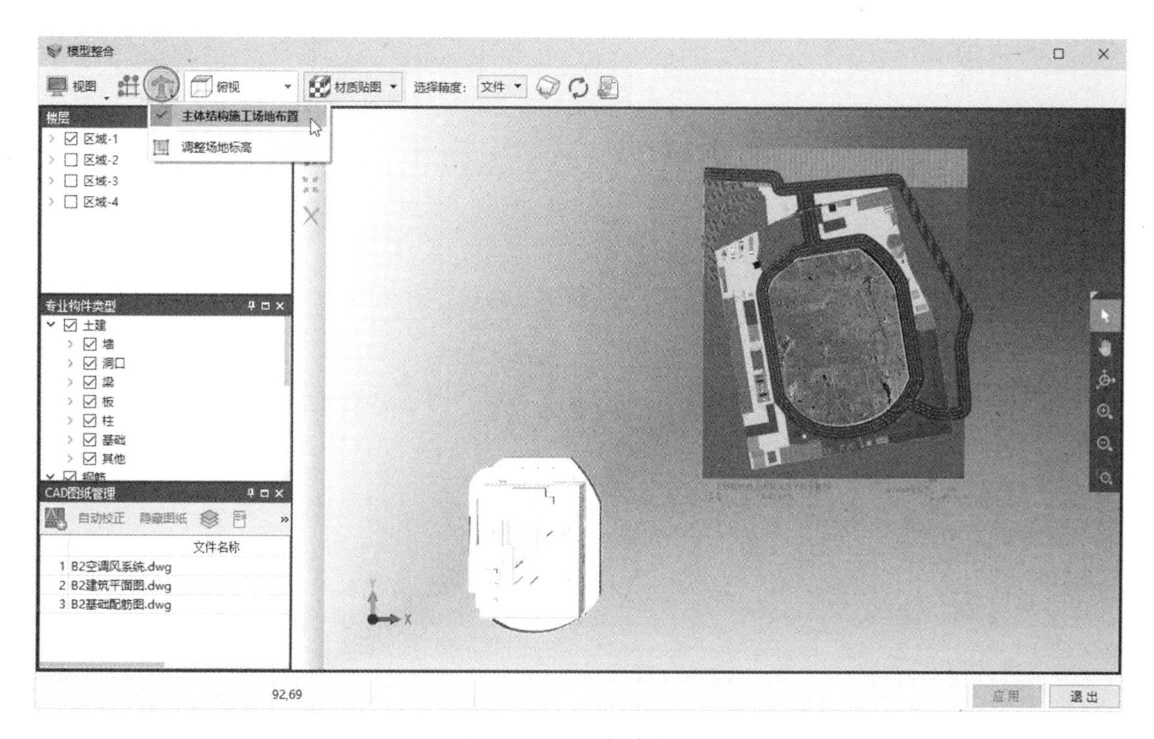

图 7-28　显示场布模型

05 框选整个场布模型，单击【平移模型】按钮和【旋转模型】按钮，将场布模型与建筑模型重合，如图 7-29 所示。在【模型整合】新窗口的底部单击【应用】按钮，完成模型整合操作。

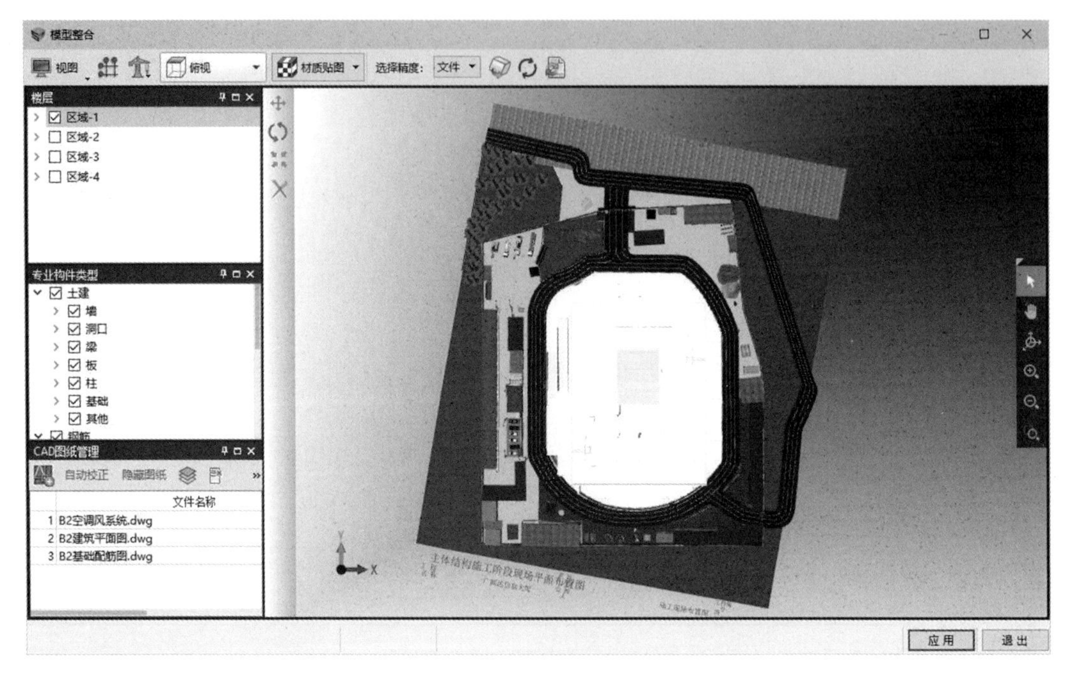

图 7-29 重合操作结果

（4）预算导入

01 在【数据导入】模组【预算导入】选项卡下单击【合同预算】标签页，然后修改默认创建的分组名为“工程预算”。

02 单击【新建下级分组】按钮，新建如图 7-30 所示的下级分组并重命名。

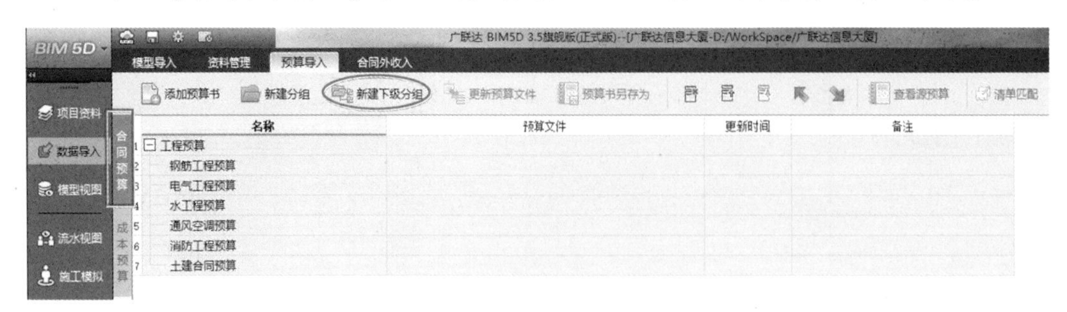

图 7-30 新建下级分组

03 单击【添加预算书】按钮，为每一个下级分组添加预算书文件（文件格式为 GBQ4），预算书的文件路径为“源文件\Ch07\广联达项目模型\工程计价”。添加预算书的结果如图 7-31 所示。

04 单击【成本预算】标签页，然后为“成本预算”分组添加预算书，如图 7-32 所示。

图 7-31　添加预算书的结果

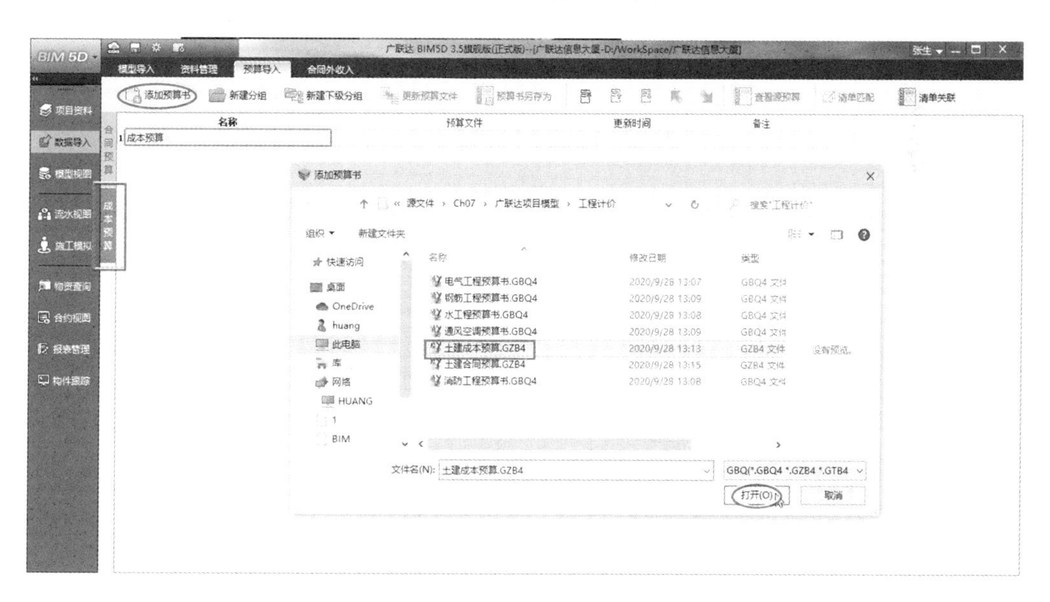

图 7-32　添加成本预算书

05　在【数据导入】模组【合同外收入】选项卡下，单击【添加】按钮，弹出【添加合同外收入】对话框。填写信息并单击【确定】按钮，如图 7-33 所示。

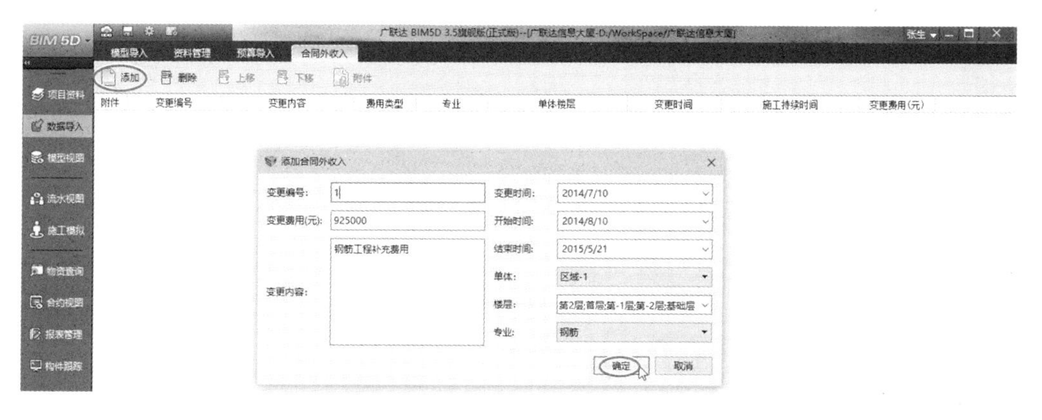

图 7-33　添加合同外收入信息

(5) 查看模型视图

01 在【模型视图】模组中，勾选【楼层】面板中【区域-1】楼层选项，并在【专业构件类型】面板中勾选或取消勾选类型选项，查看建筑土建模型，如图 7-34 所示。

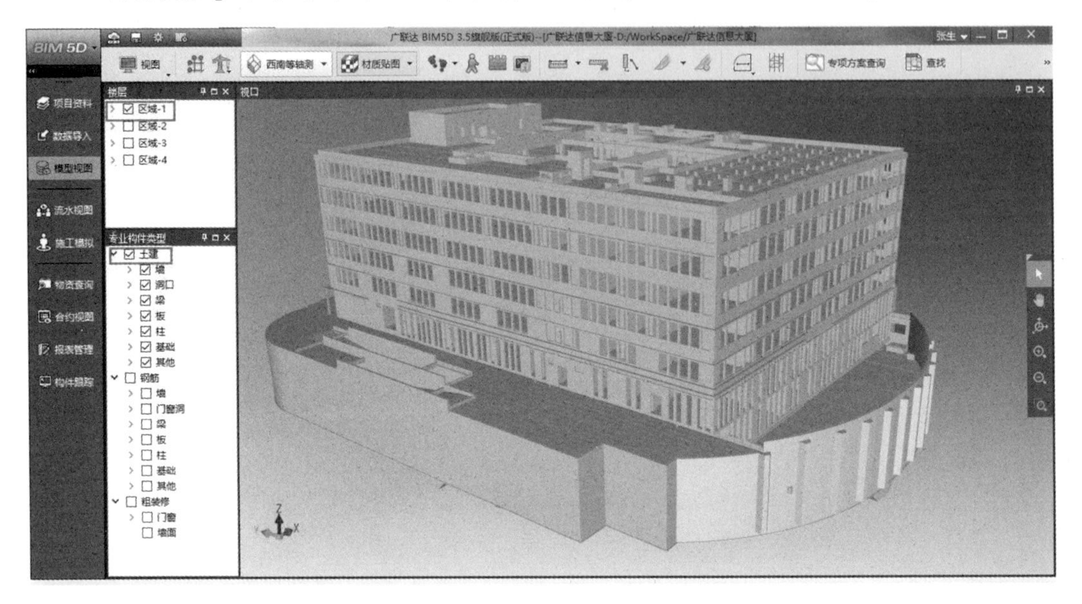

图 7-34　查看【区域-1】土建模型视图

02 勾选【区域-3】楼层选项以查看给排水、电气或通风空调等专业构件模型，如图 7-35 所示。

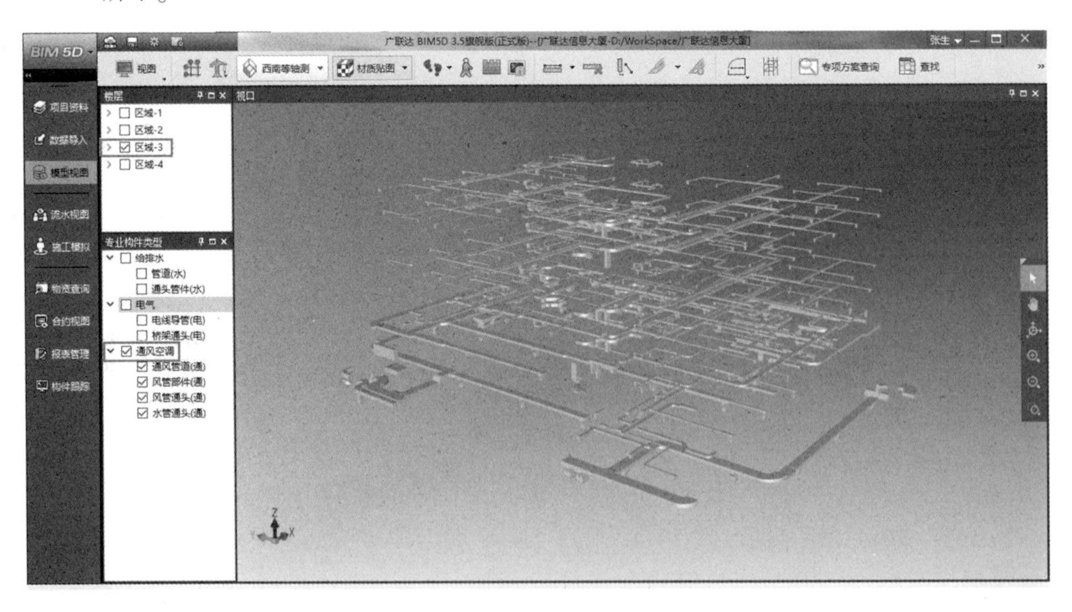

图 7-35　查看专业构件模型

03 单击【施工场地】按钮，然后选择【主体结构施工场地布置】选项，可以查看项目主体结构施工现场的布置效果图，如图 7-36 所示。

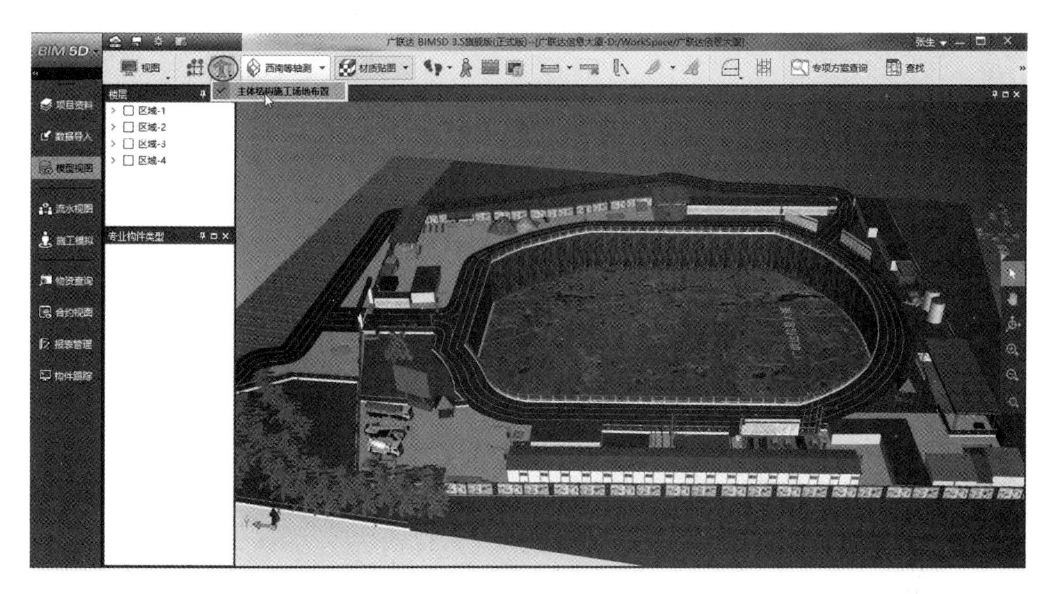

图 7-36　查看施工现场布置效果图

04　接下来为建筑创建一个剖面视图。仅显示【区域-1】土建模型中的【屋顶层】模型，单击【创建剖面】按钮，切换到俯视图。绘制一个矩形框作为剖切面，矩形框外的建筑被剖切掉，如图 7-37 所示。

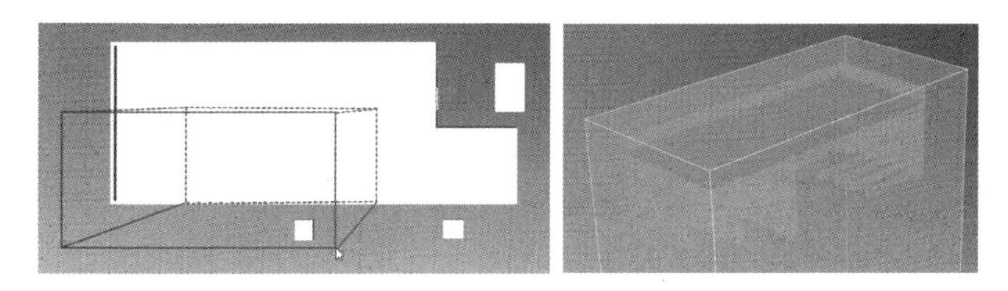

图 7-37　创建剖面

05　单击【创建水平切面】按钮和【创建竖直切面】按钮，创建水平剖切面和竖直剖切面来观察视图，如图 7-38 所示。

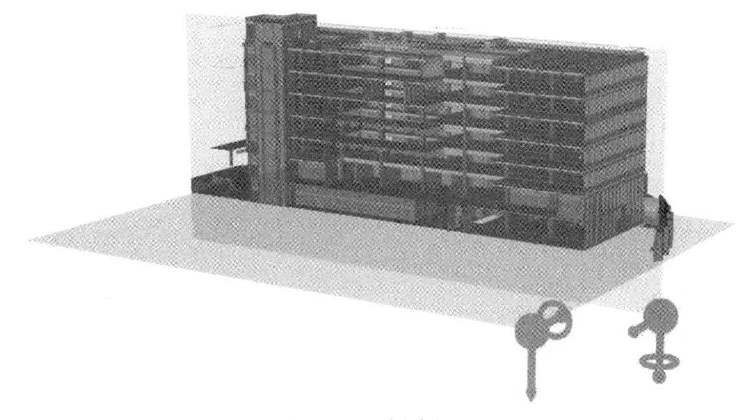

图 7-38　创建切面

7.2.2 创建流水视图

当项目组负责人编制了主体部分施工的进度计划后，为了方便协同工作，实现流水作业施工，项目组负责人可按分区划分流水段并与相应任务项关联，按要求设置关联关系进行模拟，分析计划的可行性并调整计划。创建流水视图也就是为项目划分流水段。

01 在【流水视图】模组的【流水段定义】选项卡下，单击【新建同级】按钮，弹出【新建】对话框。

02 在【新建】对话框中选中【单体】单选按钮并勾选【区域-1】复选框，单击【确定】按钮完成1级分组的创建，如图7-39所示。

03 单击【新建下级】按钮，在弹出的【新建】对话框中选中【专业】单选按钮并勾选【土建】和【钢筋】复选框，单击【确定】按钮完成2级分组的创建，如图7-40所示。

图7-39　创建1级流水段

图7-40　创建2级流水段

04 在【名称】列选中“土建”2级分组，再次单击【新建下级】按钮，在弹出的【新建】对话框中选中【楼层】单选按钮并勾选所有的楼层选项复选框，再勾选【应用到其他同级同类型节点】复选框，最后单击【确定】按钮完成3级分组的创建，如图7-41所示。

图7-41　新建3级分组

05 在【名称】列选中“基础层”3级分组，单击【新建流水段】按钮创建流水段1，接着创建2个流水段，如图7-42所示。可将新建的流水段重新命名为“1区”“2区”和“3区”。

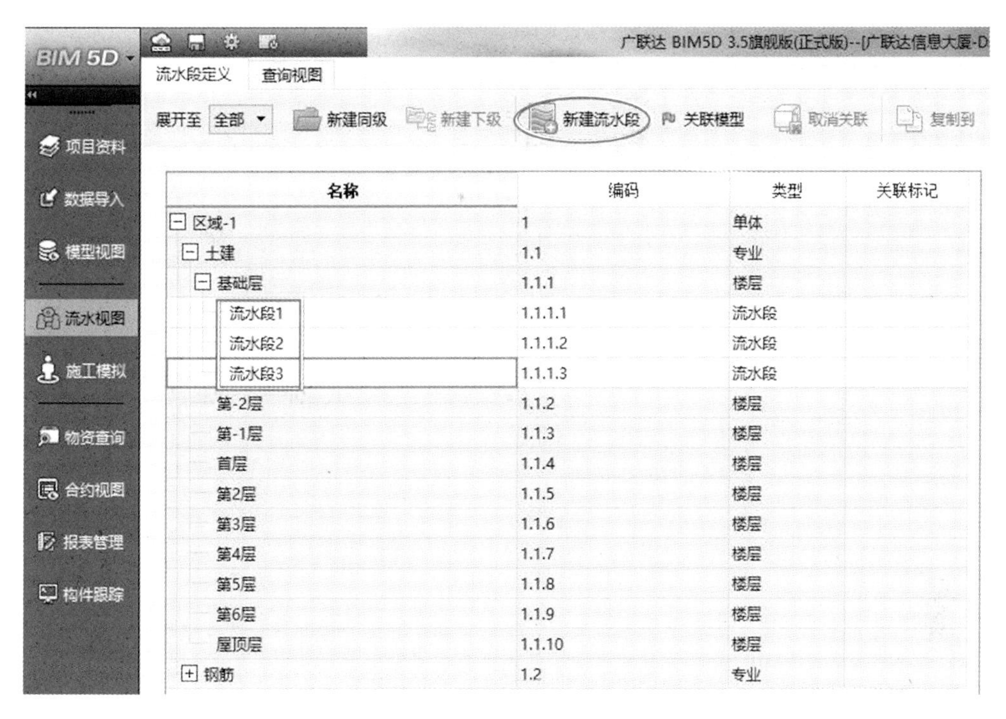

图 7-42　新建 3 个流水段

06 选中“流水段 1”，单击【关联模型】按钮 关联模型，在弹出的【流水段创建】窗口中单击【画流水段线框】按钮，为“流水段 1”划分流水段区域，如图 7-43 所示。绘制线框后单击右键结束绘制。在【关联构件类型】面板中单击【土建】节点上的，使其变成，最后单击窗口底部的【应用】按钮，完成“流水段 1”的划分。

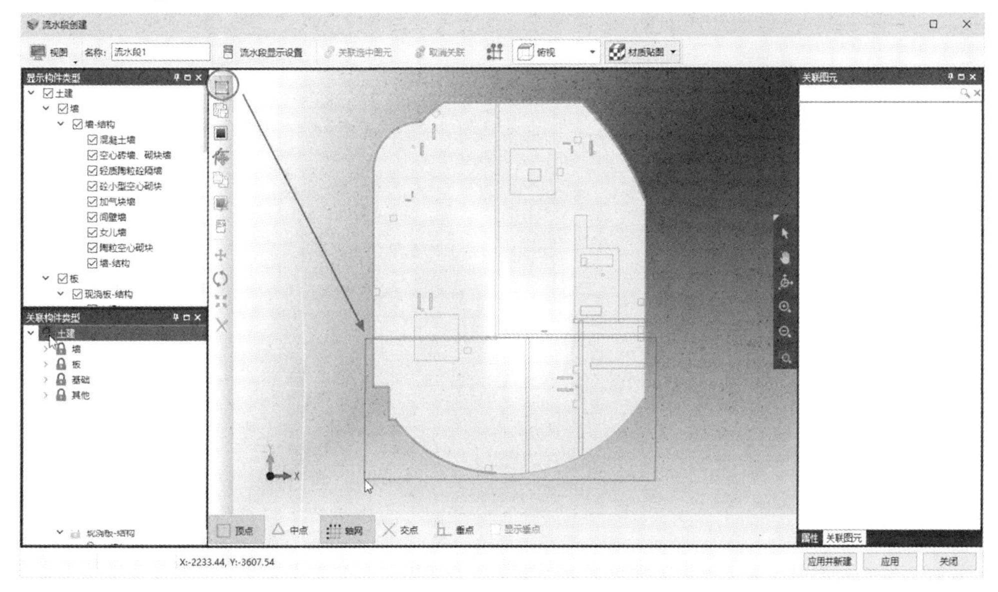

图 7-43　画流水段 1 的线框

07 在【流水视图】模组的【流水段定义】选项卡下勾选【显示模型】复选框，可以查看划分的流水段 1，如图 7-44 所示。

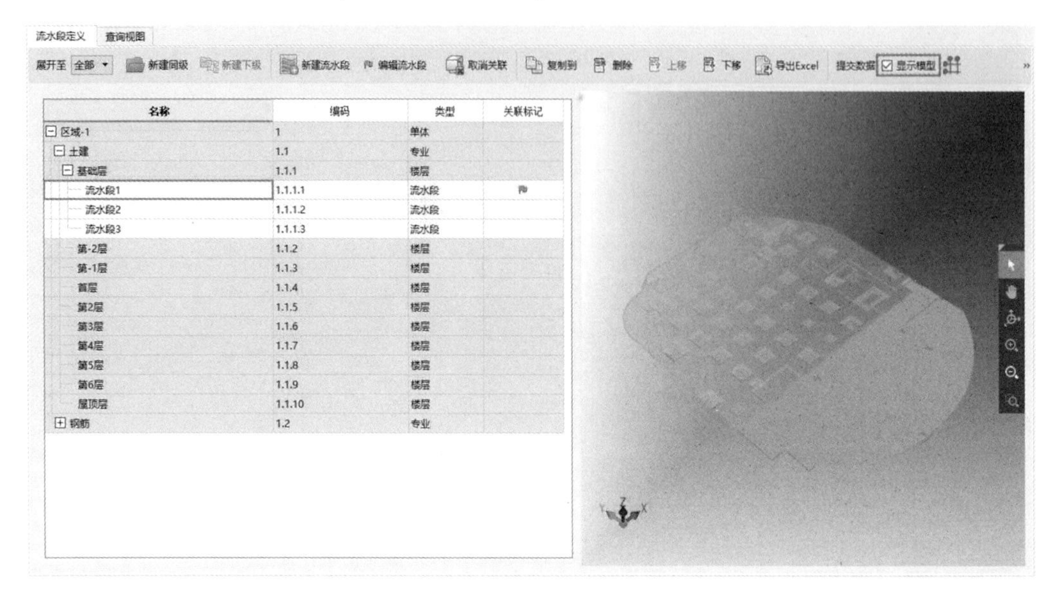

图 7-44　查看划分的流水段 1

08 同理，划分流水段 2 和流水段 3，划分结果如图 7-45 所示。

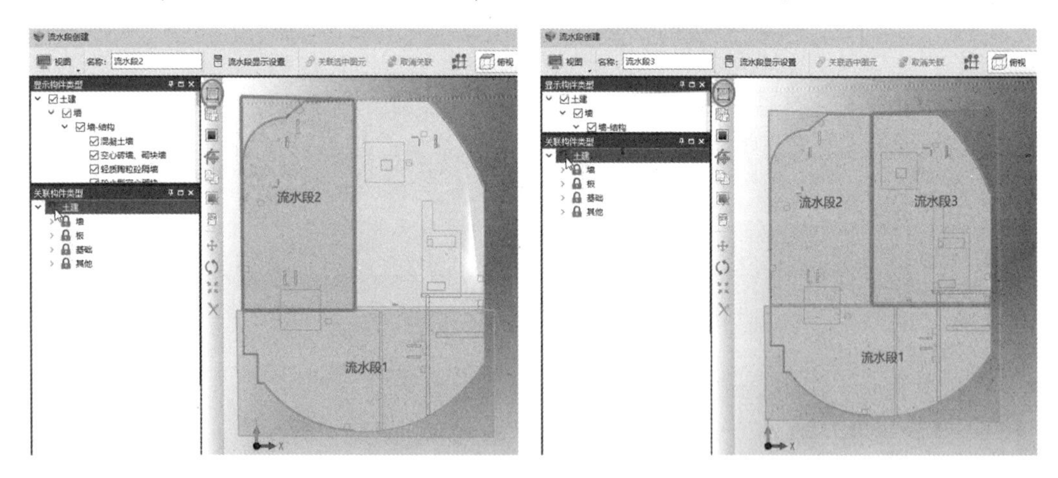

图 7-45　划分流水段 2 和流水段 3

09 在“第-2 层”分组中要创建 6 个流水段，包含 3 个楼板的流水段和 3 个墙体的流水段。可以为流水段重命名，如图 7-46 所示。

10 接下来为每一个流水段关联模型（即划分流水段）。板、墙的划分方法（包括流水段的线框）与“基础”分组是完全相同的，只是关联构件类型有所不同，如图 7-47 所示。

提示　“墙、柱 1”“墙、柱 2”和“墙、柱 1”流水段的关联构件类型为“墙”和“柱”类型。

图 7-46　创建“第-2 层”分组中的 6 个流水段

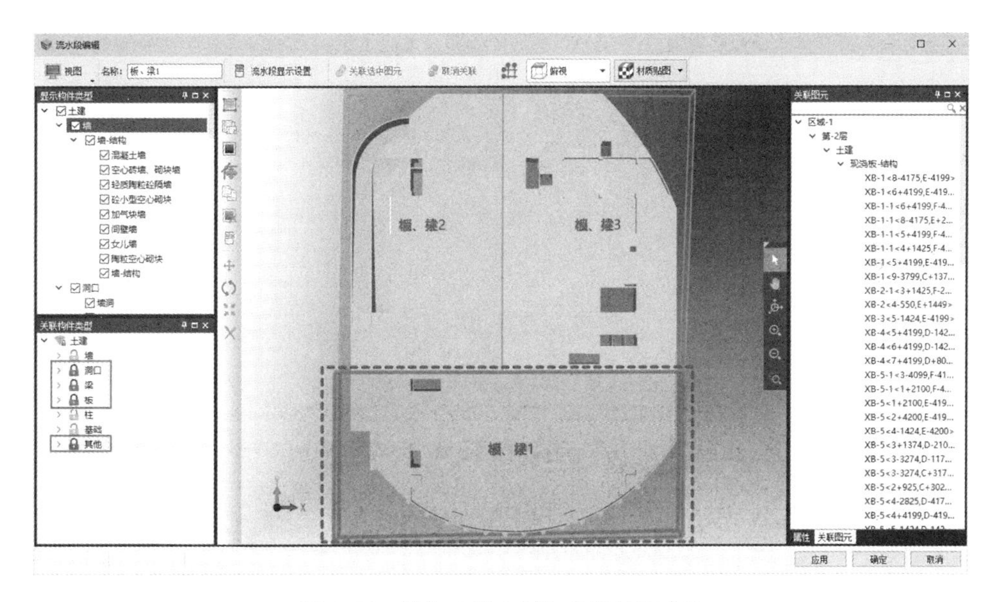

图 7-47　划分“第-2 层”分组的流水段

11 同理，采用相同方法划分其他流水段。但是，一个一个地划分流水段会耗费大量的时间。下面介绍一个快速划分的方法：在【名称】列中按住 Shift 键选取“第-2 层”分组下的 6 个流水段，然后单击【复制到】按钮，弹出【复制流水段】对话框。

12 在【复制流水段】对话框的【目标信息】列表中，除了【基础层】复选框外，勾选其余所有复选框，单击【复制】按钮，即可将“第-2 层”分组中相同的流水段划分结果应用到其他楼层中，如图 7-48 所示。

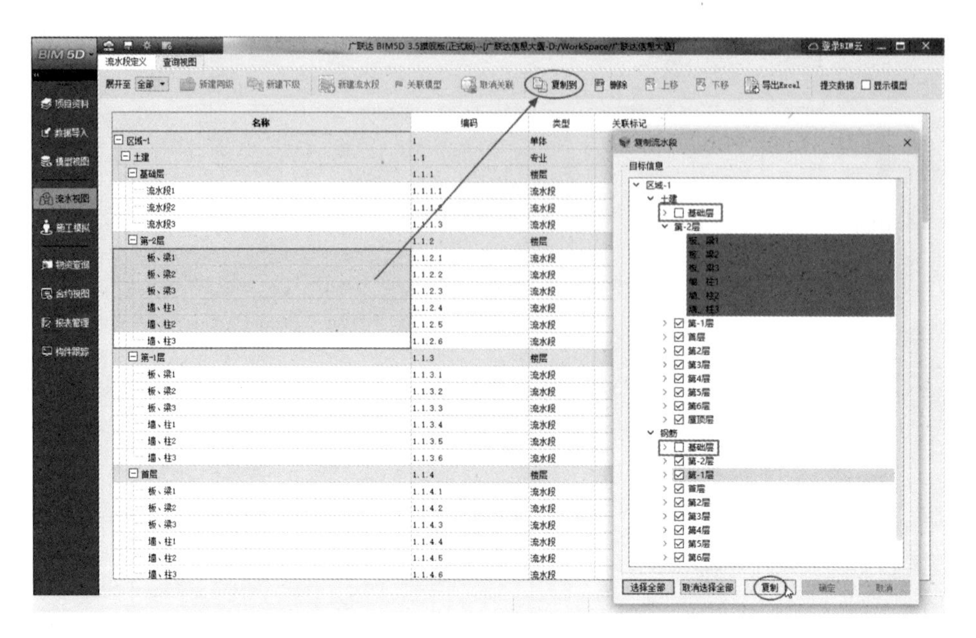

图 7-48 复制流水段到其余楼层

13 同理，再创建“区域-3”和“区域-4”的1级分组，主要用于模拟机电安装。

> **提示** 如果“钢筋”分组中只有“板、梁”流水段，“墙、柱”流水段并没有被复制过来，则需要重新手动创建“钢筋”分组下各楼层中的流水段。

14 在【流水视图】模组的【查询视图】选项卡下，单击底部的【构件工程量】标签页，在【名称】列表中选中一个流水段节点，可查看该流水段中的构件工程量信息，如图7-49所示。

汇总方式：按规格型号汇总 导出工程量 过滤工程量 取消过滤

	专业	构件类型	规格	工程量类型	单位	工程量
1	土建	后浇带		筏板基础后浇带模板面积	m2	0.575
2	土建	后浇带		筏板基础后浇带体积	m3	21.642
3	土建	后浇带		筏基后浇带左右侧面面积	m2	54.018
4	土建	后浇带		后浇带中心线长度	m	48.955
5	土建	后浇带		后浇带左右边线总长度	m	97.803
6	土建	后浇带		墙后浇带左右侧面面积	m2	0.132
7	土建	垫层	材质:现浇混凝土 砼标号:C15 砼类型:预拌砼	底部面积	m2	2716.808
8	土建	垫层	材质:现浇混凝土 砼标号:C15 砼类型:预拌砼	模板面积	m2	380.049
9	土建	垫层	材质:现浇混凝土 砼标号:C15 砼类型:预拌砼	体积	m3	223.168
10	土建	柱墩	材质:现浇混凝土 砼标号:C30 砼类型:预拌砼	侧面面积	m2	276.465
11	土建	柱墩	材质:现浇混凝土 砼标号:C30 砼类型:预拌砼	底面面积	m2	204.94
12	土建	柱墩	材质:现浇混凝土 砼标号:C30 砼类型:预拌砼	顶面面积	m2	69.01
13	土建	柱墩	材质:现浇混凝土 砼标号:C30 砼类型:预拌砼	数量	座	21
14	土建	柱墩	材质:现浇混凝土 砼标号:C30 砼类型:预拌砼	体积	m3	195.586
15	土建	柱墩	材质:现浇混凝土 砼标号:C30 砼类型:预拌砼	周长	m	361.2
16	土建	基础梁	材质:现浇混凝土 砼标号:C30 砼类型:预拌砼	底面模板面积	m2	29.473
17	土建	基础梁	材质:现浇混凝土 砼标号:C30 砼类型:预拌砼	筏板底部基础梁侧面面积	m2	13.509
18	土建	基础梁	材质:现浇混凝土 砼标号:C30 砼类型:预拌砼	截面面积	m2	1.482
19	土建	基础梁	材质:现浇混凝土 砼标号:C30 砼类型:预拌砼	模板面积	m2	16.296
20	土建	基础梁	材质:现浇混凝土 砼标号:C30 砼类型:预拌砼	体积	m3	29.934
21	土建	基础梁	材质:现浇混凝土 砼标号:C30 砼类型:预拌砼	长度	m	37.911
22	土建	筏板基础	材质:现浇混凝土 砼标号:C30 砼类型:预拌砼	底部面积	m2	1942.146
23	土建	筏板基础	材质:现浇混凝土 砼标号:C30 砼类型:预拌砼	模板面积	m2	84.137

清单工程量 构件工程量

图 7-49 查看构件工程量信息

7.2.3　模拟施工方案

施工方案模拟就是进行主体结构的施工工序的动画播放，也是对施工方案进行可视化交底。

1. 导入进度计划

01 进入【施工模拟】模组。窗口底部有两个标签页：【动画管理】标签页和【进度计划】标签页。在【进度计划】标签页中，单击【导入进度计划】按钮，在“源文件\Ch07\广联达项目模型\进度计划”路径中打开“信息大厦进度计划.mpp”文件，如图 7-50 所示。

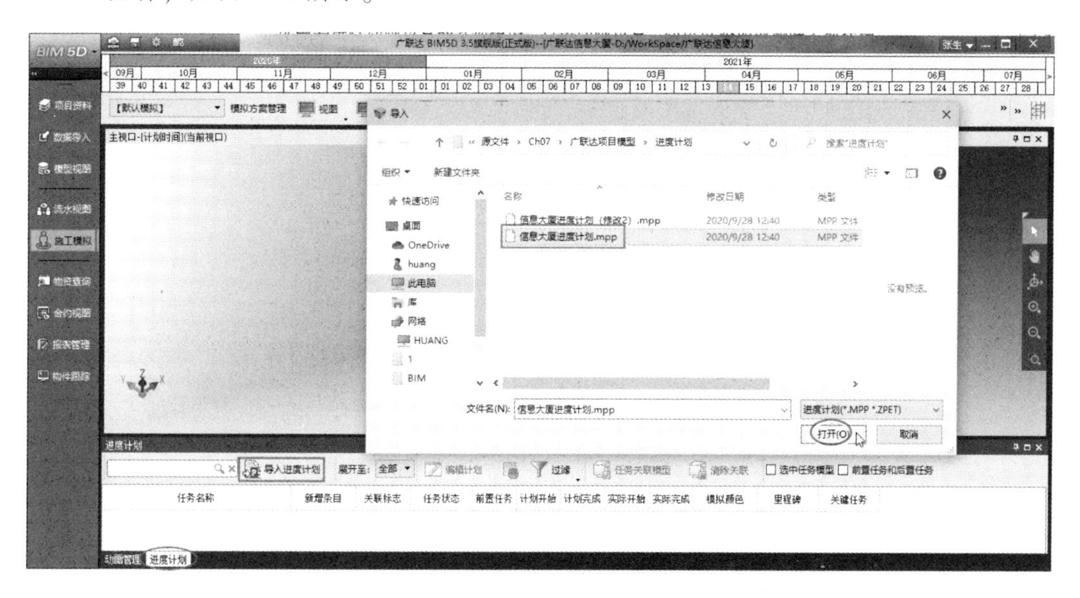

图 7-50　导入进度计划

提示	要导入“.mpp”格式的文件，需要提前安装微软的 Project 2010 或 Project 2013 软件，Project 软件必须已激活。此外，在 BIM5D 中导入进度计划文件之前，必须关闭 Project 软件，同时还要打开 Windows 任务管理器，将 Project 软件的运行任务结束（以 Win10 系统为例），如图 7-51 所示。否则不能正常导入进度计划文件。

图 7-51　结束 Project 软件的运行任务

02 图 7-52 为在正常施工情况下的进度计划。

	任务名称	新增条目	关联标志	任务状态	前置任务	计划开始	计划完成	实际开始	实际完成	模拟颜色	里程碑	关键任务
1	⊟ 广联达信息大厦施工			正常完成		2014-10-24	2015-09-11	2014-10-24	2015-09-11		☐	☐
2	⊟ 基础工程施工			正常完成		2014-10-24	2015-03-06	2014-10-24	2015-03-06		☐	☐
3	⊟ 基础施工			正常完成		2014-10-24	2015-03-06	2014-10-24	2015-03-06		☐	☐
4	基础垫层、防水及防水保护层施工			正常完成		2014-10-24	2014-11-17	2014-10-24	2014-11-17		☐	☐
5	⊟ 基础底板施工			正常完成		2014-11-21	2014-12-16	2014-11-21	2014-12-16		☐	☐
6	1段基础施工			正常完成		2014-11-21	2014-12-02	2014-11-21	2014-12-02		☐	☐
7	2段基础施工			正常完成	6	2014-12-03	2014-12-16	2014-12-03	2014-12-16		☐	☐
8	3段基础施工			正常完成		2014-12-05	2014-12-15	2014-12-05	2014-12-15		☐	☐
9	⊟ -2层结构施工（含春节放假 36d）			正常完成		2014-12-03	2015-02-12	2014-12-03	2015-02-12		☐	☐
10	1段墙柱			正常完成	6	2014-12-03	2014-12-25	2014-12-03	2014-12-25		☐	☐
11	1段梁板			正常完成	10	2014-12-26	2015-01-06	2014-12-26	2015-01-06		☐	☐
12	2段墙柱			正常完成	7	2014-12-17	2015-01-01	2014-12-17	2015-01-01		☐	☐
13	2段梁板			正常完成	12	2015-01-02	2015-01-17	2015-01-02	2015-01-17		☐	☐
14	3段墙柱			正常完成	8	2014-12-16	2014-12-31	2014-12-16	2014-12-31		☐	☐

图 7-52　正常施工情况下的进度计划

03 在【进度计划】标签页中单击【编辑计划】按钮，启动 Project 2010（笔者安装的是 2010 版的软件），工程施工过程中因各种原因导致施工延期、返工的，均可在进度计划文件中进行修改，修改完成后保存进度计划文件。BIM5D 会自动将修改的结果实时反馈到已打开的进度计划中，如图 7-53 所示。

	任务名称	新增条目	关联标志	任务状态	前置任务	计划开始	计划完成	实际开始	实际完成	模拟颜色	里程碑	关键任务
1	⊟ 广联达大厦进度计划			延迟开始		2012-10-14	2013-07-19	2014-11-22			☐	☐
2	⊟ 基础工程施工			延迟完成		2014-03-24	2014-10-03	2014-11-22	2015-02-05		☐	☐
3	⊟ 基础施工			延迟完成		2014-03-24	2014-10-03	2014-11-22	2015-02-05		☐	☐
4	⊟ 基础底板施工			延迟完成		2014-04-17	2014-05-23	2014-11-22	2014-12-08		☐	☐
5	流水段1			正常完成		2014-11-21	2014-11-26	2014-11-22	2014-11-26		☐	☐
6	流水段2			正常完成	5	2014-11-27	2014-12-02	2014-11-27	2014-12-02		☐	☐
7	流水段3			正常完成	6	2014-12-03	2014-12-08	2014-12-03	2014-12-08		☐	☐
8	⊟ B2层结构施工（含春节放假 36d）			延迟完成		2014-05-13	2014-07-20	2014-12-09	2015-01-09		☐	☐
9	墙、柱1			正常完成	7	2014-12-09	2014-12-12	2014-12-09	2014-12-12		☐	☐
10	梁、板1			正常完成	9	2014-12-17	2014-12-20	2014-12-17	2014-12-20		☐	☐
11	墙、柱2			正常完成	6,10	2014-12-21	2014-12-24	2014-12-21	2014-12-24		☐	☐
12	梁、板2			正常完成	11	2014-12-25	2014-12-28	2014-12-25	2014-12-28		☐	☐
13	墙、柱3			正常完成	7,12	2014-12-29	2015-01-01	2014-12-29	2015-01-01		☐	☐
14	梁、板3			正常完成	13	2015-01-02	2015-01-05	2015-01-02	2015-01-05		☐	☐
15	春节放假			正常完成	14	2015-01-06	2015-01-09	2015-01-06	2015-01-09		☐	☐

图 7-53　在 BIM5D 中及时反馈修改

04 在【进度计划】标签页的【任务名称】列中选中"基础底板施工"子节点下的"流水段 1"任务，然后单击【任务关联模型】按钮，如图 7-54 所示。

	任务名称	新增条目	关联标志	任务状态	前置任务	计划开始	计划完成	实际开始	实际完成	模拟颜色	里程碑	关键任务
1	⊟ 广联达大厦进度计划			延迟开始		2012-10-14	2013-07-19	2014-11-22			☐	☐
2	⊟ 基础工程施工			延迟完成		2014-03-24	2014-10-03	2014-11-22	2015-02-05		☐	☐
3	⊟ 基础施工			延迟完成		2014-03-24	2014-10-03	2014-11-22	2015-02-05		☐	☐
4	⊟ 基础底板施工			延迟完成		2014-04-17	2014-05-23	2014-11-22	2014-12-08		☐	☐
5	流水段1			正常完成		2014-11-21	2014-11-26	2014-11-22	2014-11-26		☐	☐
6	流水段2			正常完成	5	2014-11-27	2014-12-02	2014-11-27	2014-12-02		☐	☐
7	流水段3			正常完成	6	2014-12-03	2014-12-08	2014-12-03	2014-12-08		☐	☐

图 7-54　选中要关联模型的任务

提示　如果需要更精细化的任务关联，可以在"基础工程施工"子节点下选中"1 段基础施工""2 段基础施工"及"3 段基础施工"等任务来关联对应的流水段。

05 在弹出的【任务关联模型】对话框中选中【关联流水段】单选按钮，勾选要关联的流水段选项，然后单击【关联】按钮进行关联，如图 7-55 所示。

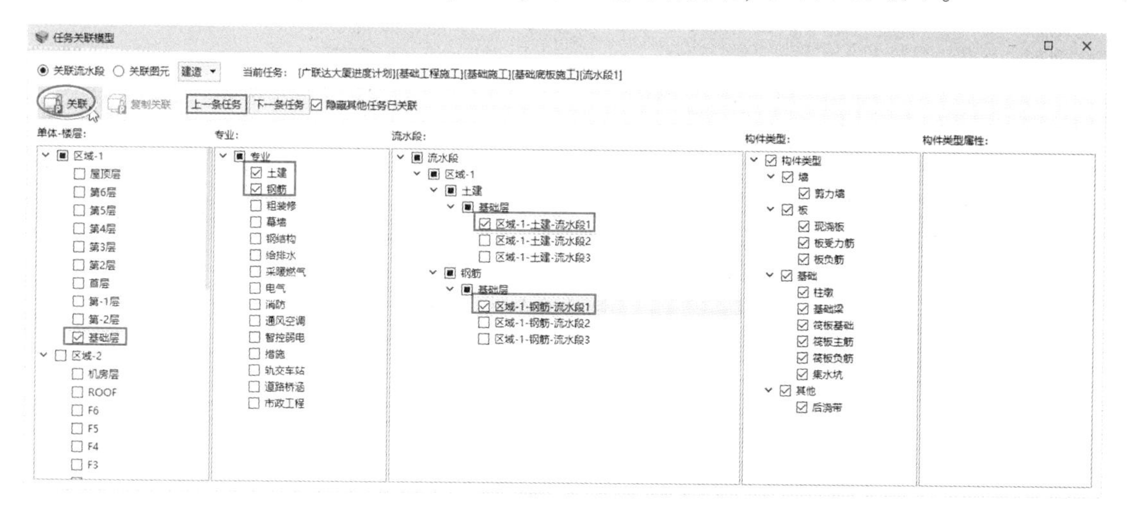

图 7-55　为“基础工程施工”任务关联流水段

06 在【任务关联模型】对话框中单击【下一条任务】按钮，系统会自动跳转到“流水段 2”任务中，然后勾选要关联的流水段选项并单击【关联】按钮进行关联即可，如图 7-56 所示。

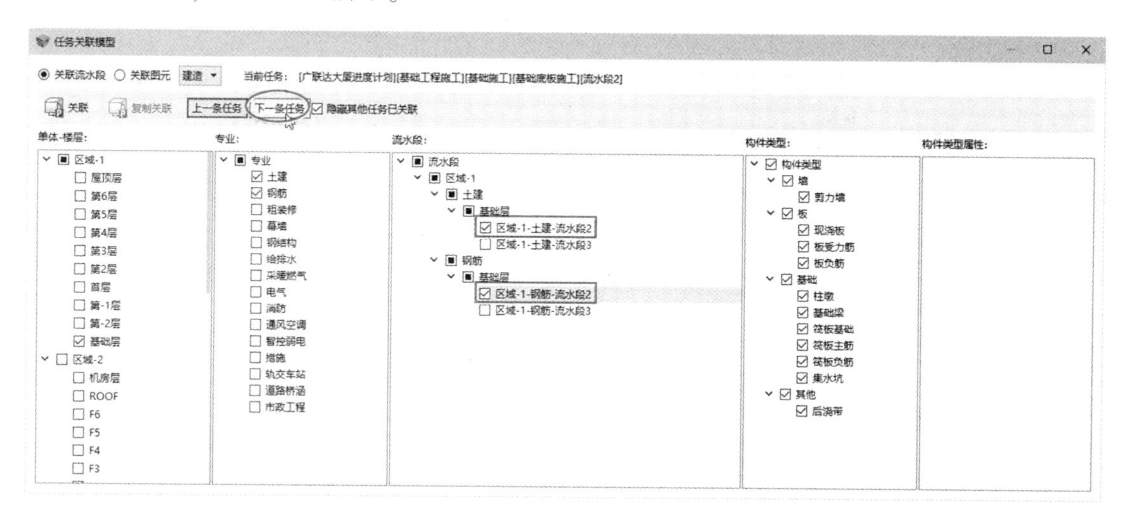

图 7-56　为“主体结构施工”任务关联流水段

07 以此类推，继续下一任务并完成关联模型。图 7-57 为“B2 层结构施工”（即“第-2 层”）子节点下各流水段任务的关联设置参考。

08 在“B1 层 1 段”节点任务中，包括竖向结构和水平结构两个子节点任务。竖向结构（主要指墙、柱）在关联模型时与墙、柱流水段关联即可。水平结构（主要指梁和板）与板、梁流水段关联即可。但在竖向结构和水平结构中有多个子任务，仅对“钢筋”和“混凝土”两个子任务进行关联操作即可，如图 7-58 所示。

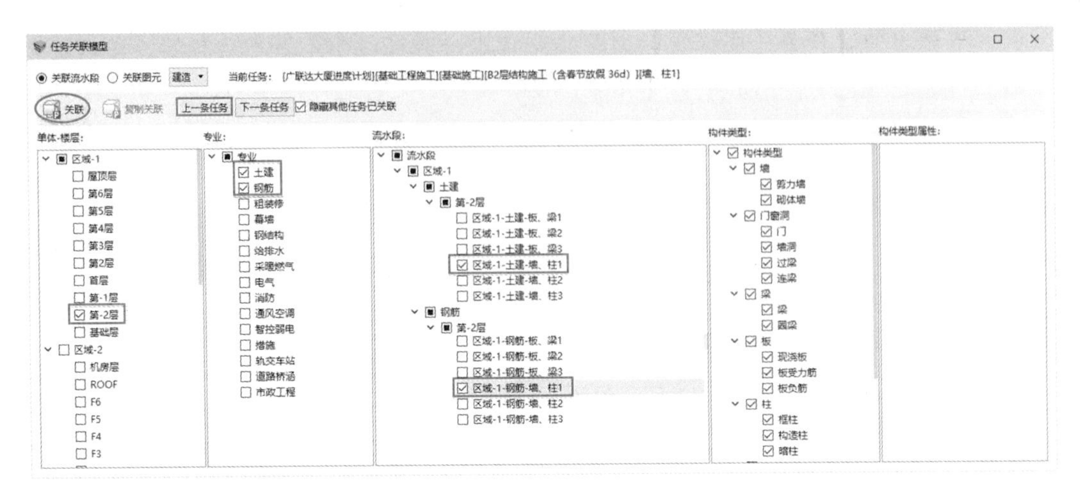

图 7-57　B2 层结构施工的任务关联模型设置

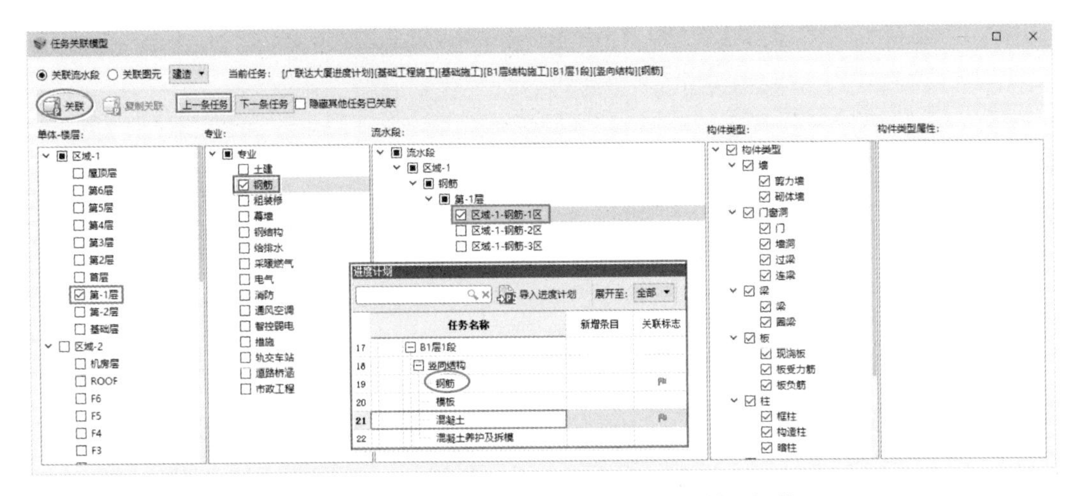

图 7-58　竖向结构和水平结构任务的关联模型操作

09 其余进度计划中的任务也按此方法进行关联模型操作，这里不再一一赘述。

10 在主视口上方工具栏中单击【视图】按钮，在展开的视图列表中选择【进度跟踪】命令，在主视口右侧显示【进度跟踪】面板。在【进度跟踪】面板中单击【添加】按钮，弹出【进度跟踪信息】对话框。

11 在【进度跟踪信息】对话框中单击【添加图片】按钮，将本例源文件夹“源文件\Ch07\施工进度图”中的“图 2”图片添加到【进度跟踪】面板中。

12 添加图片后，填写相关的进度跟踪信息，完成后单击【确定】按钮，如图 7-59 所示。

提示	进度跟踪的图片需要使用 BIM5D 手机端 APP 软件在施工现场拍摄施工进度图片，然后上传到 BIM5D 桌面客户端上。但目前 BIM5D 手机端仅支持较低版本的安卓系统，笔者的安卓系统版本为 Android 10，与 BIM5D 手机端不兼容，无法介绍 BIM5D 手机端上传进度跟踪图片的方法。

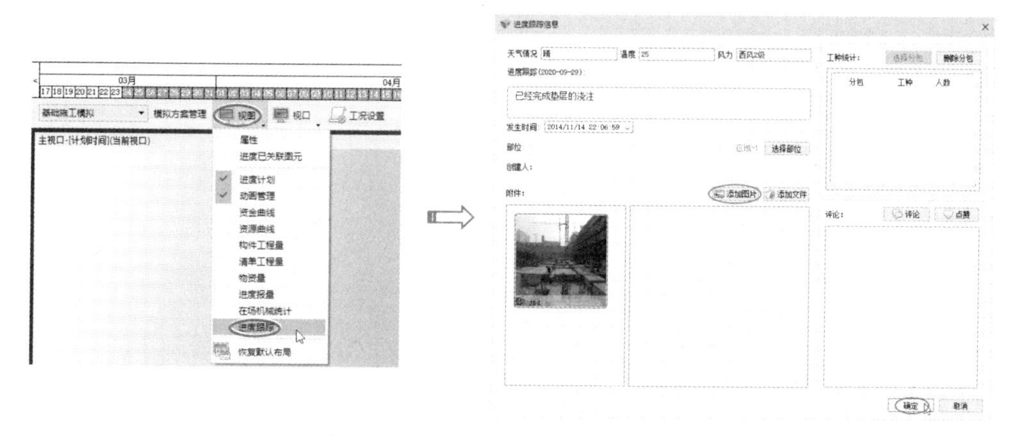

图 7-59　添加进度跟踪图片

13　添加进度跟踪图片后，在主视口上方的时间栏中单击【2014 年】选项栏，即可看到添加的进度跟踪，如图 7-60 所示。

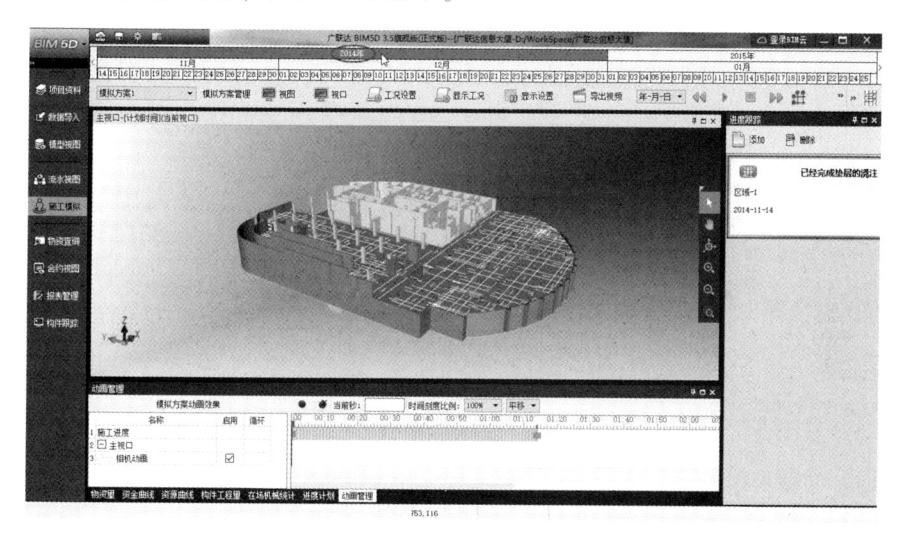

图 7-60　查看进度跟踪图片

14　同理，创建其他进度跟踪（可根据进度跟踪图片中的文字标识依次创建）。

2. 工况设置

在建筑工程中，工况主要是指施工现场环境的状况、施工进度中工作完成状况、现场施工人员的配备状况、当前工种与其他工种的衔接状况等。

01　在主视口上方的工具栏中单击【工况设置】按钮，弹出【工况设置】窗口。

02　在【工况设置】窗口的时间栏中单击右键，在弹出的右键菜单中选择【定位时间】命令，弹出【定位时间到:】对话框。输入项目开工时间，然后单击【确定】按钮，如图 7-61 所示。

提示	这个时间定位可以是工程项目当年的任一天，当然也可以直接设为工地进场施工的日期。

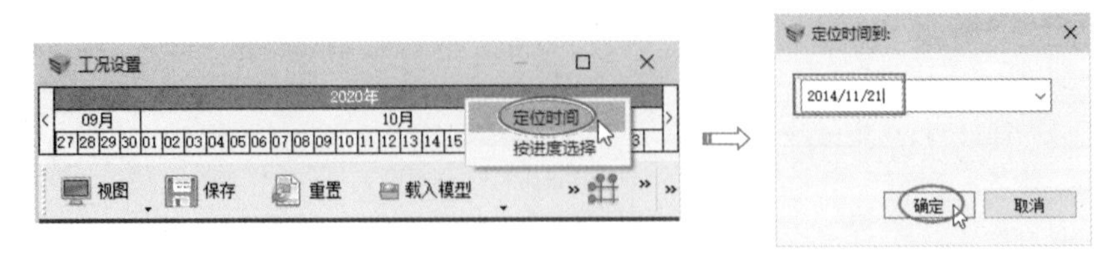

图 7-61　定位时间

03 定位时间后，在时间栏中单击 11 月时间区域中的【5】时间按钮，选择项目进场的时间，如图 7-62 所示。

提示	这个时间的指定需要精确，因为这个时间就是工况的时间，不能随意设置。

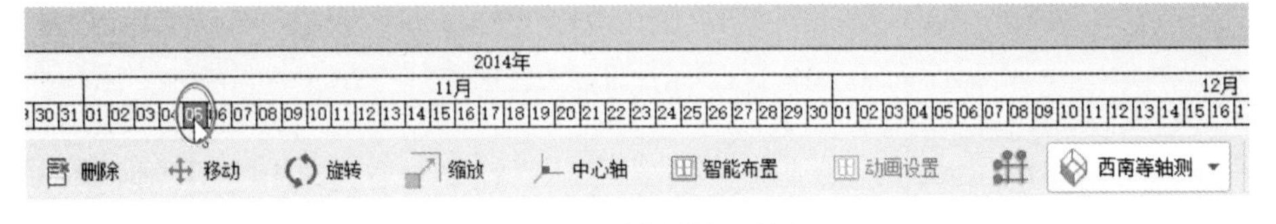

图 7-62　选择进场时间

04 在工具栏中单击【载入模型】|【载入场地模型】命令，在弹出的【载入场地】对话框中选择场地模型，然后单击【插入模型】按钮，如图 7-63 所示。

提示	这里所讲的场地模型是施工场地布置模型（简称“场布模型”）。

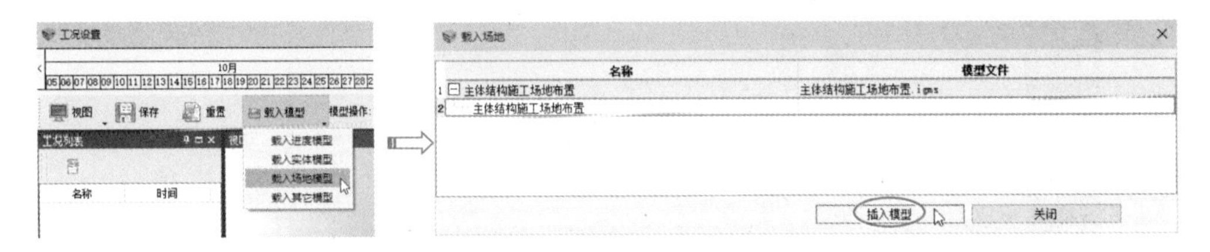

图 7-63　插入场地模型

05 载入场地模型后，接着单击【载入其他模型】命令，载入其他模型，比如白色小汽车、黑色小汽车、罐车、推土机等，如图 7-64 所示。

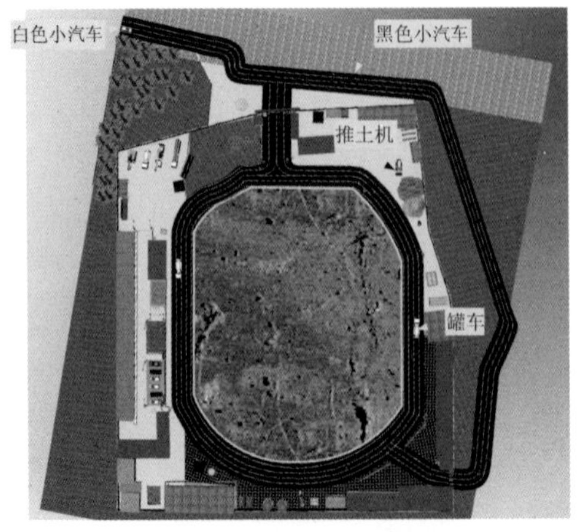

图 7-64　载入其他模型

06 单击工具栏中的【保存】按钮，弹出【保存工况】对话框。输入名称及备注（可填写或不填写）后，单击【保存】按钮，完成工况的创建。创建的工况在【工况列表】中显示，如图7-65所示。

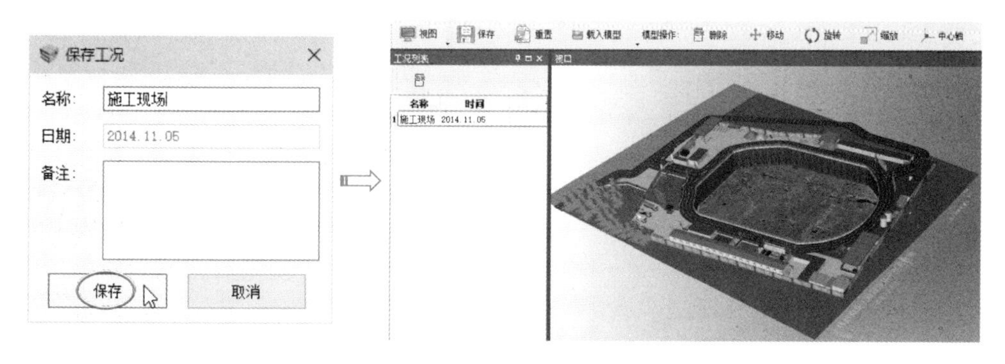

图7-65　完成工况的创建

07 采用同样的操作方法，创建“塔吊进场”的工况，指定进场时间为2014\11\21。在工具栏中单击【载入模型】|【载入其他模型】命令，在弹出的【载入其他模型】对话框中选择【塔吊】模型，然后单击【插入模型】按钮，在场布模型中布置两个塔吊模型，创建的塔吊进场工况如图7-66所示。

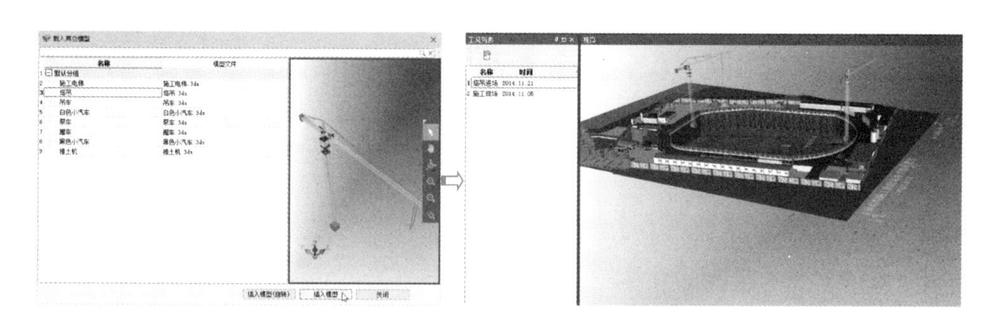

图7-66　载入塔吊模型创建塔吊进场工况

08 同理，再创建“施工电梯进场”工况和“塔吊出场”工况。施工电梯进场时间为2015\06\01。创建“施工电梯进场”工况时，可在【载入其他模型】对话框中载入“施工电梯”，同时还要载入进度模型（也就是结构模型），如图7-67所示。

图7-67　创建“施工电梯进场”工况

提示	载入进度模型（也就是结构模型）后，会发现进度模型与场布模型没有重合，可以单击工具栏中的【移动】按钮和【旋转】按钮，将场布模型移动并旋转，使其与进度模型重合。

09 创建“塔吊出场”工况时，将塔吊模型、施工电梯和进度模型删除，需要重新载入实体模型，塔吊出场的时间为2015\08\13，创建完成的工况如图7-68所示。

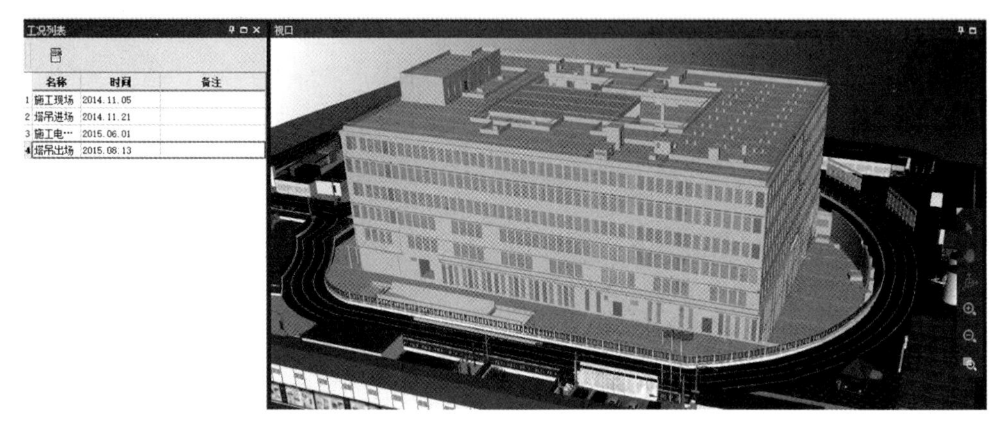

图7-68　创建“塔吊出场”工况

10 关闭【工况设置】窗口，可在主视口上方的工具栏中单击【显示工况】按钮显示创建的工况，如图7-69所示。

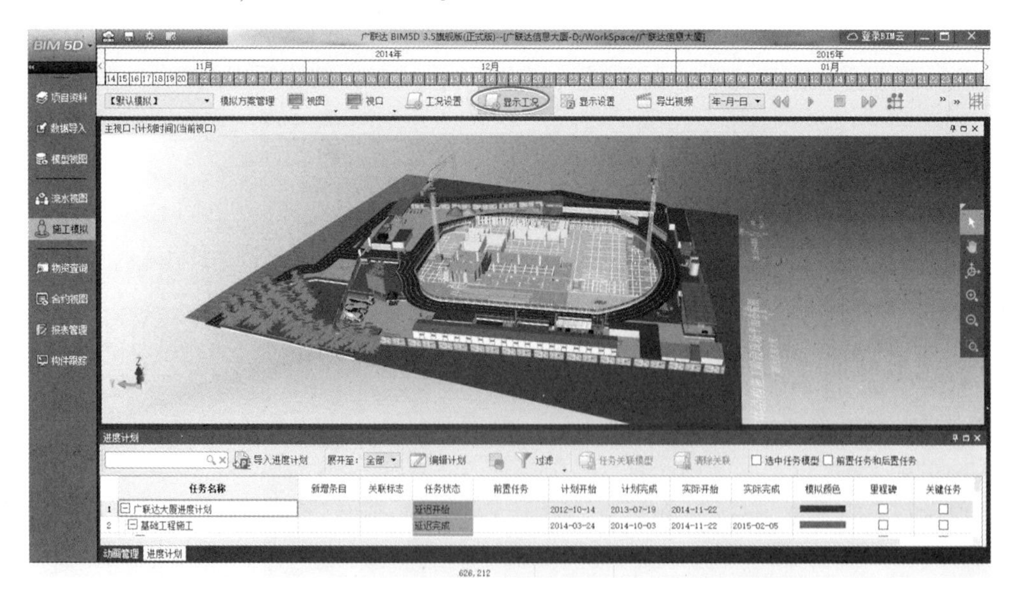

图7-69　显示工况

11 如果主视口中没有显示模型，可以在主视口中单击右键，在弹出的右键菜单中选择【视口属性】命令，弹出【视口属性设置】对话框。在【显示范围】列表中勾选【区域-1】复选框，如图7-70所示。

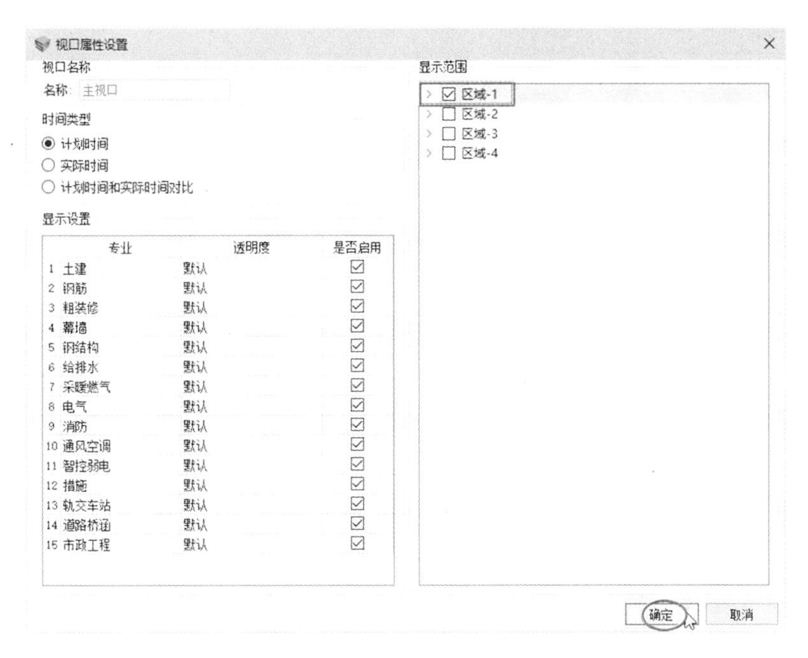

图 7-70　视口属性设置

3. 进度模拟

进度模拟分以下几步完成：创建相机动画、添加路径动画和播放动画。

(1) 创建相机动画

01 在【施工模拟】模组底部单击【动画管理】标签页按钮，进入【动画管理】标签页设置页面。

02 单击主视口上方工具栏中的【模拟方案管理】按钮，弹出【模拟方案管理】对话框。在该对话框中单击【添加】按钮，新建一个模拟方案，如图 7-71 所示。

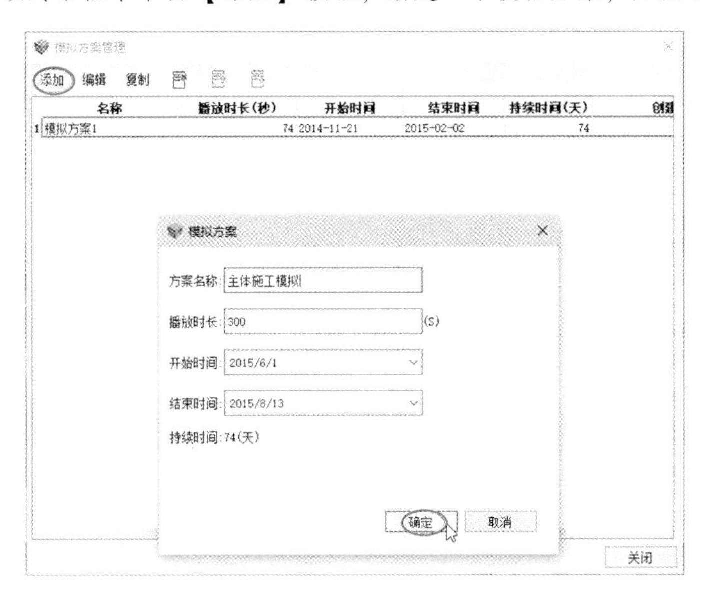

图 7-71　新建模拟方案

03 在工具栏的模拟方案列表中选择新建的“主体施工模拟”方案，接着设置视口属性，将【区域-1】模型完全显示。然后在工具栏中单击【显示工况】按钮，显示主体施工的工况，如图 7-72 所示。

图 7-72 显示工况

04 在主视口中调整好视图（按下 Ctrl 键 + 鼠标中键），选中【名称】列中的【相机动画】，接着在【动画管理】标签页的【动画管理】面板中单击【捕获节点】按钮 ●，在 0 秒处创建第一个动画关键帧，如图 7-73 所示。

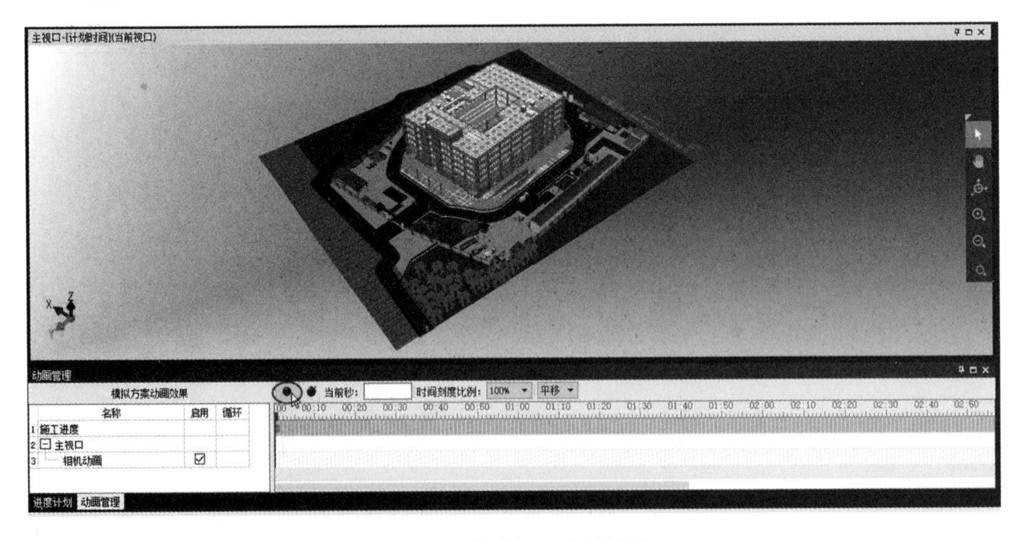

图 7-73 创建第一个关键帧

05 拖动动画帧滑块到 0:00:10 位置，然后调整好视图观察角度，单击【捕获节点】按钮 ●，创建第二个动画关键帧，如图 7-74 所示。

提示　相机动画其实就是视图的相机漫游。通过相机的漫游，可以跟随相机环绕整个建筑来观看建筑动画。动画的关键帧就是一个动画的关键节点，帧节点与帧节点之间有很多幅图片，系统会自动播放这些连续图片来生成动画。一般关键帧节点设置在视图要发生变化的位置。切记在创建关键帧时，必须先拖动帧滑块到某个时间位置，然后再调整好视图观察角度，以避免出错。

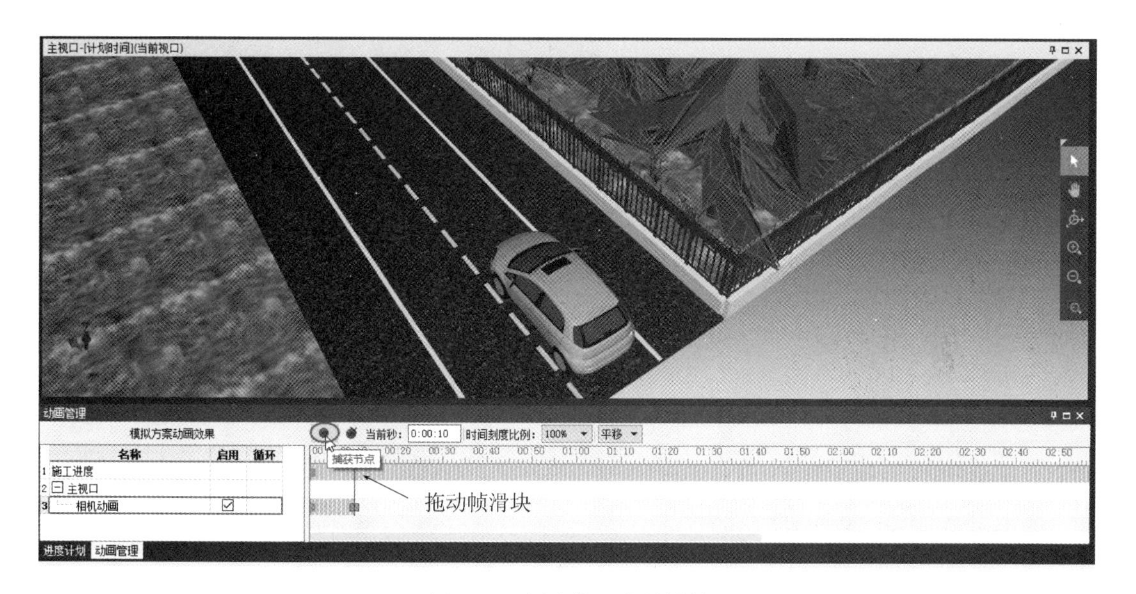

图 7-74　创建第二个关键帧

06　同理，环绕场地中的公路调整视图并创建关键帧节点，由此创建多个动画关键帧，如图 7-75 所示。

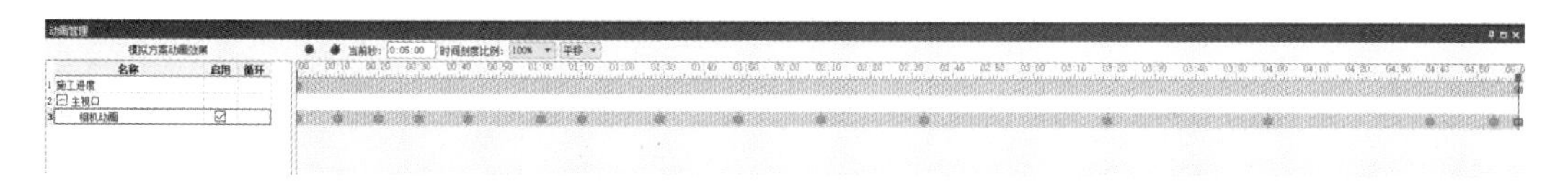

图 7-75　创建多个动画关键帧

(2) 添加路径动画

要使公路上的汽车跑起来，必须给汽车添加路径动画。

01　在【名称】列中右键单击【主视口】，在弹出的右键菜单中选择【添加路径动画】命令，弹出【路径动画设置】对话框。

02　在对话框底部单击【选择结点】按钮，然后在主视口中选取白色小汽车作为路径动画的参考主体和路径起点，如图 7-76 所示。

03　选择结点后单击右键并选择右键菜单中的【返回编辑界面】命令，返回到【路径动画设置】对话框中，如图 7-77 所示。

04　在对话框底部单击【编辑路径】按钮，然后在主视口中绘制小汽车运动的轨迹，如图 7-78 所示。

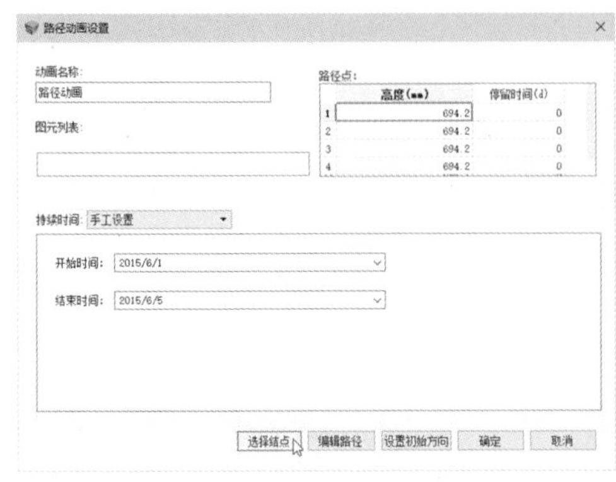

图 7-76　选择结点

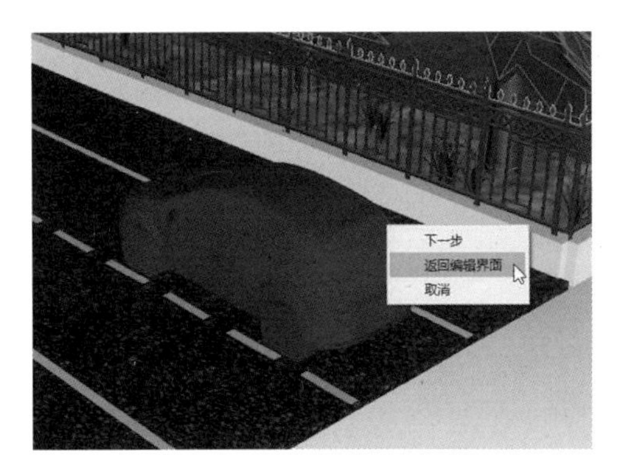

图 7-77　返回编辑界面

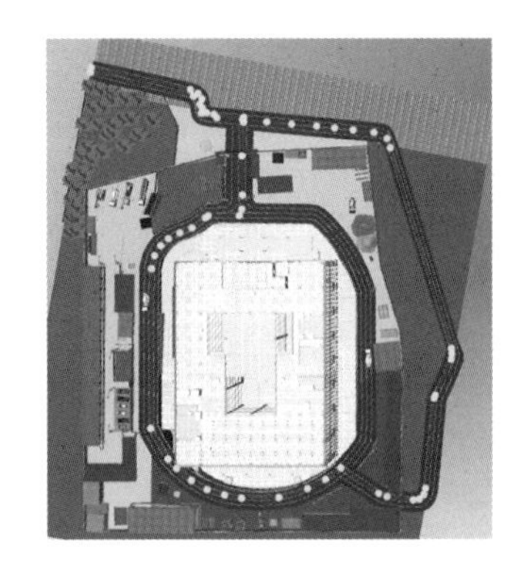

图 7-78　绘制路径

05 绘制路径后返回【路径动画设置】对话框中，单击【设置初始方向】按钮，在主视口中设置小汽车运动的起始方向，该方向不一定要与运动轨迹重合，只要保证汽车的左右对称轴线与轨迹线平行即可，如图 7-79 所示。

正确的初始方向

错误的初始方向

图 7-79　设置初始方向

06 返回【路径动画设置】对话框中，可以设置某一个路径点的停留时间，若不需要设置停留，则单击【确定】按钮，完成小汽车路径动画的创建。

07 拖动路径动画的第一个关键帧到某个时间点上，以此改变路径动画的时间，如图 7-80 所示。

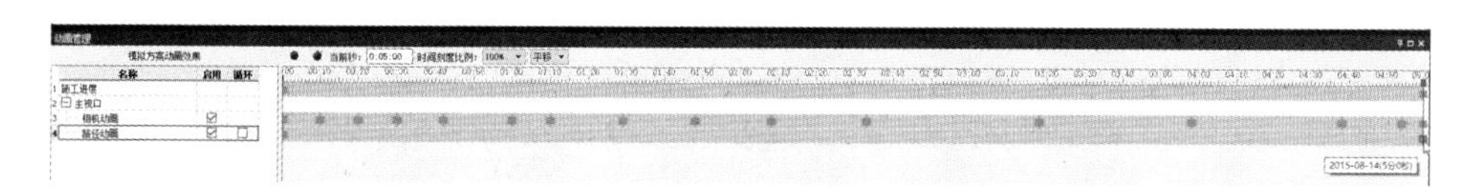

图 7-80　拖动路径动画的关键帧以改变动画时间

(3) 播放动画

01　动画创建完成后，单击工具栏中的【播放】按钮▶，播放相机动画和路径动画，由于两个动画在同一个“主视口”分组，因此播放动画时是同时播放的。

02　在工具栏中单击【导出视频】按钮，可将动画导出为视频，如图 7-81 所示。

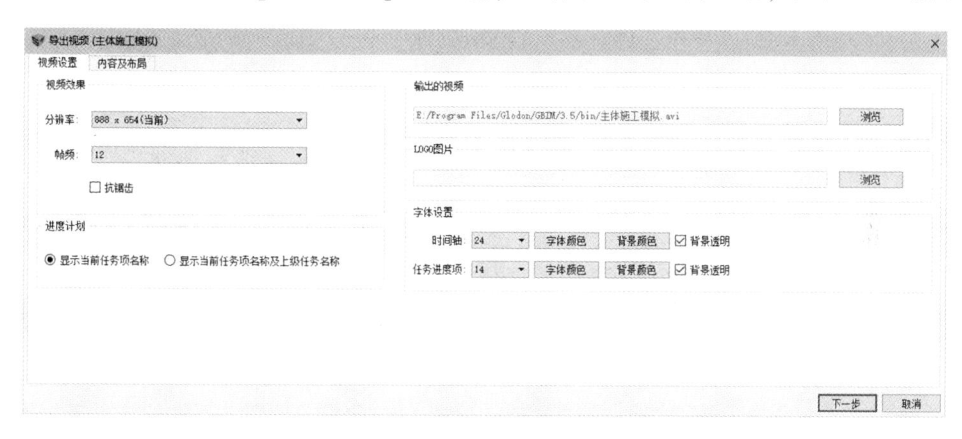

图 7-81　导出视频

03　单击快速访问工具栏中的【保存】按钮，保存整个项目文件。

第 8 章

Lumion 漫游动画与场景渲染

本章导读

利用强大的渲染引擎 Lumion 10 软件，可以真实还原建筑施工的场景。本章主要介绍 Lumion 10 软件的主要功能和施工场景的渲染过程。

案例展现

案 例 图	描 述
	Lumion 是由荷兰 Act-3D 公司开发的建筑可视化实时渲染及漫游软件，主要硬件驱动是 GPU，本章使用版本为 Lumion 10。Lumion 所涉及的领域包括建筑、规划及施工等，能够提供优秀的图像制作电影和静帧作品
	本案例项目为某商业地产项目。项目规划建设净用地总面积 33333.31m^2，总建筑面积 88870.63m^2，其中小区 5、8、9、12 号楼及配套用房地上建筑面积 20083.41m^2，5 号楼地下建筑面积 2487.02m^2

8.1 Lumion 10 软件简介

Lumion 是由荷兰 Act-3D 公司开发的建筑可视化实时渲染及漫游软件，主要硬件驱动是 GPU，本章使用版本为 Lumion 10。Lumion 所涉及的领域包括建筑、规划及施工等，能够提供优秀的图像制作电影和静帧作品。图 8-1 为在 Lumion 10 中渲染的现场施工布置场景。

图 8-1　场布模型渲染效果

8.1.1 软件下载与计算机配置要求

Lumion 是一个简单快速的渲染软件，旨在实时观察场景效果和快速出效果图，优点是速度快、界面友好、自带中文、水景逼真、树木真实饱满。Lumion 10 软件的官网（https://

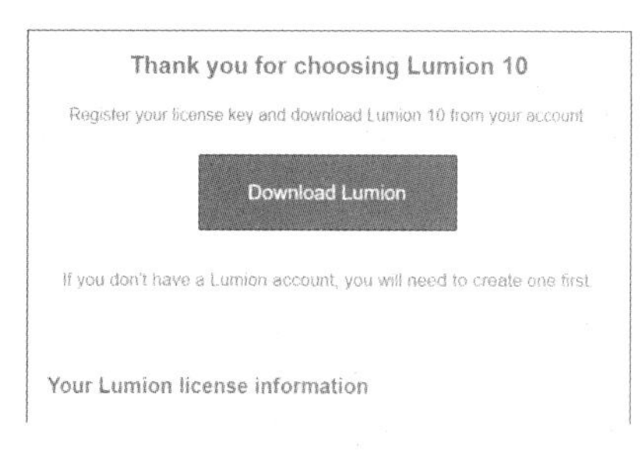

图 8-2　下载 Lumion 10

support. lumion. com/）下载页面如图 8-2 所示。浏览器地址栏中有下载地址，可以直接输入。

Lumion 10 软件对用户计算机的配置要求比较高，为了能够让用户有很好的使用体验，表 8-1 中列出了用户计算机的三种配置。

表 8-1　Lumion 10 软件对计算机的配置要求

计算机配置	最低要求	计算机配置推荐要求	计算机配置高端要求
显卡及显存	G3DMark 分值在 6000 以上，显存至少 3GB 或更高	G3DMark 分值在 10000 以上，显存至少 6GB 或更高	G3DMark 分值在 16000 以上，显存至少 11GB
操作系统	Windows 10 的 64 位系统		
CPU	Intel \ AMD 品牌，内存 16GB 以上，CPUMark 分值在 2000 以上	Intel \ AMD 品牌，内存 32GB 以上，CPUMark 分值在 2000 以上	Intel \ AMD 品牌，内存 64GB 以上，CPUMark 分值在 2500 以上
屏幕分辨率	1920 × 1080	1920 × 1080	1920 × 1080
硬盘	SATA3 SSD 固态硬盘，硬盘空间至少 30GB	NVME M. 2 固态硬盘，硬盘空间至少 30GB	NVME M. 2 固态硬盘，硬盘空间至少 30GB
电源	80plus 金牌电源		

注意：尽量不要按最低要求配置计算机，应配置推荐要求或高端要求的计算机

8.1.2 软件环境与视图操控

下面介绍 Lumion 软件环境与视图操作方法。

1. Lumion 10 项目环境界面

安装完成 Lumion 10 软件并使用正版授权后，双击桌面上的 Lumion 10 图标，启动软件。图 8-3 为 Lumion 10 软件的授权确认界面。

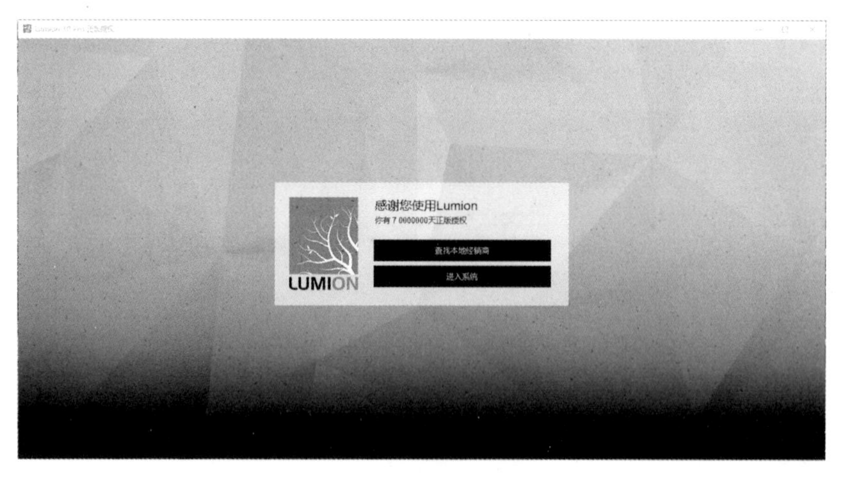

图 8-3　Lumion 10 软件的授权确认界面

单击【进入系统】按钮，进入 Lumion 10 软件的主页界面，在主页界面中单击【读取】按钮可以加载已有的项目文件，如图 8-4 所示。

若单击【新的】按钮，则可以选择一个系统模板并选择项目模型以创建新项目，如图 8-5 所示。Lumion 10 为用户提供了 6 个项目模板（从左往右排列）：平原、森林环境、热

带环境、丘陵、郊区环境和白天。

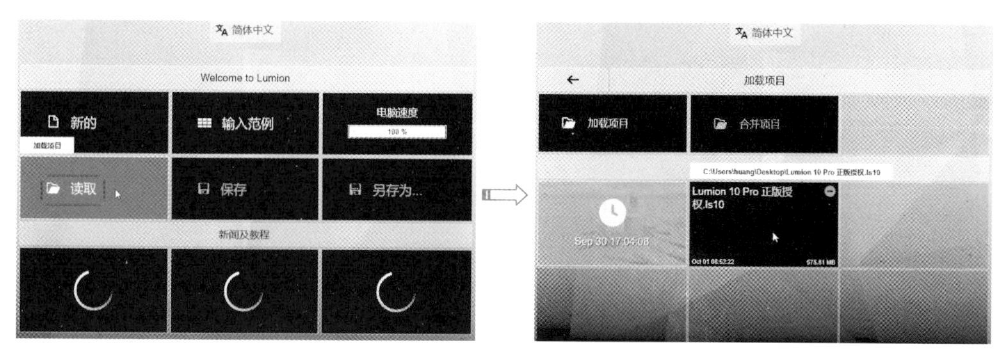

图 8-4　加载已有项目

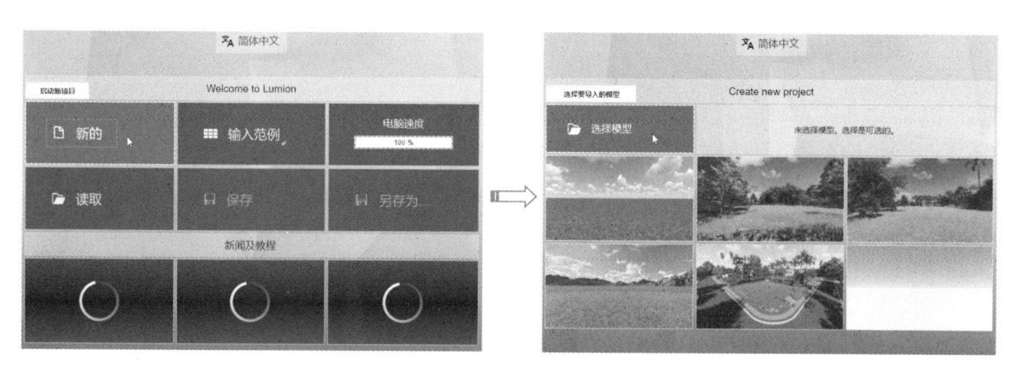

图 8-5　创建新项目

作为初学者，可以单击【输入范例】按钮，从系统范例库中加载一个范例项目来学习如何操作 Lumion，如图 8-6 所示。

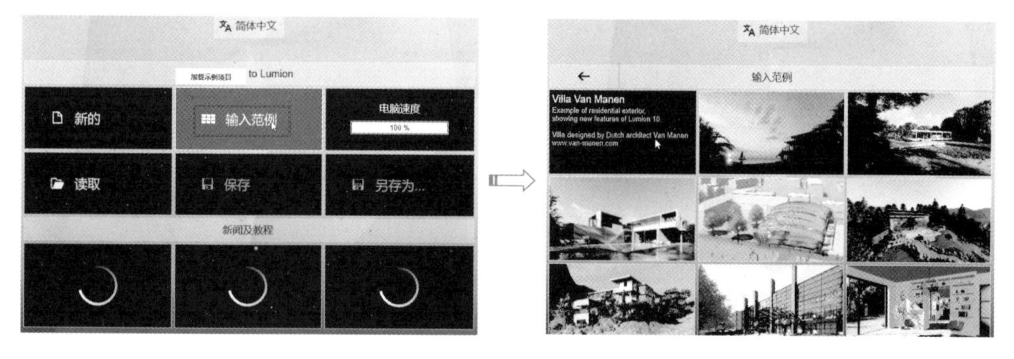

图 8-6　加载范例项目

在主页界面中单击【电脑速度】按钮，可以测试计算机运行速度，以判断计算机配置是否适合使用 Lumion 10 软件，如图 8-7 所示。

提示	在测试计算机速度后，若发现计算机的运算浮点值低于 Lumion 10 软件给出的“最小”值，说明需要更换计算机，要特别关注显卡及显存，否则可能无法使用该软件。笔者的计算机配置刚好超过“建议”值。

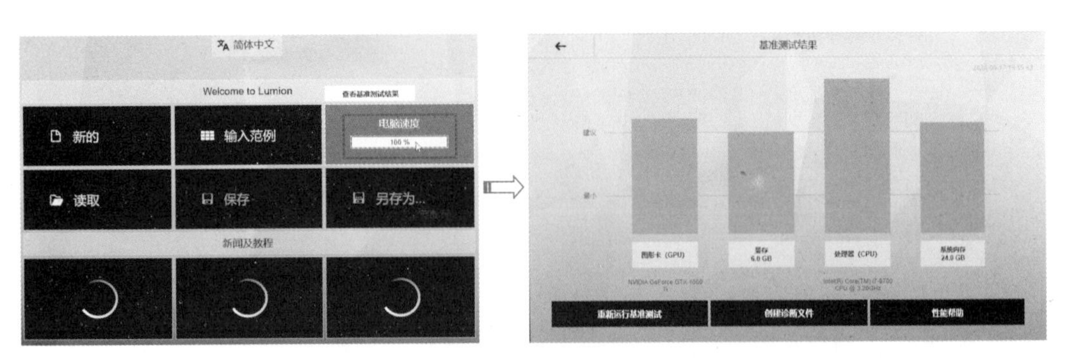

图 8-7　测试计算机速度

在主页界面中单击【保存】按钮或【另存为】按钮，可保存当前项目文件到默认路径或另存为项目到其他路径。

在主页界面中单击【输入范例】按钮，加载一个范例项目后进入 Lumion 10 项目环境中，如图 8-8 所示。

图 8-8　Lumion 10 项目环境

2. 视图的操控

要学习 Lumion 10 软件，首先要学会如何操控视图。Lumion 10 中的视图操控主要有平移视图、旋转视图、相机环绕视图和调节相机焦距（视图拉近和推远）等。

- 按住鼠标中键：可以往上（或按下 Q 键）、下（或按下 E 键）、左（或按下 A 键）和右（或按下 D 键）平移视图。
- 按住鼠标右键：可以 360°旋转视图，即观察者位于视图中心，以 360°全景观察。
- 按住鼠标右键 + 键盘 O 键：创建相机环绕视图，以相机焦点为中心，全方位地环绕观察。
- 滚动鼠标中键滚轮：往前滚动（或按下 W 键），相机焦距减小，拉近视图；往后滚动（或按下 S 键），焦距增大，推远视图。滚动中键滚轮的同时，若按下键盘 Shift 键，可以快速拉近或推远视图。

提示	按住鼠标键的意思是按下鼠标键后不松开，单击鼠标键则是按下后立刻松开。

如果忘记了与视图操控相关的快捷键命令，可以按下键盘空格键或者单击右键查看快捷键命令菜单，如图 8-9 所示。

图 8-9 查看快捷键命令菜单

8.1.3 功能标签介绍

Lumion 10 中有 4 个功能标签：【物体】标签、【材质】标签、【景观】标签和【天气】标签。

1.【物体】标签

【物体】标签用于给项目场景添加各种物体对象，包括建筑模型、自然对象、人和动物对象、室内摆设、室外摆设、交通工具、灯光对象、特效、声音及其他设备工具等。添加对象后可在【编辑】面板中进行放置、移动、旋转、缩放及删除等操作，如图 8-10 所示。

图 8-10 【物体】标签

Lumion 10 为用户提供了强大的、多样化的物件库。每一种物体对象都对应着关联的物体库，例如，在【物体】标签下单击【自然】按钮，会弹出【自然库】面板。在【自然库】面板中可以选择所需的自然物种（包括树木、花草、叶子及岩石等），然后将其放置在项目环境中，如图 8-11 所示。在放置树木时要确保【编辑】面板中的【放置】按钮是按下的（处于激活状态）。

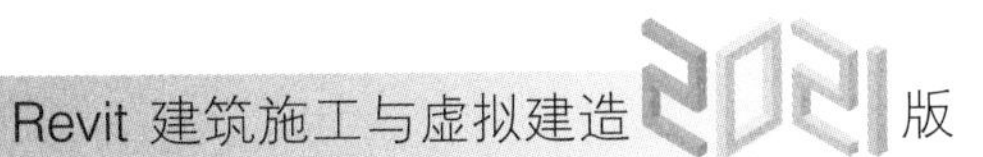

图 8-11　使用【自然库】放置自然物种

若要导入建筑模型，需在【物体】标签下单击【IMPORT（导入新模型）】按钮，打开用户准备的建筑模型时，可直接打开 SketchUP、3ds Max、AutoCAD 软件的模型文件，但不能直接打开 Revit 软件生成的 RVT 文件，需要先安装 Revit 导出插件 Lumion LiveSync for Revit 才可打开该类文件。

Lumion LiveSync for Revit 插件可在 Lumion 官网中（https://support. lumion3d. net. cn）下载，如图 8-12 所示。目前该插件仅能与 Revit 2019 及以下版本兼容。

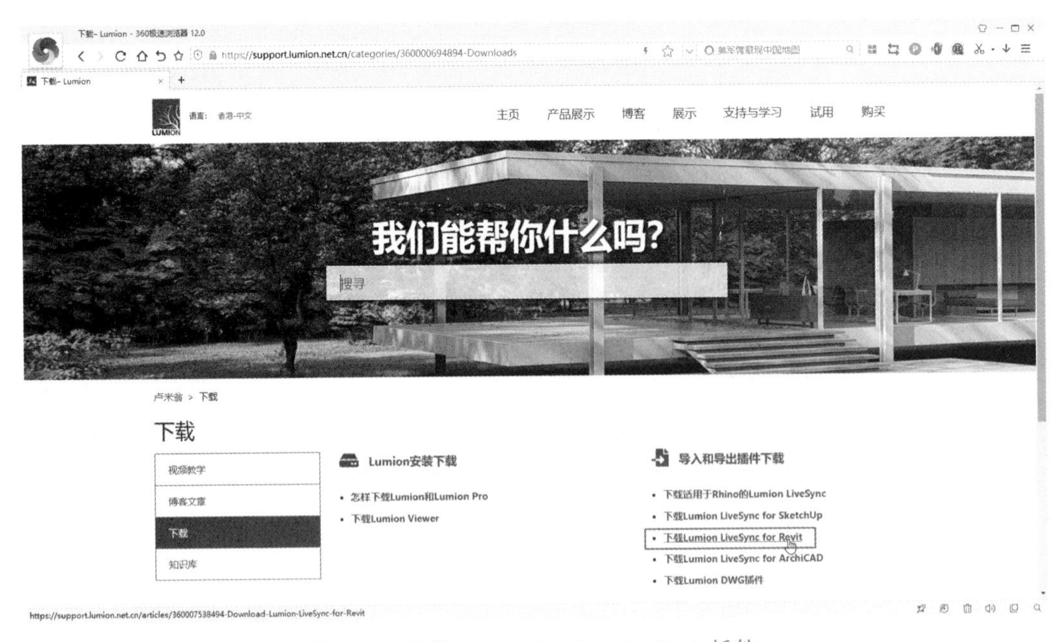

图 8-12　下载 Lumion LiveSync for Revit 插件

2. 【材质】标签

【材质】标签主要用于为项目中的建筑模型添加或编辑材质，如图 8-13 所示。

图 8-13 【材质】标签

选中建筑模型中的某一个面（如游泳池中的水面），会弹出【材质库】面板，选择一种材质后，系统会自动将材质应用到所选面，单击视图窗口右下角的【确定】按钮☑，即可完成材质的添加，如图 8-14 所示。

图 8-14　添加材质

若要编辑对象面的材质，则选中这个对象面，在弹出的材质编辑面板中设置各项参数，如图 8-15 所示。每添加一种材质或编辑一种材质，必须单击【确定】按钮☑保存结果。

图 8-15　编辑材质

3.【景观】标签

【景观】标签中的工具主要用于编辑 Lumion 的地形地貌及景观，如图 8-16 所示。导入的建筑模型中的地形地貌是不能使用【景观】标签中的工具进行创建或编辑的，需要在创建建筑模型的原软件中进行编辑。

图 8-16 【景观】标签

4.【天气】标签

【天气】标签用于设置真实环境中的时间、太阳方位及天空中的云朵。【天气】标签如图 8-17 所示。

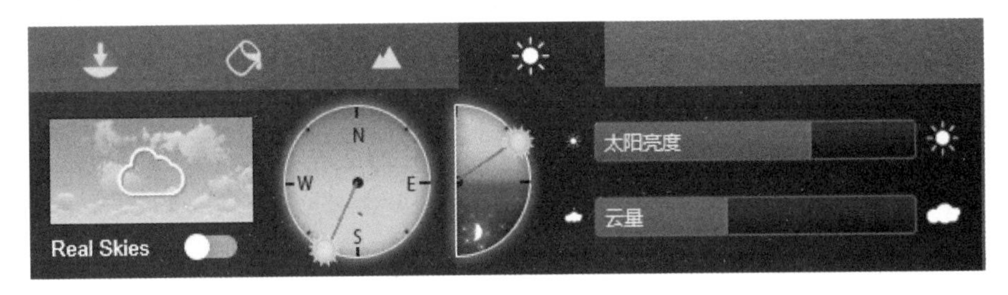

图 8-17 天气编辑选项

8.1.4 工作模式

Lumion 视图窗口右下角的工作模式面板用于各种工作模式的切换、项目保存和项目环境的设置等，如图 8-18 所示。

图 8-18 工作模式面板

工作模式面板中各工作模式和选项按钮的含义介绍如下。

- 编辑模式：编辑模式是项目创建的工作模式，也是进入 Lumion 10 项目环境中的初始工作模式。
- 拍照模式：拍照模式是创建单幅照片的工作模式。单击【拍照模式】按钮，进入拍照模式，如图 8-19 所示。

图 8-19　拍照模式

- 动画模式：动画模式是创建漫游动画的工作模式。单击【动画模式】按钮，进入动画模式，如图 8-20 所示。在动画模式中可以创建漫游动画，还可以在动画中添加特效，以及渲染动画片段等。

图 8-20　动画模式

- 360°全景：360°全景模式是创建全景图像的工作模式，如图 8-21 所示。360°全景图像，就是以人为观察点，在人的上、下、前、后、左和右 6 个视图方向上分别拍摄一张图片，利用合成工具将6张图片组合起来，形成无缝衔接的360°全景图像。在Lumion 10中创建360°全景图像的过程是自动的，只需调整好初始视图即可。要观察创建完成的全景图像，需要专业的全景图像观察工具。

图8-21　360°全景模式

- 保存文件：单击可进入主页界面中，然后单击【保存】按钮或【另存为】按钮，保存当前项目。
- 设置：单击【设置】按钮，进入【设置】页面，如图8-22所示，可以设置编辑器（Lumion渲染器）、相机环绕视图、启用输入板输入、启用反转\上下\相机倾斜、静音和全屏显示等选项。

图8-22　【设置】页面

8.2 某地产项目场布模型渲染及漫游动画制作案例

本案例项目为商业地产项目，项目规划建设净用地总面积33333.31m²，总建筑面积88870.63m²，其中小区5、8、9、12号楼及配套用房地上建筑面积20083.41m²，5号楼地下建筑面积2487.02m²。建筑工程等级为二级，建筑使用性质，住宅，设计使用年限50年，建筑分类二类；结构类型为 5 号楼-剪力墙结构，基础类型为抗水底板、桩基，抗震设防烈度为 7 度，结构抗震等级为剪力墙/二级、框架/三级，建筑抗震类别为丙类，耐火等级为一级，防雷级别为二级。

图 8-23 为本项目施工现场布置设计完成的渲染效果图。

图 8-23　施工场布渲染效果图

8.2.1　创建项目场景

在原有的施工场布模型中添加一些新物体对象，并重新添加材质及地形等。

1. 添加建筑模型

01 启动 Lumion 10 软件，在主页界面中单击【新的】按钮，进入【Create new project（创建新项目）】界面，接着单击【选择模型】按钮，将本源文件夹中的“某商业地产项目施工场地布置 . dae”文件导入到当前项目中，如图 8-24 所示。

提示	dae 文件是 Lumion LiveSync for Revit 插件在 Revit 2019 中导出 BIM 模型生成的专有文件格式。

图 8-24　导入场布模型

02 导入模型后，选择【Mountain Range（丘陵）】项目模板，随后进入 Lumion 10 项目环境中，如图 8-25 所示。

03 导入模型后会发现建筑模型的场地标高低于 Lumion 地形表面，如图 8-26 所示。

图 8-25　选择项目模板

图 8-26　查看导入的模型

04　在【编辑】面板中单击【向上移动】按钮，将光标靠近坐标系原点，待显示方向箭头后，往上拖动模型大约 2.7m，结果如图 8-27 所示。

图 8-27　放置模型

2. 添加材质

01 选中模型中的场地表面，然后在【材质库】面板中单击【景观】按钮，使所选的场地表面材质与Lumion地形表面的材质完全相同，添加材质后单击【确定】按钮完成材质的添加，如图8-28所示。

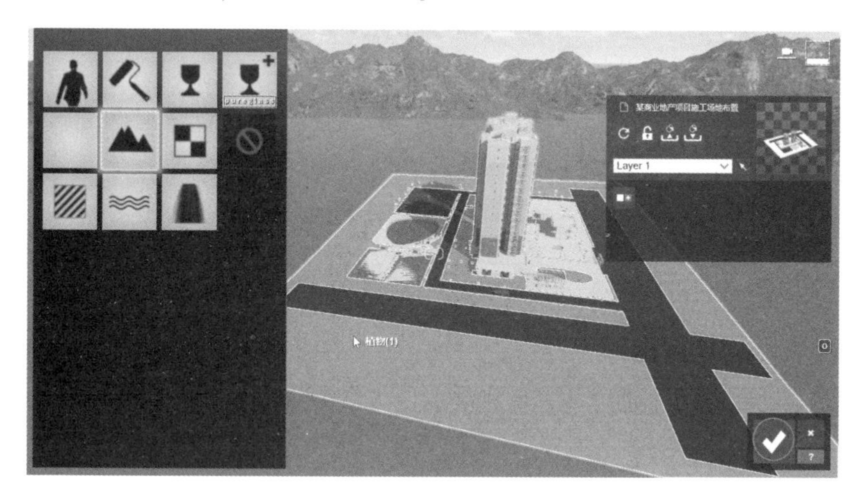

图8-28 为建筑模型中的场地添加材质

02 选中游泳池周边的地面，然后为其添加地砖材质，如图8-29所示。

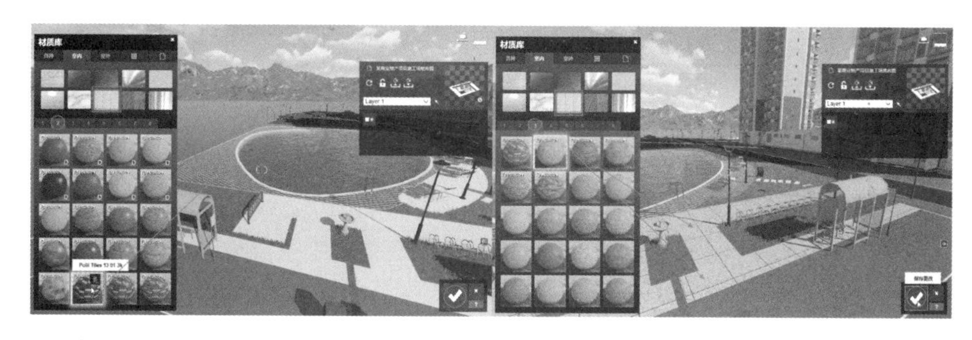

图8-29 添加地砖材质

03 视图转到商务会所建筑一侧，选中会所外的地面，为其添加大理石石材，如图8-30所示。

04 选中会所外墙面，为其添加墙砖材质，如图8-31所示。

图8-30 为会所地面添加地砖材质

图8-31 为会所外墙添加墙砖材质

05 同理，完成建筑物中其他材质的添加。其中，门窗框为金属材质，主体建筑底层的外墙为瓷砖材质，最终效果如图 8-32 所示。

图 8-32 替换完成的材质效果

3. 放置物体对象

01 调整视图到游泳池一侧。在【物体】标签中单击【室内】按钮，在打开的【室内库】面板中选择【杂类】类型中的羽毛球球场对象，将其放置在建筑模型中的羽毛球球场位置，如图 8-33 所示。一共放置两个。

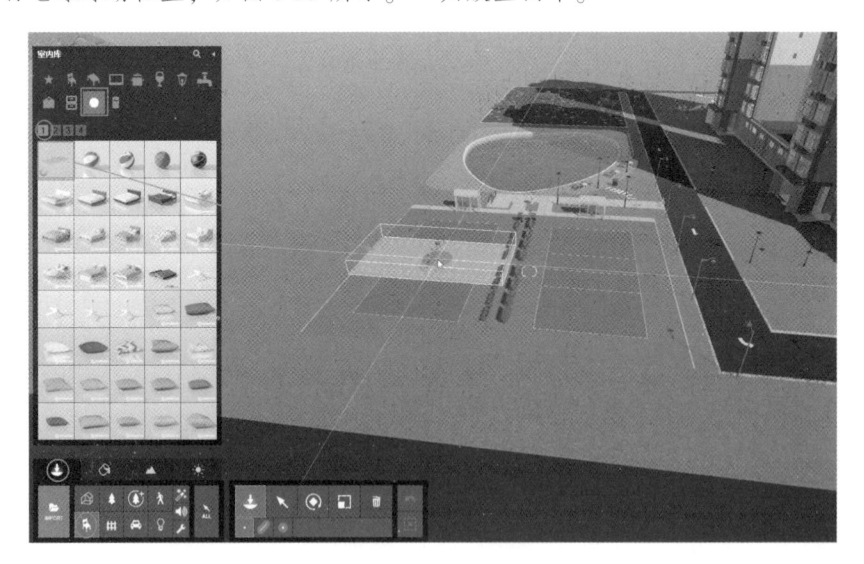

图 8-33 放置羽毛球球场

02 在【编辑】面板中单击【旋转】按钮，然后旋转羽毛球球场对象，如图 8-34 所示。

03 在【编辑】面板中单击【缩放】按钮，将羽毛球球场适当放大，放大后单击【选择】按钮和【自由移动】按钮进行平移操作，结果如图 8-35 所示。

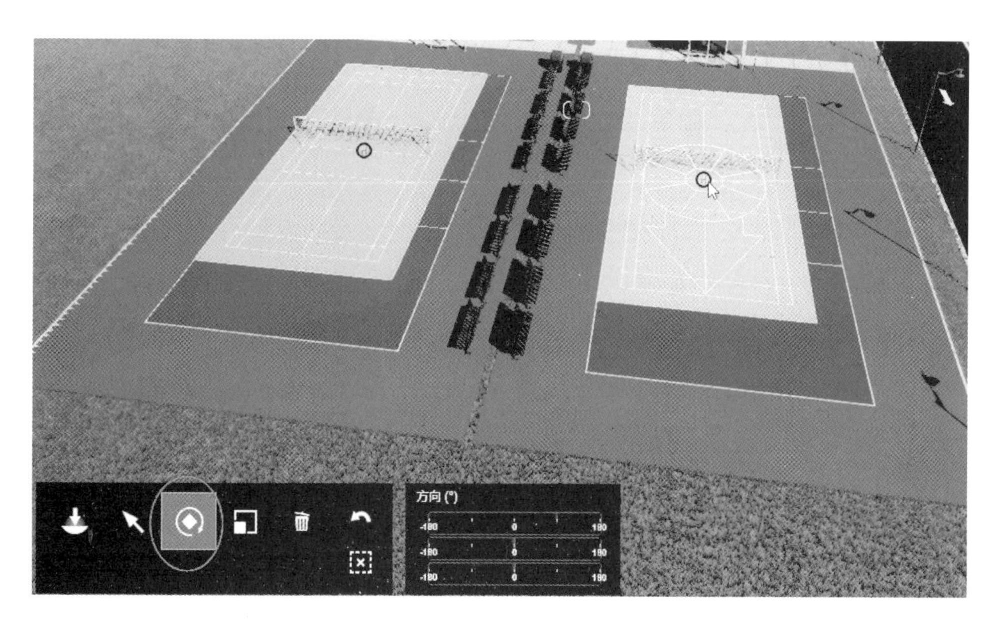

图 8-34　旋转对象

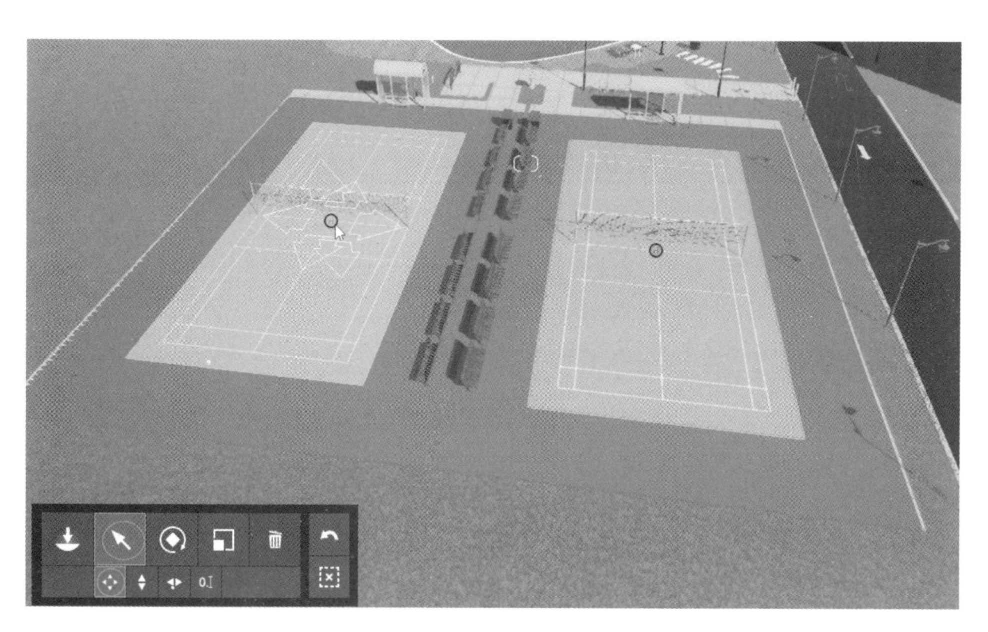

图 8-35　旋转和平移羽毛球球场

04　在【物体】标签下单击【人和动物】按钮，通过打开的【字符库】面板向项目中添加男人、女人、小孩和飞鸟等，如图 8-36 所示。

提示	面板名称应该是【人和动物库】，可能是官方汉化过程中出现了错误，翻译成了【字符库】。

05　单击【特效】按钮，在【效果库】面板中选择喷泉对象，然后将其放置在喷泉池中，如图 8-37 所示。

图 8-36　添加人和动物

图 8-37　放置喷泉

06　单击【自然】按钮，通过打开的【自然库】面板，将树、花草等对象放置到场景中，如图 8-38 所示。

图 8-38　放置植物

8.2.2 渲染场景

本例的场景渲染主要包括拍摄、获取场景中一些特殊视角的效果图像。

01 调整好视图角度，在视图窗口的右下角单击【拍照模式】按钮，进入拍照模式。然后单击【保存相机视口】按钮，可将当前视图创建为静态的照片，如图 8-39 所示。

提示	可以为拍摄的照片重命名，默认名称为“1-Photo”。

图 8-39　进入拍照模式拍照

02 单击【自定义风格】按钮，可以选择一种场景渲染的风格作为当前项目的渲染环境，如图 8-40 所示。

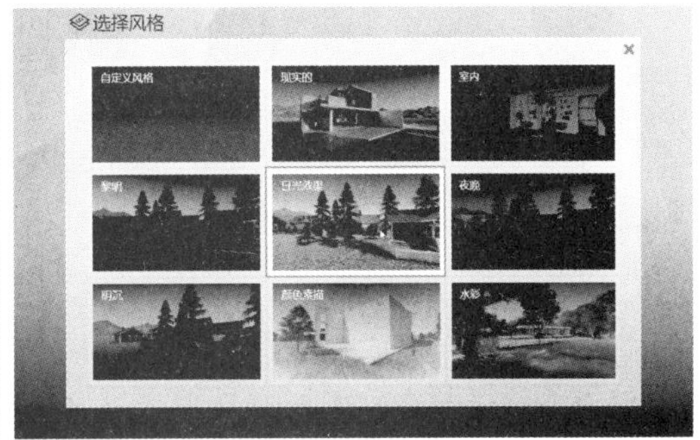

图 8-40　自定义风格

03 继续调整视图以拍摄照片，拍摄多张照片，如图 8-41 所示。

图 8-41 拍摄多张照片

04 选择拍摄好的一张照片，单击【渲染照片】按钮，弹出保存照片的设置页面。由【当前拍摄】选项卡切换到【照片集】选项卡，可以同时选取多张照片进行渲染，渲染时可将照片按照【邮件】【桌面】【印刷】和【海报】四种分辨率进行保存，分辨率越低，渲染的时间越短，反之则越长。这里选择【桌面】形式进行保存，如图 8-42 所示。

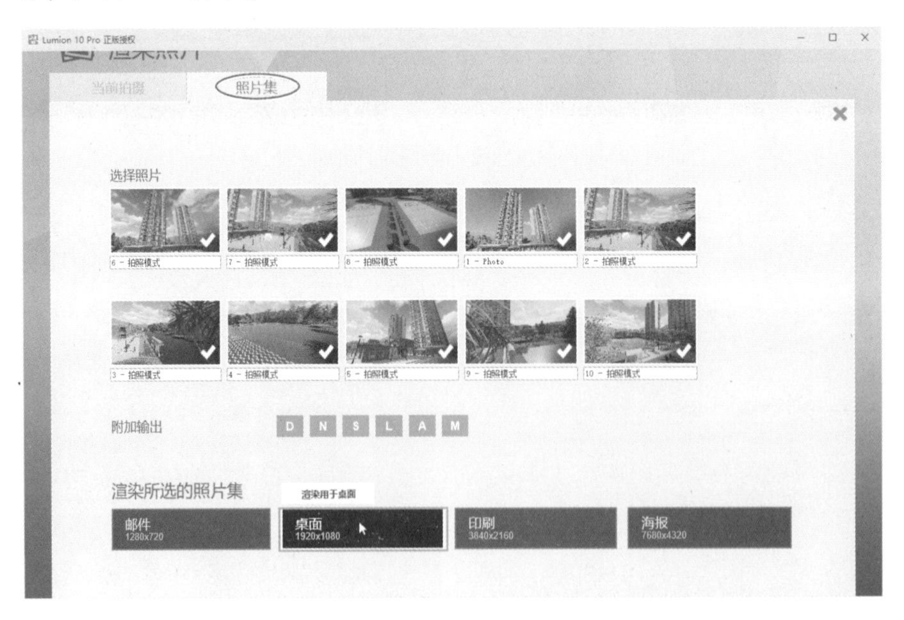

图 8-42 选择渲染输出的分辨率

05 开始自动渲染图像并将图片文件保存在系统路径中，渲染完成后单击【OK】按钮，如图 8-43 所示。

图 8-43　渲染照片

8.2.3　创建漫游动画

漫游动画其实就是将多张相机视图按照一定的运动轨迹串连成一个完成的动画进行播放的效果。下面介绍详细操作过程。

01　在视图窗口右下角单击【动画模式】按钮进入动画模式。

02　单击【录制】按钮进入动画录制界面，如图 8-44 所示。

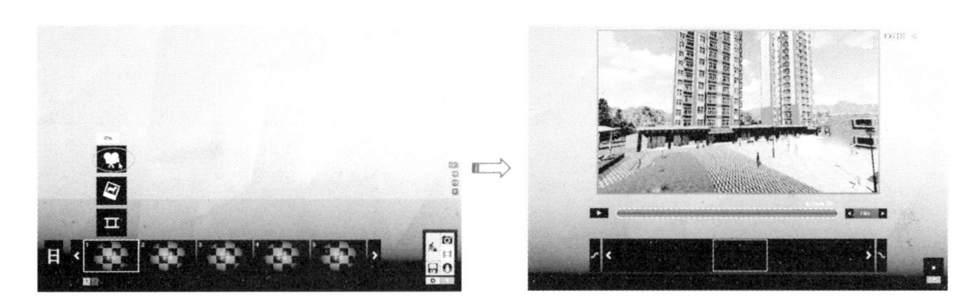

图 8-44　进入动画录制界面

03　在视图窗口中调整好动画的第一个镜头（即动画的第一帧画面），然后单击【添加相机关键帧】按钮，完成第一帧动画的创建，如图 8-45 所示。建议录制由远到近拉动镜头的动画。

04　创建第二帧动画，如图 8-46 所示。

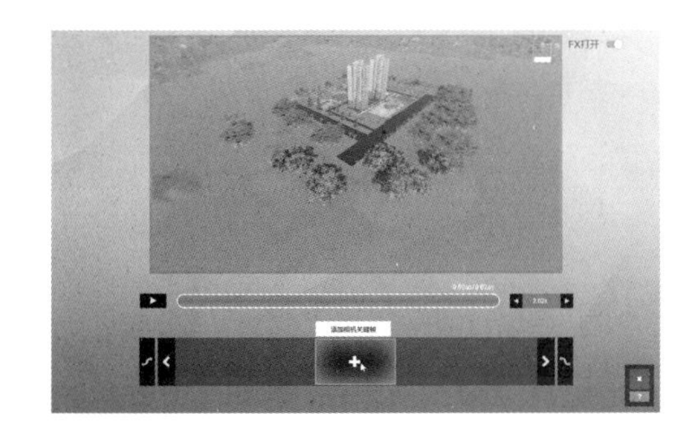

图 8-45　创建第一帧动画

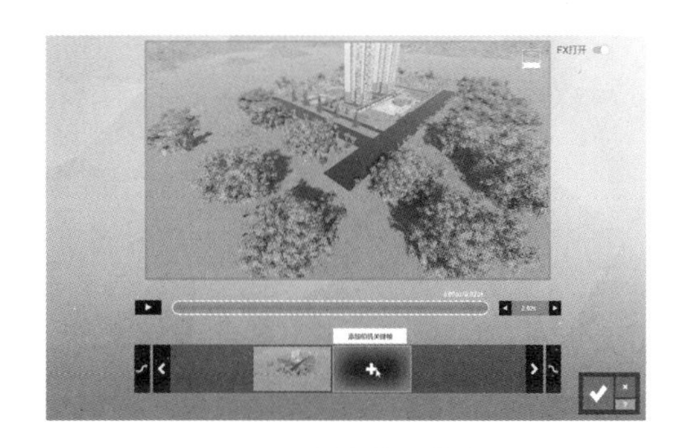

图 8-46　创建第二帧动画

05 同理，依次创建其余动画帧，创建完成后单击【保存】按钮✔，结果如图 8-47 所示。

图 8-47 完成动画帧的创建

06 返回动画模式，单击【渲染片段】按钮，如图 8-48 所示。

图 8-48 渲染动画片段

07 在弹出的【渲染片段】设置页面中单击【全高清】按钮，开始渲染动画片段，并将渲染结果保存。